机械工程控制基础

主　编　李艳杰　于晓琳
参　编　徐　丽　郭　虹　王　磊

机 械 工 业 出 版 社

本书讲述了经典控制理论的基本原理及其在机械工程领域中的应用。全书共8章，主要介绍了自动控制的基本概念、控制系统在时域和频域中数学模型的建立，分析了单输入单输出线性定常系统的瞬态特性、稳定性和稳态特性，阐述了线性控制系统的时域分析法、频域分析法、根轨迹法及设计校正方法。本书简化或略去了较深奥的严格数学推导内容，引入了较多的例题，便于教学和自学。除第1章外，其余各章均介绍了利用MATLAB进行相关分析的示例。为使读者对经典控制理论的应用有一个完整的了解，本书系统并循序渐进地结合各章内容介绍了机床工作台位置自动控制系统和磁盘驱动器读入系统两个设计示例。

本书可作为普通高等院校机械工程及自动化、机械电子工程、机械设计制造及其自动化等专业的教材，也可供相关工程技术人员参考。

图书在版编目（CIP）数据

机械工程控制基础/李艳杰，于晓琳主编．—北京：机械工业出版社，2019.12（2024.8重印）

ISBN 978-7-111-64613-6

Ⅰ.①机…　Ⅱ.①李…　②于…　Ⅲ.①机械工程－控制系统－高等学校－教材　Ⅳ.①TH-39

中国版本图书馆CIP数据核字（2020）第017172号

机械工业出版社（北京市百万庄大街22号　邮政编码100037）
策划编辑：侯宪国　责任编辑：侯宪国　韩　静　邓海平
责任校对：李　杉　封面设计：张　静
责任印制：郜　敏
北京富资园科技发展有限公司印刷
2024年8月第1版第5次印刷
184mm×260mm·16.75印张·430千字
标准书号：ISBN 978-7-111-64613-6
定价：49.80元

电话服务	网络服务
客服电话：010-88361066	机　工　官　网：www. cmpbook. com
010-88379833	机　工　官　博：weibo. com/cmp1952
010-68326294	金　　书　　网：www. golden－book. com
封底无防伪标均为盗版	机工教育服务网：www. cmpedu. com

前　言

随着人类社会的发展，机械结构和自动控制系统两部分有机地结合在一起，使具有自动化功能的机器越来越多，如各种数控机床、机器人、自动化生产线、运载火箭、航天飞船等。虽然不同的自动化系统具有不同的结构和不同的性能指标要求，但是一般都要求系统具有稳定性、快速性和准确性。为了使机电一体化系统具有优良的性能，系统的设计者不仅要拥有全面的现代机械设计理论知识和丰富的实践经验，还要拥有设计自动控制系统的理论和经验。

经典控制理论是机械大类本科专业学生必须掌握的基础理论。控制理论的描述离不开数学，但大量的数学理论并不适合机械类学生对自动控制理论的学习，也不易于学生理解控制理论在机械工程领域的应用。为了解决这些问题，我们结合多年的一线教学经验，在本书内容取舍、工程软件的应用、理论与实际结合等多方面进行了合理的编排与优化，努力让教学者更得心应手，让学习者更有兴趣和信心。本书摒弃了大量深奥的数学理论推导，尽量在介绍概念之后配合实例讲解以便理解，比如以实例的方式深入浅出地解释了辐角定理的含义及其在控制系统稳定性判定中的应用；删减了经典控制理论中的尼克尔斯图、等 M 圆、等 N 圆等一些目前实际工程中所起作用不大的内容。

MATLAB 软件目前在自动控制领域的应用已十分普及，本书 2～8 章均给出了对应理论的 MATLAB 解题示例。为了让读者能够在学习相关控制理论之后，马上看到所学理论在机械工程领域的应用，同时也帮助读者更深入地理解所学的理论，本书以机床工作台位置自动控制系统和磁盘驱动器读入系统为例，系统并循序渐进地做了相应理论的应用举例。

我国高等教育从精英型教育阶段进入了大众型教育阶段，技术的进步和社会的发展也对高等院校机械工程教育的人才培养提出了新的要求。本书的编写吸取了不同难易程度的教材在内容编排上的经验，听取了不同层次学校一线教师的意见，凝练了编者多年的一线教学经验，努力做到理论讲解简洁明了、深入浅出，工程举例实用、贴切。本书可适应多层次的需要，更贴近非电类专业控制工程基础、机械工程控制基础等以经典控制理论为核心内容的课程教学需求。本书在编写时参考了兄弟院校的同类教材，在这里对这些教材的作者表示诚挚的感谢，同时对为本书出版给予了大力支持的沈阳理工大学教务处和沈阳理工大学机械工程学院深表感谢。

本书第 1、5、7 章由李艳杰教授编写，第 2 章由于晓琳副教授编写，第 3、6 章由徐丽副教授编写，第 4 章由郭虹副教授编写，第 8 章由王磊副教授编写，第 2～8 章的“系列工程问题举例”一节由王磊统一编写，习题及参考答案（参考答案请到机械工业出版社教材网下载）由各章编者分别编写，附录由于晓琳编写。全书由李艳杰统稿。

由于编者水平有限，本书难免有遗漏和错误之处，恳请读者批评指正。

编者

目 录

第1章 绪　论

控制系统在我们周围无处不在。人体本身就是一个具有高度复杂控制能力的反馈控制系统。比如人们在驾驶汽车的过程中，人的眼睛就是传感器，用来检测车的位置和道路中线的位置；人脑作为复杂的比较器，比较这两个位置并决策应该如何操纵转向盘以使汽车沿着期望的路线行驶。一个优秀的驾驶人可以处理车辆行驶过程中的大量干扰。

机械工程领域的发展越来越广泛而深刻地与控制理论相结合，要求机械工程师们不但要具有机械结构设计和制造方法的知识，同时也要具备自动控制理论的知识。机械工程控制基础课程涉及自动控制理论的基本原理及其在机械工程领域中的应用，主要讲解经典控制理论的主要内容及其应用。

1.1 控制理论的发展历史

伴随着人类科技的发展，控制理论的成熟与发展大致经历了萌芽、起步、发展、成熟及再发展几个阶段。

1. 萌芽阶段

指南车是我国古代发明的经典机械结构之一，相传早在黄帝时代就已经发明了指南车，当时黄帝曾凭着它在大雾弥漫的战场上指示方向，战胜了蚩尤。“车虽回运而手常指南”，经过历史变迁，原来的指南车制作方法已经失传。中国国家博物馆收藏着由我国著名科技史学家王振铎依据多年研究成果和文献记载复原制作的指南车模型。铜壶滴漏、漏水转浑天仪、候风地动仪、水运仪象台等都是中国古代能工巧匠发明的原始自动装置的著名案例。古埃及和古巴比伦最早使用自动计时器——水钟的记录可以追溯到公元前16世纪。

2. 起步阶段

随着科学技术与工业生产的发展，到17、18世纪自动控制技术逐渐应用到工业领域。

1765年，俄国人普尔佐诺夫（I. Polzunov）发明了浮子阀门式水位调节器，用于蒸汽锅炉水位的自动控制。

1765～1790年，英国人瓦特（J. Watt）完成了蒸汽机的一系列重大发明和改进，使蒸汽机的效率提高了两倍多。很快，瓦特蒸汽机在纺织、采矿、冶炼和交通运输等方面得到了广泛应用，极大地推动了英国和欧洲的第一次工业革命。其间，1788年他发明了离心式调速器和节气阀，用来自动控制蒸汽机的运转速度，该项发明是控制思想首次应用到工业控制，是经典控制理论的起源。

此后的100年，自动控制装置的设计还没有系统的理论指导，因此在控制系统各项性能的协调方面经常出现问题。19世纪后半叶，许多科学家开始基于理论来研究控制问题。

1868年，麦克斯韦（J. C. Maxwell）发表了“On Governors”（《论调速器》）一文，通过对瓦特的调速器建立线性常微分方程，解释了瓦特蒸汽机速度控制系统中出现的剧烈振荡的不稳定问题，提出了简单的稳定性代数判据，开辟了用数学方法研究控制系统的途径。

1877年，劳斯（E. J. Routh）提出了无须直接求解系统特征方程的根的稳定性判据，使自动控制技术前进了一大步。

1895 年，赫尔维兹（A. Hurwitz）也独立提出了类似的稳定性判据。

这些方法基本上满足了 20 世纪初期控制工程师的需要，奠定了经典控制理论中时域分析法的基础。

3. 发展阶段

第二次世界大战前后，单一的稳定性控制目标已经不能满足军用控制系统的需求，需要准确跟踪和补偿能力。这种需求推动了控制理论的研究和蓬勃发展。

1932 年，奈奎斯特（H. Nyquist）提出了频域内研究系统的频率响应法，建立了以频率特性为基础的稳定性判据，为具有高质量的动态品质和静态准确度的军用控制系统提供了所需的分析工具。

1945 年，伯德（H. W. Bode）发表了著作《网络分析和反馈放大器设计》，总结出了负反馈放大器，完善了系统分析和设计的频域方法。

4. 成熟阶段

1948 年，控制论的奠基人美国数学家维纳（N. Wiener）编写的《控制论》一书的出版，标志着控制论的正式诞生。书中论述了控制理论的一般方法，推广了反馈的概念，为控制理论这门学科奠定了基础。

1948 年，美国科学家伊万斯（W. R. Evans）创立了根轨迹分析方法，为分析系统性能随系统参数变化的规律提供了有力工具，被广泛应用于反馈控制系统的分析、设计中。

1954 年，我国著名科学家钱学森出版了《工程控制论》，对推动控制理论在工程学科的应用起了很大的作用。

至此，经典控制理论发展到相对成熟的程度，形成了相对完整的理论体系。经典控制理论以传递函数为描述系统的主要数学模型，以时域分析法、频域分析法和根轨迹法为主要分析设计工具。这些内容构成了经典控制理论的基本框架，为工程技术人员提供了一个设计反馈控制系统的有效工具。

5. 再发展阶段

在 20 世纪 50 年代末与 60 年代初，一方面空间技术的发展与军事工业的需要，要求设计高精度、快速响应、低消耗、低代价的控制系统；另一方面，电子计算机技术日趋成熟，产生了现代控制理论。在现代控制理论中，对控制系统的分析和设计主要是通过对系统的状态变量的描述来进行的。现代控制理论所能处理的控制问题比经典控制理论要广泛得多，包括线性系统和非线性系统、定常系统和时变系统、单变量系统和多变量系统等。

20 世纪 50 年代后期，贝尔曼（R. RichardBellman）等人提出了状态分析法，在 1957 年提出了动态规划。

1959 年，卡尔曼（R. E. Kalman）和布西（R. S. Bucy）创建了卡尔曼滤波理论；1960 年在控制系统的研究中成功地应用了状态空间法，并提出了可控性和可观测性的新概念。

1961 年，俄国学者庞特里亚金（Лев Семёнович Понтрягин）提出了极小（大）值原理。

20 世纪 70 年代，瑞典学者奥斯特隆姆（LS. Astrom）和法国学者朗道（L. D. Laudau）在自适应控制理论和应用方面做出了贡献。

与此同时，系统辨识、最优控制、离散时间系统和自适应控制的发展大大丰富了现代控制理论的内容。

20 世纪 80 年代以后，控制理论向着“大系统理论”和“智能控制”方向发展。随着计算机的普及，为自适应控制、鲁棒控制、模糊控制、神经网络、遗传算法等多种先进控制理论提供了硬件和软件基础。

控制理论目前还在向更纵深、更广阔的领域发展，启发并扩展了人们的思维方式，引导人们去探讨自然界更为深刻的运动机理。同时，由于信息技术、计算机技术等相关技术的迅猛发展，以及人类社会对日常生活、工业、农业、航空等多领域的自动化需求更加迫切，自动控制系统的应用进入了黄金时代。

1.2 自动控制系统的基本原理

1.2.1 自动控制系统的基本概念

自动控制（Automatic Control）是指在没有人直接参与的情况下，利用外加的设备或装置（称为控制装置或控制器），使机器、设备或生产过程（通称被控对象）的某个工作状态或参数（即被控量）自动地按照预定的规律运行。为了实现各种复杂的控制任务，首先要将被控对象和控制装置按照一定的方式连接起来，组成一个有机总体，这就是自动控制系统。

自动控制是相对人工控制概念而言的。下面通过一些实例来说明自动控制和自动控制系统的基本概念。

图1-1所示为人工控制的恒温箱。通过调压器改变电阻丝的电流，达到控制温度的目的。调节过程中，人工观测温度计（测量元件）获得恒温箱的温度（被控制量），并将这个信息送入大脑，由大脑（比较元件）对被测温度与要求的温度值（给定量）进行比较，得出偏差信号，并根据其大小和方向发出调节调压器触头的命令（称为控制作用或者操纵量）。具体的调节过程为：当恒温箱温度高于所要求的给定温度时，操纵手柄使调压器滑动端左移，减小电阻丝中的电流，使恒温箱温度降低；当恒温箱温度低于所要求的给定温度时，操纵手柄使调压器滑动端右移，增大电阻丝中的电流，使恒温箱温度升高。显然，只要这个偏差存在，上述过程就要反复进行，直到偏差减小为零，保持箱内恒温。因此，人工控制的过程就是测量、求偏差、再控制以纠正偏差的过程，简单地说就是检测偏差并用以纠正偏差的过程。同时，为了取得偏差信号，必须要有箱内实际温度的反馈信息，两者结合起来，就构成了反馈控制。由于引入了被控量的反馈信息，整个控制过程成为闭合过程，因此反馈控制也称闭环控制。

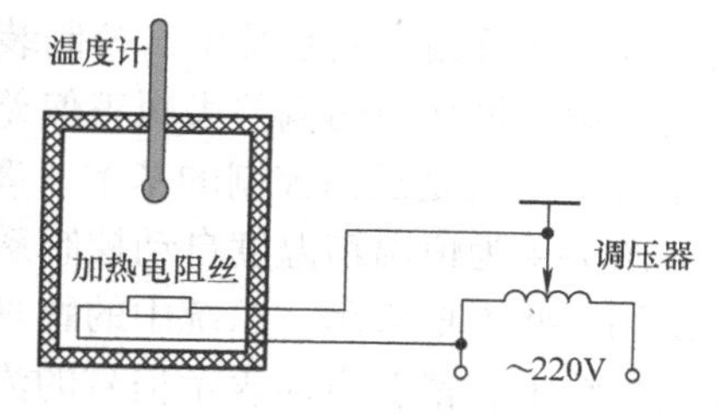

图1-1 人工控制的恒温箱

人工控制恒温箱中，恒温箱是被控对象，箱内温度是被控量（即系统的输出量），产生控制的机构是人眼、大脑、手和调节器，统称为控制装置。可用图1-2所示的系统框图来展示这个反馈控制系统的基本组成及工作原理。

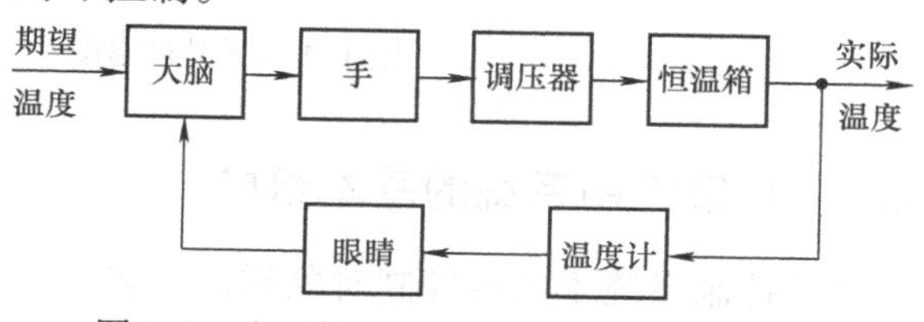

图1-2 人工控制恒温箱反馈控制系统框图

用控制器替代人的功能，人工调节系统就变成了自动控制系统。图1-3所示为恒温箱的自动控制系统。恒温箱的期望温度由给定信号电压 u_1 来设定，热电偶用来测量恒温箱内的实际温度，并将该温度转换成对应的电压信号 u_2，将 u_2 反馈回去与给定信号 u_1 做比较，所得的差值就是温度偏差对应的电压信号，该信号经电压放大、功率放大后，用以驱动执行电动机旋转，改变电动机的转速和方向，并通过传动装置拖动调压器动触头。当温度偏高时，动触头向着减小电流的方向运动，反之加大电流，直到温度达到给定值为止。当偏差信号为零时，电动机停转，表明恒温箱内的实际温度达到了期望的温度值，完成了所要求的控制任务。

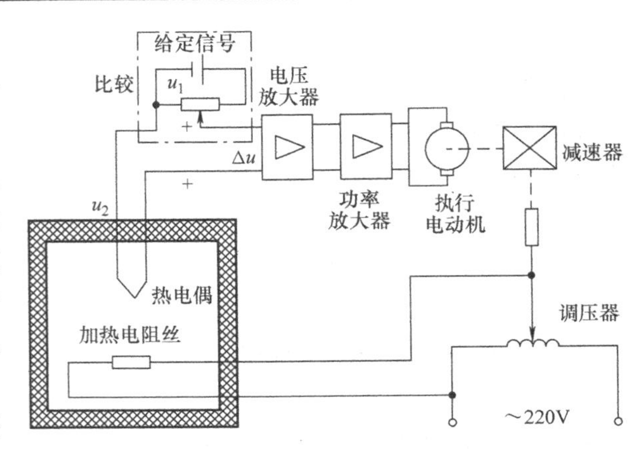

图 1-3　恒温箱的自动控制系统

可见，为了实现各种复杂的控制任务，将被控对象和控制装置按照一定的方式连接起来，组成一个有机体，这就是自动控制系统。对比上述人工控制系统和自动控制系统，执行机构类似于人手，测量装置相当于人的眼睛，控制器类似于人脑。在自动控制系统中，被控对象的输出量即被控量是要求严格加以控制的物理量，它可以是某一恒定值，如温度、压力、液位等，也可以是某个给定的规律，如飞行轨迹、记录曲线等。而控制装置则是对被控对象施加控制作用的机构的总体，它可以采用不同的原理和方式对被控对象进行控制，但最基本的一种是基于反馈控制原理组成的反馈控制系统。在反馈控制系统中，控制装置要不断地检测被控量的反馈信息，并用检测到的被控量与给定输入量之间的偏差去纠正偏差，从而完成对被控对象进行控制的任务。“检测偏差用以纠正偏差”就是反馈控制的基本原理。可以说，没有偏差，便没有调节过程。

图 1-4 为恒温箱温度自动控制系统职能框图。在该框图中，被控对象和控制装置的各元件分别用一些方框表示，系统中的物理量（信号），如电流、电压、温度、位置、速度等，标示在信号线上，箭头方向表示信号的流向。用进入方框的箭头表示各元件的输入量，用离开方框的箭头表示其输出量。被控对象的输出量就是系统的输出量，即被控量，一般置于框图的最右端；给定信号就是系统的输入量，一般置于系统框图的最左端。

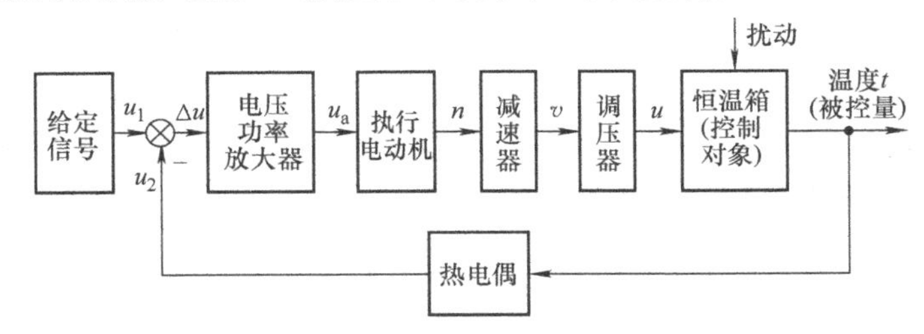

图 1-4　恒温箱温度自动控制系统职能框图

1.2.2　反馈控制系统的基本组成

反馈控制系统主要由控制对象和控制装置两大部分组成，其中，控制装置主要包括给定元件、反馈元件、比较元件、放大元件、执行元件及校正元件等。图 1-5 所示是一个典型的反馈控制系统，表示了这些元件在系统中的位置和相互间的关系。

给定元件：给出与期望的被控量相对应的系统输入量，即产生给定信号（也是输入信号）。常见的给定元件有图 1-3 中的电位器等。

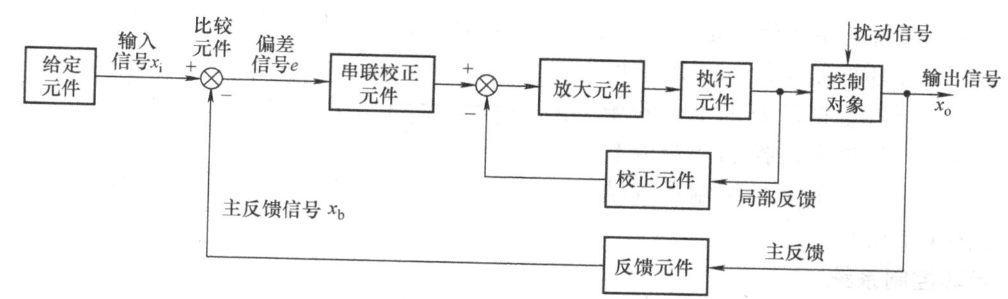

图 1-5　典型的反馈控制系统框图

反馈元件：检测被控制的物理量，并将检测值转换为便于处理的信号（常见的如电压、电流等），然后将该信号（主反馈信号）输入比较装置。常见的反馈元件有图 1-3 中的热电偶、调速系统的测速发电机等。

比较元件：用来比较输入信号与反馈信号之间的偏差。常见的比较元件有自整角机、旋转变压器、机械式差动装置、运算放大器等。

放大元件：将比较元件给出的偏差信号进行放大，用以推动执行元件动作。常见的放大元件有电压放大器和功率放大器等。

执行元件：直接推动控制对象，使被控量发生变化，例如执行电动机、液压马达等。

校正元件：也叫补偿元件，当自动控制系统由于自身结构或参数问题而导致控制结果不能满足要求时，需要在系统中添加一些装置以改善系统的控制性能，添加的装置就是校正元件（即校正装置）。校正元件一般用串联或者反馈的方式连接在系统中。最简单的校正元件是由电阻、电容等组成的无源或有源网络。

控制对象：控制系统要操纵的对象，一般指工作机构或生产设备等，比如机床工作台、恒温箱等。控制对象的输出量为系统的被控量。

如图 1-5 所示，一般用“⊗”表示比较元件，用来将反馈元件检测到的被控量与给定元件设定的输入量进行比较。当反馈信号的作用与输入量的作用方向相反，能够起到减小偏差作用时，称为负反馈，反之为正反馈。信号从输入端沿箭头方向到达输出端的传输通道称为前向通道；系统输出量经反馈元件反馈到输入端的传输通道称为主反馈通道。前向通道与主反馈通道共同构成主回路。系统中还可能有局部反馈通道以及由它构成的内回路。

1.2.3　自动控制系统的基本控制方式

自动控制有两种基本的控制方式：开环控制与闭环控制。与这两种控制方式对应的系统分别称为开环控制系统和闭环控制系统。

1. 开环控制系统

控制系统的输出量不对系统的控制产生任何影响，这种控制系统称为开环控制系统。日常生活中常见的自动门控制系统就是一个开环控制系统。当人走近自动门时，门上方的红外自动检测装置检测到人体热辐射发出的红外信息，控制电路接收到该信号后起动电动机带动门开启或者关闭。图 1-6 为自动门开启系统的职能框图。

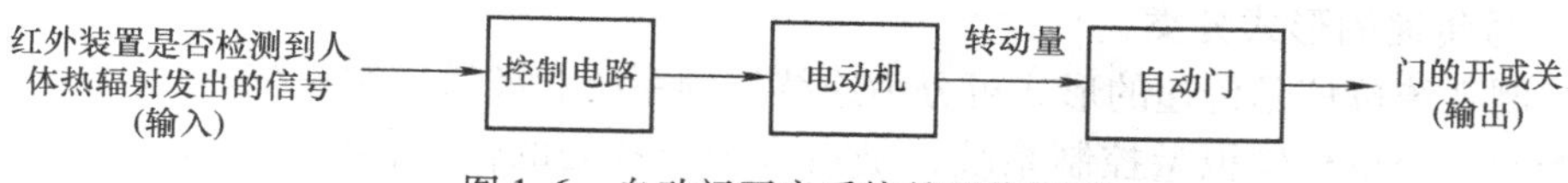

图 1-6　自动门开启系统的职能框图

开环控制系统的主要优点是结构简单、价格便宜、容易维修；缺点是精度低，容易受环境变化的干扰。开环控制系统一般用于可以不考虑外界影响或精度要求不高的场合，如洗衣机、步进电机控制装置以及水位调节系统等。一般开环控制系统结构框图如图 1-7 所示。

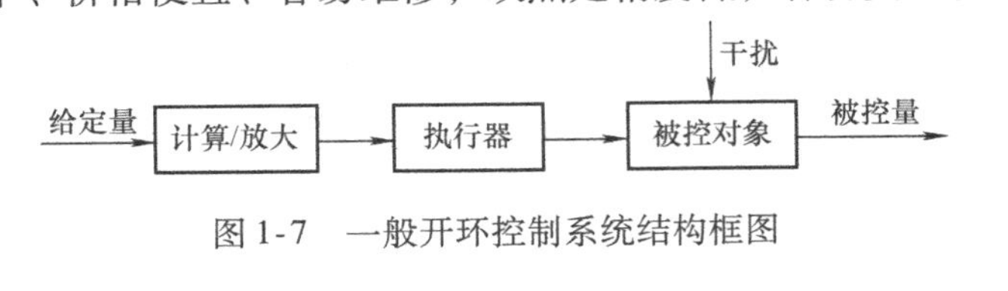

图 1-7　一般开环控制系统结构框图

2. 闭环控制系统

控制系统输出量的一部分或全部，通过一定方法和装置反送回系统的输入端，然后将反馈信息与原输入信息进行比较，再将比较的结果施加于系统进行控制，避免系统偏离预定目标，这样的控制系统称为闭环控制系统，也叫反馈控制系统。家用压力锅的压力控制系统就是一个闭环控制系统，通过安全阀和排气孔实现压力控制。安全阀上有一个重锤压在高压锅的排气孔上作检测装置，当锅内温度升高时压力增大，重锤被抬起，蒸汽排出，压力降到设定范围。图 1-8 为家用压力锅的闭环控制系统职能框图。

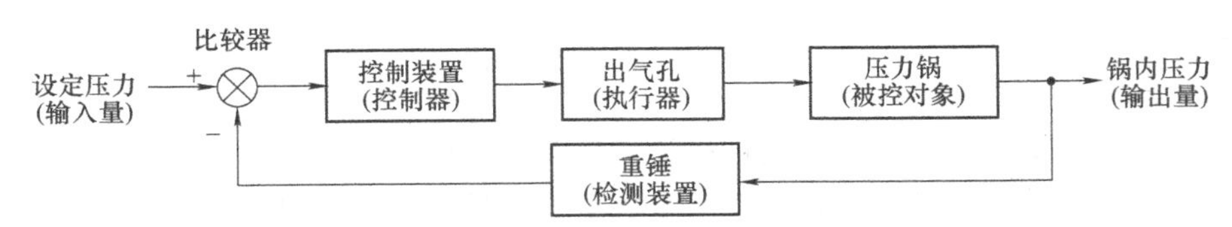

图 1-8　家用压力锅的闭环控制系统职能框图

闭环控制系统的突出优点是，抑制干扰能力强，即使输入信号有变化或者受到干扰的影响，或者系统内部参数发生变化，只要被控量偏离了规定值，系统就会检测到偏差值并产生相应的作用以消除偏差。闭环控制系统可以选用不太精密的元件构成较为精密的控制系统，获得满意的动态特性和控制精度。但是采用反馈装置需要添加元部件，造价较高，同时也增加了系统的复杂性，如果系统的结构参数选取不适当，控制过程就可能变得很差，甚至出现振荡或发散等不稳定的情况。因此，如何分析系统，合理选择系统的结构和参数，从而获得满意的系统性能，是自动控制理论必须研究解决的问题。图 1-9 为一般闭环控制系统的结构框图。

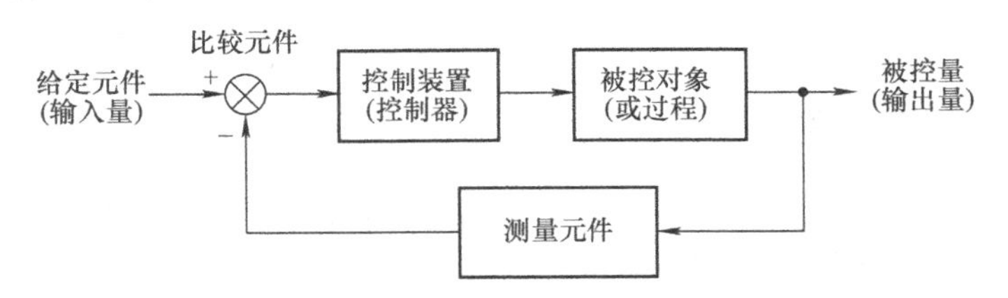

图 1-9　一般闭环控制系统的结构框图

1.2.4　自动控制系统的分类

自动控制系统的分类方法较多，常见的有以下几种。

1. 按信号传递的形式分类

自动控制系统按信号传递的形式可分为连续控制系统和离散控制系统。

连续控制系统也称模拟量控制系统，是指系统内各处的信号都以连续的模拟量传递的系统，即系统中各元件的输入量和输出量均为时间的连续函数，比如电流、电压、位置、速度及温度等。连续控制系统的运动规律可以用微分方程来描述。

系统中某处或多处信号是以脉冲序列或者数码形式传递的系统称为离散控制系统，也称为数字控制系统。比如，计算机处理的是数字量，是离散量，所以计算机控制系统是离散控制系统。离散控制系统的运动方程只能用差分方程来描述。本书只讨论连续控制系统，这是控制理论的基础。

2. 按输入信号变化的规律分类

自动控制系统按输入信号变化的规律可分为恒值控制系统、随动系统和程序控制系统。

恒值控制系统的给定输入量是一个常值，要求被控量也相应地保持一个常值。恒值控制系统是常见的一类自动控制系统，家用空调的温度控制系统、汽车自动巡航的速度控制系统、轧钢生产线上的恒张力控制系统等都是恒值控制系统。在工业控制中，如果被控量是温度、流量、压力、液位等生产过程参量，那么这种控制系统则称为过程控制系统，它们大多数属于恒值控制系统。

随动系统的输入量是预先未知的随时间任意变化的函数，要求被控量以尽可能小的误差跟随输入量的变化，故又称为跟踪系统。随动系统在工业和国防上有着极为广泛的应用，如刀架跟随系统、自动火炮控制系统、雷达跟踪系统、机器人控制系统、自动驾驶系统、自动导航系统等。在随动系统中，如果被控量是机械位移或其导数，那么这类系统又称为伺服系统。

程序控制系统的输入量是按预定规律随时间变化的函数，要求被控量迅速、准确地加以复现。与随动系统的区别在于，程序控制系统中输入量是已知的时间函数，随动系统中输入量是未知的任意时间函数。而恒值控制系统可以看成是程序控制系统的特例。这类系统适用于特定的生产工艺或生产过程。仿形控制系统、机床数控加工系统等是工业生产中常见的程序控制系统。

3. 按系统是否满足叠加原理分类

自动控制系统按系统是否满足叠加原理可分为线性系统和非线性系统。

由线性元件构成的系统称为线性系统。其运动方程为线性微分方程。线性系统一定满足叠加原理。叠加原理可表述为：两个不同的作用量同时作用于系统时的响应等于两个作用量单独作用时的响应的叠加。

在构成系统的环节中有一个或一个以上的非线性环节时，则称此系统为非线性系统，用非线性微分（或差分）方程描述其特性。非线性系统不能应用叠加原理。典型的非线性特性有饱和特性、死区特性、间隙特性、继电特性、磁滞特性等。严格来说，任何物理系统的特性都是非线性的。但为了研究问题的方便，许多系统在一定的条件下、一定的范围内可近似地看成线性系统来加以分析研究，其误差往往在工业生产允许的范围之内。

4. 按系统参数是否随时间变化分类

自动控制系统按系统参数是否随时间变化可分为定常系统和时变系统。

定常系统又称为时不变系统，是系统的结构和参数都不随时间变化的一类系统，描述这类系统运动的微分方程或者差分方程的系数均为常数，系统的响应特性只取决于输入信号和系统的特性，而与输入信号施加的时刻无关。

如果系统的参数或结构是随时间变化的，称为时变系统。例如，火箭或带钢卷筒的控制系统，在运行过程中随着燃料不断地消耗或卷筒卷绕带钢后直径的变化，系统的质量或惯性随时间而变化，故它们属于时变系统。时变系统的特点是：系统的参数或结构是随时间变化的，描述系统运动的方程为时变方程；反映在特性上，系统的响应特性不仅取决于输入信号的形状和系统的特性，还与输入信号施加的时刻有关，这给系统的分析研究带来了困难。

自动控制理论中内容丰富且便于使用的是定常系统部分，而时变系统理论尚不够成熟。虽然严格说来，在运行过程中由于各种因素的作用，要使实际系统的参数完全不变是不可能的，定常系统只是时变系统的一种理想化模型，但是，只要参数的时变过程较之系统的运动过程慢得多，则用定常系统来描述实际系统所造成的误差就很小，这在工程上是允许的。大多数实际系统的参数随时间变化并不明显，按定常系统来处理可保证足够的精确度。

5. 其他分类方式

1）按系统的输入/输出信号的数量来分：有单输入/单输出系统和多输入/多输出系统。

2）按控制系统的功能来分：有温度控制系统、速度控制系统、位置控制系统等。

3）按系统元件组成来分：有机电系统、液压系统、生物系统等。

4）按不同的控制理论分支设计的新型控制系统来分，有最优控制系统、自适应控制系统、预测控制系统、模糊控制系统、神经网络控制系统等。

经典控制理论重点研究单输入单输出线性定常系统的分析与设计问题。

1.2.5 自动控制系统的基本要求

应用于不同场合的控制系统有不同的性能要求，但从控制工程的角度来看，都有一些共同的基本要求，这些要求也是常见的用来评价系统优劣的性能指标，一般可归纳为稳定性、快速性、准确性，即“稳、快、准”。

1. 稳定性

稳定性是指系统在受到外部作用后，动态过程的振荡倾向及其恢复平衡状态的能力。当输出量偏离平衡状态时，稳定系统的输出能随时间的增长收敛并回到初始平衡状态。稳定性是控制系统正常工作的先决条件。一个系统如果不稳定，被控量将忽大忽小或者运动发散，以致不能到达原定的工作状态。

这里讨论的控制系统稳定性由系统结构所决定，与外界因素无关。

2. 快速性

系统在稳定的前提下，响应的快速性是指输出量和输入量产生偏差时，系统消除这种偏差的快慢程度。快速性表征系统的动态性能。

3. 准确性

准确性是指在过渡过程结束后实际的输出量与给定的输入量之间的偏差，又称为稳态精度。它也是衡量系统工作性能的重要指标。系统的稳态精度不但与系统有关，还与输入信号的类型有关。

需要注意的是，同一个系统，这三个指标是相互制约的。提高快速性，可能会引起系统强烈振动；改善了稳定性，控制过程又可能响应迟缓，或者降低响应精度。分析和解决这些矛盾，是本学科讨论的重要内容。不同性质的控制系统，对稳定性、准确性和快速性的要求也各有侧重，应根据实际要求合理选择。

1.3 控制理论在工程中的应用举例

1.3.1 瓦特的飞球离心调速系统

最早用于工业过程的反馈系统一般认为是瓦特的飞球调节器。它的机械装置示意图如图

1-10 所示，控制的目标是使蒸汽机输出轴的转速 n 保持恒定。

1. 工作原理

系统为闭环控制系统。由图 1-10 可知，离心机构、比较机构、转换机构等组成了离心调速器。蒸汽机带动负载转动，如果通入蒸汽机的蒸汽量 Q 不变，则蒸汽机输出轴的转速 n 不变。通过调节阀门的开度调节进入蒸汽机的蒸汽量 Q。蒸汽机带动负载转动的同时，通过锥齿轮减速带动一对飞锤做水平旋转，飞锤通过铰链带动套筒上下滑动拨动杠杆的一端，杠杆的另一端通过连杆调节供汽阀门的开度。当外界负荷恒定时，飞锤旋转，套筒保持某高度，阀门处于一个平衡位置，进入蒸汽机的蒸汽量保持恒定；当外界负荷变化使负载干扰力矩 M 减小时，由于蒸汽带入的功率未变，输出轴转速 n 上升，锥齿轮转动带动飞锤转速加快，比较机构的套筒上升，杠杆的左端下降，蒸汽阀门开度减小，蒸汽量 Q 减小，转速 n 下降，逐渐趋向给定值；反之，当外界负荷变化使负载干扰力矩 M 加大时，转速 n 下降，锥齿轮转动带动飞锤转速降低，套筒下降，杠杆的左端上升，蒸汽阀门开度加大，蒸汽量 Q 增大，转速 n 上升，逐渐趋向给定值。可见，离心调速器是蒸汽机的附加反馈控制装置，使得蒸汽机在外界负载干扰变化时仍能使其转速保持在给定值附近。

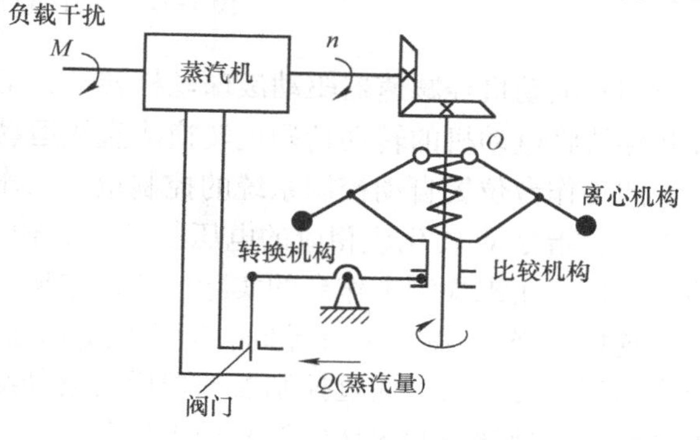

图 1-10　蒸汽机转速控制系统

2. 原理框图

蒸汽机离心调速系统框图如图 1-11 所示。其中被控对象是蒸汽机，被控量是蒸汽机输出轴的转速，给定量是蒸汽阀门开口位置（代表转速的希望值），主扰动是蒸汽机的负荷。

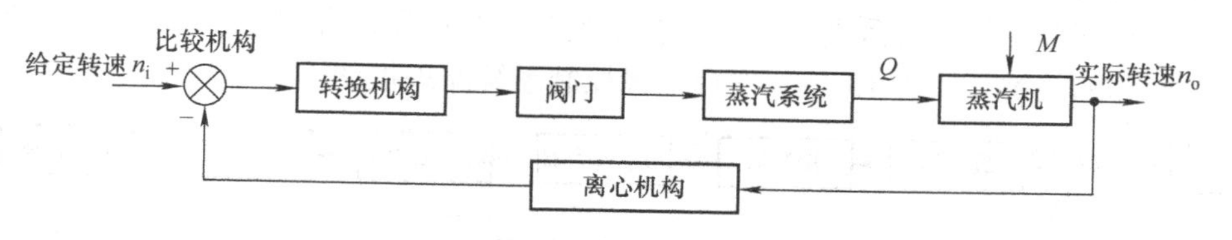

图 1-11　蒸汽机离心调速系统框图

1.3.2　工作台位置自动控制系统

工作台位置自动控制系统由伺服电动机、减速器、工作台、驱动控制电路等构成，系统构成如图 1-12 所示。对于工作台位置自动控制系统，控制的目标是：由操作者（人）通过指令电位器设置期望的工作台位置，工作台通过驱动和传动系统到达指定的位置。

工作台位置自动控制系统性能好坏的评价标准是工作台运动是否稳定、快速和精确。为了使该系统获得较好的动态性能，除对机械系统进行运动学、动力学优化设计外，还需要应用自动控制理论对其控制系统进行建模、控制算法设计、仿真分析等，使系统达到良好的控制性能。

系统的驱动装置是直流伺服电动机，它将电能转换成机械运动，是连接机和电的纽带。电动机的转子电枢接收功率放大器提供的直流电，其直流电的电压决定电动机的转速，电流的大小与电动机输出的转矩成正比。工作台的传动系统由减速器、滚珠丝杠和导轨等组成。减速器起放大电动机输出转矩的作用，滚珠丝杠与减速器输出轴相连，滚珠丝杠螺母与工作台相连。

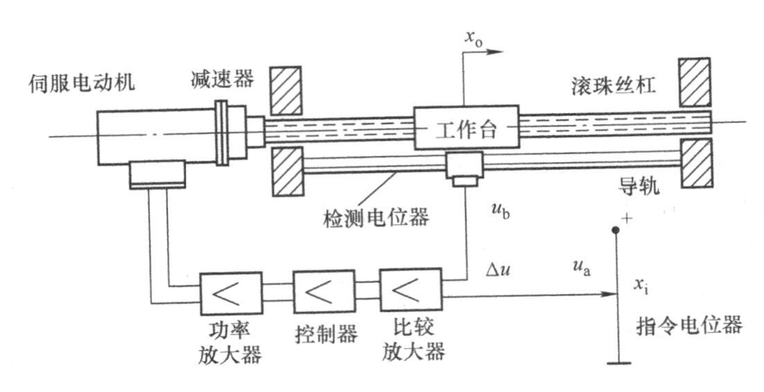

图 1-12　工作台位置自动控制系统

直流伺服电动机经减速器驱动滚珠丝杠转动，工作台在滚珠丝杠的带动下沿导轨滑动。滚珠丝杠和导轨将电动机的转动精确地转换成直线运动。

此工作台位置自动控制系统的控制量是工作台的位置。系统工作时，操作者通过指令电位器将位置指令 x_i 转化成相应的电压信号 u_a，输入控制系统，完成工作台运动的目标位置设定；检测电位器用来检测工作台的实际位置，它将工作台的实际位置 x_o 转化成电压信号 u_b。

这样，当 x_o 和 x_i 有偏差时，对应偏差电压为 $\Delta u = u_a - u_b$，该偏差电压信号经比较放大器放大后进入控制器。通过控制器处理后的信号经功率放大器放大后驱动直流伺服电动机转动。电动机通过减速器和滚珠丝杠驱动工作台向给定位置运动。随着工作台实际位置与给定位置偏差的减小，偏差电压 Δu 的绝对值也逐渐减小。当工作台实际位置与给定位置重合时，偏差电压 Δu 为零，也就没有电压和电流输入电动机，伺服电动机停止转动，工作台不改变当前位置。当工作台在其他扰动作用下偏离给定位置时，偏差电压 Δu 不为零，伺服电动机起动并带动工作台运动到达给定位置。当不断改变指令电位器的给定位置时，工作台就不断改变在机座上的位置，来跟随指令信号达到期望位置。在系统机械结构设计合理的情况下，控制器的设计是系统性能好坏的关键。图 1-13 是工作台位置控制系统原理框图。

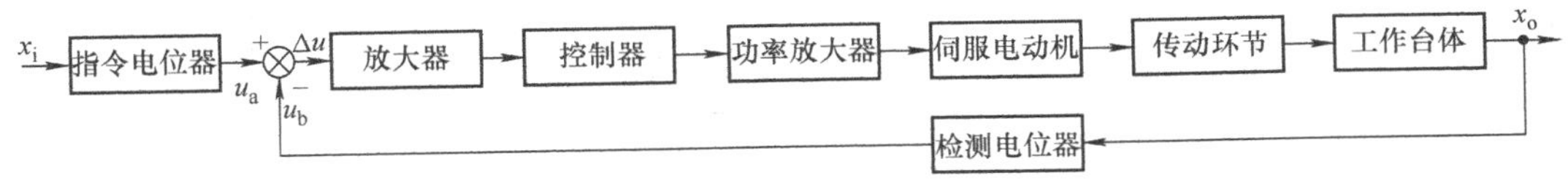

图 1-13　工作台位置控制系统原理框图

当系统的自动调节作用使控制量达到给定值时，称系统达到平衡状态。当系统达到平衡状态时，比较环节输出的偏差有两种情况：一种为零，另一种不为零。在上述工作台位置自动控制系统中，随着工作台位置不断接近给定位置，偏差电压 Δu 不断减小，当工作台位置达到给定位置时，系统调节到平衡状态，偏差电压 Δu 为零。另一种情况是当系统的控制量达到预定值时，起控制作用的偏差为一个确定值，以维持系统的平衡状态。工作台的速度控制就属于这种情况。

速度控制系统的功能是，操作者通过指令电位器设置期望的工作台运动速度，工作台将在导轨上自动地按所设定的速度运动。要控制工作台的运动速度，就需要检测并反馈工作台的实际运动速度，检测环节由测速发电机和比例调压电路组成。图 1-14 是工作台速度控制原理框图。系统通过指令电位器发出工作台运动速度指令 v_i，经指令电位器转换为指令电压 u_a。此系统的速度自动控制作用在于：

1）如果速度 v_o 小于给定值 v_i，检测环节输出的反馈电压 u_b 降低，偏差电压 $\Delta u = u_a - u_b$ 相应增大，伺服电动机转速增高，工作台速度提高，直到工作台速度达到给定值 v_i 时为止，即调节达到了平衡状态；反之，如果工作台速度大于 v_i，则反馈电压 u_b 增高，偏差电压 $\Delta u = u_a - u_b$ 相应降低，伺服电动机转速降低，工作台速度减小，直到工作台速度达到给定值 v_i 时为止。这样，工作台的速度只取决于给定的输入电压 u_a，而不受干扰的影响。

2）如果给定速度 v_i 提高，指令电位器输出电压 u_a 和偏差电压 Δu 均提高，电动机的转速提高，带动工作台速度提高，反馈电压也随之提高，当工作台的速度达到新设定值时，偏差电压 Δu 再次为零，系统达到了新的平衡。

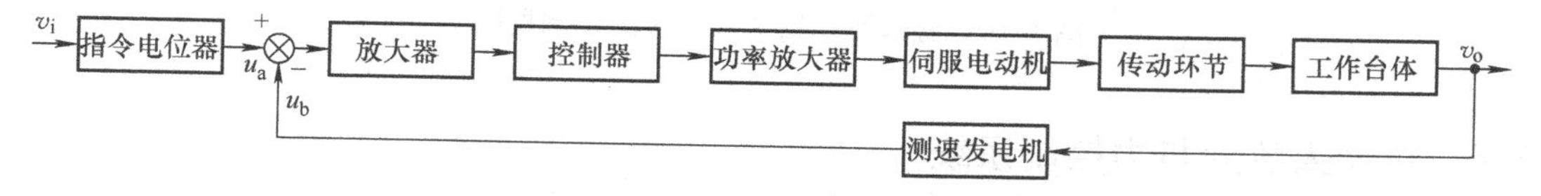

图1-14 工作台速度控制原理框图

1.3.3 磁盘驱动器读入系统

磁盘驱动器用于所有类型的计算机。图1-15为磁盘驱动器的实物图。磁盘驱动器读入系统的控制目标是将读入磁头准确地定位于期望的磁道，以便准确读取磁盘上对应磁道的信息。

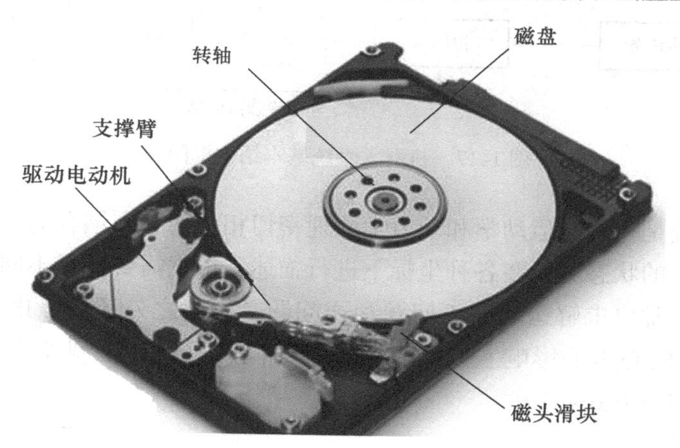

图1-15 磁盘驱动器

1. 工作原理

磁盘驱动器的读入装置采用永磁直流电动机来旋转读入磁头的支撑臂，磁头安装在一个与手臂相连的簧片上，磁头读取磁盘上各处不同的磁通量，并将信号提供给放大器，弹性金属支撑臂的簧片保证磁头以小于100nm的间隙悬浮于磁盘之上。磁头定位经历寻道和跟随两个步骤。通过读取刻录在磁盘上的伺服信息中的磁道号，与目标磁道号对比，决定支撑臂向内径还是外径移动，这个过程称为寻道。当到达目标磁道后，磁头再紧紧跟随目标磁道，跟随过程通过读取刻录在磁盘上的伺服信息中的位置误差信号来实现：伺服控制机构通过获取磁头相对于当前磁道的位置信息，及时调整磁头的位置，使磁头始终能够准确定位在磁道的中心位置，并能够有效地克服噪声干扰和机械扰动造成的磁头偏离当前磁道的问题。

2. 原理框图

磁盘驱动器读入系统的控制框图如图 1-16 所示。其中被控对象是磁头，被控量是磁头的位置。

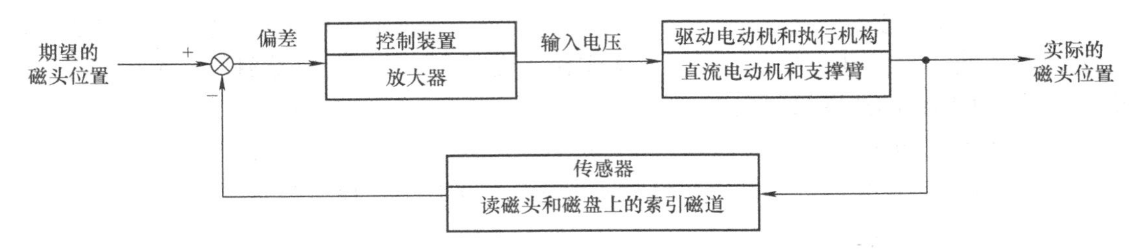

图 1-16　磁盘驱动器读入系统的控制框图

1.3.4　机器人位置与力控制系统

机器人是代替人进行各种工作的机器，或者说是一种拟人功能的机械电子装置。机器人应该具有两个特征：一是在编程条件下的自动工作；二是具有高度灵活性，通过改变程序可以完成不同的工作。机器人系统一般由四个互相作用的部分组成：机械手、环境、任务和控制器，如图 1-17 所示。

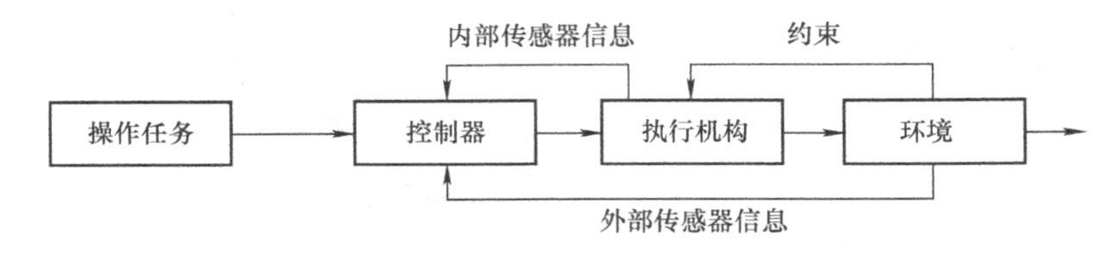

图 1-17　机器人系统基本结构框图

机器人控制系统是一个与运动学和动力学原理密切相关的、有耦合的、非线性的多变量控制系统。机器人手爪的状态可以在各种坐标下进行描述，根据需要选择不同的参考坐标系并做适当的坐标变换；经常要求解运动的正问题和逆问题，除此之外还要考虑惯性力、外力（包括重力）、哥氏力、向心力的影响。按照控制量的不同，机器人控制分为位置控制、速度控制、力控制等几种控制方式。

1. 机器人位置控制

实现机器人的位置控制是机器人的基本任务之一，机器人的位置控制有时也称位姿控制和轨迹控制。位置控制中包括点到点的控制、连续路径的控制。为了更易于实现机器人关节的伺服控制，控制系统应通过反馈实时计算，给出控制指令，通过驱动器驱动各关节，满足轨迹跟踪的要求。

位置控制的目标是使被控机器人的关节或末端达到期望的位置。图 1-18 是机器人关节空间位置控制系统的结构框图。关节位置给定值与当前值比较得到的误差作为位置控制器的输入量，经过位置控制器的运算后，其输出作为关节速度控制的给定值。关节位置控制器常采用 PID 算法，也可以采用模糊控制算法。

机器人的位置控制算法是在得到反馈信息后，按照控制要求给驱动器发出运动指令，实现预定的轨迹控制。对于一个位置控制系统来说，需要将输入的期望末端运动的位置和姿态，经

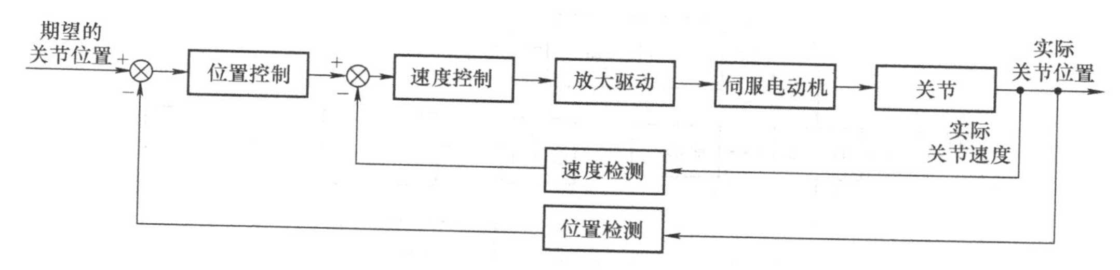

图1-18 机器人关节空间位置控制系统结构框图

运动学逆运算变换为关节空间表示的期望轨迹。与工作台位置自动控制系统类似，机器人在诸如点到点控制、轨迹控制的过程中需要高精度的位置伺服能力，即在很大的调速范围内有较小的系统静差率，各关节的速度误差系数应尽量一致，位置无超调，动态响应尽量快。机器人位置控制在工业生产中的典型应用如图1-19所示。

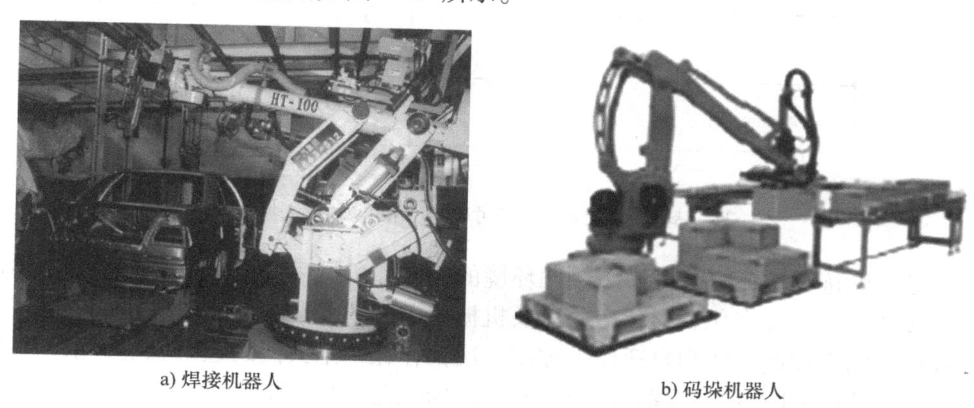

a) 焊接机器人　　b) 码垛机器人

图1-19 机器人位置控制的典型应用

2. 机器人的力控制

机器人研究中核心矛盾之一为：机器人在特定接触环境操作时，对任意作用力的顺应性的高要求和机器人在自由空间操作时对位置伺服刚度及机械结构刚度的高要求之间的矛盾。

机器人的力控制最终通过位置控制来实现，所以位置伺服是机器人实施力控制的基础。力控制研究的目的之一是实现精密装配；另外，约束运动中机器人终端与刚性环境相接触时，微小的位移量往往产生较大的环境约束力。因此位置伺服的高精度是机器人力控制的必要条件。经过几十年的发展，单独的位置伺服已达到较高水平。因此，针对力控制中力/位之间的强耦合，必须有效解决力/位混合后的位置伺服问题。机械手的末端与周围环境接触时，由于位置伺服系统存在位置误差，只用位置控制往往不能满足实际的要求。因此，在位置控制的基础上，必须引入力控制来提高机械手对于环境的有效作业精度。机器人力/位混合控制基本结构如图1-20所示。

力控制方法可以分为经典力控制和智能力控制方法。经典力控制方法主要包括力/位混合控制策略和阻抗控制。基于阻抗模型的参考轨迹算法的力控制原理图如图1-21所示。

传统的阻抗控制方法实现力跟踪的困难在于需要对接触环境信息有精确的了解。因此，要解决这个困境，就要减少甚至取消对环境知识的依赖。当被控对象参数未知，或者由于环境参数发生较大变化时，应采用有效的控制方法使阻抗控制器具有对环境的适应能力。在阻抗控制

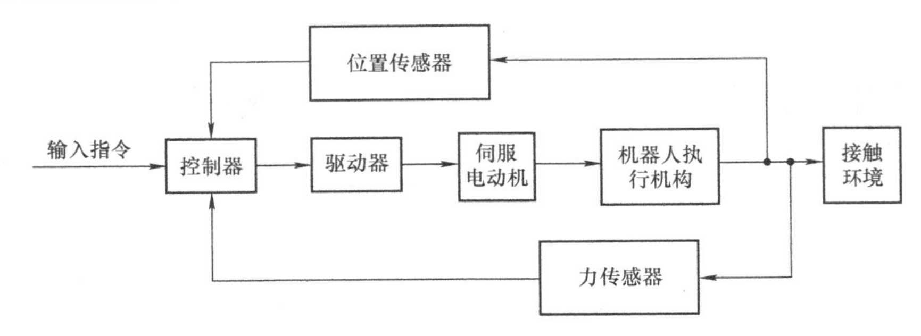

图 1-20　机器人力/位混合控制基本结构

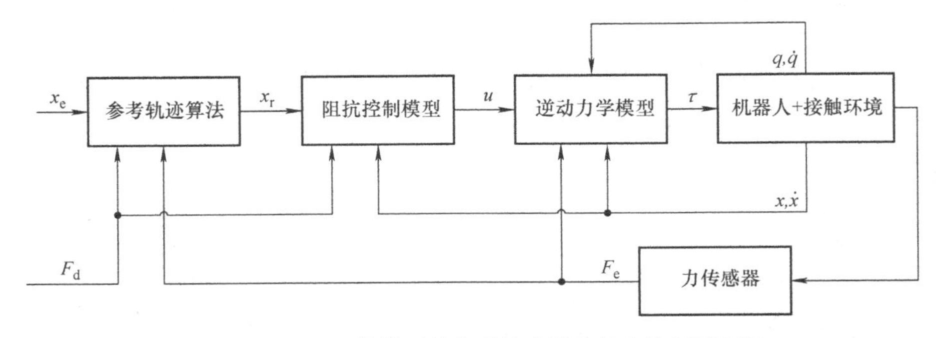

图 1-21　基于阻抗模型的参考轨迹算法的力控制原理图

模型中加入参考轨迹算法，综合考虑了接触环境的刚度和机械手刚度，在受限运动中给出了一个充分考虑接触环境刚度变化、形状变化以及机械手末端的变形的参考轨迹。

机器人经典的力控制方法和自适应力控制方法都存在一个共同的建模难题，由于实际机器人系统和受限环境中的时变、强耦合以及不确定性给机器人控制带来了困难，增加了建模的难度。因此，要想彻底解决这些问题，必须用智能控制的手段，机器人力控制的研究也将进入智能化阶段。

1.4　自动控制系统的分析与设计工具

MATLAB 是美国 MathWorks 公司出品的商业数学软件，是用于算法开发、数据可视化、数据分析以及数值计算的高级技术计算语言和交互式环境，主要包括 MATLAB 和 Simulink 两大部分。

MATLAB 的基本数据单位是矩阵，它的指令表达式与数学、工程中常用的形式十分相似，故用 MATLAB 来解算问题要比用 C、FORTRAN 等语言完成相同的事情简捷得多。MATLAB 的一个重要特色就是具有一套程序扩展系统和一组称为工具箱（Toolbox）的特殊应用子程序库。每一个工具箱都是为某一类学科专业和应用而定制的，主要包括信号处理、控制系统、神经网络、模糊逻辑、小波分析和系统仿真等方面的应用。

控制系统工具箱（Control System Toolbox）主要处理以传递函数为主要特征的经典控制和以状态空间为主要特征的现代控制中的问题。该工具箱对控制系统，尤其是线性定常系统的建模、分析和设计提供了一个完整的解决方案。其主要功能如下：

1. 系统建模

能够建立连续或者离散系统的传递函数，并实现传递函数任意表达形式之间的转换；通过串联、并联、反馈连接及更一般的框图连接，建立复杂系统的模型；可通过多种方式实现连续时间系统的离散化、离散时间系统的连续化及重采样。

2. 系统分析

不仅支持对SISO（单输入单输出）系统的分析，也可对MIMO（多输入多输出）系统进行分析；对系统的时域响应分析，可支持系统的单位阶跃响应、单位脉冲响应、零输入响应以及对任意信号的响应进行仿真；对系统的频域响应分析，可支持系统的Bode（伯德）图、Nyquist（奈奎斯特）图、Nichols（尼柯尔斯）图等的计算和绘制。

另外，该工具箱还提供了一个可视化的操作界面工具——LTIViewer（LTI观测器），使用LTIViewer，不仅可以方便地绘制系统的各种响应曲线，还可以从系统响应曲线中获得系统的响应信息，从而使用户可以对系统性能进行快速的分析。例如，对于系统的单位脉冲响应，单击响应曲线中的任意一点，可以获得系统响应曲线上此点所对应的系统运行时间、幅值等信息。

3. 系统设计

可以进行各种系统的补偿设计，如LQG线性二次型设计、线性系统的根轨迹设计和频率法设计、线性系统的极点配置以及线性系统观测器设计等。还提供了一个功能非常强大的单输入单输出线性系统设计器（SISO Design Tool），它为用户设计这类系统提供了非常友好的图形界面。在SISO设计器中，用户可以同时使用根轨迹图与对数坐标图，通过修改线性系统相关环节的零点、极点以及增益等进行SISO线性系统设计。

1990年，MathWorks软件公司为MATLAB提供了新的控制系统模型图形输入与仿真工具，并在控制界很快得到了广泛应用，后命名为Simulink。这一名字的含义相当直观，即Simu（仿真）与Link（连接）。Simulink是一个建立系统框图和基于框图的一种可视化系统仿真工具，提供了一个动态系统建模、仿真和综合分析的集成环境，在该环境中，无须大量书写程序，而只需要通过简单直观的鼠标操作，就可构造出复杂的系统，仿真结果可以近乎实时地通过可视化模块，如示波器模块、频谱仪模块以及数据输入/输出模块等显示出来，使得系统设计、仿真调试和模型检验工作大为简便。Simulink广泛应用于线性系统、非线性系统、数字控制及数字信号处理的建模和仿真中。

1.5　本课程的特点和学时安排

“机械工程控制基础”课程主要阐述经典控制理论的基础理论以及反馈控制技术在机电工程领域的基本应用方法。本课程是机械大类专业必修的一门重要的技术基础课程。值得指出的是，尽管经典控制理论在20世纪60年代已经完全发展成熟，但并不过时，它是整个自动控制理论（包括现代控制理论）的基础，目前在机械制造、航空航天等多领域仍有广泛的应用。

本课程在高等数学、理论力学、电工电子学等先修课的基础上，使学生掌握机电控制系统的基本原理及典型应用。基本要求包括：

1）掌握反馈控制理论中的基本概念。

2）掌握建立机电系统动力学模型的基本方法。

3）掌握机电系统的时域分析方法。

4）掌握机电系统的频域分析方法。

5）掌握机电控制系统的分析及设计综合的基本方法。

本书立足服务应用型本科院校机械类控制理论课程的教学，适应短课时理论课教学，核心内容设计为 32 ~ 48 学时的基础理论教学及 2 ~ 4 学时的实验教学。内容注重逻辑性，以应用为主线，减少烦琐的推导过程，增加理论的仿真验证与实例分析，所有仿真内容提供源程序。本书强调工程应用，每部分基础理论均以两个实际工程问题为范例进行应用解析。

学习本课程前，应有良好的数学、力学、电学和机械学的基础，学习过程中不必过分追求数学论证上的严密性，但要注意数学结论的准确性与物理概念的明晰性。要重视实验，重视习题，要独立完成作业，这些都有助于对基本概念的理解与基本方法的应用。

习　题

1-1　单项选择题

(1) 负反馈原理是利用反馈得到________信号，进而产生控制作用，又去消除________的控制原理。

A. 误差　　B. 干扰　　C. 偏差　　D. 补偿

(2) 自动控制是在不需要人直接参与的条件下，依靠控制装置使受控对象按预期的要求工作，使输出量与________保持某种函数关系。

A. 性能指标　　B. 开环增益　　C. 频率特性　　D. 参考输入

(3) 自动控制系统的反馈环节中必须具有________。

A. 给定元件　　B. 检测元件　　C. 放大元件　　D. 执行元件

(4) 作为系统，________。

A. 开环不振荡　　B. 闭环不振荡　　C. 开环一定振荡　　D. 闭环一定不振荡

1-2　简答题

(1) 试比较开环控制系统和闭环控制系统的优缺点。

(2) 举出五个身边控制系统的例子，试用职能框图说明其基本原理，并指出是开环控制还是闭环控制。

(3) 控制系统的基本要求是什么？

1-3　图 1-22 是自整角机随动系统原理示意图，系统的功能是使接收自整角机 TR 的转子角位移 θ_o 与发送自整角机 TX 的转子角位移 θ_i 始终保持一致。试说明系统是如何工作的，并指出被控对象、被控量以及控制装置各部件的作用，并画出系统框图。

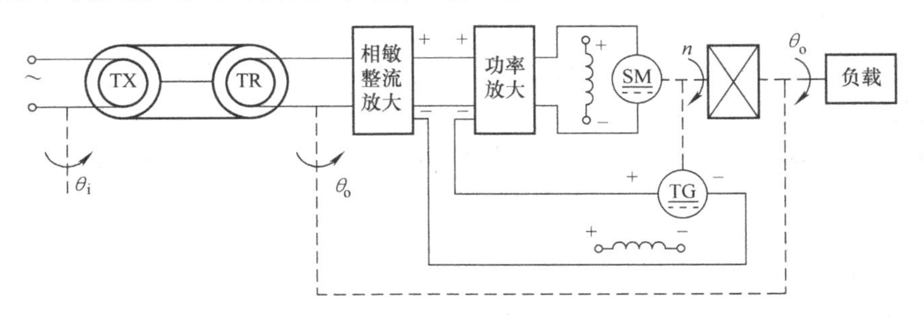

图 1-22　自整角机随动系统原理示意图

1-4　水位控制系统的工作原理如图 1-23 所示，其控制任务是使水池的水位保持恒定。试说明自动控制水位的过程，并画出系统框图。

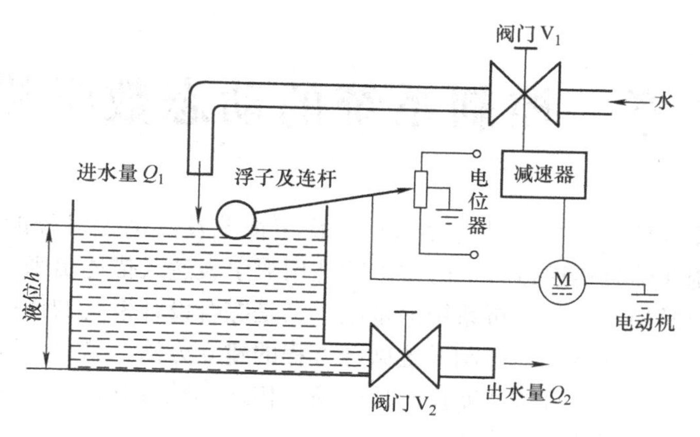

图1-23 水位控制系统的工作原理图

1-5 仓库大门自动开闭控制系统如图1-24所示，试分析系统工作原理并绘制功能框图。

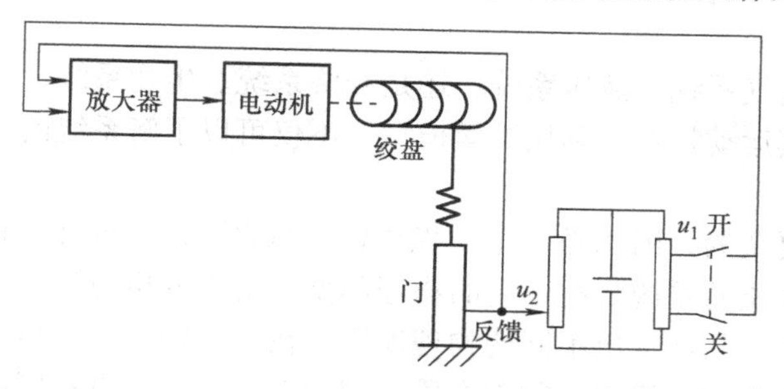

图1-24 仓库大门自动控制系统的工作原理图

第2章 控制系统的动态数学模型

对控制系统在输入信号作用下的运动规律、稳定情况及其动态过程的研究非常重要。为此，需要将物理系统在信号传递过程中的这些特性用数学表达式描述出来，即得到该物理系统的数学模型。系统数学模型既是分析系统的基础，又是综合设计系统的依据。

本章先介绍数学模型的概念，控制系统微分方程的建立方法，微分方程的线性化方法，然后介绍重要的数学工具——拉普拉斯变换及反变换，传递函数及其列写方法，最后介绍系统数学模型的图解形式——框图和信号流图。

2.1 数学模型的概念

无论机械系统、电气系统、液压系统，还是经济系统、生物系统，只要是确定的系统，都可以用数学模型描述其运动特性。利用数学模型，不仅可以了解系统的稳态特性，更重要的是可以了解其动态过程。

系统通常是错综复杂的，因而必须作一些理想化的假设，经过理想化处理的系统称为该系统的物理模型。不同性质的系统具有不同的物理模型。由于分析与综合的目的不同，同一个系统会有不同的建模方法，从而得出不同的物理模型。在建立物理模型后，根据系统所遵循的基本定理和定律建立系统的数学模型。物理本质不同的系统，可以有相同的数学模型。

描述系统输入、输出变量及内部各变量之间相互关系的数学表达式，称为系统数学模型。它解释了系统结构及参数与系统性能之间的内在关系。

数学模型又包括静态数学模型和动态数学模型。

1）静态数学模型：静态条件（变量的各阶导数为零）下描述变量之间关系的代数方程，它是反映系统处于稳态时系统状态有关属性变量之间关系的数学模型。

2）动态数学模型：描述变量各阶导数之间关系的微分方程（针对连续系统）或差分方程（针对离散系统），它是描述动态系统瞬态与过渡态特性的模型，也可定义为描述实际系统各物理量随时间变化的数学表达式。动态系统的输出信号不仅取决于同时刻的激励信号，而且与它过去的工作状态有关。动态模型在一定条件下可以转换成静态模型。在控制理论或控制工程中，一般关心的是系统的动态特性，因此，往往需要建立动态数学模型，即系统的数学模型一般是指描述系统动态特性的数学表达式。

对于给定的同一动态系统，数学模型的表达不唯一，如微分方程、传递函数、状态方程及频率特性等。对于线性系统，它们之间是等价的。但系统是否线性这一特性，不会随模型形式的不同而改变。线性与非线性是系统的固有特性，完全由系统的结构与参数决定。经典控制理论采用的数学模型主要以传递函数为基础，而现代控制理论采用的数学模型主要以状态空间方程为基础。以物理定律及实验规律为依据的微分方程是最基本的数学模型，是列写传递函数和状态空间方程的基础。按照分类方法的不同，数学模型可以进行如下分类：

1. 按描述方法分类

数学模型的表达虽有多种形式，但按描述方法总体上可分为以下三种：

1）外部描述法。外部描述法也称为输入输出描述法，它是将系统的输入与输出之间的关系用数学方式表达出来，如微分方程、传递函数。

2）内部描述法。内部描述法也称为状态空间描述法。它不仅可以描述系统的输入与输出之间的关系，还可以描述系统内部各变量之间的关系，如状态空间。

3）图形描述法。图形描述法用直观的框图或信号流图模型进行系统的描述。

2. 按变量范围分类

数学模型按变量范围可分为以下三类：

1）时间域，如微分方程（微分方程组）、差分方程、状态方程。

2）复数域，如传递函数、框图。

3）频率域，如频率特性。

系统的数学模型既是分析系统的基础，又是综合设计系统的依据，所以建立“合理”的数学模型很重要。所谓“合理”是指所建立的模型既能反映系统的内在本质，又能简化分析和计算工作。

建立系统数学模型的方法有解析法和实验法两种：

（1）解析法　依据系统及元件各变量之间所遵循的物理或化学规律，比如机械系统中的牛顿定律和达朗贝尔原理、电路系统中的欧姆定律和基尔霍夫定律等，列写出相应的数学关系式，经过数学推导建立数学模型。解析法要求了解所有元件的结构以及对应的物理机理，主要用于对系统结构及参数都认识得比较清楚的简单系统。

（2）实验法　人为地对系统施加某种测试信号，记录其输出响应数据，并用适当的数学模型逼近这个响应过程。这种方法也称为系统辨识。实验法通常用于对系统结构和参数有所了解，而需进一步精化系统模型的情况。

复杂系统的建模往往是解析法与实验法相结合的多次反复的过程。

2.2　控制系统的微分方程

微分方程模型是描述系统最基础的一种数学模型。系统按其微分方程是否线性这一特性，可以分为线性系统和非线性系统。如果系统的运动状态能用线性微分方程表示，则此系统为线性系统。线性系统一个最重要的特性就是满足叠加原理。线性系统又可分为线性定常系统和线性时变系统。本课程的研究对象主要是线性定常系统。机械工程控制系统若给予一定的限制条件，则可看作线性定常系统，如弹簧 - 质量 - 阻尼系统中，弹簧限制在弹性范围内变化，阻尼看作黏性阻尼，质量集中在质心等。

2.2.1　建立控制系统微分方程的基本步骤

在建立控制系统的微分方程时，首先必须了解系统的构成、各元件及系统的工作原理，然后根据系统或各元件所遵循的运动规律和物理定律，列出系统输入、输出变量之间的动态关系表达式，即微分方程。数学模型建立的基本步骤如下：

1）确定系统或各组成元件的输入、输出量。分析系统和各个元件的工作原理，找出各物理量（变量）之间的关系，系统的给定输入量或扰动量都是系统的输入量，系统的被控量是系统的输出量。对于一个元件或者环节来说，要按照系统信号的传递情况来确定输入和输出量。

2）按照信号在系统中的传递顺序，从系统的输入端开始，根据各环节所遵循的运动规律和物理学定律（如力学中的牛顿第二定律、能量守恒定律、电学中的基尔霍夫定律等），依次列写信号在传递过程中各元件、部件的动态微分方程或微分方程组。

3）按照系统的工作条件，忽略一些次要因素，对已建立的原始微分方程进行数学处理，如对原始微分方程进行线性化等。

4）消去中间变量，得到一个描述系统输入、输出变量之间关系的微分方程。

5）将所得到的微分方程标准化。一般将与输出量有关的各项写在微分方程等号的左边，与输入量有关的各项写在微分方程等号的右边，并且将各阶导数项按降幂排列。

2.2.2 机械系统的微分方程

机电控制系统的受控对象是机械系统。在机械系统中，有些构件具有较大的惯性和刚度，有些构件则惯性较小、柔度较大。将前一类构件的弹性忽略，视其为质量块，而把后一类构件的惯性忽略，视其为无质量的弹簧，这样受控对象的机械系统可抽象为质量-弹簧-阻尼系统。

下面通过对简单系统的分析，建立质量-弹簧-阻尼系统的数学模型。图 2-1 所示为组合机床动力滑台铣平面时的情况。当铣削力 $f_i(t)$ 变化时，动力滑台可能产生振动，从而使工件表面的加工精度降低。为了分析这个系统，首先将动力滑台连同铣刀抽象成图 2-2 所示的质量-弹簧-阻尼系统的力学模型。其中，M 为受控质量，$y_o(t)$ 为位移，k 为弹性刚度，D 为黏性阻尼系数。

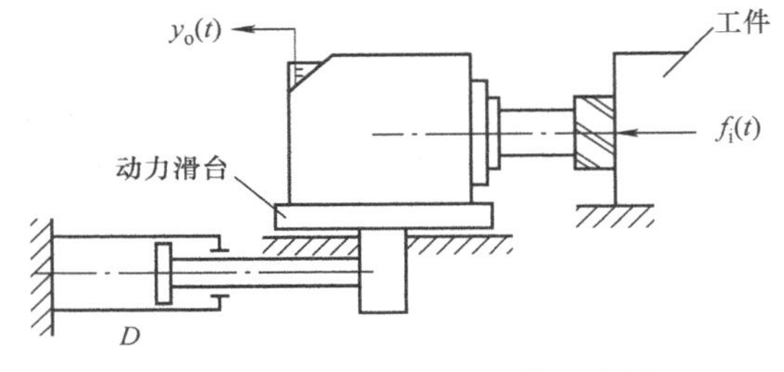

图 2-1　组合机床动力滑台示意图

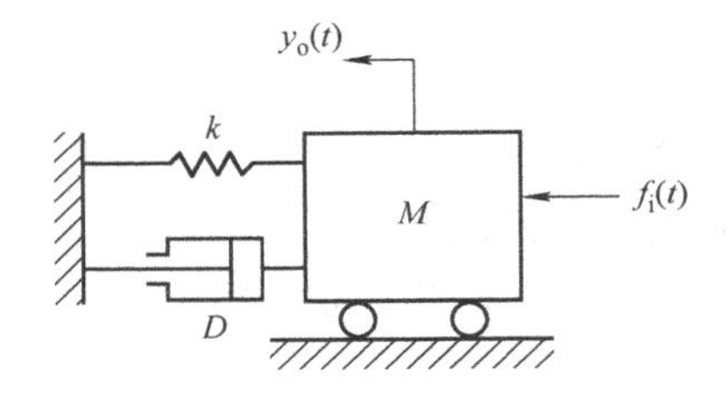

图 2-2　组合机床动力滑台的力学模型

在列写微分方程的各步骤中，关键在于掌握组成系统的各个元件或环节所遵循的有关定律。机械系统中以各种形式出现的物理现象，都可简化为质量、弹簧和阻尼三个要素。质量、弹簧和阻尼的力学模型和微分方程见表 2-1。表中，$v(t)$ 表示速度，$x(t)$ 表示位移。

表 2-1　质量、弹簧和阻尼的力学模型和微分方程

元件名称	力学模型	微分方程
质量 M	$x(t)$, $v(t)$, $f_M(t)$, M	$f_M(t)=M\dfrac{d^2x(t)}{dt^2}=M\dfrac{dv(t)}{dt}$
弹簧 k	$x_1(t)$, $v_1(t)$, $x_2(t)$, $v_2(t)$, $f_k(t)$, k, $f_k(t)$	$f_k(t)=k[x_1(t)-x_2(t)]=k\int_0^t[v_1(t)-v_2(t)]dt$
阻尼 D	$v_1(t)$, $x_1(t)$, $v_2(t)$, $x_2(t)$, $f_D(t)$, D, $f_D(t)$	$f_D(t)=D[v_1(t)-v_2(t)]=D\left[\dfrac{dx_1(t)}{dt}-\dfrac{dx_2(t)}{dt}\right]$

例 2-1　组合机床动力滑台如图 2-1 所示，图 2-2 所示为组合机床动力滑台的力学模型，试列写出系统输入、输出关系的微分方程。

解：首先，确定输入、输出量。铣削力 $f_{\mathrm{i}}(t)$ 为输入量，滑台位移 $y_{\mathrm{o}}(t)$ 为输出量。然后，列出原始的微分方程。根据牛顿第二定律 $\sum f = ma$ 并根据对 M 的受力分析得

$$f_{\mathrm{i}}(t) - D\frac{\mathrm{d}y_{\mathrm{o}}(t)}{\mathrm{d}t} - ky_{\mathrm{o}}(t) = M\frac{\mathrm{d}^2y_{\mathrm{o}}(t)}{\mathrm{d}t^2}$$

将输出变量相关项写在等号左边，将输入变量相关项写在等号右边，按各阶导数降幂排列，得

$$M\frac{\mathrm{d}^2y_{\mathrm{o}}(t)}{\mathrm{d}t^2} + D\frac{\mathrm{d}y_{\mathrm{o}}(t)}{\mathrm{d}t} + ky_{\mathrm{o}}(t) = f_{\mathrm{i}}(t)$$

式中，M、D、k 通常均为常数，故组合机床动力滑台系统可以由二阶常系数微分方程描述。

例 2-2　试列写图 2-3 所示弹簧－阻尼系统的微分方程。其中，$f_{\mathrm{i}}(t)$ 为输入力，$x_{\mathrm{o}}(t)$ 为输出位移，k 为弹性刚度，D 为黏性阻尼系数。

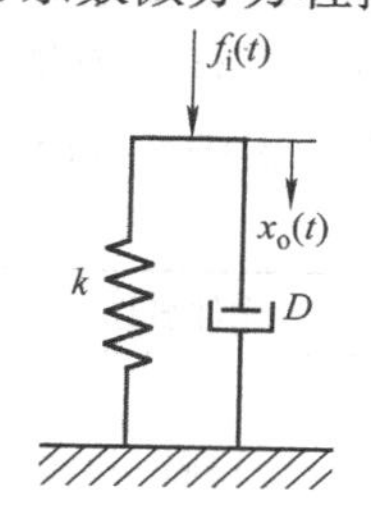

图 2-3　弹簧－阻尼系统

解：根据受力平衡得

$$\begin{cases} f_{\mathrm{i}}(t) = f_{\mathrm{D}}(t) + f_{\mathrm{k}}(t) \\ f_{\mathrm{D}}(t) = D\dfrac{\mathrm{d}x_{\mathrm{o}}(t)}{\mathrm{d}t} \\ f_{\mathrm{k}}(t) = kx_{\mathrm{o}}(t) \end{cases}$$

整理后得

$$D\frac{\mathrm{d}x_{\mathrm{o}}(t)}{\mathrm{d}t} + kx_{\mathrm{o}}(t) = f_{\mathrm{i}}(t)$$

式中，D、k 通常均为常数，故该系统的运动微分方程为一阶常系数微分方程。

微分方程的系数取决于系统的结构参数，而阶次通常等于系统中独立储能元件的数量。上例中惯性质量和弹簧是储能元件，而阻尼器则是耗能元件，它将能量转换成热能等形式耗散掉。

在机械系统中除了上述机械平移系统，还有一类机械旋转系统，这类系统一般可简化为转动惯量－扭簧－阻尼系统。下面介绍机械旋转系统微分方程的列写。

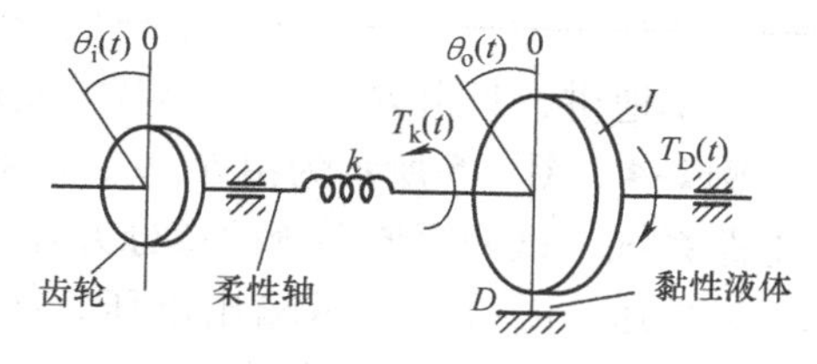

图 2-4　转动惯量－扭簧－阻尼组成的机械旋转系统

例 2-3　图 2-4 所示为转动惯量－扭簧－阻尼组成的机械旋转系统，试列写该系统的微分方程。其中，$\theta_{\mathrm{i}}(t)$ 为输入转角，$\theta_{\mathrm{o}}(t)$ 为输出转角，k 为扭簧弹性刚度，D 为黏性阻尼系数，J 为旋转体的转动惯量。

解：根据力矩平衡得

$$\begin{cases} T_{\mathrm{k}}(t) = k[\theta_{\mathrm{i}}(t) - \theta_{\mathrm{o}}(t)] \\ T_{\mathrm{D}}(t) = D\dfrac{\mathrm{d}\theta_{\mathrm{o}}(t)}{\mathrm{d}t} \\ J\dfrac{\mathrm{d}^2\theta_{\mathrm{o}}(t)}{\mathrm{d}t^2} = T_{\mathrm{k}}(t) - T_{\mathrm{D}}(t) \end{cases}$$

联立，消去中间变量 $T_{\mathrm{k}}(t)$、$T_{\mathrm{D}}(t)$，整理得

$$J\frac{d^2\theta_o(t)}{dt^2}+D\frac{d\theta_o(t)}{dt}+k\theta_o(t)=k\theta_i(t)$$

式中，J、D、k 通常均为常数，故该转动惯量－扭簧－阻尼组成的机械旋转系统可由二阶常系数微分方程描述。

2.2.3 电路系统的微分方程

电路系统是机电控制系统的重要组成部分。按照是否包含电源，电路系统可分为有源电路和无源电路。有源电路就是使用电源的电路，如放大器、变频器等。这类电路的信号由输入端输入，经电路后由输出端输出，不能反方向传输。不用电源的电路中若包含二极管，也属于有源电路。无源电路就是由电阻、电容、电感等组成的滤波器、均衡器、衰耗器等，信号可以从输入端向输出端传输，也能从输出端向输入端反方向传输。

电路系统有三个基本元件：电阻、电容和电感。表 2-2 所示为电阻、电容和电感所遵循的物理定律。表中，$i(t)$ 表示电流，$u(t)$ 表示电压，R 为电阻，C 为电容，L 为电感。

表 2-2 电阻、电容和电感的微分方程

元件名称	典型电路	微分方程
电阻 R	$i(t)$ → R ，$u(t)$	$u(t)=Ri(t)$
电容 C	$i(t)$ → C ，$u(t)$	$u(t)=\frac{1}{C}\int i(t)\mathrm{d}t$
电感 L	$i(t)$ → L ，$u(t)$	$u(t)=L\frac{\mathrm{d}i(t)}{\mathrm{d}t}$

简单地讲，只由 R、L、C 等基本元件组成的电路就属于无源电路。

例 2-4 图 2-5 所示为由 R、L、C 基本元件组成的无源电路系统，试列写该系统的微分方程。其中，$u_i(t)$ 表示输入电压，$u_o(t)$ 表示输出电压，$i(t)$ 表示电流，R 为电阻，C 为电容，L 为电感。

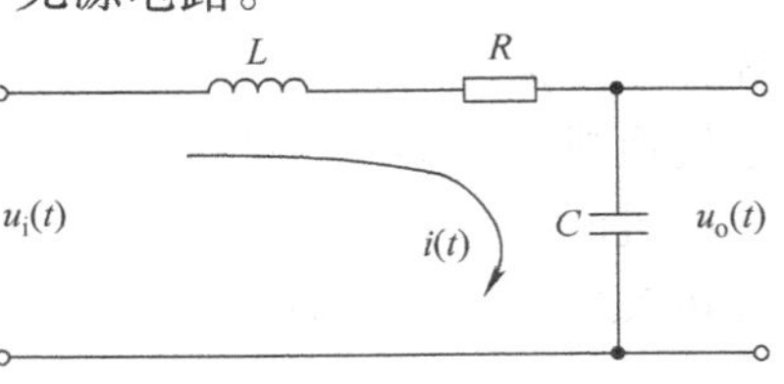

图 2-5 无源电路系统

解：根据基尔霍夫定律和欧姆定律，有

$$\begin{cases}u_i(t)=Ri(t)+L\frac{\mathrm{d}i(t)}{\mathrm{d}t}+\frac{1}{C}\int i(t)\mathrm{d}t\\ u_o(t)=\frac{1}{C}\int i(t)\mathrm{d}t\end{cases}$$

消去中间变量 $i(t)$，经过整理得到其数学模型为

$$LC\frac{\mathrm{d}^2u_o(t)}{\mathrm{d}t^2}+RC\frac{\mathrm{d}u_o(t)}{\mathrm{d}t}+u_o(t)=u_i(t)$$

一般 R、L、C 均为常数，所以上式为二阶常系数微分方程。

若 $L=0$，则系统简化为一阶常系数微分方程：

$$RC\frac{du_o(t)}{dt}+u_o(t)=u_i(t)$$

运算放大器是由多个晶体管及电阻、电容构成的集成电路。如图 2-6 所示，运算放大器的左边为输入端，“+”表示同相输入端，“-”表示反相输入端。理想运算放大器有如下特性：

1）输入阻抗很高，几乎没有电流经过运算放大器，称为虚断，即：$i_1(t)\approx i_2(t)$。

2）同相输入端与反相输入端电位相同，称为虚短，即：$u_a\approx u_b$。

例 2-5　图 2-6 所示为由运算放大器组成的有源电路系统，试列写该系统的微分方程。其中，$u_i(t)$ 表示输入电压，$u_o(t)$ 表示输出电压，R 为电阻，C 为电容，$i_1(t)$、$i_2(t)$ 分别表示通过电阻 R 和电容 C 的电流。

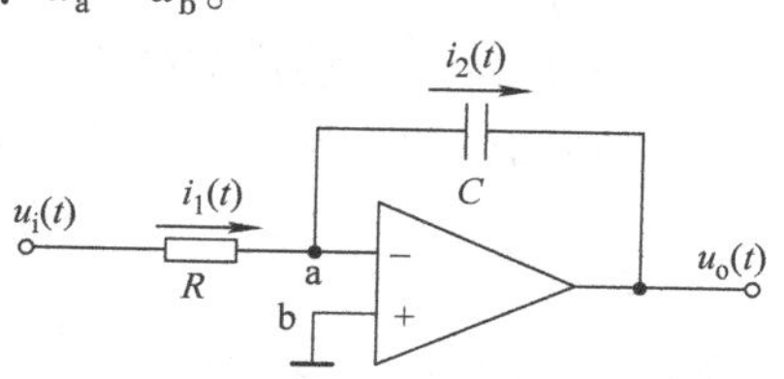

图 2-6　由运算放大器组成的有源电路系统

解：根据运算放大器的特性，有

$$\begin{cases}u_a(t)\approx u_b(t)=0\\ i_1(t)\approx i_2(t)\end{cases}$$

所以

$$\frac{u_i(t)}{R}=-C\frac{du_o(t)}{dt}$$

整理得

$$RC\frac{du_o(t)}{dt}=-u_i(t)$$

2.2.4　机电系统的微分方程

电动机是机电系统中最常见、最重要的执行部件。

例 2-6　图 2-7 所示为电枢控制式直流电动机，试列写该系统的微分方程。其中，$e_i(t)$ 为电动机电枢的输入电压，$\theta_o(t)$ 为电动机输出转角，R_a 为电枢回路的电阻，L_a 为电枢回路的电感，$i_a(t)$ 为流过电枢回路的电流，$e_m(t)$ 为电动机感应反电动势，$T(t)$ 为电动机的电磁转矩，D 为电动机及负载折合到电动机轴上的黏性阻尼系数，J 为电动机及负载转动部分折合到电动机轴上的转动惯量。

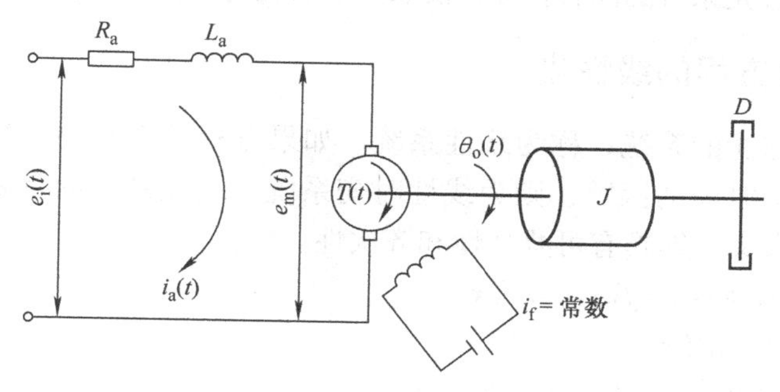

图 2-7　电枢控制式直流电动机

解：根据基尔霍夫定律，电动机电枢回路的电压平衡方程式为

$$e_i(t)=R_ai_a(t)+L_a\frac{di_a(t)}{dt}+e_m(t) \tag{2-1}$$

根据电磁感应定律，电动机感应反电动势 $e_m(t)$ 为

$$e_m(t)=K_e\frac{d\theta_o(t)}{dt} \tag{2-2}$$

式中，K_e 为电动机反电动势常数，单位为 V·s/rad。

根据磁场对载流线圈作用的定律，有

$$T(t)=K_T i_a(t) \tag{2-3}$$

式中，K_T 为电动机转矩常数，单位为 N·m/A，对于确定的直流电动机，当励磁一定时，K_T 为常数，它取决于电动机的结构。

根据转动体的牛顿第二定律，有

$$T(t)-D\frac{d\theta_o(t)}{dt}=J\frac{d^2\theta_o(t)}{dt^2} \tag{2-4}$$

联立式（2-1）~式（2-4），消去三个中间变量 $T(t)$、$e_m(t)$、$i_a(t)$，得到输入量 $e_i(t)$ 与输出量 $\theta_o(t)$ 之间的关系为

$$L_aJ\frac{d^3\theta_o(t)}{dt^3}+(L_aD+R_aJ)\frac{d^2\theta_o(t)}{dt^2}+(R_aD+K_TK_e)\frac{d\theta_o(t)}{dt}=K_Te_i(t) \tag{2-5}$$

式（2-5）为电枢控制式直流电动机控制系统的动态数学模型。当电枢电感较小时，通常可忽略不计，系统微分方程可简化为

$$R_aJ\frac{d^2\theta_o(t)}{dt^2}+(R_aD+K_TK_e)\frac{d\theta_o(t)}{dt}=K_Te_i(t) \tag{2-6}$$

从以上机械系统、电路系统及机电系统的建模案例可以看出：

1）物理本质不同的系统，可以有相同的数学模型，从而可以抛开系统的物理属性，用同一方法进行具有普遍意义的分析研究。

2）从动态性能看，在相同形式的输入作用下，数学模型相同而物理本质不同的系统其输出响应相似。相似系统是控制理论中进行实验模拟的基础。

3）通常情况下，元件或系统微分方程的阶次等于元件或系统中所包含的独立储能元件（惯性质量、弹性要素、电感、电容等）的个数；因为系统每增加一个独立储能元件，其内部就多一层能量（信息）的交换。

4）系统的动态特性是系统的固有特性，仅取决于系统的结构及其参数，与系统的输入无关。

2.2.5 非线性微分方程的线性化

用线性微分方程描述的系统，称为线性系统。如果方程的系数为常数，则为线性定常系统。如果方程的系数是时间的函数，则为线性时变系统。线性系统的重要性质是符合叠加原理。叠加原理有两种含义，即具有可叠加性和齐次性。

1）可叠加性：$f(x_1+x_2)=f(x_1)+f(x_2)$。

2）齐次性：$f(\alpha x)=\alpha f(x)$

进而可得：$f(\alpha x_1+\beta x_2)=\alpha f(x_1)+\beta f(x_2)$。

用非线性微分方程描述的系统称为非线性系统。非线性系统不满足叠加原理。实际的系统通常都是非线性的，存在各类非线性现象，线性只在一定的工作范围内成立。例如机械系统中的弹簧，其弹性刚度系数 k 实际上是其位移的函数，并不是常值；高速阻尼器的阻尼力与速度的二次方有关；齿轮啮合系统由于间隙的存在导致的非线性传输特性；电阻、电容、电感等参数与周围环境（温度、湿度、压力等）及流经它们的电流有关，也不是常值。严格地讲，几

乎所有的物理系统都是非线性的。尽管线性系统的理论已经相当成熟，但非线性系统的理论还不完善。另外，由于非线性系统不满足叠加原理，这给求解非线性系统带来不便。为分析方便，通常在合理的条件下，将非线性系统简化为线性系统处理。

所谓线性化，就是在一定条件下作某种近似，或者缩小一些工作范围，将非线性微分方程近似地作为线性微分方程来处理。常用的线性化方法有以下两种。

1. 忽略弱的非线性因素

大多数机械、电气和液压系统都不同程度地含有非线性因素，如干摩擦、机械间隙等。如果元件的非线性因素较弱，或者不在系统的线性工作范围内，则它们对系统的影响很小，可以忽略，将元件视为线性元件。

2. 小偏差法（切线法）

在控制系统的调节过程中，各元件的输入量和输出量只是在平衡点附近作微小变化，这一假设符合许多控制系统的实际工作情况，因为对闭环系统而言，一有偏差就产生控制作用来减小或消除偏差，所以各元件只能工作在平衡点附近。用切线法进行线性化，以求得其增量方程式。所谓增量是指它们偏离平衡点的量，而不是各个变量的绝对数量。由于反馈系统不允许出现大的偏差，小偏差线性化的方法正是基于这样的假设进行的，故这种情况的线性化对闭环控制系统具有实际意义。

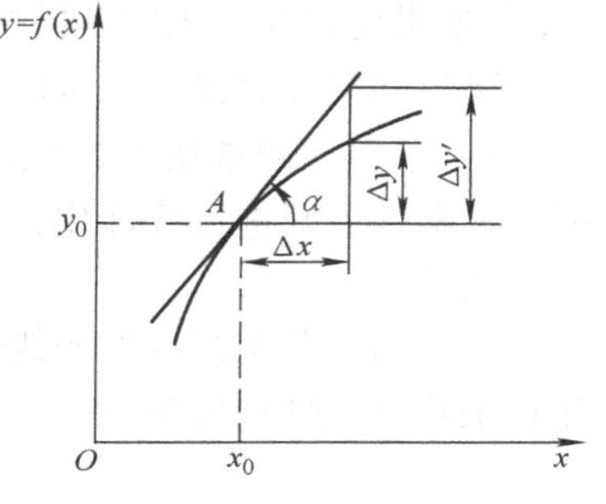

图 2-8　某系统的非线性特性

设某系统的非线性特性如图 2-8 所示，其运动方程为 $y=f(x)$，如果函数 $y=f(x)$ 在其平衡点 $A(x_0, y_0)$ 处连续可微，且 A 点为系统工作点，在工作点 A 附近可把非线性函数 $y=f(x)$ 展开成泰勒级数，即

$$y=f(x)=f(x_0)+\left.\frac{\mathrm{d}f(x)}{\mathrm{d}x}\right|_{x=x_0}(x-x_0)+\frac{1}{2!}\left.\frac{\mathrm{d}^2f(x)}{\mathrm{d}x^2}\right|_{x=x_0}(x-x_0)^2+\frac{1}{3!}\left.\frac{\mathrm{d}^3f(x)}{\mathrm{d}x^3}\right|_{x=x_0}(x-x_0)^3+\cdots \tag{2-7}$$

略去含有高于一次增量的项，有

$$y=f(x_0)+\left.\frac{\mathrm{d}f(x)}{\mathrm{d}x}\right|_{x=x_0}(x-x_0) \tag{2-8}$$

或

$$y-y_0=\Delta y=K\Delta x \tag{2-9}$$

式中，$K=\left.\frac{\mathrm{d}f(x)}{\mathrm{d}x}\right|_{x=x_0}$，是函数 $y=f(x)$ 在 A 点的切线斜率。

式（2-9）即为非线性系统的线性化模型，称为增量方程，这样就得到了一个以增量为变量的线性化方程。$y_0=f(x_0)$ 称为系统的静态方程。式（2-8）中（$x-x_0$）是一相对值，表明可把系统的工作点 $A(x_0, y_0)$ 作为系统运动的起点，即参考坐标原点，以便只研究感兴趣的“小偏差”的运动情况，也就是研究相对于正常工作状态而言的输入、输出的变化。这样，系统的初始条件就等于零，这不但便于求解方程式，而且为以后研究自动控制系统，把初始条件设为零提供了依据。

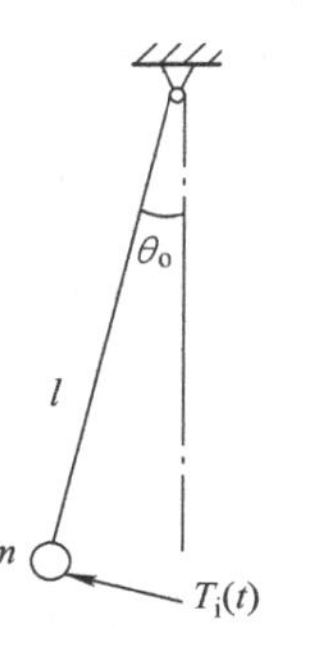

图 2-9　单摆

例如，图2-9所示的单摆，其中 $T_i(t)$ 为输入力矩，$\theta_o(t)$ 为输出摆角，m 为单摆质量，l 为单摆摆长，根据转动体的牛顿第二定律，有

$$T_i(t) - mgl\sin\theta_o(t) = ml^2\ddot{\theta}_o(t) \tag{2-10}$$

这是一个非线性微分方程，将非线性项 $\sin\theta_o(t)$ 在 $\theta_o=0$ 点附近用泰勒级数展开，当 θ_o 很小时，可忽略高阶小量，则可近似得到如下的线性方程：

$$ml^2\ddot{\theta}_o(t) + mgl\theta_o(t) = T_i(t) \tag{2-11}$$

式（2-11）即为单摆线性化后的数学模型。

同理，对于多变量的非线性函数 $y=f(x_1, x_2, \cdots, x_n)$ 的线性化，可以在工作点（x_{10}，x_{20}，…，x_{n0}，y_0）附近将其展开成泰勒级数，然后略去二阶及以上高次项得到线性表达式。

通过以上分析，可以看出线性化时要注意以下几点：

1）必须明确系统处于平衡状态的工作点，因为线性化方程的系数与平衡工作点的选择有关，即非线性曲线上各点的斜率（导数）是不同的。

2）如果变量在较大的范围内变化，则用这种线性化方法建立的数学模型，除工作点外的其他工况势必有较大误差。所以非线性模型线性化是有条件的，即变量偏离预定工作点很小。

3）某些典型的本质非线性，如继电器特性、间隙、死区、摩擦等，由于存在不连续点，不能通过泰勒展开进行线性化，只有当它们对系统影响很小时才能忽略不计，否则只能作为非线性问题处理。

应该指出，若系统中的非线性元件不止一个，则必须按照实际系统中各元件相对应的平衡工作点来建立线性化增量方程，才能反映系统在同一个平衡状态下的小偏差特性。

2.3 拉普拉斯变换和反变换

机电控制系统所涉及的数学问题较多，经常要计算一些线性微分方程，手工求解是很烦琐的。如果用拉普拉斯变换求解线性微分方程，可将微积分运算转化为代数运算，使求解大为简化。更重要的是，通过拉普拉斯变换，能够把描述系统运动状态的微分方程方便地转换为系统的传递函数，并由此发展出传递函数的零极点分布、频率特性等间接地分析和设计控制系统的工程方法。因而，拉普拉斯变换成为分析机电控制系统的基本数学方法之一。

2.3.1 拉普拉斯变换的定义

拉普拉斯变换（Laplace Transformation）简称拉氏变换。对于函数 $x(t)$，如果满足下列条件：

1）当 $t<0$ 时，$x(t)=0$；当 $t>0$ 时，$x(t)$ 在每个有限区间上是分段连续的。

2）$\int_0^\infty x(t)e^{-\sigma t}dt < \infty$，其中 σ 为正实数，即 $x(t)$ 为指数级的，待变换函数随时间的增长速度不超过负指数函数随时间的衰减速度，使其从0到 $+\infty$ 积分是有界的。

则可定义 $x(t)$ 的拉普拉斯变换 $X(s)$ 为

$$X(s) = L[x(t)] = \int_0^\infty x(t)e^{-st}dt \tag{2-12}$$

式中，s 是复变数，$s=\sigma+j\omega$（σ、ω 均为实数），$\int_0^\infty e^{-st}dt$ 称为拉普拉斯积分；$X(s)$ 是函数 $x(t)$的拉普拉斯变换，它是一个复变函数，通常也称 $X(s)$ 为 $x(t)$ 的象函数，而称 $x(t)$ 为

$X(s)$的原函数；L是表示进行拉普拉斯变换的符号。

在拉普拉斯变换中，s的量纲是时间的倒数，即 $[t]^{-1}$，$X(s)$ 的量纲是$x(t)$ 的量纲与时间 t 的量纲的乘积。

式（2-12）表明：在一定条件下，拉普拉斯变换把一个实数域的实变函数$x(t)$ 变换为一个在复数域内与之等价的复变函数$X(s)$。所以，拉普拉斯变换后得到的是复数域内的数学模型。

2.3.2　典型函数的拉普拉斯变换

1. 单位阶跃函数 1(t) 的拉普拉斯变换

单位阶跃函数$1(t)$ 是控制工程中最典型的输入信号之一，通常用作评价系统性能的标准输入。其数学表达式为

$$1(t) = \begin{cases} 0 & t < 0 \\ 1 & t \geqslant 0 \end{cases}$$

$$L[1(t)] = \int_0^\infty 1(t)\mathrm{e}^{-st}\mathrm{d}t = -\frac{1}{s}\mathrm{e}^{-st}\Big|_0^\infty$$

当 $\mathrm{Re}\, s > 0$时，$\lim\limits_{t\to\infty}\mathrm{e}^{-st} = 0$，所以

$$L[1(t)] = \int_0^\infty 1(t)\mathrm{e}^{-st}\mathrm{d}t = -\frac{1}{s}\mathrm{e}^{-st}\Big|_0^\infty = \left[0 - \left(-\frac{1}{s}\right)\right] = \frac{1}{s} \tag{2-13}$$

2. 单位脉冲函数 δ(t) 的拉普拉斯变换

单位脉冲函数$\delta(t)$ 的数学表达式为

$$\delta(t) = \begin{cases} 0 & (t < 0 \text{或} t > \varepsilon) \\ \lim\limits_{\varepsilon\to 0}\dfrac{1}{\varepsilon} & (0 \leqslant t \leqslant \varepsilon) \end{cases}$$

$$L[\delta(t)] = \int_0^\infty \lim_{\varepsilon\to 0}\frac{1}{\varepsilon}\mathrm{e}^{-st}\mathrm{d}t = \lim_{\varepsilon\to 0}\frac{1}{\varepsilon}\int_0^\varepsilon \mathrm{e}^{-st}\mathrm{d}t = \lim_{\varepsilon\to 0}\frac{1}{\varepsilon}\;\frac{-\mathrm{e}^{-st}}{s}\Big|_0^\varepsilon = \lim_{\varepsilon\to 0}\frac{1}{\varepsilon s}(1 - \mathrm{e}^{-\varepsilon s})$$

根据洛必达法则

$$\lim_{\varepsilon\to 0}\frac{1}{\varepsilon s}(1 - \mathrm{e}^{-\varepsilon s}) = \lim_{\varepsilon\to 0}\frac{(1 - \mathrm{e}^{-\varepsilon s})'}{(\varepsilon s)'}$$

$$L[\delta(t)] = \lim_{\varepsilon\to 0}\frac{\varepsilon\mathrm{e}^{-\varepsilon s}}{\varepsilon} = 1 \tag{2-14}$$

3. 指数函数 $\mathrm{e}^{at}\cdot 1(t)$ 和 $\mathrm{e}^{-at}\cdot 1(t)$ 的拉普拉斯变换

指数函数是控制工程中能够经常用到的函数，其中 $a > 0$ 为常数，其数学表达式为

$$x(t) = \begin{cases} 0 & t < 0 \\ \mathrm{e}^{at} & t \geqslant 0 \end{cases}\text{（指数增长函数）}$$

或

$$x(t) = \begin{cases} 0 & t < 0 \\ \mathrm{e}^{-at} & t \geqslant 0 \end{cases}\text{（指数衰减函数）}$$

$$L[\mathrm{e}^{at}\cdot 1(t)] = \int_0^\infty \mathrm{e}^{at}\mathrm{e}^{-st}\mathrm{d}t = \int_0^\infty \mathrm{e}^{-(s-a)t}\mathrm{d}t = \frac{1}{s - a} \tag{2-15}$$

同理

$$L[\mathrm{e}^{-at}\cdot 1(t)] = \int_0^\infty \mathrm{e}^{-at}\mathrm{e}^{-st}\mathrm{d}t = \int_0^\infty \mathrm{e}^{-(s+a)t}\mathrm{d}t = \frac{1}{s + a} \tag{2-16}$$

4. 正弦函数 $\sin\omega t\cdot 1(t)$ 和余弦函数 $\cos\omega t\cdot 1(t)$ 的拉普拉斯变换

根据欧拉公式，有

$$e^{j\theta}=\cos\theta+j\sin\theta, e^{-j\theta}=\cos\theta-j\sin\theta$$

$$\sin\theta=\frac{1}{2j}(e^{j\theta}-e^{-j\theta}), \cos\theta=\frac{1}{2}(e^{j\theta}+e^{-j\theta})$$

可以利用上面指数函数拉普拉斯变换的结果，得出正弦函数的拉普拉斯变换

$$\begin{aligned}L[\sin\omega t\cdot 1(t)]&=L\left[\frac{1}{2j}(e^{j\omega t}-e^{-j\omega t})\cdot 1(t)\right]\\&=\frac{1}{2j}\left(\frac{1}{s-j\omega}-\frac{1}{s+j\omega}\right)=\frac{\omega}{s^2+\omega^2}\end{aligned}\tag{2-17}$$

同理，余弦函数的拉普拉斯变换为

$$L[\cos\omega t\cdot 1(t)]=\frac{s}{s^2+\omega^2}\tag{2-18}$$

5. 单位速度函数 $t\cdot 1(t)$ 的拉普拉斯变换

单位速度函数又称单位斜坡函数，其数学表达式为

$$x(t)=\begin{cases}0 & t<0\\ t & t\geqslant 0\end{cases}$$

$$\begin{aligned}L[x(t)]&=\int_0^{\infty}te^{-st}dt=t\frac{e^{-st}}{-s}\bigg|_0^{\infty}-\int_0^{\infty}\frac{e^{-st}}{-s}dt\\&=\int_0^{\infty}\frac{e^{-st}}{s}dt=-\frac{e^{-st}}{s^2}\bigg|_0^{\infty}=\frac{1}{s^2}\end{aligned}\tag{2-19}$$

6. 单位加速度函数 $\frac{1}{2}t^2\cdot 1(t)$ 的拉普拉斯变换

单位加速度函数的数学表达式为

$$x(t)=\begin{cases}0 & t<0\\ \frac{1}{2}t^2 & t\geqslant 0\end{cases}$$

$$L[x(t)]=\int_0^{\infty}\frac{1}{2}t^2e^{-st}dt=\frac{1}{s^3}\tag{2-20}$$

7. 幂函数 $t^n\cdot 1(t)$ 的拉普拉斯变换

幂函数的数学表达式为

$$x(t)=t^n\quad(t\geqslant 0)$$

可以利用 Γ 函数的性质得出如下结果

$$\Gamma(\alpha)\overset{\text{def}}{=}\int_0^{\infty}x^{\alpha-1}e^{-x}dx\quad(\alpha>0), \Gamma(n+1)=n\Gamma(n)=n!$$

令 $u=st$，则

$$t=\frac{u}{s},\ dt=\frac{1}{s}du$$

$$L[t^n\cdot 1(t)]=\int_0^{\infty}t^ne^{-st}dt=\frac{1}{s^{n+1}}\int_0^{\infty}u^ne^{-u}du=\frac{n!}{s^{n+1}}\tag{2-21}$$

函数的拉普拉斯变换及反变换通常可以由拉普拉斯变换表直接查得，也可通过一定的转换得到。常用函数的拉普拉斯变换列于附录中，供读者参考。

2.3.3 拉普拉斯变换的性质

根据拉普拉斯变换定义或查表能对一些标准的函数进行拉普拉斯变换和反变换。对一般的

函数，利用以下定理，可以使运算简化。

1. 叠加原理

拉普拉斯变换服从线性函数的齐次性和叠加性。

1）齐次性。设 $L[x(t)]=X(s)$，则

$$L[\alpha x(t)]=\alpha X(s) \tag{2-22}$$

式中，α 为常数。

2）叠加性。设 $L[x_1(t)]=X_1(s)$，$L[x_2(t)]=X_2(s)$，则

$$L[x_1(t)+x_2(t)]=X_1(s)+X_2(s) \tag{2-23}$$

结合式（2-22）和式（2-23），有

$$L[\alpha x_1(t)+\beta x_2(t)]=\alpha X_1(s)+\beta X_2(s) \tag{2-24}$$

式中，α、β 为常数，这说明拉普拉斯变换是一种线性变换。

证明：

$$\begin{aligned}L[\alpha x_1(t)+\beta x_2(t)] &= \int_0^{\infty}[\alpha x_1(t)+\beta x_2(t)]\mathrm{e}^{-st}\mathrm{d}t\\ &= \int_0^{\infty}[\alpha x_1(t)]\mathrm{e}^{-st}\mathrm{d}t+\int_0^{\infty}[\beta x_2(t)]\mathrm{e}^{-st}\mathrm{d}t = \alpha X_1(s)+\beta X_2(s)\end{aligned}$$

例 2-7　求函数 $x(t)=\dfrac{1}{a}(1-\mathrm{e}^{-at})$ 的拉普拉斯变换。

解：由叠加原理，有

$$\begin{aligned}L\left[\frac{1}{a}(1-\mathrm{e}^{-at})\right] &= \frac{1}{a}L[1-\mathrm{e}^{-at}]=\frac{1}{a}\{L[1]-L[\mathrm{e}^{-at}]\}\\ &= \frac{1}{a}\left(\frac{1}{s}-\frac{1}{s+a}\right)=\frac{1}{s(s+a)}\end{aligned}$$

2. 微分定理

$$L\left[\frac{\mathrm{d}x(t)}{\mathrm{d}t}\right]=sX(s)-x(0) \tag{2-25}$$

证明：

$$\begin{aligned}L\left[\frac{\mathrm{d}x(t)}{\mathrm{d}t}\right] &= \int_0^{\infty}\frac{\mathrm{d}x(t)}{\mathrm{d}t}\mathrm{e}^{-st}\mathrm{d}t\\ &= \mathrm{e}^{-st}x(t)\Big|_0^{\infty}-\int_0^{\infty}(-s)\mathrm{e}^{-st}x(t)\mathrm{d}t\\ &= -x(0)+s\int_0^{\infty}x(t)\mathrm{e}^{-st}\mathrm{d}t = sX(s)-x(0)\end{aligned}$$

由此，还可以得出两个重要的推论：

1）$$L\left[\frac{\mathrm{d}^n}{\mathrm{d}t^n}x(t)\right]=s^nX(s)-s^{n-1}x(0)-s^{n-2}\dot{x}(0)-\cdots-sx^{(n-2)}(0)-x^{(n-1)}(0) \tag{2-26}$$

式中，$x(0)$，$\dot{x}(0)$，…，$x^{(n-2)}(0)$，$x^{(n-1)}(0)$ 为函数 $x(t)$ 及其各阶导数在 $t=0$ 时的值。

2）当 $x(t)$ 及其各阶导数在 $t=0$ 时刻的值均为零时（零初始条件），有

$$L\left[\frac{\mathrm{d}^n}{\mathrm{d}t^n}x(t)\right]\Leftrightarrow s^nX(s) \tag{2-27}$$

利用式（2-27）可以将微分方程变换为代数方程。

例 2-8　利用微分定理求函数 $x(t)=t^n$ 的拉普拉斯变换，其中 n 是正整数。

解：

$$x^{(n)}(t)=n!$$

由微分定理，有

$$L[x^{(n)}(t)] = s^n X(s) = L[n!] = \frac{n!}{s}$$

$$X(s) = L[t^n] = \frac{n!}{s^{n+1}}$$

3. 积分定理

$$L\left[\int x(t)\mathrm{d}t\right] = \frac{X(s)}{s} + \frac{x^{-1}(0)}{s} \tag{2-28}$$

其中，符号 $x^{-1}(t) \overset{\text{def}}{=} \int x(t)\mathrm{d}t, x^{-1}(0) = \int x(t)\mathrm{d}t\Big|_{t=0}$。

证明：

$$\begin{aligned} L\left[\int x(t)\mathrm{d}t\right] &= \int_0^\infty \left[\int x(t)\mathrm{d}t\right]\mathrm{e}^{-st}\mathrm{d}t = \int_0^\infty \left[\int x(t)\mathrm{d}t\right]\frac{1}{-s}\mathrm{d}\mathrm{e}^{-st} \\ &= \left[\int x(t)\mathrm{d}t\right]\frac{\mathrm{e}^{-st}}{-s}\Big|_0^\infty - \int_0^\infty \frac{\mathrm{e}^{-st}}{-s}x(t)\mathrm{d}t \\ &= \frac{X(s)}{s} + \frac{x^{-1}(0)}{s} \end{aligned}$$

由此，也可以得出两个重要的推论：

1）对多重积分为

$$L\left[\underbrace{\int\cdots\int}_{n} x(t)(\mathrm{d}t)^n\right] = \frac{1}{s^n}X(s) + \frac{1}{s^n}x^{-1}(0) + \cdots + \frac{1}{s}x^{-n}(0) \tag{2-29}$$

其中，符号 $x^{-n}(t) \overset{\text{def}}{=} \underbrace{\int\cdots\int}_{n} x(t)\ (\mathrm{d}t)^n,\ x^{-n}(0) = \underbrace{\int\cdots\int}_{n} x(t)\ (\mathrm{d}t)^n\Big|_{t=0}$。

2）当初始条件为零时，有

$$L\left[\underbrace{\int\cdots\int}_{n} x(t)\ (\mathrm{d}t)^n\right] \Leftrightarrow \frac{X(s)}{s^n} \tag{2-30}$$

积分定理与微分定理对偶存在。

4. 衰减定理

在控制理论中，经常遇到 $\mathrm{e}^{-at}x(t)$ 一类的函数，它的象函数只需把 s 用 $s+a$ 代替即可，这相当于在复数 s 坐标中，有一位移 a，因此衰减定理也叫位移定理，即

$$L[\mathrm{e}^{-at}x(t)] = X(s+a) \tag{2-31}$$

证明：$L[\mathrm{e}^{-at}x(t)] = \int_0^\infty \mathrm{e}^{-at}x(t)\mathrm{e}^{-st}\mathrm{d}t = \int_0^\infty x(t)\mathrm{e}^{-(s+a)t}\mathrm{d}t = X(s+a)$

例如：

$$L[\sin\omega t] = \frac{\omega}{s^2+\omega^2},\ L[\cos\omega t] = \frac{s}{s^2+\omega^2}$$

则

$$L[\mathrm{e}^{-at}\sin\omega t] = \frac{\omega}{(s+a)^2+\omega^2},\ L[\mathrm{e}^{-at}\cos\omega t] = \frac{s+a}{(s+a)^2+\omega^2}$$

5. 延时定理

设当 $t<0$ 时，$x(t)=0$，则对任意 $a\geqslant 0$，有

$$L[x(t-a)\cdot 1(t-a)] = \mathrm{e}^{-as}X(s) \tag{2-32}$$

函数 $x(t-a)$ 为原函数 $x(t)$ 沿 t 轴延迟了 a 之后的函数，如图 2-10 所示。

证明：令 $\tau=t-a$，则有

$$L[x(t-a)\cdot 1(t-a)]=\int_0^{\infty}x(t-a)\cdot 1(t-a)\mathrm{e}^{-st}\mathrm{d}t=\int_0^{\infty}x(t-a)\mathrm{e}^{-st}\mathrm{d}t$$

$$=\int_0^{\infty}x(t-a)\mathrm{e}^{-s(t-a)}\mathrm{e}^{-as}\mathrm{d}(t-a)$$

$$\overset{令\tau=t-a}{=}\mathrm{e}^{-as}\int_0^{\infty}x(\tau)\mathrm{e}^{-s\tau}\mathrm{d}\tau$$

$$=\mathrm{e}^{-as}X(s)$$

延时定理与衰减定理对偶存在。

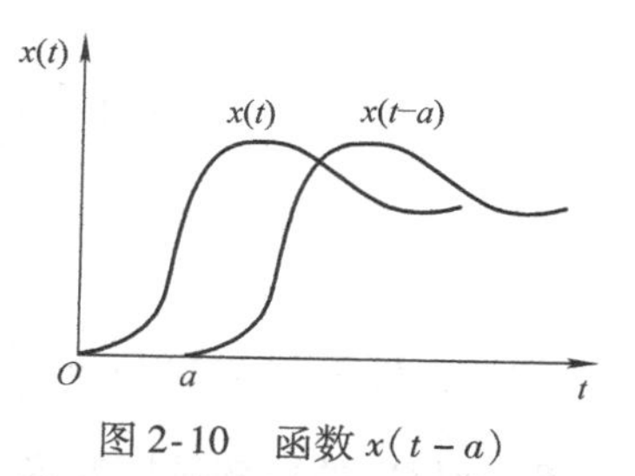

图 2-10　函数 $x(t-a)$

6. 初值定理

应用初值定理可求得原函数在 $t=0$ 时的数值。设 $x(t)$ 及其一阶导数是可拉普拉斯变换的，则 $x(t)$ 的初值为

$$\lim_{t\to 0}x(t)=x(0)=\lim_{s\to\infty}sX(s) \tag{2-33}$$

证明：根据拉普拉斯变换的微分定理

$$L\left[\frac{\mathrm{d}}{\mathrm{d}t}x(t)\right]=\int_0^{\infty}\frac{\mathrm{d}x(t)}{\mathrm{d}t}\mathrm{e}^{-st}\mathrm{d}t=sX(s)-x(0)$$

$$\lim_{s\to\infty}\left[\int_0^{\infty}\frac{\mathrm{d}x(t)}{\mathrm{d}t}\mathrm{e}^{-st}\mathrm{d}t\right]=\lim_{s\to\infty}[sX(s)-x(0)]$$

即

$$\lim_{s\to\infty}[sX(s)-x(0)]=0$$

由于

$$x(0)=\lim_{t\to 0}x(t)$$

故

$$\lim_{t\to 0}x(t)=\lim_{s\to\infty}sX(s)$$

7. 终值定理

若 $x(t)$ 和 $\frac{\mathrm{d}x(t)}{\mathrm{d}t}$ 存在拉普拉斯变换，$\lim\limits_{t\to\infty}x(t)$ 存在且唯一，则

$$\lim_{t\to\infty}x(t)=x(\infty)=\lim_{s\to 0}sX(s) \tag{2-34}$$

证明：根据拉普拉斯变换微分定理

$$L\left[\frac{\mathrm{d}}{\mathrm{d}t}x(t)\right]=\int_0^{\infty}\frac{\mathrm{d}x(t)}{\mathrm{d}t}\mathrm{e}^{-st}\mathrm{d}t=sX(s)-x(0)$$

$$\lim_{s\to 0}\left[\int_0^{\infty}\frac{\mathrm{d}x(t)}{\mathrm{d}t}\mathrm{e}^{-st}\mathrm{d}t\right]=\lim_{s\to 0}[sX(s)-x(0)]$$

由于，$\lim\limits_{s\to 0}\mathrm{e}^{-st}=1$，上式可得

$$\int_0^{\infty}\frac{\mathrm{d}x(t)}{\mathrm{d}t}\mathrm{d}t=\lim_{s\to 0}[sX(s)-x(0)]$$

故

$$\lim_{t\to\infty}x(t)-x(0)=\lim_{s\to 0}sX(s)-x(0)$$

所以

$$\lim_{t\to\infty}x(t)=\lim_{s\to 0}sX(s)$$

终值定理和初值定理对偶出现。

利用终值定理，可以在复数域（s 域）中得到系统在时间域中的稳态值。在得到误差象函数后，可利用该性质求系统稳态误差。应当注意，利用终值定理的前提是函数有终值存在，终

值不确定则不能用终值定理。例如，当时间趋于无穷大时，正弦函数值始终是在 ±1 之间的不定值，则不能对正弦函数使用终值定理，其用终值定理求出的是虚假现象。类似地，如果系统不稳定，则不存在稳定的终值，也不能利用终值定理求系统的稳态误差。

8. 时间比例尺改变的拉普拉斯变换

$$L\left[x\left(\frac{t}{a}\right)\right]=aX(as) \tag{2-35}$$

式中，a 为比例系数。

证明：令$\frac{t}{a}=\tau$，$as=\omega$，则 $t=a\tau$，$s=\frac{\omega}{a}$

$$L\left[x\left(\frac{t}{a}\right)\right]=\int_0^\infty x\left(\frac{t}{a}\right)e^{-st}dt=\int_0^\infty x(\tau)e^{-\omega\tau}d(a\tau)$$

$$=a\int_0^\infty x(\tau)e^{-\omega\tau}d\tau=aX(\omega)=aX(as)$$

例如：$L[e^{-t}]=X(s)=\frac{1}{s+1}$，$L[e^{-t/a}]=aX(as)=\frac{a}{as+1}$

9. $tx(t)$ 的拉普拉斯变换，即象函数的微分性质

$$L[tx(t)]=-\frac{dX(s)}{ds} \tag{2-36}$$

证明：因为 $X(s)=\int_0^\infty x(t)e^{-st}dt$

对上式两边微分得，$\frac{dX(s)}{ds}=\int_0^\infty x(t)(-t)e^{-st}dt=-\int_0^\infty tx(t)e^{-st}dt=-L[tx(t)]$

所以
$$L[tx(t)]=-\frac{dX(s)}{ds}$$

同理
$$L[t^n x(t)]=(-1)^n\frac{d^nX(s)}{ds^n}$$

10. $\frac{x(t)}{t}$的拉普拉斯变换，即象函数的积分性质

$$L\left[\frac{x(t)}{t}\right]=\int_s^\infty X(s)ds \tag{2-37}$$

证明：$\int_s^\infty X(s)ds=\int_s^\infty\int_0^\infty x(t)e^{-st}dtds=\int_0^\infty x(t)dt\int_s^\infty e^{-st}ds$

$$=\int_0^\infty x(t)dt\left(-\frac{1}{t}e^{-st}\Big|_s^\infty\right)$$

$$=\int_0^\infty\frac{x(t)}{t}e^{-st}dt=L\left[\frac{x(t)}{t}\right]$$

11. 卷积定理

$$L[x(t)*y(t)]=X(s)Y(s)$$

其中，$x(t)*y(t)$ 是卷积分的数学表示，定义为

$$x(t)*y(t)\overset{\text{def}}{=}\int_0^t x(t-\tau)y(\tau)d\tau$$

令 $t-\tau=\eta$，则

$$x(t) * y(t) = -\int_t^0 x(\eta)y(t-\eta)\mathrm{d}\eta = \int_0^t x(\eta)y(t-\eta)\mathrm{d}\eta = y(t) * x(t)$$

证明：(略)。

利用拉普拉斯变换的性质及已知典型函数的象函数，可以推导其他函数的象函数，也可以简化计算。

例 2-9　求函数 $f(t)=(4t+5)\delta(t)+(t+2)\cdot 1(t)$ 的拉普拉斯变换。

解：

$$\begin{aligned} L[f(t)] &= L[(4t+5)\delta(t)+(t+2)\cdot 1(t)] \\ &= L[4t\delta(t)+5\delta(t)+t\cdot 1(t)+2\times 1(t)] \\ &= 4\left[-\frac{\mathrm{d}(1)}{\mathrm{d}s}\right]+5+\frac{1}{s^2}+\frac{2}{s} = 5+\frac{1}{s^2}+\frac{2}{s} \end{aligned}$$

2.3.4 拉普拉斯反变换及其计算方法

拉普拉斯反变换（Inverse Laplace Transform）简称拉普拉斯反变换，定义为

$$x(t) = \frac{1}{2\pi \mathrm{j}}\int_{\sigma-\mathrm{j}\infty}^{\sigma+\mathrm{j}\infty} X(s)\mathrm{e}^{st}\mathrm{d}s \tag{2-38}$$

简写为

$$x(t) = L^{-1}[X(s)]$$

式中，L^{-1}是进行拉普拉斯反变换的符号。

通过定义求拉普拉斯反变换比较复杂，对于有理分式形式的象函数，可以将其变换成典型函数的象函数叠加的形式，反查拉普拉斯变换表求得。

如果 $x(t)$ 的拉普拉斯变换 $X(s)$ 已分解成下列分量

$$X(s) = X_1(s)+X_2(s)+\cdots+X_n(s)$$

假定 $X_1(s)$，$X_2(s)$，…，$X_n(s)$ 的拉普拉斯反变换可以容易地求出，则

$$\begin{aligned} L^{-1}[X(s)] &= L^{-1}[X_1(s)]+L^{-1}[X_2(s)]+\cdots+L^{-1}[X_n(s)] \\ &= x_1(t)+x_2(t)+\cdots+x_n(t) \end{aligned}$$

这种方法称为部分分式法。

在控制理论中，通常

$$X(s) = \frac{B(s)}{A(s)} = \frac{b_0 s^m + b_1 s^{m-1} + \cdots + b_{m-1}s + b_m}{s^n + a_1 s^{n-1} + \cdots + a_{n-1}s + a_n} \quad (n \geqslant m)$$

其中，使分母为零的 s 值称为极点；使分子为零的 s 值称为零点。根据实系数多项式因式分解定理，分母的 n 次多项式可分解成 n 个因式相乘的形式。

$$X(s) = \frac{B(s)}{A(s)} = \frac{b_0 s^m + b_1 s^{m-1} + \cdots + b_{m-1}s + b_m}{(s+p_1)^{r_1}(s+p_2)^{r_2}\cdots(s+p_l)^{r_l}(s^2+c_1 s+d_1)^{k_1}\cdots(s^2+c_g s+d_g)^{k_g}}$$

其中，$r_1+r_2+\cdots+r_l+2(k_1+k_2+\cdots+k_g)=n$。

对于这类分式，可将 $X(s)$ 展开成部分分式后再求其反变换，可分成三种情况处理。

1. $X(s)$ 含有不同单极点的情况

$$\begin{aligned} X(s) &= \frac{b_0 s^m + b_1 s^{m-1} + \cdots + b_{m-1}s + b_m}{s^n + a_1 s^{n-1} + \cdots + a_{n-1}s + a_n} = \frac{b_0 s^m + b_1 s^{m-1} + \cdots + b_{m-1}s + b_m}{(s+p_1)(s+p_2)\cdots(s+p_n)} \\ &= \frac{A_1}{s+p_1}+\frac{A_2}{s+p_2}+\cdots+\frac{A_n}{s+p_n} = \sum_{i=1}^{n}\frac{A_i}{s+p_i} \end{aligned} \tag{2-39}$$

式中，A_i 为常数，称为 $s=-p_i$ 极点处的留数，可由下式求得

$$A_i=[X(s)\cdot(s+p_i)]_{s=-p_i} \tag{2-40}$$

将式（2-39）进行拉普拉斯反变换，得

$$x(t)=L^{-1}[X(s)]=L^{-1}\left[\sum_{i=1}^{n}\frac{A_i}{s+p_i}\right]=\sum_{i=1}^{n}A_i\mathrm{e}^{-p_it}\cdot 1(t)$$

例 2-10 求 $X(s)=\dfrac{s^2-s+2}{s(s^2-s-6)}$的拉普拉斯反变换。

解：

$$X(s)=\frac{s^2-s+2}{s(s^2-s-6)}=\frac{s^2-s+2}{s(s-3)(s+2)}=\frac{A_1}{s}+\frac{A_2}{s-3}+\frac{A_3}{s+2}$$

$$A_1=[sX(s)]_{s=0}=\left[\frac{s^2-s+2}{(s-3)(s+2)}\right]_{s=0}=-\frac{1}{3}$$

$$A_2=[(s-3)X(s)]_{s=3}=\left[\frac{s^2-s+2}{s(s+2)}\right]_{s=3}=\frac{8}{15}$$

$$A_3=[(s+2)X(s)]_{s=-2}=\left[\frac{s^2-s+2}{s(s-3)}\right]_{s=-2}=\frac{4}{5}$$

则

$$X(s)=-\frac{1}{3}\times\frac{1}{s}+\frac{8}{15}\times\frac{1}{s-3}+\frac{4}{5}\times\frac{1}{s+2}$$

$$x(t)=L^{-1}[X(s)]=\left(-\frac{1}{3}+\frac{8}{15}\mathrm{e}^{3t}+\frac{4}{5}\mathrm{e}^{-2t}\right)\cdot 1(t)$$

2. $X(s)$ 含有共轭复数极点的情况

$$X(s)=\frac{b_0s^m+b_1s^{m-1}+\cdots+b_{m-1}s+b_m}{s^n+a_1s^{n-1}+\cdots+a_{n-1}s+a_n}=\frac{b_0s^m+b_1s^{m-1}+\cdots+b_{m-1}s+b_m}{(s+\sigma+\mathrm{j}\omega)(s+\sigma-\mathrm{j}\omega)(s+p_3)\cdots(s+p_n)}$$

$$=\frac{A_1s+A_2}{(s+\sigma+\mathrm{j}\omega)(s+\sigma-\mathrm{j}\omega)}+\frac{A_3}{s+p_3}+\cdots+\frac{A_n}{s+p_n} \tag{2-41}$$

式中，A_1、A_2 为常数，可由下式求得

$$[X(s)(s+\sigma+\mathrm{j}\omega)(s+\sigma-\mathrm{j}\omega)]_{s=-\sigma+\mathrm{j}\omega或s=-\sigma-\mathrm{j}\omega}=[A_1s+A_2]_{s=-\sigma+\mathrm{j}\omega或s=-\sigma-\mathrm{j}\omega} \tag{2-42}$$

式（2-42）为复数方程，令方程两端实部、虚部分别对应相等即可确定 A_1 和 A_2 的值。$\dfrac{A_1s+A_2}{(s+\sigma+\mathrm{j}\omega)\ (s+\sigma-\mathrm{j}\omega)}$可通过配方化为正弦、余弦象函数的形式，然后求其反变换。式（2-41）中，A_3，…，A_n 可用式（2-40）求取。

也可以将共轭复数极点视为不同极点的情况，分解成$\dfrac{A_1}{s+\sigma+\mathrm{j}\omega}+\dfrac{A_2}{s+\sigma-\mathrm{j}\omega}$的形式，用式（2-40）求取 A_1、A_2 的值。

例 2-11 求 $X(s)=\dfrac{s+1}{s(s^2+s+1)}$的拉普拉斯反变换。

解： $s^2+s+1=\left(s+\dfrac{1}{2}+\mathrm{j}\dfrac{\sqrt{3}}{2}\right)\left(s+\dfrac{1}{2}-\mathrm{j}\dfrac{\sqrt{3}}{2}\right)$，$X(s)$有共轭复数极点

$$X(s)=\frac{s+1}{s(s^2+s+1)}=\frac{A_0}{s}+\frac{A_1s+A_2}{s^2+s+1}$$

$$A_0 = sX(s)\big|_{s=0} = \left.\frac{s+1}{(s^2+s+1)}\right|_{s=0} = 1$$

$$(s^2+s+1)X(s)\big|_{s=-\frac{1}{2}-j\frac{\sqrt{3}}{2}} = (A_1 s + A_2)\big|_{s=-\frac{1}{2}-j\frac{\sqrt{3}}{2}}$$

即

$$\frac{1}{2} + j\frac{\sqrt{3}}{2} = \left(-\frac{1}{2}A_1 + A_2\right) + j\left(-\frac{\sqrt{3}}{2}A_1\right)$$

则

$$\begin{cases} \dfrac{1}{2} = -\dfrac{1}{2}A_1 + A_2 \\ \dfrac{\sqrt{3}}{2} = -\dfrac{\sqrt{3}}{2}A_1 \end{cases}$$

得

$$\begin{cases} A_1 = -1 \\ A_2 = 0 \end{cases}$$

则

$$X(s) = \frac{1}{s} - \frac{s}{s^2+s+1} = \frac{1}{s} - \frac{s}{\left(s+\dfrac{1}{2}\right)^2 + \left(\dfrac{\sqrt{3}}{2}\right)^2}$$

$$= \frac{1}{s} - \frac{s+\dfrac{1}{2}}{\left(s+\dfrac{1}{2}\right)^2 + \left(\dfrac{\sqrt{3}}{2}\right)^2} + \frac{\sqrt{3}}{3}\,\frac{\dfrac{\sqrt{3}}{2}}{\left(s+\dfrac{1}{2}\right)^2 + \left(\dfrac{\sqrt{3}}{2}\right)^2}$$

则

$$x(t) = \left[1 - e^{-t/2}\left(\cos\frac{\sqrt{3}}{2}t - \frac{\sqrt{3}}{3}\sin\frac{\sqrt{3}}{2}t\right)\right]\cdot 1(t)$$

3. $X(s)$ 含有多重极点的情况

$$X(s) = \frac{b_0 s^m + b_1 s^{m-1} + \cdots + b_{m-1}s + b_m}{s^n + a_1 s^{n-1} + \cdots + a_{n-1}s + a_n} = \frac{b_0 s^m + b_1 s^{m-1} + \cdots + b_{m-1}s + b_m}{(s+p_1)^r(s+p_{r+1})\cdots(s+p_n)}$$
$$= \frac{A_{11}}{(s+p_1)^r} + \frac{A_{12}}{(s+p_1)^{r-1}} + \cdots + \frac{A_{1r}}{(s+p_1)} + \frac{A_{r+1}}{(s+p_{r+1})} + \cdots + \frac{A_n}{(s+p_n)} \tag{2-43}$$

式中，A_{r+1}，…，A_n 利用前边的方法求解，A_{11}，…，A_{1r}可由下式求得

$$A_{11} = [X(s)(s+p_1)^r]_{s=-p_1}$$

$$A_{12} = \left\{\frac{d}{ds}[X(s)(s+p_1)^r]\right\}_{s=-p_1}$$

$$A_{13} = \frac{1}{2!}\left\{\frac{d^2}{ds^2}[X(s)(s+p_1)^r]\right\}_{s=-p_1}$$

$$\vdots$$

$$A_{1r} = \frac{1}{(r-1)!}\left\{\frac{d^{r-1}}{ds^{r-1}}[X(s)(s+p_1)^r]\right\}_{s=-p_1}$$

查附录的拉普拉斯变换表,可得

$$L^{-1}\left[\frac{1}{(s+p_1)^k}\right] = \left[\frac{t^{k-1}}{(k-1)!}e^{-p_1 t}\right]\cdot 1(t) \tag{2-44}$$

所以　$x(t) = L^{-1}[X(s)]$

$$= \left\{\left[\frac{A_{11}}{(r-1)!}t^{r-1} + \frac{A_{12}}{(r-2)!}t^{r-2} + \cdots + A_{1r}\right]e^{-p_1 t} + A_{r+1}e^{-p_{r+1}t} + \cdots + A_n e^{-p_n t}\right\}\cdot 1(t)$$

例 2-12 求 $X(s)=\dfrac{s+3}{(s+2)^2(s+1)}$ 的拉普拉斯反变换。

解：$X(s)=\dfrac{A_{11}}{(s+2)^2}+\dfrac{A_{12}}{s+2}+\dfrac{A_3}{s+1}$

$$A_{11}=[X(s)(s+2)^2]_{s=-2}=\left[\frac{s+3}{s+1}\right]_{s=-2}=-1$$

$$A_{12}=\left\{\frac{\mathrm{d}[X(s)(s+2)^2]}{\mathrm{d}s}\right\}_{s=-2}=\left\{\frac{\mathrm{d}\left[\frac{s+3}{s+1}\right]}{\mathrm{d}s}\right\}_{s=-2}$$

$$=\left[\frac{(s+3)'(s+1)-(s+3)(s+1)'}{(s+1)^2}\right]_{s=-2}=-2$$

$$A_3=[X(s)(s+1)]_{s=-1}=2$$

$$X(s)=\frac{-1}{(s+2)^2}-\frac{2}{s+2}+\frac{2}{s+1}$$

所以
$$x(t)=L^{-1}[X(s)]=[-(t+2)\mathrm{e}^{-2t}+2\mathrm{e}^{-t}]\cdot 1(t)$$

2.3.5 借助拉普拉斯变换解常系数线性微分方程

例 2-13 设系统微分方程为 $\dfrac{\mathrm{d}^2x_o(t)}{\mathrm{d}t^2}+5\dfrac{\mathrm{d}x_o(t)}{\mathrm{d}t}+6x_o(t)=x_i(t)$，若 $x_i(t)=1(t)$，初始条件分别为 $\dot{x}_o(0)$、$x_o(0)$，试求 $x_o(t)$。

解：对微分方程左边进行拉普拉斯变换

$$L\left[\frac{\mathrm{d}^2x_o(t)}{\mathrm{d}t^2}\right]=s^2X_o(s)-sx_o(0)-\dot{x}_o(0)$$

$$L\left[5\frac{\mathrm{d}x_o(t)}{\mathrm{d}t}\right]=5sX_o(s)-5x_o(0)$$

$$L[6x_o(t)]=6X_o(s)$$

即
$$L\left[\frac{\mathrm{d}^2x_o(t)}{\mathrm{d}t^2}+5\frac{\mathrm{d}x_o(t)}{\mathrm{d}t}+6x_o(t)\right]=(s^2+5s+6)X_o(s)-(s+5)x_o(0)-\dot{x}_o(0)$$

对方程右边进行拉普拉斯变换

$$L[x_i(t)]=L[1(t)]=\frac{1}{s}$$

可得
$$(s^2+5s+6)X_o(s)-[(s+5)x_o(0)+\dot{x}_o(0)]=\frac{1}{s}$$

$$X_o(s)=\frac{1}{s(s^2+5s+6)}+\frac{(s+5)x_o(0)+\dot{x}_o(0)}{s^2+5s+6}$$

$$=\frac{A_1}{s}+\frac{A_2}{s+2}+\frac{A_3}{s+3}+\frac{B_1}{s+2}+\frac{B_2}{s+3}$$

用部分分式法可以求得：

$$A_1=\left[\frac{1}{s^2+5s+6}\right]_{s=0}=\frac{1}{6};A_2=\left[\frac{1}{s(s+3)}\right]_{s=-2}=-\frac{1}{2};A_3=\left[\frac{1}{s(s+2)}\right]_{s=-3}=\frac{1}{3}$$

$$B_1=\left[\frac{(s+5)x_o(0)+\dot{x}_o(0)}{s+3}\right]_{s=-2}=3x_o(0)+\dot{x}_o(0)$$

$$B_2 = \left[\frac{(s+5)x_o(0)+\dot{x}_o(0)}{s+2}\right]_{s=-3} = -2x_o(0)-\dot{x}_o(0)$$

所以

$$X_o(s) = \frac{1/6}{s} + \frac{-1/2}{s+2} + \frac{1/3}{s+3} + \frac{3x_o(0)+\dot{x}_o(0)}{s+2} + \frac{-2x_o(0)-\dot{x}_o(0)}{s+3}$$

对上式进行拉普拉斯反变换可得：

$$x_o(t) = \frac{1}{6} - \frac{1}{2}e^{-2t} + \frac{1}{3}e^{-3t} + [3x_o(0)+\dot{x}_o(0)]e^{-2t} - [2x_o(0)+\dot{x}_o(0)]e^{-3t} \quad (t \geqslant 0)$$

当初始条件为零时

$$x_o(t) = \frac{1}{6} - \frac{1}{2}e^{-2t} + \frac{1}{3}e^{-3t} \quad (t \geqslant 0)$$

由例 2-13 可见，应用拉普拉斯变换法求解微分方程时，由于初始条件已自动包含在微分方程的拉普拉斯变换式中，因此，不需要根据初始条件求积分常数的值就可得到微分方程的全解。用拉普拉斯变换解微分方程的步骤是：

1）将微分方程通过拉普拉斯变换变为 s 的代数方程，如果所有的初始条件为零，微分方程的拉普拉斯变换可以简单地用 s^n 代替 $\frac{d^n x(t)}{dt^n}$ 得到。

2）解 s 的代数方程，得到有关变量的拉普拉斯变换表达式。

3）应用拉普拉斯反变换，得到微分方程的时域解。

2.4　传递函数和典型环节的传递函数

求解系统的微分方程可知其运动规律，但是微分方程特别是高阶微分方程求解非常复杂。如果对微分方程进行拉普拉斯变换，得到复数域的代数方程，即可使方程的求解简化。传递函数是在拉普拉斯变换的基础上，以系统本身的参数描述的线性定常系统输入量与输出量的关系式，它表达了系统内在的固有特性，而与输入量无关。它可以是无量纲的，也可以是有量纲的，视系统的输入、输出量而定，它包含着联系输入量与输出量所需要的量纲，通常不能表明系统的物理特性和物理结构。许多物理性质不同的系统有着相同形式的传递函数，正如一些不同的物理现象可以用相同形式的微分方程描述一样。

2.4.1　传递函数的概念

在零初始条件下，线性定常系统输出量的象函数 $X_o(s)$ 与引起该输出的输入量的象函数 $X_i(s)$ 之比，称为系统的传递函数，一般用 $G(s)$ 表示，即

$$G(s) = \frac{X_o(s)}{X_i(s)} \tag{2-45}$$

零初始条件为：$t<0$ 时，输入量及其各阶导数均为 0；输入量施加于系统之前，系统处于稳定的工作状态，即 $t<0$ 时，输出量及其各阶导数也均为 0。

设描述线性定常系统的微分方程为

$$a_0x_o^{(n)}(t)+a_1x_o^{(n-1)}(t)+\cdots+a_{n-1}\dot{x}_o(t)+a_nx_o(t)$$
$$=b_0x_i^{(m)}(t)+b_1x_i^{(m-1)}(t)+\cdots+b_{m-1}\dot{x}_i(t)+b_mx_i(t)\quad(n\geqslant m)$$

则零初始条件下，系统的传递函数为

$$G(s)=\frac{X_o(s)}{X_i(s)}=\frac{b_0s^m+b_1s^{m-1}+\cdots+b_{m-1}s+b_m}{a_0s^n+a_1s^{n-1}+\cdots+a_{n-1}s+a_n}\quad(n\geqslant m)\tag{2-46}$$

在机电控制系统中，传递函数是一个非常重要的概念，是分析线性系统的有力数学工具。传递函数的特点如下：

1）传递函数是一种以系统参数表示的线性定常系统输入量与输出量之间的关系式，传递函数的概念通常只适用于线性定常系统。

2）传递函数是 s 的复变函数。传递函数中的各项系数与相应微分方程中的各项系数对应相等，完全取决于系统结构参数。

3）传递函数是在零初始条件下定义的，即在零时刻之前，系统所给定的平衡工作点处于相对静止状态。因此，传递函数不反映系统在非零初始条件下的全部运动规律。

4）传递函数只能表示系统输入与输出的关系，无法描述系统内部中间变量的变化情况。

5）一个传递函数只能表示一个输入对一个输出的关系，即适用于对单输入单输出（SISO）系统的描述。

2.4.2 特征方程、零点和极点

式（2-46）是传递函数的多项式形式，其分子、分母分别是 s 的多项式。

令

$$N(s)=b_0s^m+b_1s^{m-1}+\cdots+b_{m-1}s+b_m$$
$$D(s)=a_0s^n+a_1s^{n-1}+\cdots+a_{n-1}s+a_n$$

则

$$G(s)=\frac{X_o(s)}{X_i(s)}=\frac{N(s)}{D(s)}$$

分母多项式 $D(s)$ 称为特征多项式。$D(s)=0$ 则称为系统的特征方程，其根称为系统的特征根。特征方程决定着系统的动态特性。系统的阶次定义为 $D(s)$ 中 s 的最高阶次。

当 $s=0$ 时，有

$$G(0)=\frac{b_m}{a_n}=K$$

式中，K 称为系统的静态放大倍数或静态增益。从微分方程的角度看，此时相当于所有的导数项都为零。因此 K 反映了系统处于静态时输出与输入的比值。

传递函数 $G(s)$ 还可以写成下面的零极点形式。

$$G(s)=\frac{N(s)}{D(s)}=\frac{b_0(s-z_1)(s-z_2)\cdots(s-z_m)}{a_0(s-p_1)(s-p_2)\cdots(s-p_n)}$$

式中，$s=z_i$（$i=1,2,\cdots,m$）为方程 $N(s)=0$ 的根，称为传递函数的零点；$s=p_j$（$j=1,2,\cdots,n$）为方程$D(s)=0$ 的根，称为传递函数的极点。

可见，传递函数的极点就是系统的特征根。零点和极点的数值完全取决于系统的结构参数。

在复平面上表示传递函数的零极点的图形称为传递函数的零极点分布图。在图中一般用“○”表示零点，用“×”表示极点。传递函数的零极点分布图可以形象地反映系统的全面特性。图2-11 为 $G(s)=\dfrac{K(s+2)}{(s+3)(s^2+2s+2)}$的零极点分布图。

2.4.3 传递函数的求法

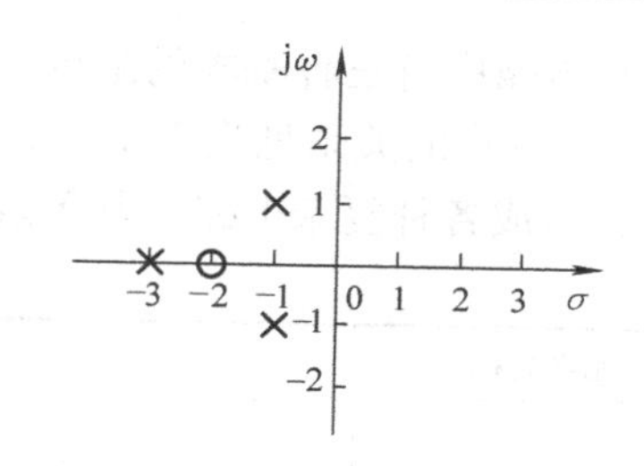

图 2-11　$G(s)=\dfrac{K(s+2)}{(s+3)(s^2+2s+2)}$ 的零极点分布图

1. 根据微分方程求传递函数

首先，列写出系统的微分方程或微分方程组，然后在零初始条件下求各微分方程的拉普拉斯变换，将它们转换成复数域关于 s 的代数方程组，消去中间变量，得到系统的传递函数。

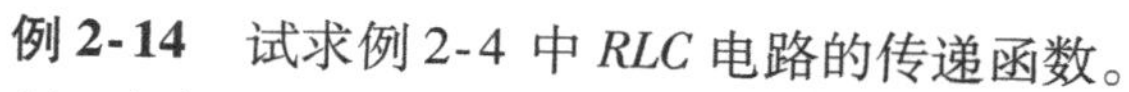

例 2-14　试求例 2-4 中 *RLC* 电路的传递函数。

解：根据基尔霍夫定律，得到系统的微分方程

$$LC\frac{\mathrm{d}^2u_o(t)}{\mathrm{d}t^2}+RC\frac{\mathrm{d}u_o(t)}{\mathrm{d}t}+u_o(t)=u_i(t)$$

在零初始条件下，将上式两边进行拉普拉斯变换得

$$(LCs^2+RCs+1)U_o(s)=U_i(s)$$

根据传递函数的定义，可得 *RLC* 电路的传递函数为

$$G(s)=\frac{U_o(s)}{U_i(s)}=\frac{1}{LCs^2+RCs+1}$$

2. 用等效弹性刚度和等效复阻抗的概念求传递函数

对于质量－弹簧－阻尼系统，质量、弹簧和阻尼三要素的受力 $f(t)$ 与位移 $x(t)$ 的关系及其拉普拉斯变换见表 2-3，表中列出了质量、弹簧和阻尼的等效弹性刚度。

表 2-3　等效弹性刚度说明

元件名称	力学模型	时域方程	拉普拉斯变换式	等效弹性刚度
弹簧	$x(t)$, $f(t)$, k	$f(t)=kx(t)$	$F(s)=kX(s)$	k
阻尼	$x(t)$, $f(t)$, D	$f(t)=D\dfrac{\mathrm{d}x(t)}{\mathrm{d}t}$	$F(s)=DsX(s)$	Ds
质量	$x(t)$, $f(t)$, M	$f(t)=M\dfrac{\mathrm{d}^2x(t)}{\mathrm{d}t^2}$	$F(x)=Ms^2X(s)$	Ms^2

例 2-15　试用等效弹性刚度的概念，求例 2-1 中组合机床动力滑台的传递函数。

解：根据牛顿第二定律，有

$$F_i(s)-DsY_o(s)-kY_o(s)=Ms^2Y_o(s)$$

整理得

$$G(s)=\frac{Y_o(s)}{F_i(s)}=\frac{1}{Ms^2+Ds+k}$$

在电路中有三种基本的阻抗元件：电阻、电容和电感。流过这三种阻抗元件的电流 $i(t)$ 与电压 $u(t)$ 的关系见表2-4，表中列出了三种元件的等效复阻抗。复阻抗在电路中经过串联、并联，组成各种复杂电路，其等效复阻抗的计算和一般电阻电路完全一样。

表 2-4　等效复阻抗说明

元件名称	典型电路	时域方程	拉普拉斯变换式	等效复阻抗
电阻	$i(t)$ → R, $u(t)$	$u(t)=Ri(t)$	$U(s)=RI(s)$	R
电容	$i(t)$ → C, $u(t)$	$u(t)=\frac{1}{C}\int i(t)\mathrm{d}t$	$U(s)=\frac{1}{Cs}I(s)$	$\frac{1}{Cs}$
电感	$i(t)$ → L, $u(t)$	$u(t)=L\frac{\mathrm{d}}{\mathrm{d}t}i(t)$	$U(s)=LsI(s)$	Ls

例 2-16　试用复阻抗的概念求例 2-4 中 RLC 电路的传递函数。

解：根据基尔霍夫定律，有

$$U_{\mathrm{o}}(s)=\frac{\frac{1}{Cs}}{Ls+R+\frac{1}{Cs}}U_{\mathrm{i}}(s)=\frac{1}{LCs^2+RCs+1}U_{\mathrm{i}}(s)$$

整理得

$$G(s)=\frac{U_{\mathrm{o}}(s)}{U_{\mathrm{i}}(s)}=\frac{1}{LCs^2+RCs+1}$$

对于机械系统或电路系统，利用等效弹性刚度或复阻抗的概念，不需从微分方程开始列写，直接列写复域内的代数方程即可，使求取系统的传递函数更加简便。

2.4.4　典型环节的传递函数

控制系统一般由若干元件以一定形式连接而成。对系统的元件按照功能划分，可分为测量、放大、执行元件等，主要用于研究系统的结构、组成和控制原理等；按照运动方程式将元件或系统划分为若干环节，则主要用于建立系统的数学模型，研究系统的特性。能组成独立运动方程式的部分称为环节，一个系统可看作由一些基本环节组成。环节可以是一个元件，也可以是一个元件的一部分或由几个元件组成，经常遇到的环节称为典型环节。任何复杂的系统均可归结为由一些典型环节组成。求出这些典型环节的传递函数，就可以求出系统的传递函数，这给研究复杂系统带来很大方便。

1. 比例环节

如果一个环节的输出量和输入量成比例关系，即输出量不失真、无惯性地跟随输入量，则称此环节为比例环节。可表示为

$$x_{\mathrm{o}}(t)=Kx_{\mathrm{i}}(t) \tag{2-47}$$

式中，$x_{\mathrm{o}}(t)$、$x_{\mathrm{i}}(t)$ 分别为环节的输出量和输入量。设初始条件为零，对上式两边进行拉普

拉斯变换，并整理后得

$$G(s)=\frac{X_o(s)}{X_i(s)}=K \tag{2-48}$$

比例环节在传递信息过程中既不延迟也不失真，只是增大（或缩小）K 倍。机械系统中略去弹性的杠杆、无侧隙的减速器、丝杠等机械传动装置，以及质量高的测速发电机和伺服放大器等都可以认为是比例环节。

例 2-17　如图 2-12 所示为齿轮传动副，试求齿轮传动副的传递函数。图中 $n_i(t)$ 为输入轴转速，$n_o(t)$ 为输出轴转速，z_1、z_2 为齿轮齿数。

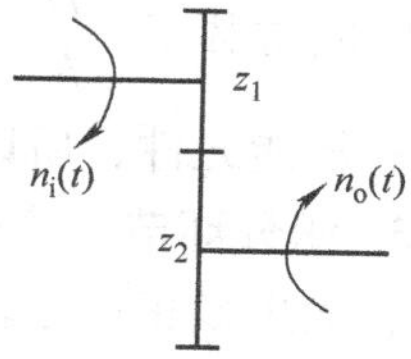

图 2-12　齿轮传动副

解：若忽略齿侧间隙的影响，则

$$n_o(t)z_2=n_i(t)z_1$$

对上式进行拉普拉斯变换后得

$$N_o(s)z_2=N_i(s)z_1$$

$$G(s)=\frac{N_o(s)}{N_i(s)}=\frac{z_1}{z_2}=K$$

例 2-18　如图 2-13 所示为一滑动变阻器电路系统，试求系统的传递函数。图中 $u_i(t)$ 为输入电压，$u_o(t)$ 为输出电压，$i(t)$为电路内的电流，R_1、R_2 为滑动变阻器两边的电阻。

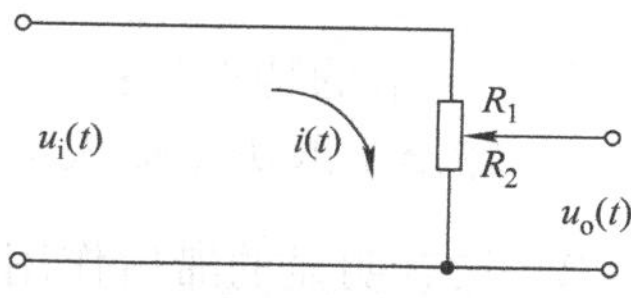

图 2-13　滑动变阻器电路系统

解：

$$\begin{cases}u_i(t)=i(t)(R_1+R_2)\\u_o(t)=i(t)R_2\end{cases}$$

对上两式进行拉普拉斯变换后整理得

$$G(s)=\frac{U_o(s)}{U_i(s)}=\frac{R_2}{R_1+R_2}=K$$

需要注意的是，传递函数是在零初始条件下定义的，所以求传递函数时，总是规定系统具有零初始条件，后文不再另作说明。

2. 一阶惯性环节

如果某环节的数学模型为一阶微分方程

$$T\frac{\mathrm{d}x_o(t)}{\mathrm{d}t}+x_o(t)=x_i(t) \tag{2-49}$$

则此环节称为一阶惯性环节。其传递函数为

$$G(s)=\frac{X_o(s)}{X_i(s)}=\frac{1}{Ts+1} \tag{2-50}$$

式中，T 为常数，称为时间常数，表征环节的惯性，T 越大，环节的惯性越大。其值的大小取决于环节的结构参数。

例 2-19　如图 2-14 所示为弹簧 - 阻尼系统，试求系统的传递函数。图中 $x_i(t)$ 为输入位移；$x_o(t)$ 为输出位移，k 为弹簧弹性刚度，D 为黏性阻尼系数。

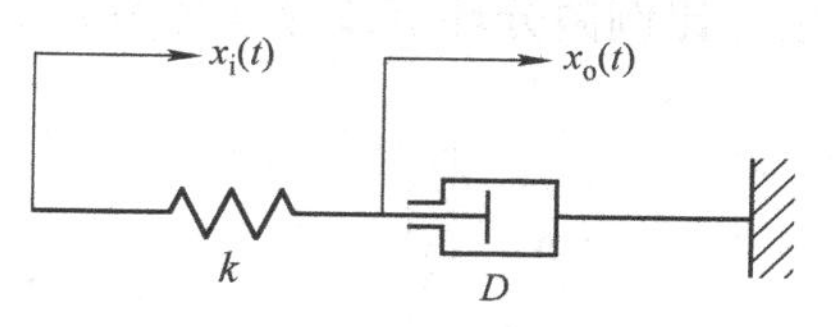

图 2-14　弹簧 - 阻尼系统

解：

$$D\frac{\mathrm{d}x_o(t)}{\mathrm{d}t}=k[x_i(t)-x_o(t)]$$

对上式进行拉普拉斯变换后得

$$DsX_o(s)=k[X_i(s)-X_o(s)]$$

整理得

$$G(s)=\frac{X_o(s)}{X_i(s)}=\frac{1}{\frac{D}{k}s+1}=\frac{1}{Ts+1}$$

时间常数 $T=\frac{D}{k}$。环节中弹簧 k 为储能元件，阻尼器 D 为耗能元件。一个系统既有储能元件又有耗能元件，所以其输出总是落后于输入，说明系统有惯性。T 越大，惯性越大。

3. 积分环节

若输出量正比于输入量对时间的积分，则该环节称为积分环节，即

$$x_o(t)=\frac{1}{T}\int_0^t x_i(t)\mathrm{d}t \tag{2-51}$$

对式（2-51）两边进行拉普拉斯变换，并整理后得

$$G(s)=\frac{X_o(s)}{X_i(s)}=\frac{1}{Ts} \tag{2-52}$$

积分环节的特点是：

1）输出量取决于输入量对时间的积累过程。

2）具有明显的滞后作用。例如，当输入量为常值 A 时，由于 $x_o(t)=\frac{1}{T}\int_0^t A\mathrm{d}t=\frac{1}{T}At$，输出量须经过时间 T 才能达到输入量在 $t=0$ 时的值 A。

积分环节常用来改善系统的稳态精度。

例 2-20 图 2-15 所示为有源积分电路系统，试求系统的传递函数。图中 $u_i(t)$ 为输入电压；$u_o(t)$ 为输出电压，R 为电阻，C 为电容。

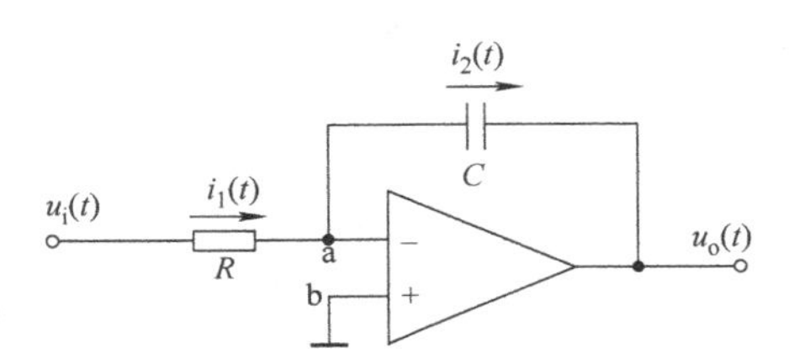

图 2-15 有源积分电路系统

解：已知 $-C\frac{\mathrm{d}u_o(t)}{\mathrm{d}t}=\frac{u_i(t)}{R}$，进行拉普拉斯变换后整理得

$$G(s)=\frac{-\frac{1}{RC}}{s}=\frac{T}{s}$$

式中，$T=-\frac{1}{RC}$为常数。

4. 微分环节

微分是积分的逆运算，按传递函数的不同，有三种微分环节：纯微分环节、一阶微分环节（也称比例微分环节或导前环节）和二阶微分环节。相应的微分方程为

$$x_o(t)=K\frac{\mathrm{d}x_i(t)}{\mathrm{d}t} \tag{2-53}$$

$$x_o(t)=K\left[\tau\frac{\mathrm{d}x_i(t)}{\mathrm{d}t}+x_i(t)\right] \tag{2-54}$$

$$x_o(t)=K\left[\tau^2\frac{\mathrm{d}^2x_i(t)}{\mathrm{d}t^2}+2\zeta\tau\frac{\mathrm{d}x_i(t)}{\mathrm{d}t}+x_i(t)\right]\quad(0<\zeta<1) \tag{2-55}$$

对式（2-53）~式（2-55）两边进行拉普拉斯变换，并整理后得

$$G(s)=\frac{X_o(s)}{X_i(s)}=Ks \tag{2-56}$$

$$G(s)=\frac{X_o(s)}{X_i(s)}=K(\tau s+1) \tag{2-57}$$

$$G(s)=\frac{X_o(s)}{X_i(s)}=K(\tau^2s^2+2\zeta\tau s+1)\quad(0<\zeta<1) \tag{2-58}$$

式中，τ 为微分环节的时间常数。

例 2-21　测速发电机是测量角速度并将它转换成电压量的装置。图 2-16 所示为永磁式直流测速发电机，试求其传递函数。图中，$\theta_i(t)$ 为转子输入角位移，$u_o(t)$ 为输出电压。

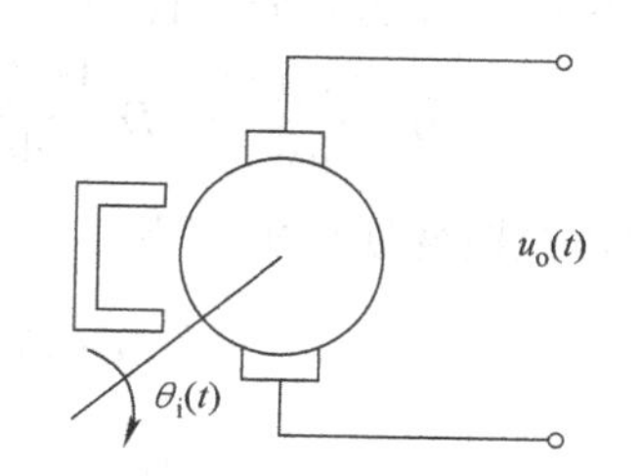

图 2-16　永磁式直流测速发电机

解：测速发电机的转子与待测量的轴相连接，电枢两端输出的直流电压与转子角速度成正比，即

$$u_o(t)=K_t\frac{\mathrm{d}}{\mathrm{d}t}\theta_i(t)$$

式中，K_t 为发电机常数。对上式进行拉普拉斯变换后得

$$U_o(s)=K_ts\Theta_i(s)$$

整理得

$$G(s)=\frac{U_o(s)}{\Theta_i(s)}=K_ts$$

本例中测速发电机以转角为输入量、电枢电压为输出量时，它是一个纯微分环节。但对实际元件或系统，由于惯性的存在，难以实现理想的纯微分关系，一般用近似的微分环节替代。如图 2-17 所示的 RC 电路，其传递函数为

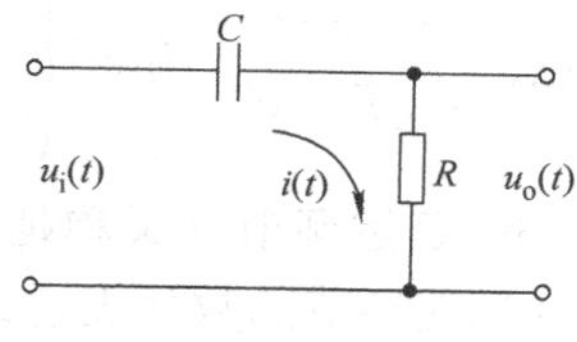

图 2-17　RC 电路

$$G(s)=\frac{RCs}{RCs+1}=\frac{Ts}{Ts+1}$$

式中，T 为电路的时间常数，$T=RC$。

该传递函数包括一阶惯性环节和微分环节，称之为惯性微分环节，只有当 $|Ts|\ll 1$ 时，才近似为微分环节 $G(s)=\frac{Ts}{Ts+1}\approx Ts$。

微分环节的输出与输入的导数成正比，即输出反映了输入信号的变化趋势，从而给系统以有关输入变化趋势的预告。因此，微分环节常用来改善控制系统的动态性能。

5. 二阶振荡环节

含有两个独立的储能元件，且所存储的能量能够相互转换，从而导致输出带有振荡的性质，其运动方程为

$$T^2\frac{\mathrm{d}^2x_o(t)}{\mathrm{d}t^2}+2\zeta T\frac{\mathrm{d}x_o(t)}{\mathrm{d}t}+x_o(t)=Kx_i(t) \tag{2-59}$$

式（2-59）经拉普拉斯变换整理后得

$$G(s)=\frac{X_o(s)}{X_i(s)}=\frac{K}{T^2s^2+2\zeta Ts+1} \tag{2-60}$$

式中，T 为振荡环节的时间常数；ζ 为阻尼比，对于振荡环节 $0<\zeta<1$；K 为比例系数。

二阶振荡环节传递函数的另一常用标准形式为（当 $K=1$ 时）

$$G(s)=\frac{\omega_n^2}{s^2+2\zeta\omega_n s+\omega_n^2}\quad\left(取\ \omega_n=\frac{1}{T}\right) \tag{2-61}$$

式中，ω_n 称为无阻尼固有角频率（rad/s）。

例 2-22 某质量－弹簧－阻尼系统如图 2-18 所示，试求其传递函数。图中 $f_i(t)$ 为输入力，$x_o(t)$ 为输出位移，M 为质量，k 为弹簧弹性刚度，D 为黏性阻尼系数。

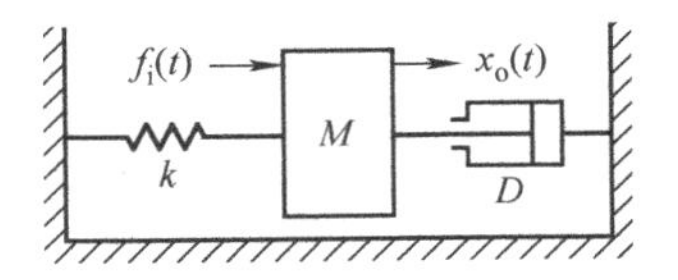

图 2-18 某质量－弹簧－阻尼系统

解：系统的微分方程为

$$M\frac{d^2x_o(t)}{dt^2}+D\frac{dx_o(t)}{dt}+kx_o(t)=f_i(t)$$

经拉普拉斯变换后整理得

$$G(s)=\frac{X_o(s)}{F_i(s)}=\frac{1}{Ms^2+Ds+k}=\frac{1/k}{T^2s^2+2\zeta Ts+1}$$

式中，$T=\sqrt{\frac{M}{k}}$；$\zeta=\frac{D}{2\sqrt{Mk}}$。当 $0<D<2\sqrt{Mk}$ 时为振荡环节。

例 2-23 求例 2-4 中的 RLC 无源电网络系统的时间常数 T 及阻尼比 ζ。

解：该系统的传递函数为

$$G(s)=\frac{U_o(s)}{U_i(s)}=\frac{1}{LCs^2+RCs+1}$$

可见，$\begin{cases}T^2=LC\\2\zeta T=RC\end{cases}$，解得 $\begin{cases}T=\sqrt{LC}\\\zeta=\frac{RC}{2\sqrt{LC}}=\frac{R}{2}\sqrt{\frac{C}{L}}\end{cases}$

6. 延迟环节（又称延时环节或纯滞后环节）

延迟环节的数学表达式为

$$x_o(t)=\begin{cases}0 & t<\tau\\x_i(t-\tau) & t\geqslant\tau\end{cases} \tag{2-62}$$

式中，τ 为延迟时间。对式（2-62）在零初始条件下进行拉普拉斯变换，得到延迟环节的传递函数为

$$G(s)=\frac{X_o(s)}{X_i(s)}=e^{-\tau s} \tag{2-63}$$

在机电系统中，延迟环节很常见，比如液压油从液压泵到阀控液压缸间的管道传输产生的时间上的延迟；热量传导过程中因传输速率低而造成的时间上的延迟；各种传送带（或传送装置）因传送造成的时间上的延迟；钢板轧机中，厚度测量仪到轧机轧辊中心线不可避免地会有一定的距离，使得测得实际厚度的时刻要比轧制的时刻有延迟。

延迟环节与一阶惯性环节的区别在于：

1）一阶惯性环节从输入开始时刻起就有输出，仅由于惯性，输出要滞后一段时间才接近期望的输出值。

2）延迟环节输入开始时，在 $0\sim\tau$ 时间内，没有输出，但 $t=\tau$ 之后，输出等于 τ 之前时刻的输入。

关于数学模型中环节的概念，需要注意以下几点：

1）系统的基本环节是按数学模型的共性建立的，它与系统中使用的元件不是一一对应

的。一个元件的数学模型可能是若干典型环节的数学模型的组合。

2）一个环节往往由几个元件之间的运动特性共同组成。

3）同一元件在不同系统中作用不同，输入、输出的物理量不同，可起到不同环节的作用。

4）典型环节的概念只适用于能够用线性定常微分方程来描述的系统。

2.5　系统框图及其简化

控制系统的框图和信号流图都是描述系统各元、部件之间信号传递关系的数学图形，是控制系统动态数学模型的图解形式。它们表示了系统中各变量之间的因果关系以及对各变量所进行的运算，是控制理论中描述复杂系统的一种简便方法。应用框图可以简化复杂控制系统的分析和计算，同时可以形象直观地描述系统中各环节间的相互关系以及信号在系统内部的传递、变换过程。

2.5.1　系统框图的组成

框图是系统中各环节函数功能和信号流向的图形表示，由函数方框、信号线、引出点、比较点等组成。

1. 信号线

信号线是带有箭头的直线，箭头表示信号的传递方向，在直线旁标记信号的时间函数或象函数，用以表示输入、输出通道，如图 2-19a 所示。

2. 引出点（也称测量点或分支点）

引出点表示信号引出或测量的位置和传递方向。同一信号线上引出的信号，其性质、大小完全一样，这一点与电路图是不同的。信号引出点如图 2-19b 所示。

3. 比较点（也称相加点、求和点或综合点）

比较点如图 2-19c 所示，它是表示两个或两个以上的输入信号进行加减运算的元件。用符号“⊗”及相应的信号箭头表示，每个箭头前方的“+”或“-”表示信号间的运算关系，“+”可以省略不写。相邻比较点可以互换、合并、分解，即满足代数运算的交换律、结合律和分配律，如图 2-20 所示。需要注意的是比较点可以有多个输入，但输出是唯一的。

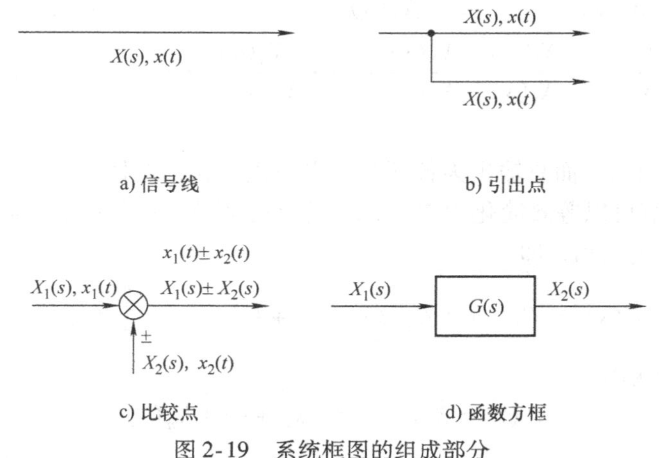

图 2-19　系统框图的组成部分

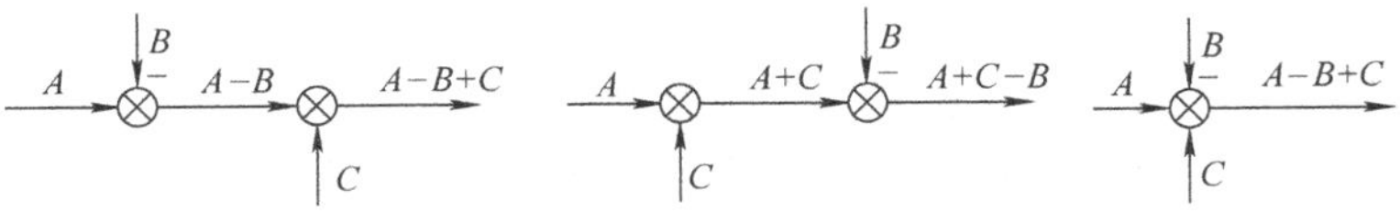

图 2-20　比较点的互换及合并

4. 函数方框

函数方框表示对信号进行数学运算，如图 2-19d 所示。方框中写入环节或系统的传递函数，方框的输出量等于输入量与传递函数的乘积，即 $X_2(s)=G(s)X_1(s)$。

任何系统都可以用信号线、函数方框、信号引出点及比较点组成的框图来表示。

2.5.2　环节连接方式及运算法则

1. 串联

n 个环节首尾相连，前一个环节的输出作为后一个环节的输入，这种连接方式称为串联连接。图 2-21a 所示的串联环节可以等效简化为图 2-21b 所示的环节。n 个环节串联后总的传递函数等于各环节传递函数的乘积，即

$$G(s)=G_1(s)G_2(s)\cdots G_n(s)=\prod_{i=1}^{n}G_i(s) \tag{2-64}$$

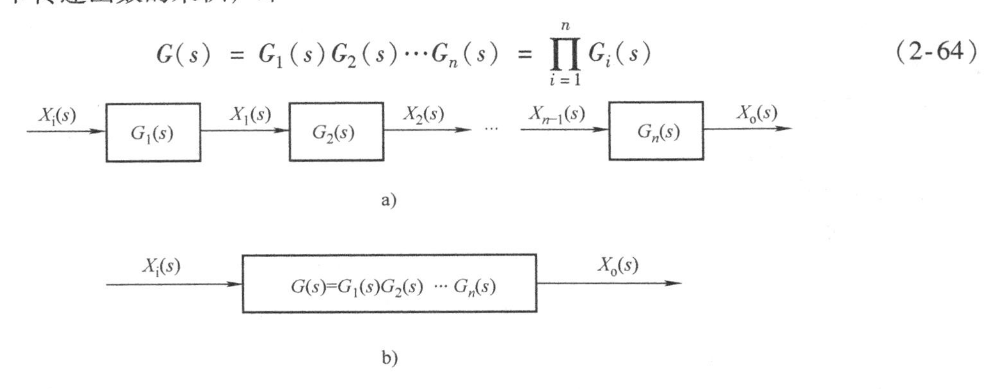

图 2-21　串联连接

证明：各环节的传递函数

$$G_1(s)=\frac{X_1(s)}{X_i(s)}\qquad G_2(s)=\frac{X_2(s)}{X_1(s)}\qquad\cdots\qquad G_n(s)=\frac{X_o(s)}{X_{n-1}(s)}$$

$$G(s)=\frac{X_o(s)}{X_i(s)}=\frac{X_1(s)}{X_i(s)}\cdot\frac{X_2(s)}{X_1(s)}\cdot\cdots\cdot\frac{X_o(s)}{X_{n-1}(s)}=G_1(s)G_2(s)\cdots G_n(s)$$

2. 并联

n 个环节的输入相同，而总输出为各环节输出的代数和，这种连接方式称为并联连接。图 2-22a 所示的并联环节可以等效简化为图 2-22b 所示的环节。n 个环节并联后总的传递函数等于各环节传递函数的代数和，即

$$G(s)=G_1(s)+G_2(s)+\cdots+G_n(s)=\sum_{i=1}^{n}G_i(s) \tag{2-65}$$

证明：系统总的输出

$$X_o(s)=X_1(s)+X_2(s)+\cdots+X_n(s)$$

则系统的传递函数为

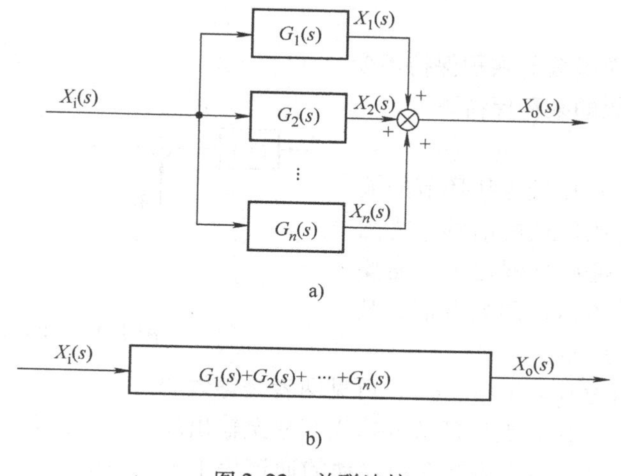

图2-22　并联连接

$$G(s)=\frac{X_o(s)}{X_i(s)}=\frac{X_1(s)+X_2(s)+\cdots+X_n(s)}{X_i(s)}=G_1(s)+G_2(s)+\cdots+G_n(s)$$

3. 反馈

如图2-23a所示，系统的输出信号 $X_o(s)$ 在经过某个环节 $H(s)$ 后，反向送回输入端，这种连接方式称为反馈连接。

信号从 $E(s)$ 流向 $X_o(s)$ 的通道称为前向通道，从 $X_o(s)$ 流向 $B(s)$ 的通道称为反馈通道。前向通道和反馈通道在比较点处连接形成闭合回路。输出 $X_o(s)$ 与输入 $X_i(s)$ 之比称为闭环传递函数。根据反馈信号在比较点的特性，反馈连接可以分为负反馈和正反馈。在比较点处，信号相加表示进入比较点的信号极性相同，信号相减表示进入比较点的信号极性相反。如果反馈信号与输入信号的极性相反，则称为负反馈；反之，则称为正反馈。

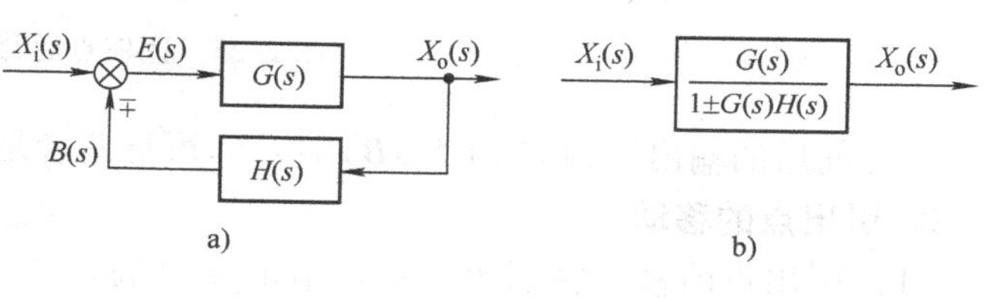

图2-23　反馈连接

由图2-23a可知

$$X_o(s)=G(s)E(s)=G(s)[X_i(s)\mp B(s)]=G(s)[X_i(s)\mp H(s)X_o(s)]$$

即

$$X_o(s)[1\pm G(s)H(s)]=G(s)X_i(s)$$

整理得

$$\frac{X_o(s)}{X_i(s)}=\frac{G(s)}{1\pm G(s)H(s)} \tag{2-66}$$

这样图2-23a所示的反馈环节可以等效简化为图2-23b所示的环节。如果反馈通道的传递函数 $H(s)=1$，则称为单位反馈系统。

2.5.3　系统框图的变化法则与简化

对于一般系统的框图，几种连接方式可能相互交叉在一起，无法直接利用上述运算法则求取系统的传递函数。可以通过移动比较点或引出点的方法，进行框图的简化。系统框图的变换要遵循等效变换的法则：

1）各前向通道传递函数的乘积保持不变。

2）各回路传递函数的乘积保持不变。

1. 比较点的移动

（1）比较点前移　将比较点从环节的输出端移至输入端，称为比较点的前移。将图2-24a中的比较点移到函数方框之前，需要在被移动的通道串上 $1/G(s)$ 函数方框，其等效结构图如图2-24b所示。

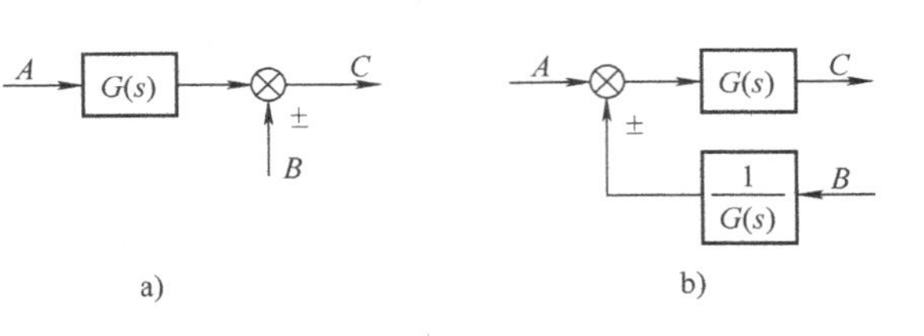

图2-24　比较点前移

移动前后的输出均为 $C=AG(s)\pm B$，可见两者是等效的。

（2）比较点后移　将比较点从环节的输入端移至输出端，称为比较点的后移。将图2-25a中的比较点移到函数方框之后，需要在被移动的通道串上 $G(s)$ 函数方框，其等效结构图如图2-25b所示。

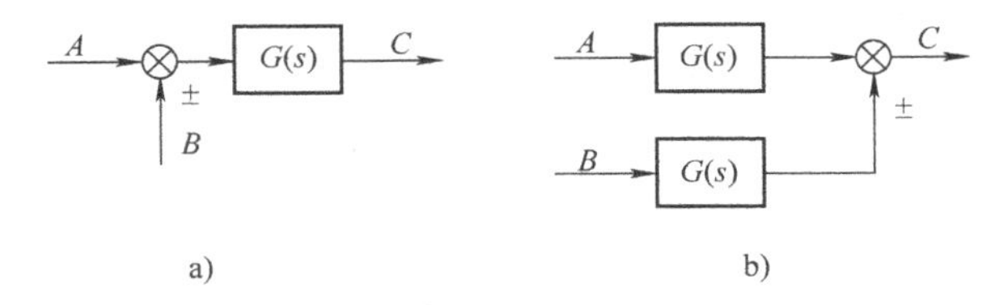

图2-25　比较点后移

移动前后的输出均为 $C=(A\pm B)G(s)$，可见两者是等效的。

2. 引出点的移动

（1）引出点前移　将引出点从环节的输出端移至输入端，称为引出点的前移。将图2-26a中的引出点移到函数方框之前，需要在被移动的通道串上 $G(s)$ 函数方框，其等效框图如图2-26b所示。

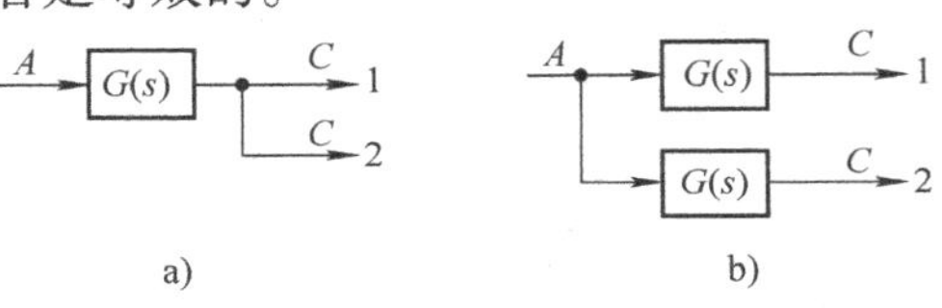

图2-26　引出点前移

移动前后前向通道1、2的输出信号均为 $C=AG(s)$，可见两者是等效的。

（2）引出点后移　将引出点从环节的输入端移至输出端，称为引出点的后移。将图2-27a中的引出点移到函数方框之后，需要在被移动的通道串上 $1/G(s)$ 函数方框，其等效框图如图2-27b所示。

移动前后前向通道1、2的输出信号保持不变，说明两者等效。

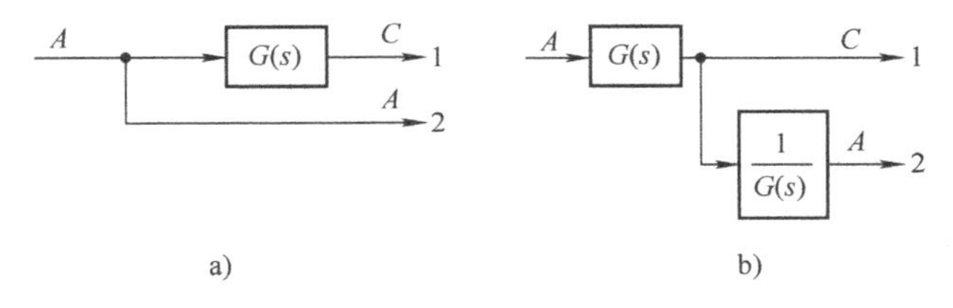

图2-27　引出点后移

3. 负反馈变为等效正反馈

如图2-28所示，将负反馈变为等效正反馈。将图2-28a中比较点处负反馈“－”变为正反馈“+”，需要在反馈通道串上增益为 -1 的函数方框，其等效框图如图 2-28b 所示。

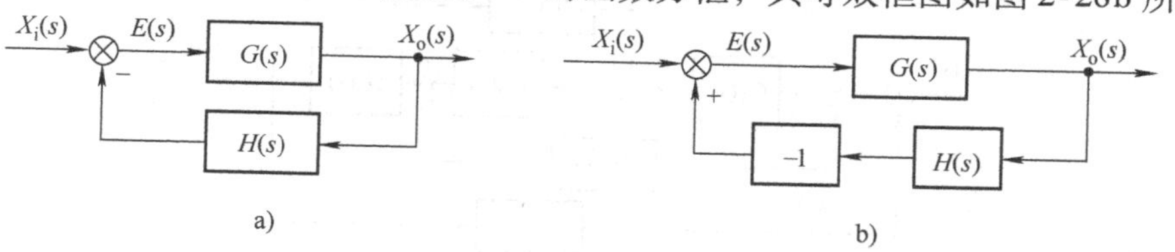

图 2-28　负反馈变为等效正反馈

移动前后，比较点的输出均为 $E(s)=X_i(s)-X_o(s)H(s)$，说明两者等效。

4. 等效单位反馈

如图 2-29 所示，将负反馈变为等效单位负反馈。将图 2-29a 中的反馈变为单位反馈，然后在前向通道比较点前、后分别串联 $1/H(s)$ 和 $H(s)$ 函数方框，其等效框图如图 2-29b 所示。

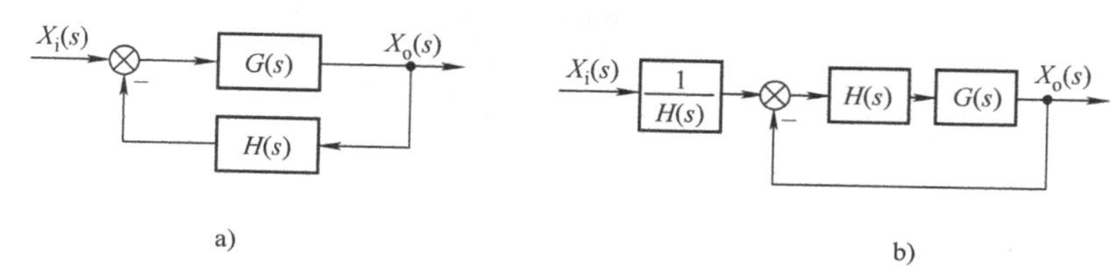

图 2-29　等效单位反馈

移动前后输出均为

$$X_o(s)=X_i(s)\frac{G(s)}{1+G(s)H(s)}$$

说明两者等效。

2.5.4 利用框图简化求系统传递函数

框图简化求系统传递函数的基本思路为：利用等效变换法则，移动比较点或引出点，消去交叉回路，变换成可以运算的简单回路，再根据框图串联、并联、反馈的运算法则求系统的传递函数。

例 2-24　试化简图 2-30a 所示系统的框图，并求系统的传递函数。

解：引出点 A 后移，得图 2-30b；消去 $H_2(s)$ 反馈回路得图 2-30c；消去 $H_1(s)/G_3(s)$ 反馈回路得图 2-30d；消去 $H_3(s)$ 反馈回路得图 2-30e。得到系统等效的传递函数为

$$\frac{X_o(s)}{X_i(s)}=\frac{G_1(s)G_2(s)G_3(s)}{1-G_1(s)G_2(s)H_1(s)+G_2(s)G_3(s)H_2(s)+G_1(s)G_2(s)G_3(s)H_3(s)}$$

例 2-25　试化简图 2-31a 所示系统的框图，并求系统的传递函数。

解：在图 2-31a 中有交叉回路，不能直接进行方框运算。引出点 B 后移，得图 2-31b；比较点 A 前移，然后按照串联运算法则化简得图 2-31c；消去 H_2 反馈回路和 H_3 反馈回路，得到图 2-31d；消去 $\frac{H_4}{G_2G_5}$ 反馈回路，然后按照串联运算法则化简得图 2-31e；消去 H_1 反馈回路得到系统等效的传递函数为

$$\frac{X_o(s)}{X_i(s)}=\frac{G_1G_2G_3G_4G_5G_6}{1+G_2G_3H_2+G_3G_4H_4-G_4G_5H_3-G_2G_3G_4G_5H_2H_3+G_1G_2G_3G_4G_5G_6H_1}$$

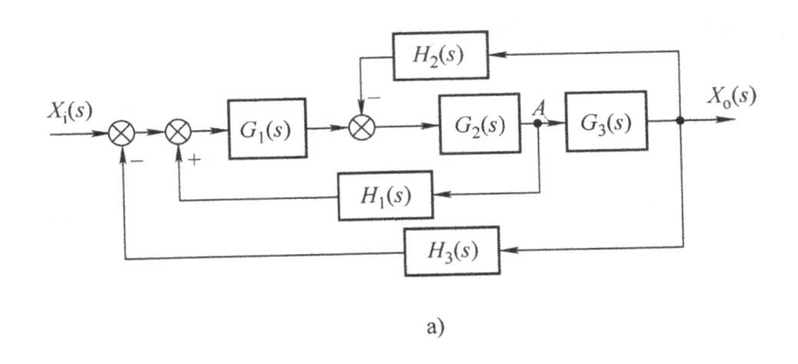

a)

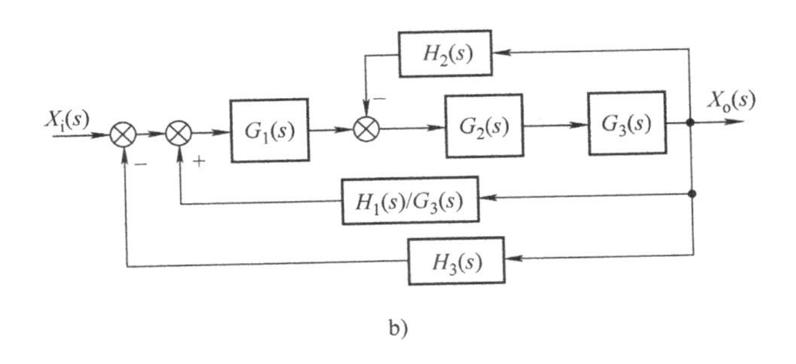

b)

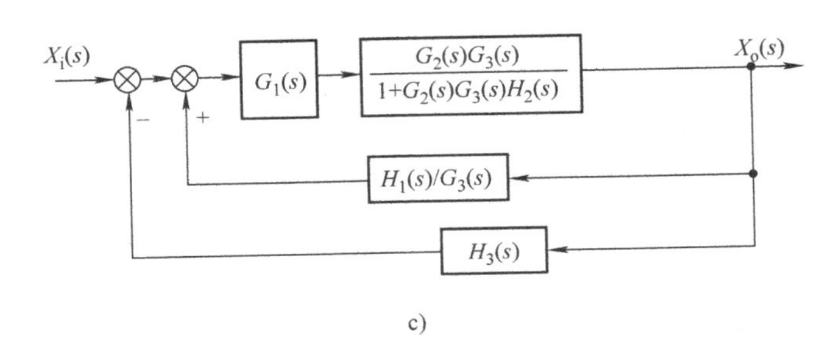

c)

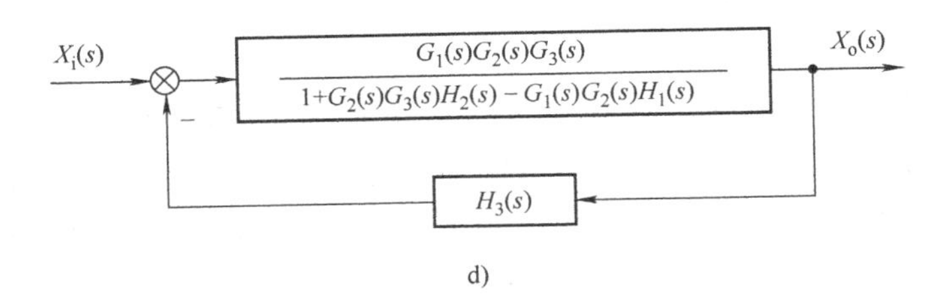

d)

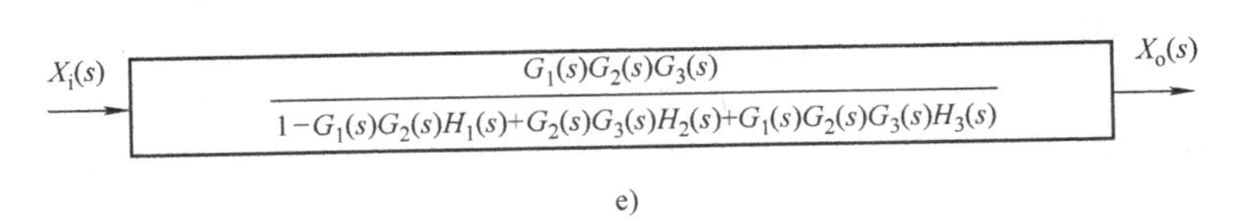

e)

图 2-30　例 2-24 系统框图

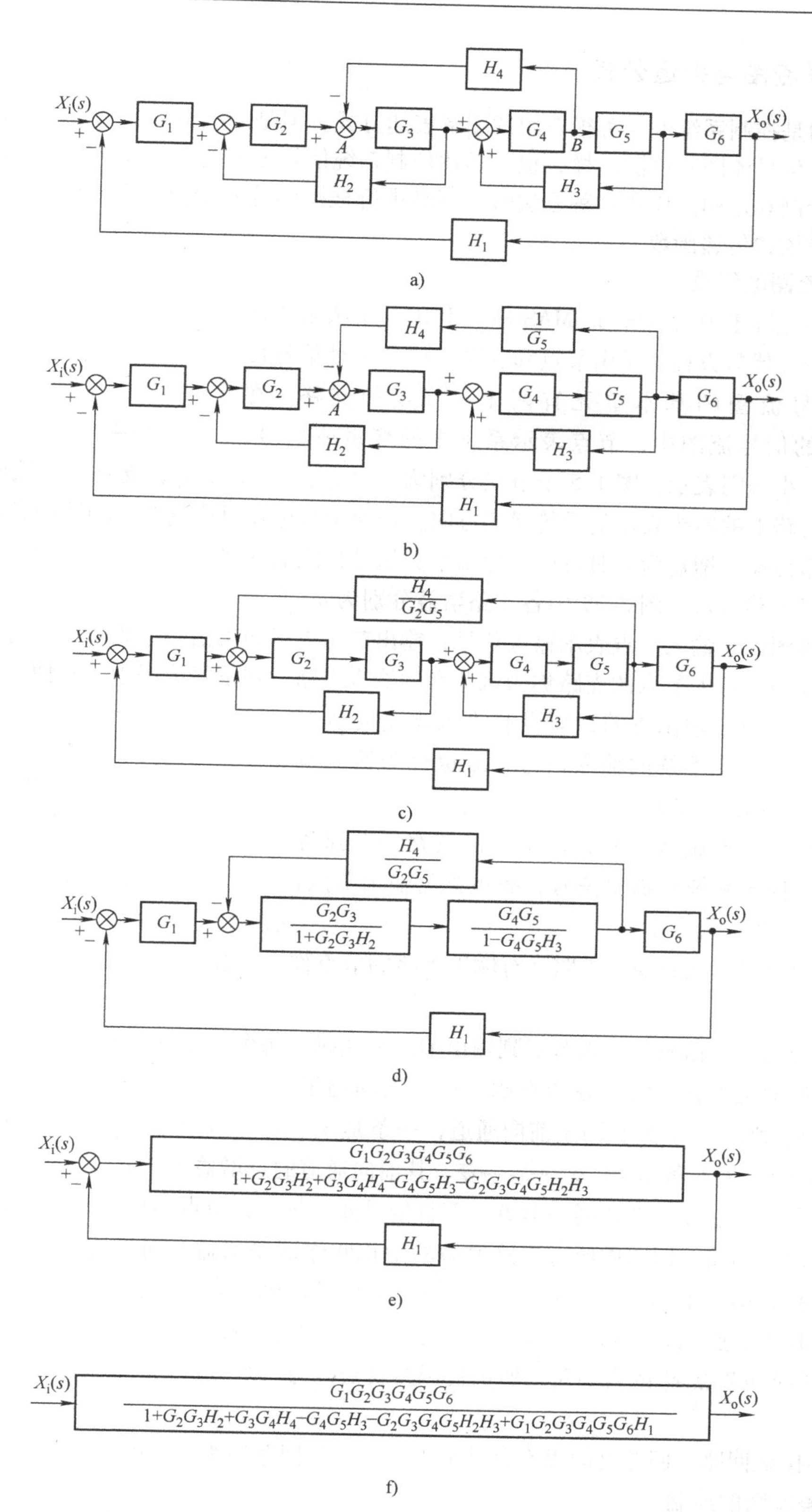

图 2-31 例 2-25 系统框图

2.5.5 信号流图与梅逊公式

系统框图是控制系统的一种很有用的图解表达方式，但是系统很复杂时，框图的简化过程显得很烦琐。信号流图与框图一样，也是描述控制系统信号传递关系的数学图形，它比框图更简洁，便于绘制和运用。应用这种方法时，不必进行框图的等效变换，根据统一的梅逊公式，可直接求出系统的传递函数。

1. 信号流图的组成

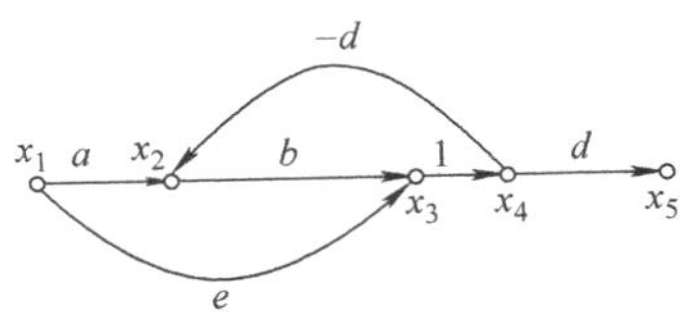

图 2-32 信号流图

信号流图起源于梅逊（S. J. MASON）利用图示法来描述一个或一组线性代数方程，是由节点和支路组成的一种信号传递网络。信号流图的基本单元有两个：节点和支路。在图 2-32所示的信号流图中，节点表示系统中的变量或信号，在图中用一个小圆圈表示，图中 5 个节点分别为 x_1、x_2、x_3、x_4、x_5；支路是连接两个节点的有向线段，支路上的箭头表示信号传递的方向。传递函数标在对应支路上的箭头旁边，称为支路增益或支路传输，增益为 1 时可以不标出来。信号只能沿支路的箭头方向传递，支路的输出等于输入乘以支路增益。图 2-32 中各支路增益分别为 a、b、1、d、$-d$、e。

在信号流图中，输入节点表示输入信号，输出节点表示输出信号。离开节点的支路称为该节点的输出支路，进入节点的支路称为该节点的输入支路。在信号流图中，常使用以下术语。

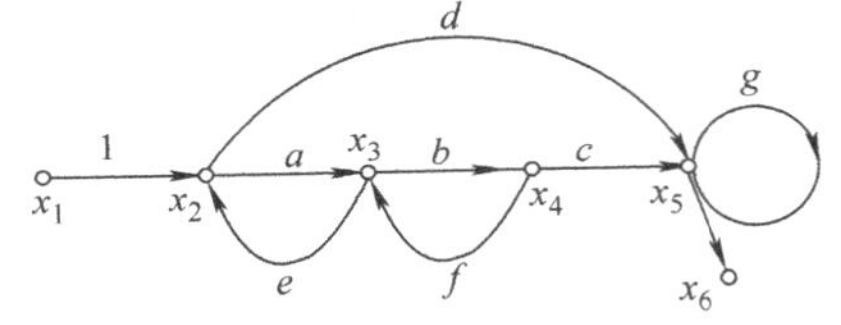

图 2-33 典型信号流图

（1）源点　只有输出支路，而没有输入支路的节点称为源点，它对应于系统的输入信号，故也称为输入节点，如图 2-33 中的节点 x_1。

（2）汇点　只有输入支路，没有输出支路的节点称为汇点，它对应于系统的输出信号，故也称为输出节点，如图 2-33 中的节点 x_6。

（3）混合节点　既有输入支路又有输出支路的节点称为混合节点，如图 2-33 中的节点 x_2、x_3、x_4、x_5。

（4）前向通道　信号从输入节点到输出节点传递时，每个节点只通过一次的通道，称为前向通道。前向通道上各支路增益的乘积，称为前向通道总增益，一般用 P_k 表示。在图 2-33 中，从源点 x_1 到汇点 x_6 共有两条前向通道，一条是 $x_1 \to x_2 \to x_3 \to x_4 \to x_5 \to x_6$，其前向通道的总增益 $P_1 = abc$；另一条是 $x_1 \to x_2 \to x_5 \to x_6$，其前向通道的总增益 $P_2 = d$。

（5）回路　起点和终点在同一节点，而且信号通过每一个节点不多于一次的闭合通道称为单独回路，简称回路。回路中所有支路增益的乘积叫作回路增益，用 L_a 表示。在图 2-33 中，共有三个回路，第一个起于节点 x_2，经过节点 x_3 最后回到节点 x_2 的回路，其回路增益 $L_1 = ae$；第二个起于节点 x_3，经过节点 x_4 最后回到节点 x_3 的回路，其回路增益 $L_2 = bf$；第三个起于节点 x_5 并回到节点 x_5 的自回路，所谓自回路就是只与一个节点相交的回路，其回路增益是 $L_3 = g$。

（6）不接触回路　回路之间没有公共节点时，这种回路称为不接触回路。

2. 信号流图的绘制

信号流图可以根据系统的微分方程绘制，也可以在画出系统框图的基础上，根据框图绘制。

（1）由系统微分方程绘制信号流图　在列写出系统微分方程以后，利用拉普拉斯变换将微分方程转换为 s 域的代数方程；然后对系统的每个变量指定一个节点，根据系统中的因果关系，将对应的节点按从左到右的顺序排列；最后绘制出有关的支路，并标出各支路的增益，将各节点正确连接就可以得到系统的信号流图。

例 2-26　绘制图 2-34 所示低通滤波网络的信号流图。

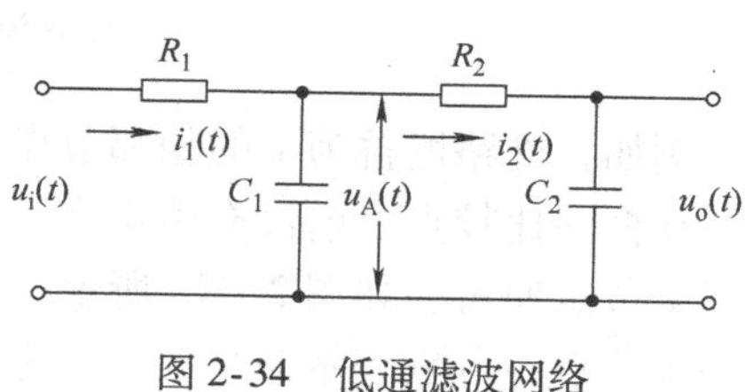

图 2-34　低通滤波网络

解：由图 2-34 可得

$$\begin{cases} i_1(t) = \dfrac{u_i(t) - u_A(t)}{R_1} \\ u_A(t) = \dfrac{1}{C_1}\int[i_1(t) - i_2(t)]\mathrm{d}t \\ i_2(t) = \dfrac{u_A(t) - u_o(t)}{R_2} \\ u_o(t) = \dfrac{1}{C_2}\int i_2(t)\mathrm{d}t \end{cases}$$

零初始条件下，进行拉普拉斯变换，得

$$\begin{cases} I_1(s) = \dfrac{U_i(s) - U_A(s)}{R_1} \\ U_A(s) = \dfrac{1}{C_1 s}[I_1(s) - I_2(s)] \\ I_2(s) = \dfrac{U_A(s) - U_o(s)}{R_2} \\ U_o(s) = \dfrac{1}{C_2 s}I_2(s) \end{cases}$$

取 $U_i(s)$、$I_1(s)$、$U_A(s)$、$I_2(s)$、$U_o(s)$ 作为信号流图的节点，其中，$U_i(s)$、$U_o(s)$ 分别为输入及输出节点。按照上述方法绘制出各个部分的信号流图。上式分别对应图 2-35a ~ d。

将图 2-35 各部分的信号流图综合后，得到系统的信号流图如图 2-36 所示。

（2）由系统框图绘制信号流图　从系统框图绘制信号流图时，只需在框图的信号线上用小圆圈标示出传递的信号，便得到节点；用标有传递函数的线段代替框图中的方框，便得到支路，于是，框图也就变换为相应的信号流图了。

例 2-27　根据图 2-37 所示框图绘制信号流图。

解：由图 2-37 得到对应的系统信号流图，如图 2-38所示。

从系统框图绘制信号流图时应尽量精简节点的数

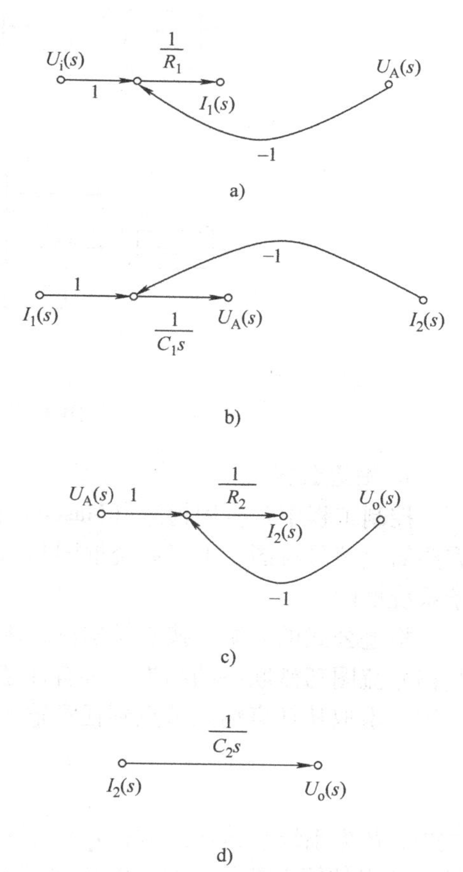

图 2-35　电路网络各部分的信号流图

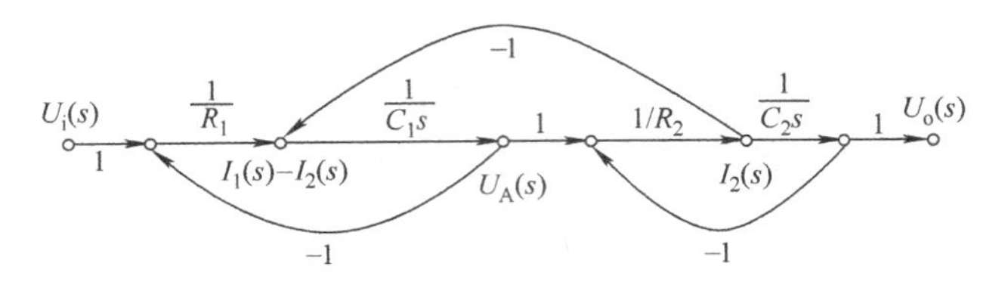

图 2-36　电路网络各部分的信号流图

目。例如，支路增益为 1 的相邻节点，一般可以合并为一个节点，但对于源点或汇点却不能合并。在框图比较点之前没有引出点（但在比较点之后可以有引出点）时，只需在比较点后设置一个节点便可，如图 2-39a 所示。但若比较点之前有引出点时，就需在引出点和比较点各设置一个节点，分别表示两个变量，它们之间的支路增益为 1，如图 2-39b 所示。

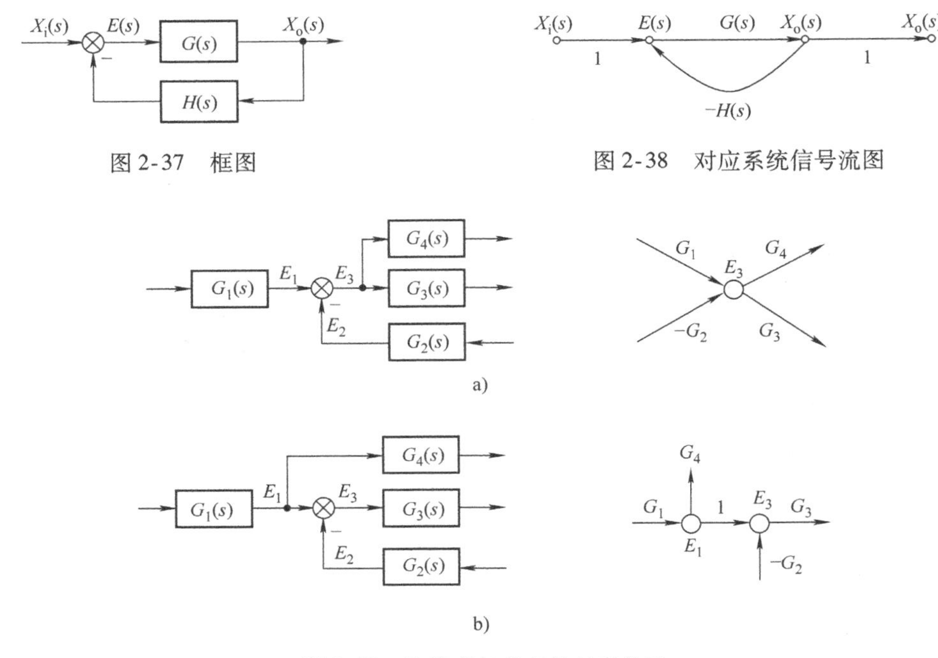

图 2-37　框图

图 2-38　对应系统信号流图

图 2-39　比较点与节点的对应关系

3. 梅逊公式

控制工程中常应用梅逊（Mason）公式直接求取从输入节点到输出节点的传递函数，而不需要简化信号流图。由于系统框图与信号流图之间有对应关系，因此，梅逊公式也可直接应用于系统框图。

梅逊公式的来源是按克莱姆法则求解线性联立方程组时，将解的分子多项式及分母多项式与信号流图巧妙联系的结果。具有任意条前向通道及任意个单独回路和不接触回路的复杂信号流图，求取从任意输入节点到任意输出节点之间传递函数的梅逊公式记为

$$P = \frac{1}{\Delta}\sum_{k=1}^{n} P_k\Delta_k \tag{2-67}$$

式中，P 为系统总传递函数；n 为从输入节点到输出节点的前向通道总数；P_k 为从输入节点到输出节点的第 k 条前向通道的传递函数；Δ 为信号流图的特征式，Δ_k 为特征式的余子式，即从 Δ 中除去与第 k 条前向通道相接触的回路后，余下部分的特征式。

信号流图的特征式 Δ 的计算方法见式（2-68）。

$$\Delta = 1 - \sum_a L_a + \sum_{b,c} L_b L_c - \sum_{d,e,f} L_d L_e L_f + \cdots \tag{2-68}$$

式中，$\sum\limits_a L_a$ 为所有单独回路的传递函数之和；$\sum\limits_{b,c} L_b L_c$ 为每两个互不接触回路的传递函数乘积之和；$\sum\limits_{d,e,f} L_d L_e L_f$ 为每三个互不接触回路传递函数乘积之和。

例 2-28　试用梅逊公式求图 2-36 所示信号流图的传递函数。

解：1）求 Δ。如图 2-40 所示，系统有三个不同回路，其传递函数分别为

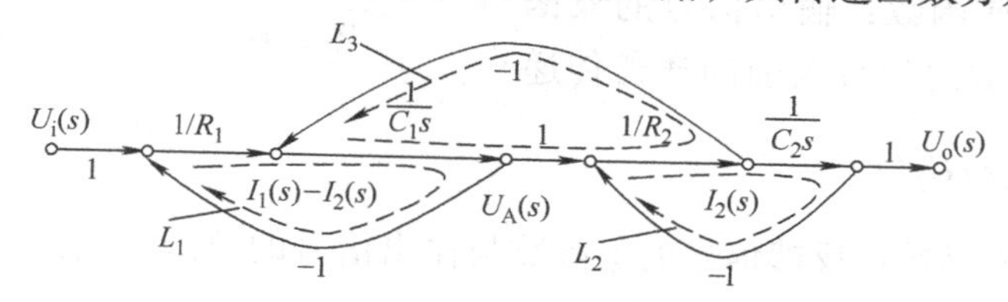

图 2-40　某系统信号流图三个不同回路

$$L_1 = -\frac{1}{R_1}\frac{1}{C_1 s} \quad L_2 = -\frac{1}{R_2}\frac{1}{C_2 s} \quad L_3 = -\frac{1}{R_2}\frac{1}{C_1 s}$$

故

$$\sum_a L_a = L_1 + L_2 + L_3$$

三个回路中，只有 L_1 和 L_2 互不接触，所以

$$\sum_{b,c} L_b L_c = L_1 L_2$$

因此

$$\begin{aligned}\Delta &= 1 - \sum_a L_a + \sum_{b,c} L_b L_c = 1 - (L_1 + L_2 + L_3) + L_1 L_2 \\ &= 1 + \frac{1}{R_1 C_1 s} + \frac{1}{R_2 C_2 s} + \frac{1}{R_2 C_1 s} + \frac{1}{R_1 C_1 s}\cdot\frac{1}{R_2 C_2 s}\end{aligned}$$

2）求 P_k。输入 $U_\mathrm{i}(s)$ 与输出 $U_\mathrm{o}(s)$ 之间只有一条前向通道，其传递函数为

$$P_1 = \frac{1}{R_1}\frac{1}{C_1 s}\frac{1}{R_2}\frac{1}{C_2 s}$$

3）求 Δ_k。因为 P_1 与三个回路都有接触，所以 L_1、L_2、L_3 都应该在 Δ 的表达式中代以零值，前向通道特征式的余因子为

$$\Delta_1 = 1$$

4）求传递函数

$$\begin{aligned}P &= \frac{1}{\Delta}\sum_k P_k \Delta_k = \frac{1}{\Delta}P_1\Delta_1 \\ &= \frac{1}{R_1 R_2 C_1 C_2 s^2 + (R_1 C_1 + R_2 C_2 + R_1 C_2)s + 1}\end{aligned}$$

2.6　控制系统的传递函数

自动控制系统的传递函数，一般可以由组成系统的元、部件运动方程求得，但更方便的是

由系统框图或信号流图求取。控制系统一般受两类信号的作用：一类是输入信号，一般加在系统的输入端；另一类是干扰信号，一般作用在被控对象上，但也可能出现在其他元、部件上，甚至夹杂在输入信号中。一个系统可能有多个干扰信号，一般只考虑其中主要的干扰信号。

一个闭环控制系统的典型框图如图 2-41 所示，$X_i(s)$ 是输入信号，$N(s)$ 是干扰信号，$X_o(s)$ 是输出信号。

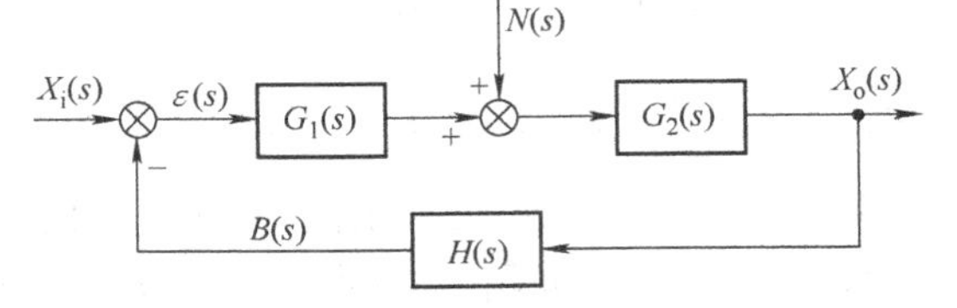

图 2-41　闭环控制系统的典型框图

结合图 2-41，明确以下几个定义：

1）前向通道传递函数：输出信号的象函数与偏差信号的象函数之比称为前向通道传递函数，即$\dfrac{X_o(s)}{\varepsilon(s)} = G_1(s)G_2(s)$。

2）反馈通道传递函数：反馈信号的象函数与输出信号的象函数之比称为反馈通道传递函数，即$\dfrac{B(s)}{X_o(s)} = H(s)$。

3）开环传递函数：反馈信号的象函数与偏差信号的象函数之比称为闭环系统的开环传递函数，一般记作 $G_k(s)$，即 $G_k(s) = G_1(s)G_2(s)H(s)$。这相当于将闭环控制系统主反馈通道的输出断开，即反馈环节 $H(s)$ 的输出通道断开，此时，前向通道传递函数与反馈通道传递函数的乘积就等于 $G_k(s)$。需要注意的是，要将闭环控制系统的开环传递函数与开环控制系统的传递函数区别开来。

4）闭环传递函数：闭环系统的输出信号的象函数 $X_o(s)$ 与输入信号的象函数 $X_i(s)$ 之比称为系统的闭环传递函数，一般记做 $G_B(s)$，即

$$G_B(s) = \frac{X_o(s)}{X_i(s)} = \frac{G_1(s)G_2(s)}{1 + G_1(s)G_2(s)H(s)} \tag{2-69}$$

闭环传递函数的量纲取决于 $X_o(s)$ 与 $X_i(s)$ 的量纲，两者可以相同也可以不同。

为了研究 $X_i(s)$、$N(s)$ 对系统输出的影响，需要求系统的总输出。根据线性系统叠加原理，系统的总输出为给定输入信号 $X_i(s)$ 和扰动信号 $N(s)$ 引起的输出的总和。

当只考虑输入信号 $X_i(s)$ 的作用时，可令 $N(s) = 0$，系统的输出为

$$X_{o1}(s) = \frac{G_1(s)G_2(s)}{1 + G_1(s)G_2(s)H(s)}X_i(s) \tag{2-70}$$

当只考虑扰动信号 $N(s)$ 的作用时，令 $X_i(s) = 0$，根据图2-41 可得到如图2-42 的等效框图，进而求出输出量 $X_{o2}(s)$ 与输入量 $N(s)$ 之间的传递函数为

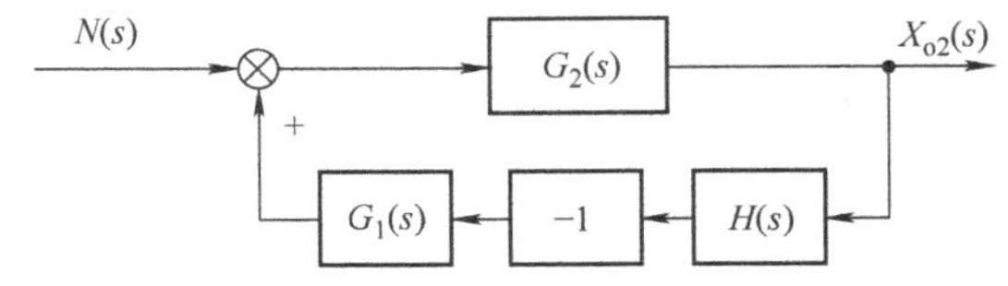

图 2-42　只考虑 $N(s)$ 作为输入时的等效框图

$$\Phi_N(s) = \frac{X_{o2}(s)}{N(s)} = \frac{G_2(s)}{1 + G_1(s)G_2(s)H(s)} \tag{2-71}$$

称式（2-71）为 $N(s)$ 作用下的闭环传递函数，而输出量为

$$X_{o2}(s) = \frac{G_2(s)}{1 + G_1(s)G_2(s)H(s)}N(s) \tag{2-72}$$

将式（2-70）和式（2-72）相加，得到系统的总输出

$$
\begin{aligned}
X_o(s) &= X_{o1}(s) + X_{o2}(s) \\
&= \frac{G_1(s)G_2(s)}{1+G_1(s)G_2(s)H(s)}X_i(s) + \frac{G_2(s)}{1+G_1(s)G_2(s)H(s)}N(s)
\end{aligned} \tag{2-73}
$$

若所设计的系统确保 $|G_1(s)G_2(s)H(s)| >> 1$，且 $|G_1(s)H(s)| >> 1$，则干扰引起的输出 $X_{o2}(s)$ 为

$$
\begin{aligned}
X_{o2}(s) &= \frac{G_2(s)}{1+G_1(s)G_2(s)H(s)}N(s) \\
&\approx \frac{G_2(s)}{G_1(s)G_2(s)H(s)}N(s) \approx \frac{1}{G_1(s)H(s)}N(s) = \delta N(s)
\end{aligned}
$$

其中，δ 为极小值。可见闭环系统能使干扰引起的输出极小，即系统的抗干扰能力强。这是闭环系统的优点之一。

2.7 控制系统数学模型的 MATLAB 描述

2.7.1 传递函数的 MATLAB 描述

1. 常用的传递函数形式

传递函数是描述线性定常系统常用的数学模型。传递函数的表达式一般采用有理多项式分式〔见式（2-74）〕或零极点增益〔见式（2-75）〕两种形式，两种形式可以相互转换。

$$
G(s) = \frac{b_0 s^m + b_1 s^{m-1} + \cdots + b_{m-1}s + b_m}{a_0 s^n + a_1 s^{n-1} + \cdots + a_{n-1}s + a_n} \quad (n \geqslant m) \tag{2-74}
$$

$$
G(s) = k\frac{(s-z_1)(s-z_2)\cdots(s-z_m)}{(s-p_1)(s-p_2)\cdots(s-p_n)} \tag{2-75}
$$

2. 使用 MATLAB 命令建立传递函数

（1）建立多项式传递函数　将系统的分子和分母多项式的系数按降幂的方式以向量的形式输入给两个变量 num 和 den，分别表示 $G(s)$ 的分子和分母多项式，向量各元素之间用逗号或空格分开。这样就可以轻易地将传递函数模型输入到 MATLAB 环境中。命令格式为

num = [$b_0,b_1,\cdots,b_m$]或 num = [$b_0 \quad b_1 \quad \cdots \quad b_m$]

den = [$a_0,a_1,\cdots,a_n$]或 den = [$a_0 \quad a_1 \quad \cdots \quad a_n$]

用函数 tf( )来建立控制系统的传递函数模型，该函数的调用格式为

G = tf(num,den)

也可以直接写入传递函数，格式为

G = tf([$b_0,b_1,\cdots,b_m$],[$a_0,a_1,\cdots,a_n$])

例 2-29　一个简单的传递函数模型如下：

$$
G(s) = \frac{s+2}{s^4+2s^3+3s^2+4s+5}
$$

使用 MATLAB 命令建立其传递函数。

解：可以将下面的语句输入到 MATLAB 工作空间中，输入程序时要注意字母的大小写。

```
num = [1,2];                    % 建立传递函数的分子多项式
```

```
den = [1,2,3,4,5];              % 建立传递函数的分母多项式
G = tf(num, den)                % 建立传递函数
```

运行结果：

```
G =
                    s + 2
  -------------------------------------
   s^4 + 2 s^3 + 3 s^2 + 4 s + 5
Continuous - time transfer function.
```

或直接键入分子和分母系数：

```
G = tf([1,2],[1,2,3,4,5])
```

同样可以得到传递函数。

例 2-30 一个稍微复杂一些的传递函数模型如下

$$G(s)=\frac{6(s+5)}{(s^2+3s+1)^2(s+6)}$$

使用 MATLAB 命令建立其传递函数。

解：可将下面的语句输入到 MATLAB 工作空间中：

```
num = 6 * [1,5];
den = conv(conv([1,3,1], [1,3,1]), [1,6]);
tf(num,den)
```

运行结果

```
ans =
                      6 s + 30
  -------------------------------------
   s^5 + 12 s^4 + 47 s^3 + 72 s^2 + 37 s + 6
Continuous - time transfer function.
```

其中 conv( ) 函数（标准的 MATLAB 函数）用来计算两个向量的卷积，多项式乘法也可以用这个函数来计算。该函数允许任意地多层嵌套，从而表示复杂的计算。

（2）建立零极点传递函数　将系统增益 k、零点 $z_i(i=1,2,\cdots,m)$ 和极点 $p_j(j=1,2,\cdots,n)$ 以向量的形式输入给三个变量 KGain、Z 和 P，命令格式为：G = zpk(z, p, k)，“z”为零点列向量；“p” 为极点列向量；“k” 为增益。

例 2-31 某系统的零极点模型为

$$G(s)=\frac{7(s+3)}{(s+2)(s+4)(s+5)}$$

使用 MATLAB 命令建立其传递函数。

解：MATLAB 程序如下：

```
z = -3;
p = [-2, -4, -5];
k = 7;
G = zpk(z, p, k)
```

运行结果：

```
G =
        7 (s+3)
  ----------------------
  (s+2) (s+4) (s+5)
Continuous - time zero/pole/gain model.
```

3. 传递函数的形式转换

零极点模型转换为传递函数模型：[num , den] = zp2tf (z, p, k)
G = tf(num,den)

传递函数模型转化为零极点模型：[z , p , k] = tf2zp (num, den)
G = zpk(z,p,k)

例 2-32　给定系统传递函数为

$$G(s) = \frac{6.8s^2 + 61.2s + 95.2}{s^4 + 7.5s^3 + 22s^2 + 19.5s}$$

求系统的零极点模型。

解：对应的零极点模型可由下面的命令得出：

```
num = [6.8, 61.2, 95.2];
den = [1, 7.5, 22, 19.5, 0];
G = tf(num,den);
[z,p,k] = tf2zp(num,den);
G = zpk(z,p,k)
```

运行结果：

```
G =
      6.8 (s+7)(s+2)
  -----------------------------
  s(s+1.5)(s^2 + 6s + 13)
Continuous - time zero/pole/gain model.
```

可见，在系统的零极点模型中若出现复数值，MATLAB 将以二阶因子的形式表示相应的共轭复数对。

例 2-33　给定零极点模型

$$G(s) = \frac{4(s+7)(s+2)}{(s+3)(s+5)(s+9)}$$

求对应的多项式传递函数模型。

解：可以用下面的 MATLAB 命令立即得出其等效的传递函数模型。

```
z = [-7, -2]';            % 注意 z 必须是列向量
p = [-3, -5, -9];
k = 4;
[num,den] = zp2tf(z,p,k);
G = tf(num,den)
```

运行结果：

```
G =
```

```
    4 s^2  + 36 s  + 56
  -------------------------------
  s^3  + 17 s^2  + 87 s  + 135
Continuous - time transfer function.
```

2.7.2 环节连接方式及系统框图简化的 MATLAB 描述

1. 串联结构

系统环节串联的结构图如图 2-21 所示。可以用 MATLAB 的函数命令 series( )将串联环节化简。

串联结构传递函数的命令有两种形式：

(1) G = G1 * G2

(2) G = series(G1,G2)

也可以直接写成：

[num,den] = series(num1,den1,num2,den2)

例 2-34 若某控制系统框图如图 2-43 所示，求系统的传递函数。

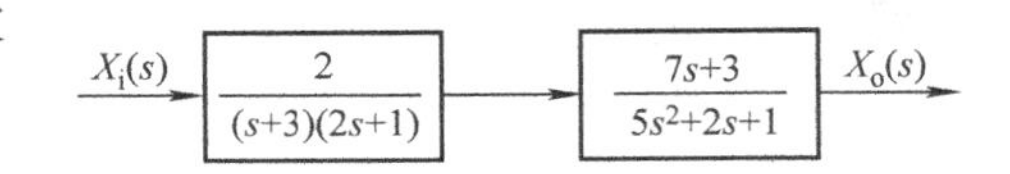

图 2-43 某系统框图

解：MATLAB 程序如下：

```
z = [ ];                  % 若无零点,z 用空矩阵
p = [ -3, -1/2];         % 2s +1 要化成 s +1/2,这时开环增益为 1
k =1;
G1 = zpk(z,p,k);
num2 = [7, 3];
den2 = [5, 2, 1];
G2 = tf(num2,den2);
G = G1 * G2               % 或写成 G = series(G1,G2)
```

运行结果：

```
G =
             1.4(s +0.4286)
  -------------------------------------
  (s +3)(s +0.5)(s^2  + 0.4s  + 0.2)
Continuous - time zero/pole/gain model.
```

上述程序也可以直接写成如下形式：

```
z = [ ];
p = [ -3, -1/2];            % 2s +1 要化成 s +1/2,这时开环增益为 1
k =1;
[num1,den1] = zp2tf(z, p, k);
num2 = [7, 3];
den2 = [5, 2, 1];
[num,den] = series(num1,den1, num2,den2);
G = tf(num,den)
```

运行结果：

```
G =

                    7 s + 3
  ---------------------------------------------
  5 s^4 + 19.5 s^3 + 15.5 s^2 + 6.5 s + 1.5
```

Continuous – time transfer function.

2. 并联结构

系统环节并联的结构图如图 2-22 所示。

并联结构传递函数的命令有两种形式：

（1） G = G1 + G2

（2） G = parallel（G1，G2）

也可以直接写成：

[num,den] = parallel（num1,den1，num2,den2）

例 2-35　若某控制系统框图如图 2-44 所示，求系统的传递函数。

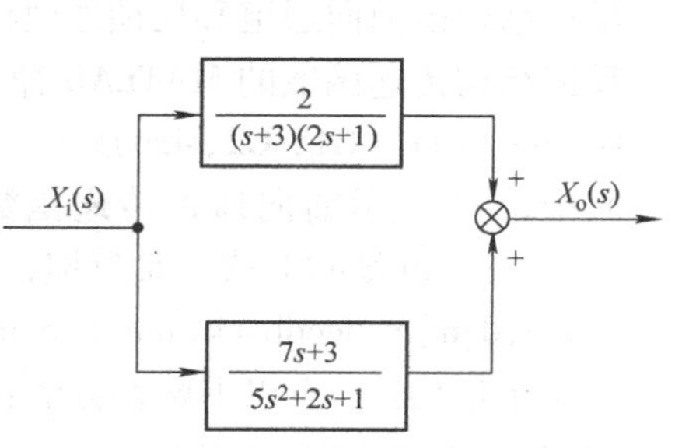

图 2-44　某系统框图

解：MATLAB 程序如下：

```
z = [ ];
p = [ -3, -1/2];      %2s +1 要化成 s +1/2，这时开环增益为 1
k =1;
G1 = zpk(z,p,k);
num2 = [7, 3];
den2 = [5, 2, 1];
G2 = tf(num2,den2);
G = G1 + G2              %或写成 G = parallel（G1,G2）
```

运行结果：

```
G =
  1.4 (s +3.841)(s^2 + 0.8023s + 0.2046)
  ---------------------------------------------
     (s +3)(s +0.5)(s^2 + 0.4s + 0.2)
```

Continuous – time zero/pole/gain model.

也可以直接写成并联传递函数：

```
z = [ ];
p = [ -3, -1/2];               %2s +1 要化成 s +1/2，这时开环增益 k =1
k =1;
[num1,den1] = zp2tf(z, p, k);
num2 = [7, 3];
den2 = [5, 2, 1];
[num,den] = parallel(num1,den1, num2,den2);
G = tf(num,den)
```

运行显示：

```
G =

        7 s^3 + 32.5 s^2 + 23 s + 5.5
  ----------------------------------
 5 s^4 + 19.5 s^3 + 15.5 s^2 + 6.5 s + 1.5
Continuous - time transfer function.
```

3. 反馈结构

反馈结构由前向通道和反馈通道模块构成，如图 2-23 所示。

反馈结构传递函数的 MATLAB 命令为

G = feedback（G1，G2，sign）

其中，G1 表示前向通道传递函数，G2 表示反馈通道传递函数。sign 表示反馈的符号，sign = -1 或 sign 缺省时表示负反馈；sign = 1 时表示正反馈。也可以直接写成：

[num,den] = feedback(num1,den1，num2,den2,sign)

对于单位反馈，有以下两种方法：

(1) G = cloop（G1，sign）

(2) [num,den] = cloop（num1,den1，sign）

G = tf（num，den）

例 2-36 若某控制系统框图如图 2-45 所示，求系统的传递函数。

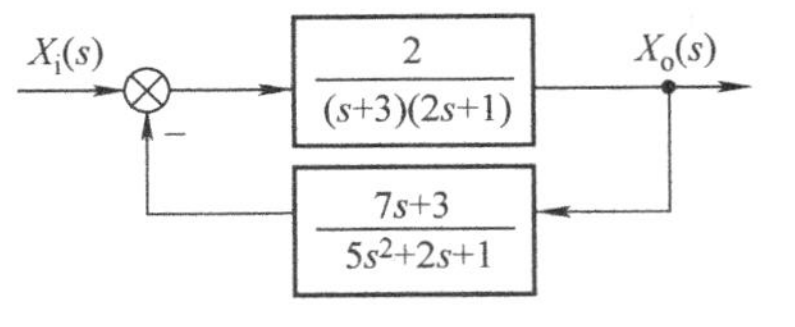

图 2-45 某系统框图

解：MATLAB 程序如下：

```
z = [ ];
p = [ -3, -1/2];          %2s + 1 要化成 s + 1/2，这
                             时开环增益为 1
k = 1;
G1 = zpk(z,p,k);
num2 = [7, 3];
den2 = [5, 2, 1];
G2 = tf(num2,den2);
G = feedback(G1,G2)
```

运行结果：

```
G =

              (s^2 + 0.4s + 0.2)
  ----------------------------------------
 (s + 3.161)(s + 0.4491)(s^2 + 0.2898s + 0.6339)
Continuous - time zero/pole/gain model.
```

也可以直接写成反馈传递函数：

```
z = [ ];
p = [ -3, -1/2];          %2s + 1 要化成 s + 1/2，这时开环增益 k = 1
k = 1;
[num1,den1] = zp2tf(z, p, k);
```

```
num2 = [7, 3];
den2 = [5, 2, 1];
[num,den] = feedback(num1,den1, num2,den2);
G = tf(num,den)
```

运行结果：

```
G =

              5 s^2 + 2 s + 1
  ----------------------------------------------
  5 s^4 + 19.5 s^3 + 15.5 s^2 + 13.5 s + 4.5
Continuous - time transfer function.
```

为验证上述多项式传递函数，将结果转换成零极点形式：

```
[z , p , k] = tf2zp (num, den);
G = zpk(z , p , k)
```

运行结果：

```
G =

              (s^2 + 0.4s + 0.2)
  ----------------------------------------------
  (s+3.161)(s+0.4491)(s^2 + 0.2898s + 0.6339)
Continuous - time zero/pole/gain model.
```

2.8 系列工程问题举例

2.8.1 工作台位置自动控制系统数学建模

第 1 章讨论了工作台位置自动控制系统的组成和工作原理，根据系统的功能需求，本节建立系统回路中各元件的传递函数描述。由于尚未学习控制器的设计，所以暂不考虑控制器的数学模型，由比例放大器的输出信号直接经过功率放大后驱动电动机转动。图 1-13 可简化为图 2-46 所示的原理框图。

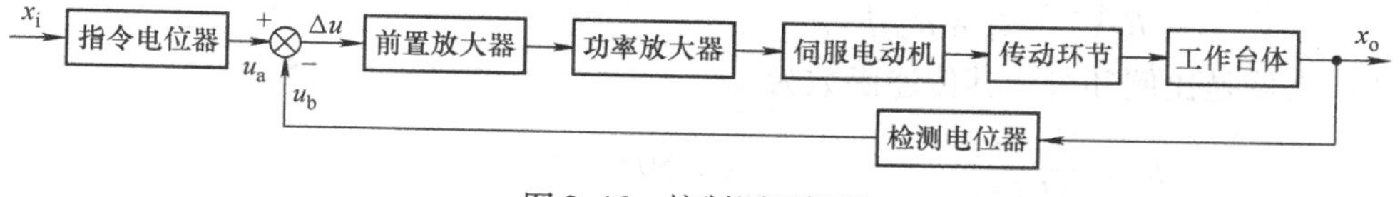

图 2-46　控制原理框图

将系统原理框图的各单元进一步简化，得到工作台位置控制系统的传递函数框图，如图 2-47 所示。

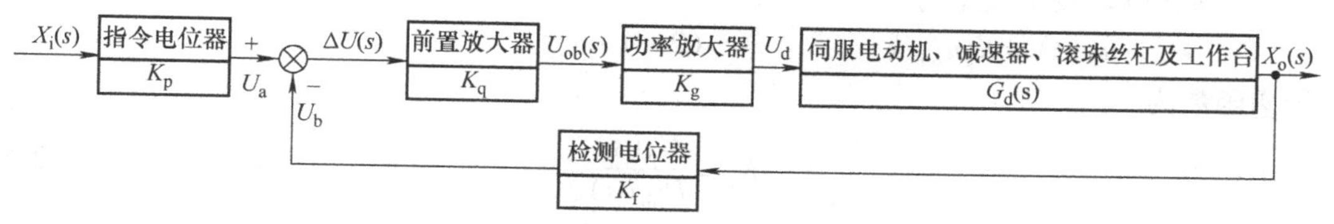

图 2-47　工作台位置控制系统框图

1. 指令放大器的数学模型

自动控制系统中一般选用具有良好线性度的电位器作为位置指令电位器。电位器的工作原理示意图如图2-48所示。电位器有三个引脚，分别是：直流稳压电源输入端，将它与高电位相连；公共端，即接地端；电压信号输出端。在指令电位器面板上应有控制量刻度，刻度要与控制量相对应。例如，工作台的位置范围是0～1000mm，在指令电位器面板的全量程上可以均匀地刻上10个小格，每个小格代表100mm，并在对应的刻度线上标注数字0，1，2，3，…，10。设电源电压是10V，则刻度板上的每个小格对应1V电压，指令电位器的指针与电压信号输出端相连，如果操作者把指令电位器的指针调到刻度为6的位置，就代表让工作台运动到600mm的位置上，这时指令电位器的输出端电压为6V，如果用 x_i 表示给定的位置，即该环节的输入；用 u_a 表示对应的输出电压，二者之间的线性关系可用式（2-76）表示。

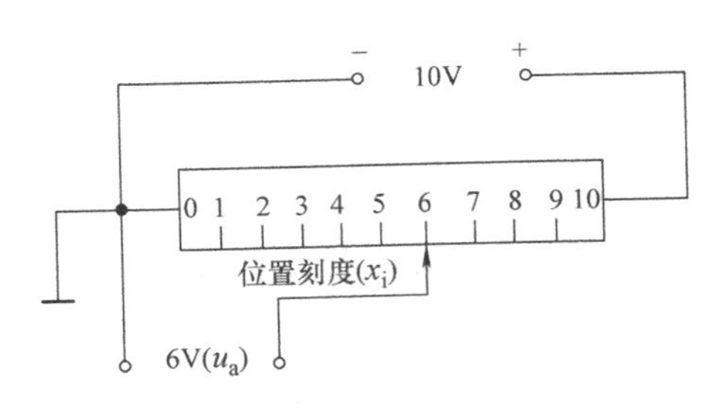

图2-48　位置指令电位器

$$K_p = \frac{u_a(t)}{x_i(t)} \tag{2-76}$$

可见，指令放大器是比例环节。放大系数为 K_p，本例中 $K_p = 10\text{V/m}$。传递函数为

$$K_p = \frac{U_a(s)}{X_i(s)} = 10\text{V/m} \tag{2-77}$$

2. 前置放大器

前置放大器的输入是比较器的输出电压 $\Delta u(t)$，输出为 $u_{ob}(t)$，二者之间的数学关系为

$$u_{ob}(t) = K_q \Delta u(t) \tag{2-78}$$

式中，K_q 为前置放大器的增益。

比较器和前置放大器的功能可以用图2-49所示的比较放大器运算电路实现。该电路的增益如式（2-79）所示。增益一般取正值，可以在控制器中加一个反相器将式中的负号去掉。

$$K_q = -\frac{R_F}{R_f}\left(1 + \frac{R_{r1} + R_{r2}}{R_w + R_{w'}}\right) \tag{2-79}$$

前置放大器是比例环节，其传递函数为

$$K_q = \frac{U_{ob}(s)}{\Delta U(s)} \tag{2-80}$$

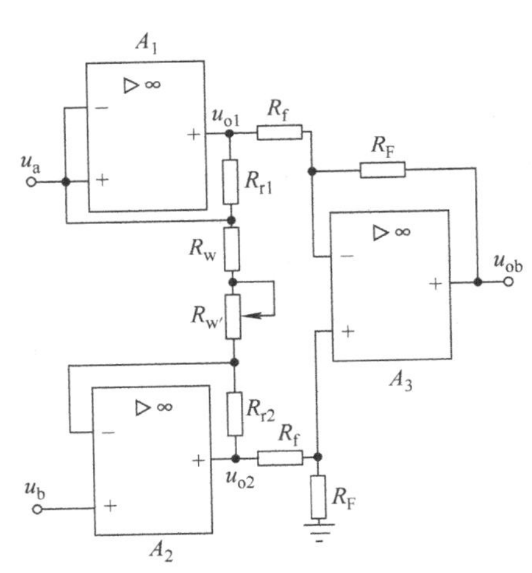

图2-49　比较放大器运算电路

3. 功率放大器

功率放大器是比例环节，其输入为电压 $u_{ob}(t)$，输出为电压 $u_d(t)$，数学关系为

$$u_d(t) = K_g u_{ob}(t) \tag{2-81}$$

传递函数为

$$K_g = \frac{U_d(s)}{U_{ob}(s)} \tag{2-82}$$

4. 直流伺服电动机、减速机、丝杠和工作台

功率放大器的输出电压 $u_d(t)$ 是直流伺服电动机的输入电压，转角是直流伺服电动机的转轴输出角度 $\theta_o(t)$ 并作为输出，减速机、丝杠和工作台相当于电动机的负载。根据直流电动机控制系统的数学模型，推导得

$$R_aJ\ddot{\theta}_o(t)+(R_aD+K_TK_e)\dot{\theta}_o(t)=K_Tu_d(t) \tag{2-83}$$

式中，R_a 为电枢电阻；J 为电动机转子及负载折合到电动机轴上的转动惯量；D 为电动机转子及负载折合到电动机轴上的黏性阻尼系数；K_T 为电动机的力矩常数，对于确定的直流电动机，当励磁一定时，K_T 为常数，它取决于电动机的结构；K_e 为反电动动势常数。

式（2-83）的数学模型建立在电动机转轴上，需将减速器、滚珠丝杠和工作台的转动惯量和阻尼系数等效到电动机转轴上。

若减速器的减速比为 i_1，丝杠到工作台的减速比为 i_2，则从电动机转子转角到工作台输出位移的减速比为

$$i=\frac{\theta_o(t)}{x_o(t)}=i_1i_2 \tag{2-84}$$

式中，$i_2=2\pi/L$，L 为丝杠螺距。

（1）等效到电动机轴的转动惯量　电动机转子的转动惯量为 J_1；考虑到减速器的高速轴与电动机转子相连，通常产品样本所给出的减速器的转动惯量为在高速轴上的减速器的转动惯量 J_2；滚珠丝杠的转动惯量为 J_s（定义在滚珠丝杠轴上），滚珠丝杠的转动惯量等效到电动机转子上为 $J_3=J_s/i_1^2$；工作台的运动方式为平移，若工作台的质量为 m_t，其等效到转子的转动惯量为 $J_4=m_t/i^2$。综上，电动机、减速器、滚珠丝杠和工作台等效到电动机转子上的总转动惯量为

$$J=J_1+J_2+J_3+J_4=J_1+J_2+J_s/i_1^2+m_t/i^2 \tag{2-85}$$

（2）等效到电动机轴的阻尼系数　在电动机、减速器、滚珠丝杠和工作台上分别有黏性（库伦摩擦）阻力，可以通过阻尼系数来表征。根据等效前后阻尼耗散能量相等的原则，等效到电动机轴的阻尼系数为

$$D=D_d+D_i+D_s/i_1^2+D_t/i^2 \tag{2-86}$$

式中，D_t 为工作台与导轨间的黏性阻尼系数；D_s 为丝杠转动黏性阻尼系数；D_i 为减速器的黏性阻尼系数；D_d 为电动机的黏性阻尼系数。

由式（2-84）可知，电动机的转轴转角 $\theta_o(t)$ 和工作台的输出位移之间是比例关系。将式（2-84）代入式（2-83），即可得电动机的电枢电压 $u_d(t)$ 至工作台的输出位移 $x_o(t)$ 的数学模型为

$$R_aJ\ddot{x}_o(t)+(R_aD+K_TK_e)\dot{x}_o(t)=K_Tu_d(t)/i \tag{2-87}$$

对式（2-87）两边取拉普拉斯变换，得到电动机电枢电压和工作台位置之间的传递函数为

$$G_d(s)=\frac{X_o(s)}{U_d(s)}=\frac{K_T/i}{R_aD+K_eK_T}\frac{1}{s\left(\dfrac{R_aJ}{R_aD+K_eK_T}s+1\right)}=\frac{K}{s(Ts+1)} \tag{2-88}$$

式中，$T=\dfrac{R_aJ}{R_aD+K_eK_T}$，　$K=\dfrac{K_T/i}{R_aD+K_eK_T}$。

（3）检测电位器　检测电位器是比例环节，位于系统的反馈通道，将所得到的位置信号

变换为电压信号，该环节的输入为工作台的输出位移 $x_o(t)$，输出为电压 $u_b(t)$，二者的关系式为

$$u_b(t)=K_f x_o(t) \tag{2-89}$$

反馈通道的传递函数为

$$K_f=\frac{U_b(s)}{X_o(s)} \tag{2-90}$$

根据图 2-47 所示的系统框图，系统的开环传递函数为

$$G_k(s)=\frac{U_b(s)}{X_i(s)}=K_pK_qK_gG_d(s)K_f=\frac{K_pK_qK_gK_fK}{s(Ts+1)} \tag{2-91}$$

系统的闭环传递函数为

$$G_B(s)=\frac{X_o(s)}{X_i(s)}=\frac{K_pK_qK_gK}{Ts^2+s+K_qK_gK_fK} \tag{2-92}$$

常取 $K_p=K_f$，此时式（2-92）可简化为式（2-93）

$$G_B(s)=\frac{\omega_n^2}{s^2+2\zeta\omega_n s+\omega_n^2} \tag{2-93}$$

式中，$\omega_n=\sqrt{\dfrac{K_qK_gK_fK}{T}}$，$\zeta=\dfrac{1}{2\sqrt{K_qK_gK_fKT}}$

可见，工作台控制系统为二阶系统，二阶系统中无阻尼固有频率 ω_n 和阻尼比 ζ 决定了系统的动态特性。由式（2-93）还可以看出，ω_n 和 ζ 均取决于系统的结构参数。有关该系统的性能分析以及控制器的设计将在后续章节中讨论。

2.8.2 磁盘驱动器读入系统数学建模

磁盘驱动器读入系统设置的初始目标为：将读入磁头准确地定位于期望的磁道，尽可能在 10ms 内从一个磁道移到另外一个磁道。读入系统的控制原理框图如图 1-16 所示。在本章中，首先确认执行机构、传感器和控制器。然后，建立驱动环节（包含电动机和支撑臂）传递函数 $G(s)$ 和传感器的模型。磁盘驱动器的读入装置采用永磁直流电动机来旋转读磁头的传动臂，如图 2-50 所示。读入磁头安装在一个滑橇装置上，而滑橇被连接到传动臂上，簧片（弹性金属）用来让磁头浮在磁盘上方距离小于 100nm 的地方，薄膜磁头读入磁通量并为放大器提供信号。

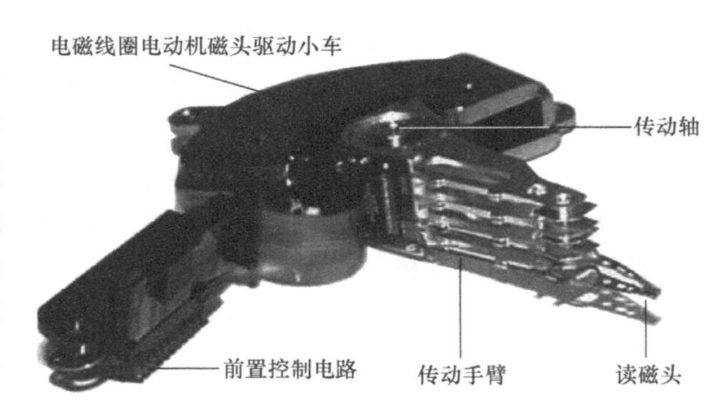

图 2-50　磁盘驱动器读入系统

读磁头读取实际的磁头位置，与指令位置比较得到偏差信号，经放大后输入给直流电动机，由直流电动机驱动支撑臂运动。假定读磁头是准确的，反馈通道的传感器的传递函数为 $H(s)=1$。前置放大器的放大系数为 K_a，根据工程经验，其值可在 10～1000 之间选取。

支撑臂、磁头和簧片可以看成是永磁直流电动机的负载，不考虑簧片等的弹性，直流电动机的数学模型一般是三阶的，其微分方程的列写方法可参见 2.2.4 节。驱动环节的传递函数可表达为

$$G(s)=\frac{K_m}{s(Js+D)(Ls+R)} \tag{2-94}$$

磁盘驱动器读入系统的典型参数见表 2-5。

表 2-5　磁盘驱动器读入系统的典型参数

参数	符号	典型值
悬臂和读磁头的转动惯量/($kg \cdot m^2$)	J	1
黏性摩擦系数/[$N \cdot m \cdot s$]	D	20
电枢电阻/Ω	R	1
电动机转矩常数/($N \cdot m/A$)	K_m	5
电枢电感/mH	L	1

磁盘驱动器读入系统的传递函数框图如图 2-51 所示。

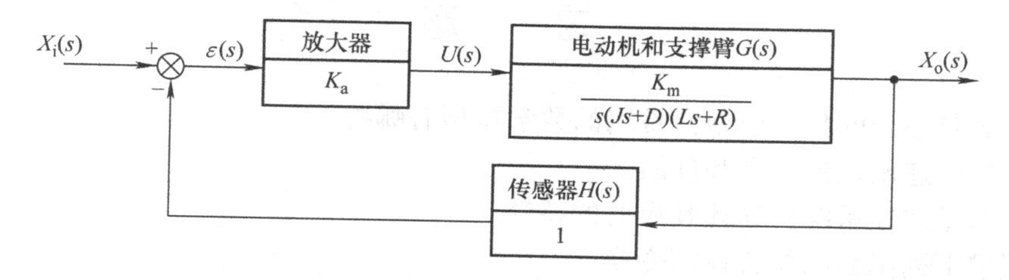

图 2-51　磁盘驱动器读入系统框图

式（2-94）代入相关参数，可得由电动机和支撑臂组成的驱动环节的开环传递函数 $G(s)$ 为

$$G(s)=\frac{K_m}{s(Js+D)(Ls+R)}=\frac{5000}{s(s+20)(s+1000)} \tag{2-95}$$

由式（2-95）中可见，驱动环节的开环传递函数中包括比例、积分、一阶惯性环节，化简为典形环节形式后，见式（2-96）。

$$G(s)=\frac{K_m/DR}{s(T_Ls+1)(Ts+1)}=\frac{0.25}{s(0.05s+1)(0.001s+1)} \tag{2-96}$$

式中，$T_L=J/D=0.05s$，而 $T=L/R=0.001s$。

考虑到放大器、驱动环节和反馈环节后，此时读入系统的闭环传递函数为

$$G_B(s)=\frac{X_o(s)}{X_i(s)}=\frac{0.25K_a}{s(0.05s+1)(0.001s+1)+0.25K_a} \tag{2-97}$$

因为 $T \ll T_L$，常常忽略 T，于是会有

$$G(s)\approx\frac{K_m/DR}{s(T_Ls+1)}=\frac{0.25}{s(0.05s+1)} \tag{2-98}$$

或

$$G(s)=\frac{5}{s(s+20)} \tag{2-99}$$

若 $G(s)$ 采用式（2-99）所示的二阶近似模型，则闭环系统的传递函数框图如图 2-52 所示。

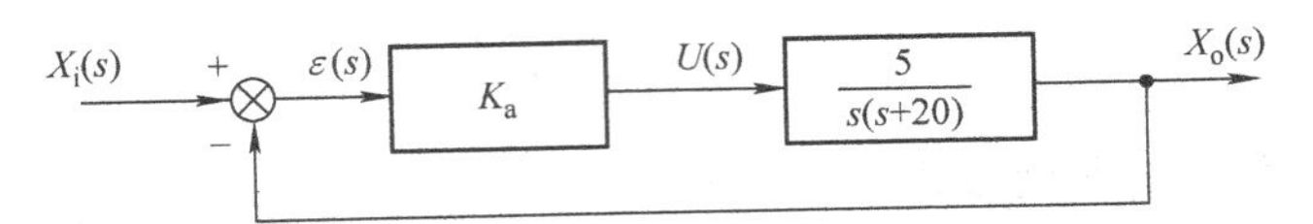

图 2-52　忽略电枢电感后，磁盘驱动器读入系统的框图

此时系统的闭环传递函数为

$$G'_B(s)=\frac{X_o(s)}{X_i(s)}=\frac{5K_a}{s^2+20s+5K_a} \tag{2-100}$$

对比式（2-97）和式（2-100）可知，忽略电枢电感 L，使得 $T \ll T_L$，系统的闭环传递函数从三阶系统降为二阶系统。建立数学模型时，在满足要求的条件下，可以适当地简化系统，获得系统的近似模型，以简化系统的分析和设计。

习　　题

2-1　什么是系统的数学模型？常用的数学模型有哪些？

2-2　简述传递函数的定义和性质。

2-3　什么是线性系统？简述其重要的特性。

2-4　试求下列函数的拉普拉斯变换。

(1) $x(t)=\sin\left(5t+\frac{\pi}{3}\right)\cdot 1(t)$

(2) $x(t)=\left[4\cos\left(2t-\frac{\pi}{3}\right)\right]\cdot 1\left(t-\frac{\pi}{6}\right)+\mathrm{e}^{-5t}\cdot 1(t)$

(3) $x(t)=(15t^2+4t+6)\delta(t)+1(t-2)$

(4) $x(t)=\sin 2t\sin 3t\cdot 1(t)$

(5) $x(t)=5(1-\cos 3t)\cdot 1(t)$

(6) $x(t)=\mathrm{e}^{-20t}(2+5t)\cdot 1(t)+(7t+2)\delta(t)+\left[3\sin\left(3t-\frac{\pi}{2}\right)\right]\cdot 1\left(t-\frac{\pi}{6}\right)$

(7) $x(t)=\mathrm{e}^{-0.5t}\cos 10t\cdot 1(t)$

2-5　试求下列函数的拉普拉斯反变换。

(1) $X(s)=\frac{s+1}{(s+2)(s+3)}$　　(2) $X(s)=\frac{1}{s^2+4}$

(3) $X(s)=\frac{s}{s^2-2s+5}$　　(4) $X(s)=\frac{\mathrm{e}^{-s}}{s-1}$

(5) $X(s)=\frac{s}{(s+2)(s+1)^2}$　　(6) $X(s)=\frac{4}{s^2+s+4}$

(7) $X(s)=\frac{s+1}{s^2+9}$

2-6　用拉普拉斯变换法解下列微分方程。

(1) $\frac{\mathrm{d}^2}{\mathrm{d}t^2}x(t)+6\frac{\mathrm{d}}{\mathrm{d}t}x(t)+8x(t)=1(t)$，其中 $x(0)=1, \left.\frac{\mathrm{d}}{\mathrm{d}t}x(t)\right|_{t=0}=0$

(2) $\frac{\mathrm{d}^2}{\mathrm{d}t^2}x(t)+2\frac{\mathrm{d}}{\mathrm{d}t}x(t)+2x(t)=\delta(t)$，其中 $x(0)=\left.\frac{\mathrm{d}}{\mathrm{d}t}x(t)\right|_{t=0}=0$

2-7　试求图 2-53 所示各机械系统的传递函数。

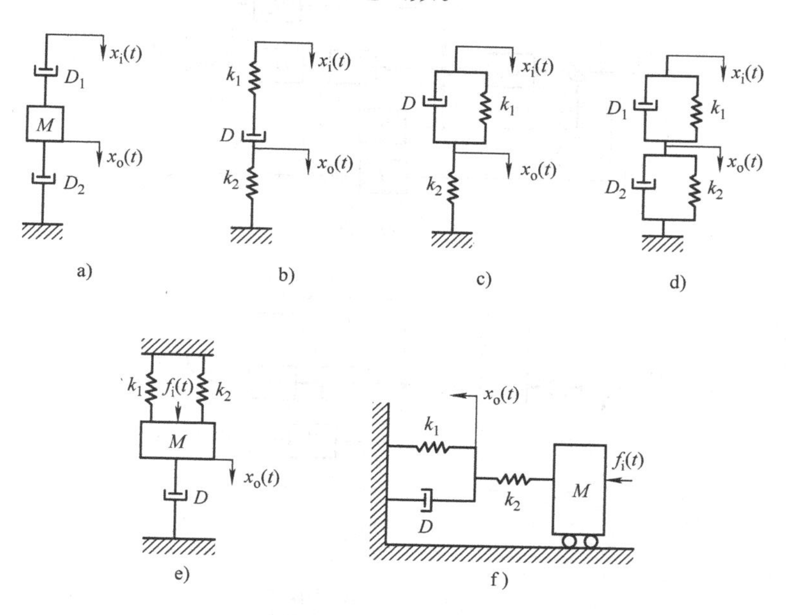

图 2-53　题 2-7 图

2-8　试求图 2-54 所示各无源电路网络的传递函数。

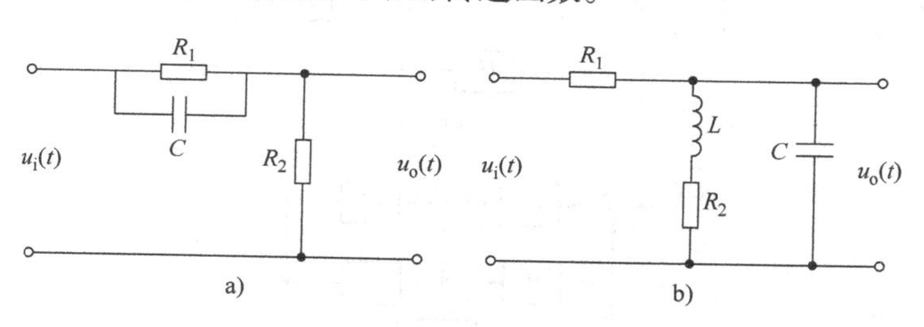

图 2-54　题 2-8 图

2-9　用运算放大器组成的有源电路网络如图 2-55 所示，试求出它们的传递函数。

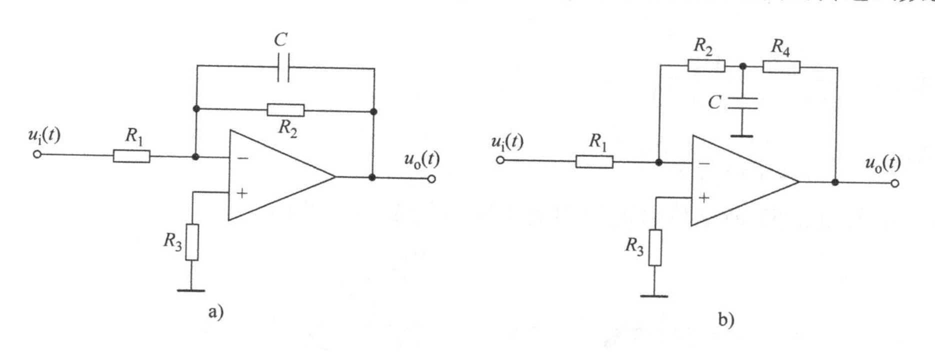

图 2-55　题 2-9 图

2-10　系统框图如图 2-56 所示，试将其简化，并求出它们的传递函数 $X_o(s)/X_i(s)$ 。

2-11　已知象函数如下，求原函数 $x(t)$ 的初值和终值。

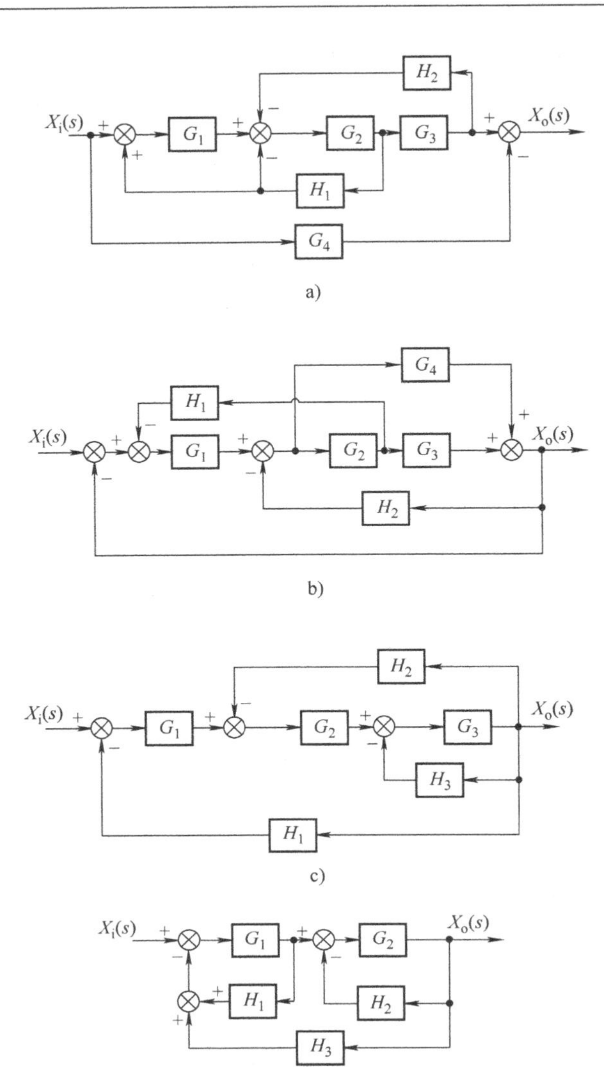

图 2-56　题 2-10 图

(1) $X(s)=\dfrac{s+1}{(s+2)(s+3)}$

(2) $X(s)=\dfrac{s(s-1)}{(s+1)^3(s+2)}$

2-12　试求图 2-57 所示信号流图中的传递函数 $X_o(s)/X_i(s)$。

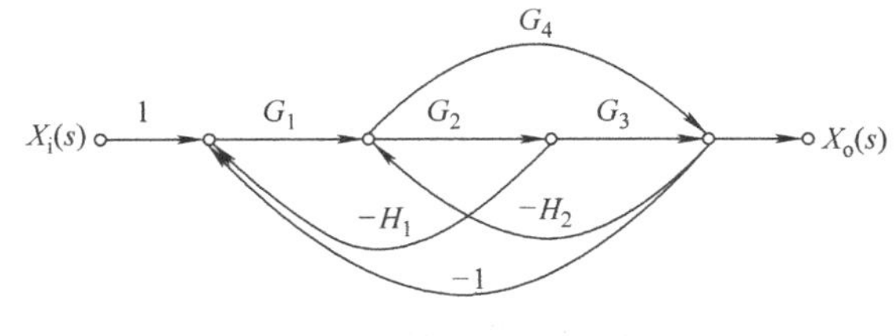

图 2-57　题 2-12 图

2-13　试求图 2-58 所示信号流图中的传递函数 $X_o(s)/X_i(s)$ 。

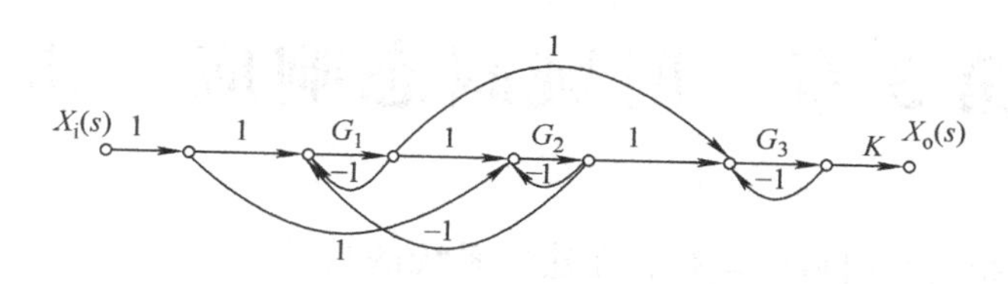

图 2-58　题 2-13 图

2-14　在图 2-59 所示系统中，试求：

（1）以 $X_i(s)$ 为输入，分别以 $X_o(s)$、$Y(s)$、$B(s)$、$E(s)$ 为输出的传递函数。

（2）以 $N(s)$ 为输入，分别以 $X_o(s)$、$Y(s)$、$B(s)$、$E(s)$ 为输出的传递函数。

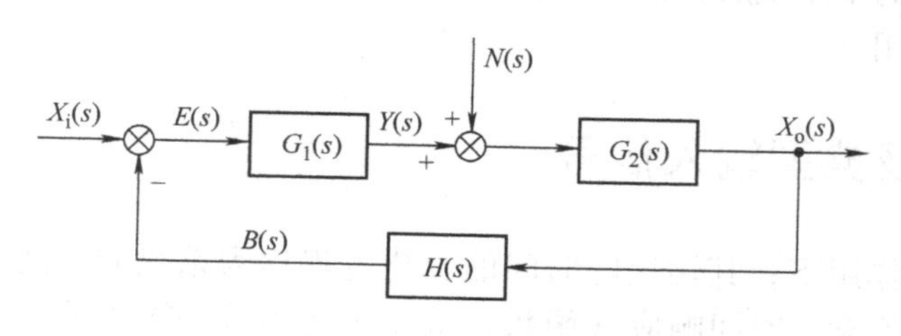

图 2-59　题 2-14 图

2-15　某系统微分方程为 $3\frac{\mathrm{d}y_o(t)}{\mathrm{d}t}+2y_o(t)=2\frac{\mathrm{d}x_i(t)}{\mathrm{d}t}+3x_i(t)$，已知 $y_o(0)=x_i(0)=0$，当输入为 $1(t)$ 时，输出的终值和初值各为多少？

第 3 章　时域瞬态响应分析

工程中的控制系统总在时域中运行，在建立系统的数学模型之后，通过求解常微分方程，就可以对系统进行分析。系统分析就是根据系统的数学模型来研究系统是否稳定，其动态性能和稳态性能是否满足指标要求。通过时域瞬态响应分析可以了解系统在输入信号作用下输出随时间变化的情况，也利于从动力学的观点分析、研究机械系统随时间变化的运动规律。在控制理论发展的初期，由于计算机还没有充分发展，时域瞬态响应分析只限于较低阶次的简单系统。随着计算机技术的不断发展，很多复杂系统可以在时域直接分析，使时域分析法在工程领域中得到更广泛的应用。

3.1　时域响应及典型输入信号

系统在输入信号作用下，其输出随时间的变化过程称为系统的时间响应。对线性系统而言，根据传递函数的概念，时间响应（函数）等于传递函数与输入信号的拉普拉斯变换之积再取拉普拉斯反变换，即

$$x_o(t) = L^{-1}[G(s)X_i(s)]$$

时间响应由瞬态响应和稳态响应两部分组成：

瞬态响应：系统在某一输入信号作用下，输出量从初始状态到稳定状态的响应过程。

稳态响应：当某一信号输入时，系统在时间趋于无穷大时的输出状态。

稳态也称为静态，瞬态响应也称为过渡过程。

时间响应在数学上就是系统微分方程的全解，包含通解和特解两个部分。通解完全由初始条件引起，工程上称为自由响应；特解值由输入决定，工程上称为强迫响应。自由响应与瞬态响应相对应；强迫响应与稳态响应相对应。时间响应按照输入的来源分，还可以分成零输入响应（无输入时由系统的初始状态引起的输出）和零状态响应（系统的初始状态为零、仅由输入引起的输出）两部分。

系统的时间响应过程不仅取决于系统本身的特性，还与外加的输入信号的类型有关。因此，对不同控制系统的时间响应进行评价时，最好能采用同样类型和大小的输入信号，这样的输入信号称为典型输入信号。在分析瞬态响应时，往往选择典型输入信号，这有如下好处：

1）数学处理简单，给定了典型信号下的性能指标，便于分析和综合系统。

2）典型输入的响应可以作为复杂输入时分析系统性能的基础。

3）便于进行系统辨识，确定未知环节的传递函数。

工程上常用的典型输入信号有以下五种。

1. 脉冲函数

脉冲函数表征在极短的时间内给系统注入冲击能量，通常用来模拟系统在实际工作中突然遭受脉动电压、机械碰撞、敲打冲击等作用。

脉冲函数的数学表达式为

$$x_i(t)=\begin{cases}\lim\limits_{\varepsilon\to 0}\dfrac{a}{\varepsilon} & 0\leqslant t\leqslant \varepsilon\\ 0 & t<0\text{或}t>\varepsilon\end{cases}$$

式中，a 为常数，当 ε 趋近于0时，函数为无穷大。

脉冲函数曲线如图3-1所示，其脉冲高度为 a/ε，持续时间为 ε，脉冲面积为 a。通常，脉冲强度以其面积 a 来衡量。当面积 $a=1$ 时，脉冲函数为单位脉冲函数，一般用 $\delta(t)$ 表示。

2. 阶跃函数

阶跃表征输入变量有一个突然的变化，例如输入量的突然加入或突然停止等。阶跃函数通常用来模拟电源突然接通、负载突然变化、指令突然转换等，是评价系统瞬态响应性能指标时使用较多的一种典型信号。其曲线如图3-2所示，其数学表达式为

$$x_i(t)=\begin{cases}a & t\geqslant 0\\ 0 & t<0\end{cases}$$

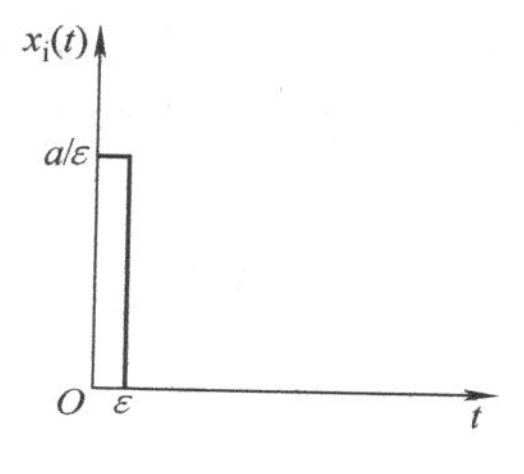

图3-1　脉冲函数曲线

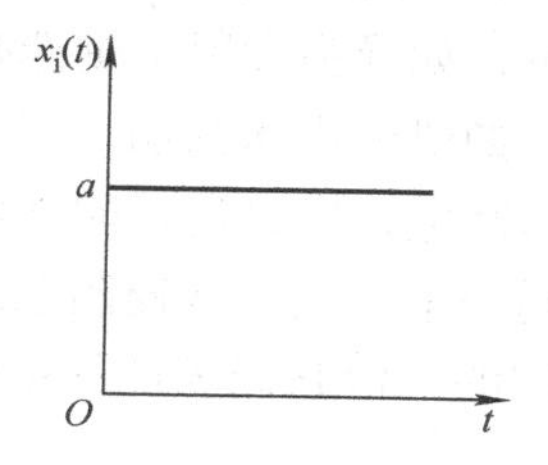

图3-2　阶跃函数曲线

其中，a 为常数，当 $a=1$ 时，该函数称为单位阶跃函数，一般用 $1(t)$ 表示。

3. 斜坡函数

斜坡函数表征输入变量是等速度变化的，其曲线如图3-3所示。其数学表达式为

$$x_i(t)=\begin{cases}at & t\geqslant 0\\ 0 & t<0\end{cases}$$

式中，a 为常数，当 $a=1$ 时，该函数称为单位斜坡函数。

4. 加速度函数

加速度函数表征输入变量是等加速度变化的，如图3-4所示。其数学表达式为

$$x_i(t)=\begin{cases}at^2 & t\geqslant 0\\ 0 & t<0\end{cases}$$

式中，a 为常数，当 $a=1/2$ 时，该函数称为单位加速度函数。

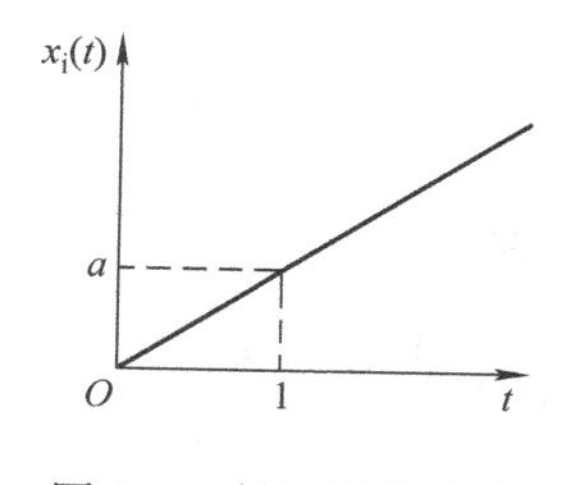

图3-3　斜坡函数曲线

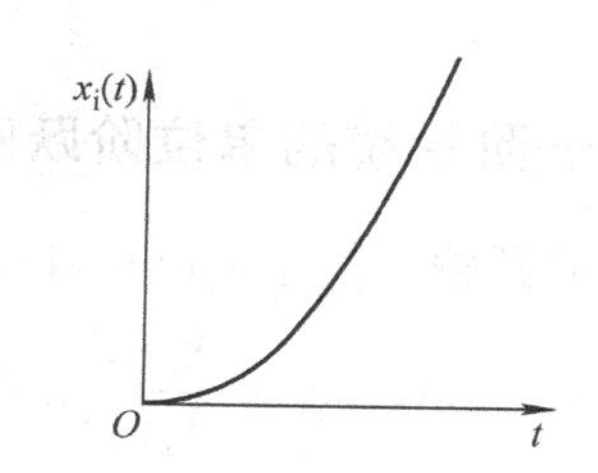

图3-4　加速度函数曲线

上述四个函数之间满足以下积分和微分关系：对脉冲函数的积分是阶跃函数；对阶跃函数的积分是斜坡函数；对斜坡函数的积分是加速度函数。反之，对加速度函数的微分是斜坡函

数；对斜坡函数的微分是阶跃函数；对阶跃函数的微分是脉冲函数。

5. 正弦函数

当系统在工作中受到简谐变化的信号激励时，则应采用正弦函数作为典型输入信号。正弦函数曲线如图3-5所示。其数学表达式为

$$x_i(t) = \begin{cases} a\sin\omega t & t \geqslant 0 \\ 0 & t < 0 \end{cases}$$

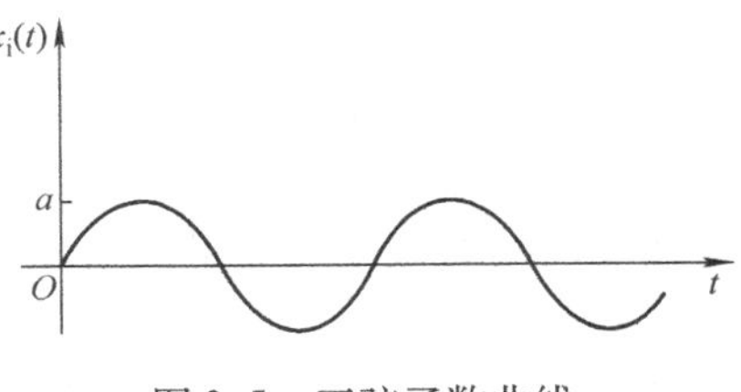

图3-5 正弦函数曲线

从以上各时间函数看出，它们都具有形式简单的特点。选择它们作为系统的典型输入信号，易于实现对系统的分析和实验研究。至于在对控制系统进行分析时，究竟选择哪一种典型输入信号作为实验信号，需根据系统的实际情况来决定。例如，如果控制系统的输入量是随时间逐渐变化的函数，如机床、雷达天线、火炮、控温装置等，则选择斜坡函数较为合适；如果控制系统的输入量是冲击量，如导弹发射，则选择脉冲函数较为恰当；如果控制系统的输入量是随时间变化的往复运动，如研究机床振动，则选择正弦函数为好；如果控制系统的输入量是突然变化的，如突然通电、断电，则以选择阶跃函数为宜。

对于同一个线性定常控制系统，虽然不同形式的输入信号所对应的输出信号（即时间响应）是不同的，但它们表征的系统性能是一致的。

3.2 一阶系统的瞬态响应

能够用一阶微分方程描述的系统称为一阶系统。它的典型形式是一阶惯性环节，即

$$G(s) = \frac{X_o(s)}{X_i(s)} = \frac{1}{Ts+1}$$

式中，T 为一阶系统的时间常数，$T>0$。

一阶系统的框图如图3-6a 或图3-6b 所示，其极点分布如图3-6c 所示。

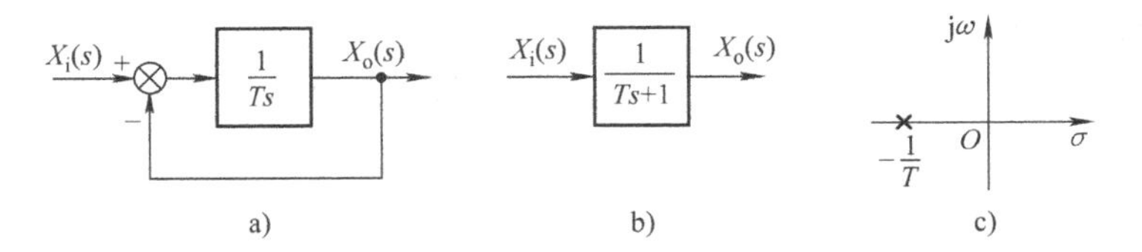

图3-6 一阶系统的框图与极点分布

3.2.1 一阶系统的单位阶跃响应

单位阶跃输入信号 $x_i(t)=1(t)$，其象函数为 $X_i(s)=1/s$，则

$$X_o(s) = \frac{X_o(s)}{X_i(s)}X_i(s) = \frac{1}{Ts+1}\frac{1}{s} = \frac{1}{s} - \frac{T}{Ts+1} = \frac{1}{s} - \frac{1}{s+\frac{1}{T}}$$

进行拉普拉斯反变换，得

$$x_o(t) = (1 - e^{-\frac{t}{T}})\cdot 1(t) \tag{3-1}$$

根据式（3-1），可得出表3-1的响应值。

表 3-1　一阶系统的单位阶跃响应

t	0	T	$2T$	$3T$	$4T$	$5T$	…	∞
$x_o(t)$	0	0.632	0.865	0.95	0.982	0.993	…	1

一阶系统在单位阶跃输入下的响应曲线如图 3-7 所示。由此可以得出：

1）一阶系统的单位阶跃响应由零时刻开始按指数规律上升并趋于 1，且无振荡。

2）瞬态响应为 $e^{-\frac{t}{T}}$，稳态响应为 1，即系统稳定，且无稳态误差。

3）经过时间 T 曲线上升到 0.632 的高度，反过来，用实验的方法测出响应曲线达到稳态值的 63.2% 高度点所用的时间，即是一阶系统的时间常数 T。经过时间 $3T \sim 4T$，响应曲线已达稳态值的 95% ~98%。一阶系统在单位阶跃输入作用下，达到稳态值的（$1-\Delta$）所需要的时间定义为调整时间（Δ 为允许误差），一般用 t_s 表示。当 $\Delta=5\%$ 时，$t_s=3T$；当 $\Delta=2\%$ 时，$t_s=4T$。调整时间反映系统响应的快速性，T 越大，系统的惯性越大，调整时间越长，响应越慢。

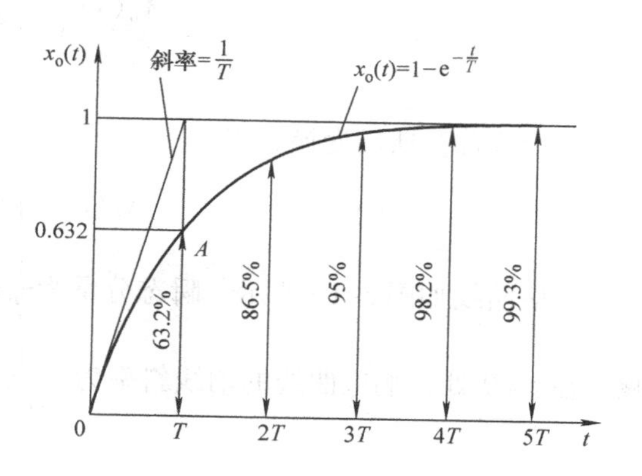

图 3-7　一阶系统的单位阶跃响应曲线

4）在 $t=0$ 处，响应曲线的切线斜率为 $1/T$。

5）式（3-1）可以写成 $e^{-\frac{t}{T}} = 1 - x_o(t)$，两边取对数得 $\left(-\frac{1}{T}\lg e\right)t = \lg[1 - x_o(t)]$。将 $\lg[1-x_o(t)]$ 作为纵坐标，时间 t 作为横坐标，可得到图 3-8 所示的一条过原点的直线。若通过实验测得某系统单位阶跃响应 $x_o(t)$，将 $[1-x_o(t)]$ 标在半对数坐标纸上，如果得出一条直线，则可鉴别出该系统为一阶惯性环节。

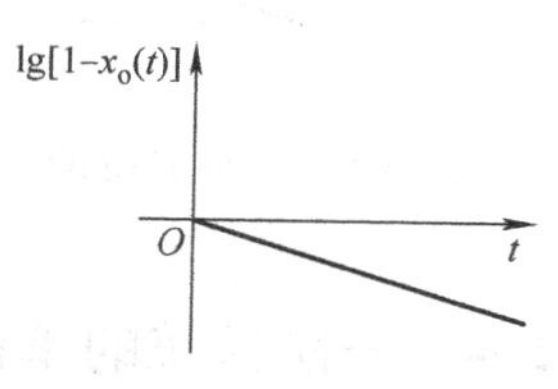

图 3-8　一阶系统识别曲线

3.2.2　一阶系统的单位斜坡响应

单位斜坡输入 $x_i(t) = t \cdot 1(t)$，其象函数为 $X_i(s) = 1/s^2$，

则

$$X_o(s) = \frac{X_o(s)}{X_i(s)} X_i(s) = \frac{1}{Ts+1}\frac{1}{s^2} = \frac{1}{s^2} - \frac{T}{s} + \frac{T}{s+\frac{1}{T}}$$

进行拉普拉斯反变换，得

$$x_o(t) = (t - T + Te^{-\frac{t}{T}}) \cdot 1(t) \tag{3-2}$$

根据式（3-2），可得出一阶系统的单位斜坡响应曲线如图 3-9 所示。响应的瞬态项为 $Te^{-\frac{t}{T}}$，稳态项为 $t-T$。当 $t=\infty$ 时，稳态误差 $e(\infty) = T$，即一阶系统单位斜坡响应的稳态误差为 T。显然，时间常数越小，则该稳态误差越小。减小时间常数 T 不仅可以加快瞬态响应的速度，还可以减少系统跟踪斜坡信号的稳态误差。

3.2.3 一阶系统的单位脉冲响应

单位脉冲输入 $x_i(t) = \delta(t)$，其象函数为 $X_i(s) = 1$，则

$$X_o(s) = \frac{X_o(s)}{X_i(s)}X_i(s) = \frac{1}{Ts+1} \times 1 = \frac{\frac{1}{T}}{s+\frac{1}{T}}$$

进行拉普拉斯反变换，得

$$x_o(t) = \left(\frac{1}{T}e^{-\frac{t}{T}}\right) \cdot 1(t) \tag{3-3}$$

响应曲线如图 3-10 所示。瞬态分量为$\frac{1}{T}e^{-\frac{t}{T}}$，稳态分量为 0，响应随时间的推移呈指数衰减。在 $t=0$ 处，响应曲线的切线斜率为 $-\frac{1}{T^2}$。

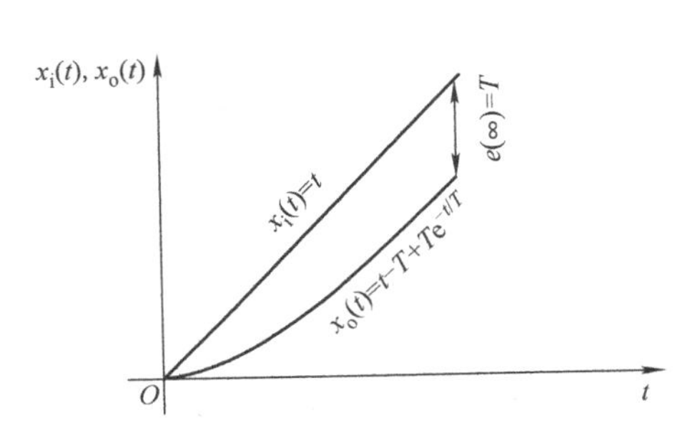

图 3-9 一阶系统的单位斜坡响应曲线

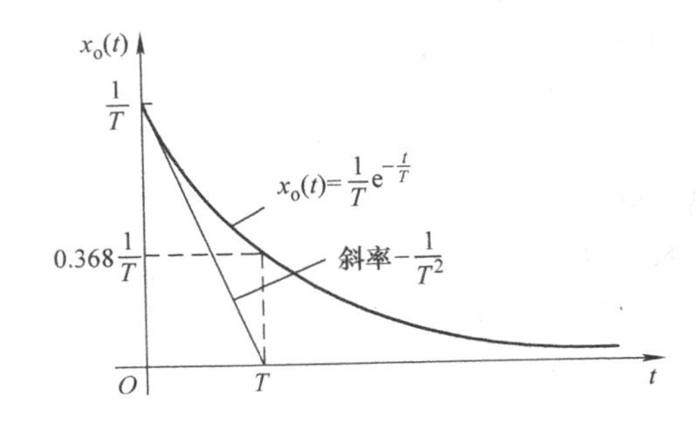

图 3-10 一阶系统的单位脉冲响应曲线

3.2.4 一阶系统的单位加速度响应

单位加速度输入函数为 $x_i(t) = \frac{1}{2}t^2 \cdot 1(t)$，其象函数为 $X_i(s) = \frac{1}{s^3}$，则

$$X_o(s) = \frac{X_o(s)}{X_i(s)}X_i(s) = \frac{1}{Ts+1}\frac{1}{s^3} = \frac{1}{s^3} - \frac{T}{s^2} + \frac{T^2}{s} - \frac{T^2}{s+1/T}$$

进行拉普拉斯反变换，得

$$x_o(t) = \left[\frac{1}{2}t^2 - Tt + T^2(1 - e^{-\frac{t}{T}})\right] \cdot 1(t) \tag{3-4}$$

系统的跟踪误差为

$$e(t) = x_i(t) - x_o(t) = Tt - T^2(1 - e^{-\frac{t}{T}})$$

可见，跟踪误差随时间推移而增大，直至无限大。因此，一阶系统不能实现对加速度输入信号的跟踪。

对比式（3-1）~式（3-4）可知，系统对输入信号导数的响应，可通过对系统在输入信号作用下的响应求导得出，而系统对输入信号积分的响应，等于系统对原输入信号响应的积分，其积分常数由初始条件确定。这是因为线性定常系统满足叠加原理。

另外，单位脉冲响应函数是系统传递函数的拉普拉斯反变换；系统传递函数是单位脉冲响

应函数的拉普拉斯变换。因此，系统的单位脉冲响应函数和系统的传递函数构成一个拉普拉斯变换对。应用这个结论，在实验建模时，只要测得系统的单位脉冲响应函数，对其进行拉普拉斯变换，就可以求得系统的传递函数，这对于所有的线性定常系统都适用。

例 3-1　已知单位脉冲响应函数 $x_o(t)=10e^{-2t}+5e^{-0.5t}$，求系统的传递函数。

解： 因为系统的单位脉冲响应是系统传递函数的拉普拉斯反变换，故

$$G(s)=L[x_o(t)]=L[10e^{-2t}+5e^{-0.5t}]$$

$$=\frac{10}{s+2}+\frac{5}{s+0.5}=\frac{15(s+1)}{s^2+2.5s+1}$$

例 3-2　水银温度计可近似为一阶惯性环节，用其测量加热器内的水温，当插入水中 1min 时才指示出该水温的 98% 的数值（设插入前温度计指示 0℃）。如果给加热器加热，使水温以 10℃/min 的速度均匀上升，问温度计的稳态指示误差是多少？

解：（1）一阶系统传递函数为 $G(s)=\dfrac{1}{Ts+1}$，其单位阶跃响应函数为 $x_{ou}(t)=1-e^{-\frac{t}{T}}$，令 $t=1$，$x_{ou}(t)=1\times 98\%=0.98$，得：$0.98=1-e^{-\frac{1}{T}}$

解得 $T=0.256\text{min}$。

本题还可以用调整时间的概念求取时间常数 T。由题意可知，$t_s=4T=1\text{min}$，所以，$T=0.25\text{min}$。

（2）在输入 $x_i(t)=10t$ 作用下，一阶系统的时间响应为

$$x_{ou}(t)=L^{-1}[G(s)X_i(s)]=L^{-1}\left[\frac{1}{Ts+1}\frac{10}{s^2}\right]=10L^{-1}\left[\frac{1}{s^2}-\frac{T}{s}+\frac{T^2}{Ts+1}\right]$$

$$=10(t-T+Te^{-\frac{t}{T}})$$

因此

$$e(t)=x_i(t)-x_{ou}(t)=10t-10(t-T+Te^{-\frac{t}{T}})$$

$$=10T(1-e^{-\frac{t}{T}})=2.56(1-e^{-\frac{t}{0.256}})$$

当 $t=1\text{min}$ 时，$e(t)=2.509$℃。

3.3　二阶系统的瞬态响应

用二阶微分方程描述的系统称为二阶系统。二阶系统的响应在控制系统的运动分析中十分重要，不仅因为它代表一类系统的运动，更重要的是，它是讨论大多数高阶系统运动的基础。从物理意义上讲，二阶系统至少包含两个储能元件，能量有可能在两个元件之间交换，引起系统具有往复振荡的趋势，当阻尼不够大时，系统呈现出振荡的特性。

二阶系统的典型传递函数可表示为

$$G(s)=\frac{X_o(s)}{X_i(s)}=\frac{\omega_n^2}{s^2+2\zeta\omega_n s+\omega_n^2}\tag{3-5}$$

式中，ζ 为阻尼比；ω_n 为无阻尼固有频率。它们是二阶系统的特征参数，表征系统本身的固有特性。

令 $T=\dfrac{1}{\omega_n}$，式（3-5）可改写成

$$G(s)=\frac{X_o(s)}{X_i(s)}=\frac{1}{T^2s^2+2\zeta Ts+1}$$

这是二阶系统的另一种等价典型形式，T 称为二阶系统的时间常数。

二阶系统的特征方程为

$$s^2+2\zeta\omega_n s+\omega_n^2=0$$

两个特征根为

$$s_{1,2}=-\zeta\omega_n\pm j\omega_n\sqrt{1-\zeta^2}$$

随着阻尼比 ζ 取值的不同，二阶系统的特征根也不相同，下面逐一加以说明。

1）当 $0<\zeta<1$ 时，两特征根为共轭复数，即 $s_{1,2}=-\zeta\omega_n\pm j\omega_n\sqrt{1-\zeta^2}$。此时，二阶系统传递函数的极点是位于复平面 s 左半平面内的共轭复数极点，如图 3-11a 所示，此时系统称为欠阻尼系统。令 $\omega_d=\omega_n\sqrt{1-\zeta^2}$，称为有阻尼固有频率。从图中可以看出，欠阻尼二阶系统极点与参数之间的关系式为

$$\sqrt{(\zeta\omega_n)^2+(\omega_n\sqrt{1-\zeta^2})^2}=\omega_n$$

$$\cos\theta=\frac{\zeta\omega_n}{\omega_n}=\zeta$$

$$\theta=\arccos\zeta=\arctan\frac{\sqrt{1-\zeta^2}}{\zeta}$$

2）当 $\zeta=0$ 时，两特征根为共轭纯虚根，即 $s_{1,2}=\pm j\omega_n$，如图 3-11b 所示。此时系统称为零阻尼系统。

3）当 $\zeta=1$ 时，特征方程有两个相等的负实根，即 $s_{1,2}=-\omega_n$，如图 3-11c 所示。此时系统称为临界阻尼系统。

4）当 $\zeta>1$ 时，特征方程有两个不相等的负实根，即 $s_{1,2}=-\zeta\omega_n\pm\omega_n\sqrt{\zeta^2-1}$，如图 3-11d所示。此时系统称为过阻尼系统。实际上，二阶过阻尼系统相当于两个一阶惯性环节的串联或并联组合。

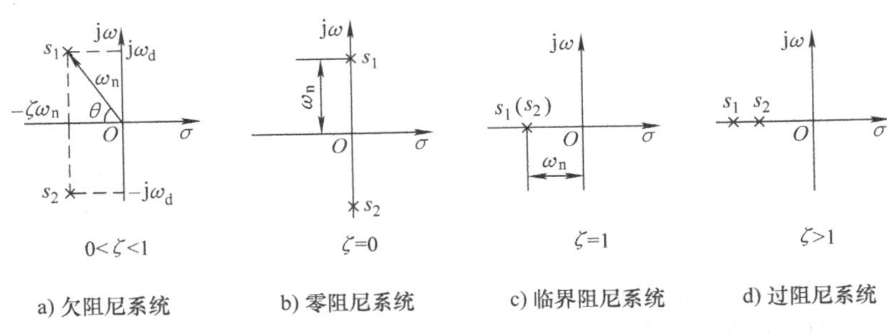

图 3-11　二阶系统特征根分布

单位反馈二阶系统的典型框图如图 3-12a 或图 3-12b 所示。

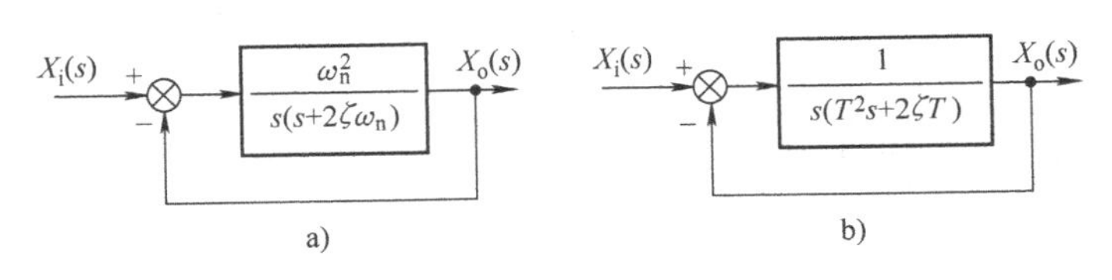

图 3-12　二阶系统框图

3.3.1 二阶系统的单位阶跃响应

单位阶跃输入 $x_i(t)=1(t)$，其象函数为 $X_i(s)=1/s$。

1. 欠阻尼

当 $0<\zeta<1$ 时，称为欠阻尼。此时，二阶系统的极点是一对共轭复根，则

$$X_o(s)=\frac{X_o(s)}{X_i(s)}X_i(s)$$

$$=\frac{\omega_n^2}{(s+\zeta\omega_n+j\omega_d)(s+\zeta\omega_n-j\omega_d)}\frac{1}{s}$$

$$=\frac{1}{s}-\frac{s+\zeta\omega_n}{(s+\zeta\omega_n)^2+\omega_d^2}-\frac{\zeta\omega_n}{(s+\zeta\omega_n)^2+\omega_d^2}$$

进行拉普拉斯反变换，得

$$x_o(t)=\left(1-e^{-\zeta\omega_n t}\cos\omega_d t-\frac{\zeta}{\sqrt{1-\zeta^2}}e^{-\zeta\omega_n t}\sin\omega_d t\right)\cdot 1(t)$$

即

$$x_o(t)=\left[1-\frac{e^{-\zeta\omega_n t}}{\sqrt{1-\zeta^2}}(\sqrt{1-\zeta^2}\cos\omega_d t+\zeta\sin\omega_d t)\right]\cdot 1(t) \tag{3-6}$$

或

$$x_o(t)=\left[1-\frac{e^{-\zeta\omega_n t}}{\sqrt{1-\zeta^2}}\sin\left(\omega_d t+\arctan\frac{\sqrt{1-\zeta^2}}{\zeta}\right)\right]\cdot 1(t) \tag{3-7}$$

由式（3-7）可知，当 $0<\zeta<1$ 时，二阶系统的单位阶跃响应曲线如图 3-13 所示，图中横轴取无因次时间 $\omega_n t$。由图可见，响应的瞬态项为以 ω_d 为角频率的有阻尼衰减振荡，随着 ζ 的减小，其振荡幅度加大，衰减的快慢程度取决于指数衰减的速度，即 $\zeta\omega_n$ 的值；响应的稳态项为 1，表明系统在单位阶跃函数作用下不存在稳态误差。

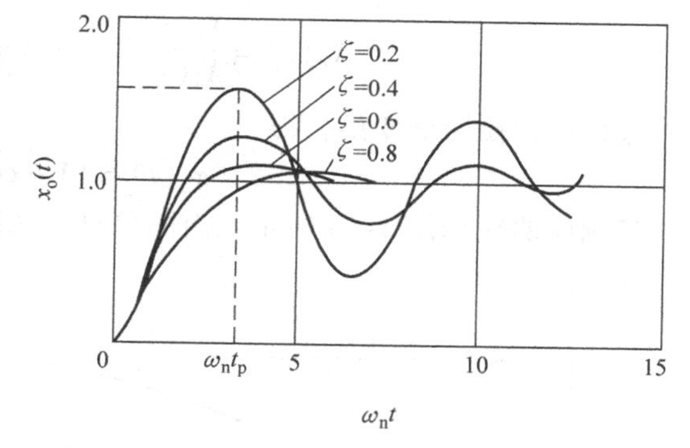

图 3-13 欠阻尼二阶系统的单位阶跃响应曲线

2. 临界阻尼

当 $\zeta=1$ 时，称为临界阻尼。此时，二阶系统的极点是二重实根，其传递函数可表示为

$$\frac{X_o(s)}{X_i(s)}=\frac{\omega_n^2}{(s+\omega_n)^2}$$

则

$$X_o(s)=\frac{X_o(s)}{X_i(s)}X_i(s)=\frac{\omega_n^2}{(s+\omega_n)^2}\frac{1}{s}=\frac{1}{s}-\frac{\omega_n}{(s+\omega_n)^2}-\frac{1}{s+\omega_n}$$

进行拉普拉斯反变换，得

$$x_o(t)=(1-\omega_n te^{-\omega_n t}-e^{-\omega_n t})\cdot 1(t) \tag{3-8}$$

其响应曲线如图 3-14 所示，是稳态值为 1 的无超调单调上升过程。

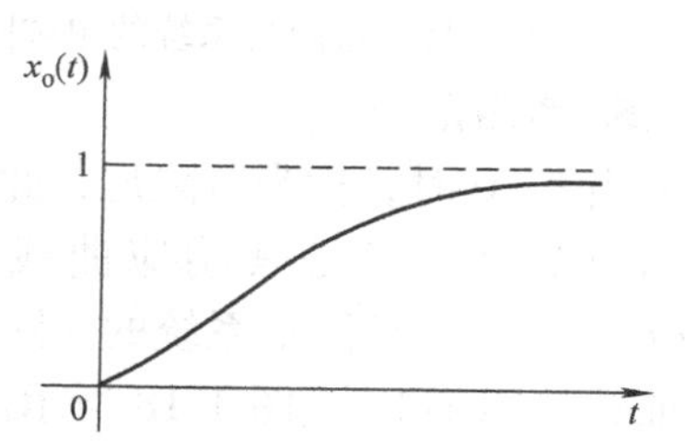

图 3-14 临界阻尼系统的单位阶跃响应曲线

3. 过阻尼

当$\zeta>1$时，称为过阻尼。此时，过阻尼二阶系统的极点是两个负实根，其传递函数可表示为

$$\frac{X_o(s)}{X_i(s)}=\frac{\omega_n^2}{(s+\zeta\omega_n+\omega_n\sqrt{\zeta^2-1})(s+\zeta\omega_n-\omega_n\sqrt{\zeta^2-1})}$$

则

$$X_o(s)=\frac{X_o(s)}{X_i(s)}X_i(s)=\frac{\omega_n^2}{(s+\zeta\omega_n+\omega_n\sqrt{\zeta^2-1})(s+\zeta\omega_n-\omega_n\sqrt{\zeta^2-1})}\frac{1}{s}$$

$$=\frac{1}{s}-\frac{\dfrac{1}{2(-\zeta^2-\zeta\sqrt{\zeta^2-1}+1)}}{s+\zeta\omega_n+\omega_n\sqrt{\zeta^2-1}}-\frac{\dfrac{1}{2(-\zeta^2+\zeta\sqrt{\zeta^2-1}+1)}}{s+\zeta\omega_n-\omega_n\sqrt{\zeta^2-1}}$$

进行拉普拉斯反变换，得

$$x_o(t)=\left[1-\frac{1}{2(-\zeta^2+\zeta\sqrt{\zeta^2-1}+1)}e^{-(\zeta-\sqrt{\zeta^2-1})\omega_n t}-\frac{1}{2(-\zeta^2-\zeta\sqrt{\zeta^2-1}+1)}e^{-(\zeta+\sqrt{\zeta^2-1})\omega_n t}\right]\cdot 1(t)$$

(3-9)

其响应曲线如图3-15所示。由图可见，系统没有超调，且过渡过程较长。

4. 零阻尼

当$\zeta=0$时，称为零阻尼。此时，二阶系统的极点为一对共轭虚根，其传递函数可表示为

$$\frac{X_o(s)}{X_i(s)}=\frac{\omega_n^2}{s^2+\omega_n^2}$$

则

$$X_o(s)=\frac{X_o(s)}{X_i(s)}X_i(s)=\frac{\omega_n^2}{s^2+\omega_n^2}\frac{1}{s}=\frac{1}{s}-\frac{s}{s^2+\omega_n^2}$$

进行拉普拉斯反变换，得

$$x_o(t)=(1-\cos\omega_n t)\cdot 1(t) \tag{3-10}$$

其响应曲线如图3-16所示。由图可见，系统为无阻尼等幅振荡。

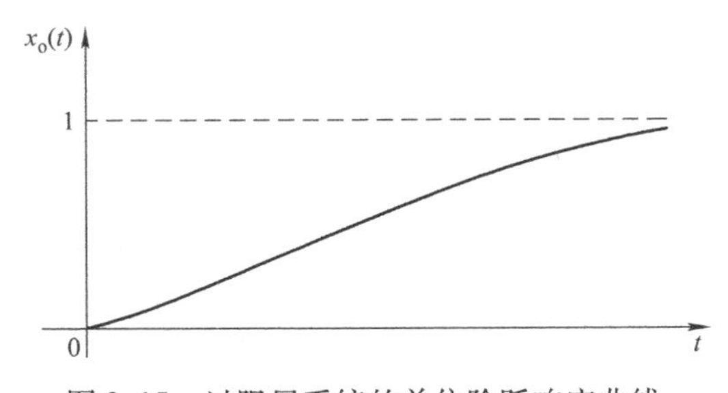

图3-15　过阻尼系统的单位阶跃响应曲线

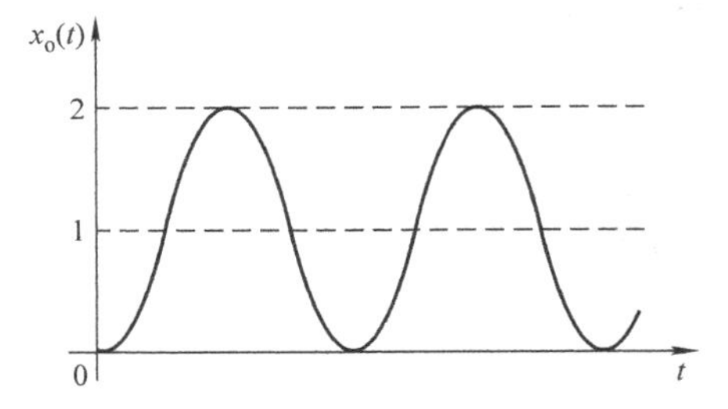

图3-16　零阻尼系统的单位阶跃响应曲线

5. 负阻尼

当$\zeta<0$时，称为负阻尼，此时二阶系统的极点为两个不等的正实根。其分析方法与正阻尼情况类似，只是其响应曲线表达式的指数项变为正数，故随着时间$t\to\infty$，其输出$x_o(t)\to\infty$，即负阻尼系统的阶跃响应是发散的，系统不稳定。负阻尼二阶系统的单位阶跃响应曲线如图3-17或图3-18所示。

由以上分析可知，$0<\zeta<1$时，二阶系统的单位阶跃响应的过渡过程为衰减振荡，并且随着阻尼的减小，其振荡特性表现得愈加强烈；当$\zeta\geqslant1$时，二阶系统的过渡过程具有单调上升的特性。从过渡过程的持续时间来看，在无振荡单调上升的曲线中，以$\zeta=1$时的过渡过程时

间为最短。在欠阻尼系统中，当 $\zeta=0.4\sim0.8$ 时，不仅其过渡过程时间比 $\zeta=1$ 时更短，而且振荡不太严重。因此，一般希望二阶系统工作在 $\zeta=0.4\sim0.8$ 的欠阻尼状态，因为这个工作状态有一个振荡特性适度而持续时间又较短的过渡过程。应当指出，综上分析可知，决定过渡过程特性的是瞬态响应部分。选择合适的过渡过程实际上就是选择合适的瞬态响应，也就是选择合适的特征参数 ω_n 和 ζ 值。

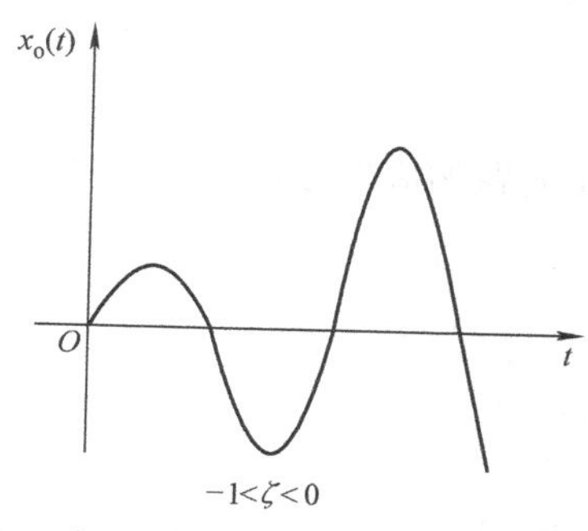

图 3-17　负阻尼系统的振荡发散阶跃响应曲线

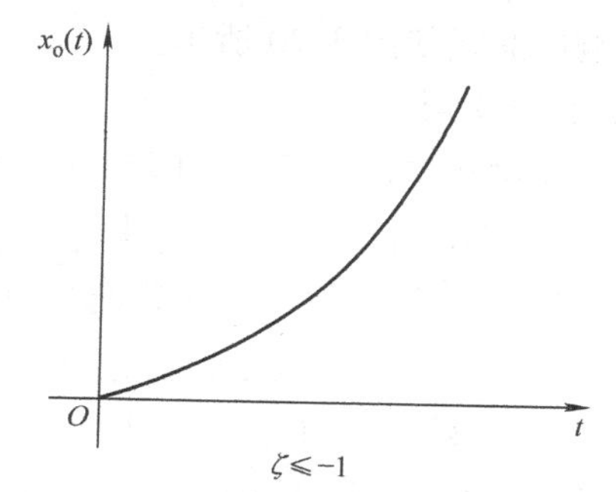

图 3-18　负阻尼系统的单调发散阶跃响应曲线

3.3.2　二阶系统的单位脉冲响应

单位脉冲输入 $x_i(t)=\delta(t)$ 的象函数为 $X_i(s)=1$。

1. 当 $0<\zeta<1$ 时

$$X_o(s)=\frac{X_o(s)}{X_i(s)}X_i(s)=\frac{\omega_n^2}{(s+\zeta\omega_n+j\omega_d)(s+\zeta\omega_n-j\omega_d)}\times1$$

$$=\frac{\dfrac{\omega_n}{\sqrt{1-\zeta^2}}(\omega_n\sqrt{1-\zeta^2})}{(s+\zeta\omega_n)^2+(\omega_n\sqrt{1-\zeta^2})^2}$$

经拉普拉斯反变换得

$$x_o(t)=\left[\frac{\omega_n}{\sqrt{1-\zeta^2}}e^{-\zeta\omega_n t}\sin(\omega_d t)\right]\cdot1(t)\tag{3-11}$$

由式（3-11）可知，当 $0<\zeta<1$ 时，二阶系统的单位脉冲响应是以 ω_d 为角频率的衰减振荡，其响应曲线如图 3-19 所示。由图可见，随着 ζ 的减小，其振荡幅度加大。

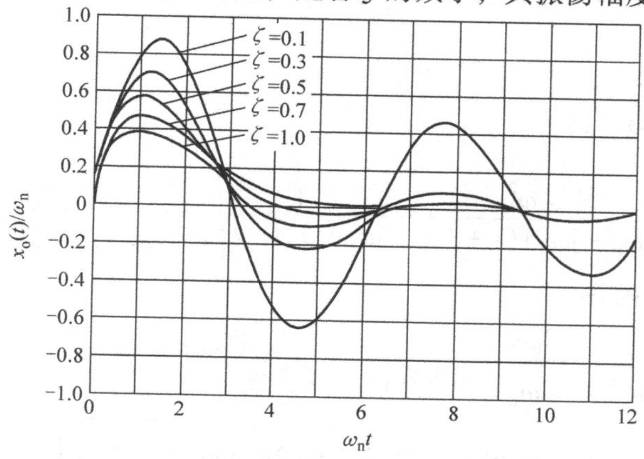

图 3-19　欠阻尼二阶系统的单位脉冲响应曲线

2. 当 $\zeta=1$ 时

$$X_o(s)=\frac{X_o(s)}{X_i(s)}X_i(s)=\frac{\omega_n^2}{(s+\omega_n)^2}\times 1$$

进行拉普拉斯反变换，得

$$x_o(t)=(\omega_n^2 t\mathrm{e}^{-\omega_n t})\cdot 1(t) \tag{3-12}$$

其响应曲线如图 3-20 所示。

3. 当 $\zeta>1$ 时

线性系统对单位脉冲信号的响应，可通过对系统单位阶跃响应求导得出。

$$\begin{aligned}x_o(t)&=\frac{\mathrm{d}x_{o1}}{\mathrm{d}t}=\frac{\mathrm{d}}{\mathrm{d}t}\left[1-\frac{1}{2(-\zeta^2+\zeta\sqrt{\zeta^2-1}+1)}\mathrm{e}^{-(\zeta-\sqrt{\zeta^2-1})\omega_n t}\right.\\&\quad\left.-\frac{1}{2(-\zeta^2-\zeta\sqrt{\zeta^2-1}+1)}\mathrm{e}^{-(\zeta+\sqrt{\zeta^2-1})\omega_n t}\right]\cdot 1(t)\\&=\left[\frac{(\zeta-\sqrt{\zeta^2-1})\omega_n}{2(-\zeta^2+\zeta\sqrt{\zeta^2-1}+1)}\mathrm{e}^{-(\zeta-\sqrt{\zeta^2-1})\omega_n t}+\frac{(\zeta+\sqrt{\zeta^2-1})\omega_n}{2(-\zeta^2-\zeta\sqrt{\zeta^2-1}+1)}\mathrm{e}^{-(\zeta+\sqrt{\zeta^2-1})\omega_n t}\right]\cdot 1(t)\\&=\left\{\frac{\omega_n}{2\sqrt{\zeta^2-1}}\left[\mathrm{e}^{-(\zeta-\sqrt{\zeta^2-1})\omega_n t}-\mathrm{e}^{-(\zeta+\sqrt{\zeta^2-1})\omega_n t}\right]\right\}1(t)\end{aligned} \tag{3-13}$$

其响应曲线如图 3-20 所示。由图可见，系统没有超调。

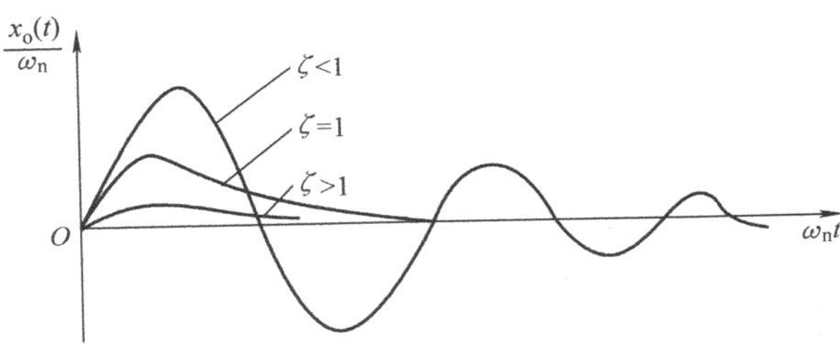

图 3-20　不同阻尼二阶系统单位脉冲响应曲线

3.3.3　二阶系统的单位斜坡响应

单位斜坡输入 $x_i(t)=t\cdot 1(t)$ 的象函数为 $X_i(s)=\frac{1}{s^2}$

1. 当 $0<\zeta<1$ 时

$$\begin{aligned}X_o(s)&=\frac{X_o(s)}{X_i(s)}X_i(s)\\&=\frac{\omega_n^2}{(s+\zeta\omega_n+\mathrm{j}\omega_d)(s+\zeta\omega_n-\mathrm{j}\omega_d)}\frac{1}{s^2}=\frac{\omega_n^2}{s^2[(s+\zeta\omega_n)^2+(\omega_n\sqrt{1-\zeta^2})^2]}\end{aligned}$$

进行拉普拉斯反变换得

$$\begin{aligned}x_o(t)&=\omega_n^2\left[t-\frac{2\zeta\omega_n}{(\zeta\omega_n)^2+(\omega_n\sqrt{1-\zeta^2})^2}\right.\\&\quad\left.+\frac{1}{\omega_n\sqrt{1-\zeta^2}}\mathrm{e}^{-\zeta\omega_n t}\sin\left(\omega_n\sqrt{1-\zeta^2}\,t+2\arctan\frac{\sqrt{1-\zeta^2}}{\zeta}\right)\right]\frac{1}{(\zeta\omega_n)^2+(\omega_n\sqrt{1-\zeta^2})^2}\end{aligned}$$

$$= \left[t - \frac{2\zeta}{\omega_n} + \frac{e^{-\zeta\omega_n t}}{\omega_n \sqrt{1-\zeta^2}} \sin\left(\omega_n \sqrt{1-\zeta^2}\, t + 2\arctan \frac{\sqrt{1-\zeta^2}}{\zeta} \right) \right] \cdot 1(t)$$

又因为

$$\tan\left(2\arctan \frac{\sqrt{1-\zeta^2}}{\zeta} \right) = \frac{2\tan\left(\arctan \frac{\sqrt{1-\zeta^2}}{\zeta} \right)}{1 - \tan^2\left(\arctan \frac{\sqrt{1-\zeta^2}}{\zeta} \right)} = \frac{2\zeta\sqrt{1-\zeta^2}}{2\zeta^2 - 1}$$

所以

$$x_o(t) = \left[t - \frac{2\zeta}{\omega_n} + \frac{e^{-\zeta\omega_n t}}{\omega_n \sqrt{1-\zeta^2}} \sin\left(\omega_n \sqrt{1-\zeta^2}\, t + \arctan \frac{2\zeta\sqrt{1-\zeta^2}}{2\zeta^2 - 1} \right) \right] \cdot 1(t) \quad (3\text{-}14)$$

当 $t \to \infty$ 时，其误差为

$$e(\infty) = \lim_{t\to\infty} [x_i(t) - x_o(t)] = \frac{2\zeta}{\omega_n}$$

其响应曲线如图 3-21 所示。可见，响应曲线绕输入直线振荡，并且随着 ζ 的减小，其振荡幅度加大。

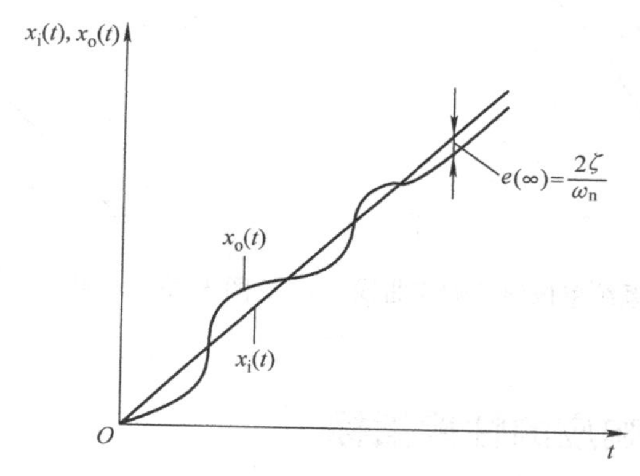

图 3-21 欠阻尼二阶系统单位斜坡响应

2. 当 $\zeta = 1$ 时

$$X_o(s) = \frac{X_o(s)}{X_i(s)} X_i(s) = \frac{\omega_n^2}{(s+\omega_n)^2} \cdot \frac{1}{s^2} = \frac{1}{s^2} - \frac{\frac{2}{\omega_n}}{s} + \frac{1}{(s+\omega_n)^2} + \frac{\frac{2}{\omega_n}}{s+\omega_n}$$

进行拉普拉斯反变换，得

$$x_o(t) = \left(t - \frac{2}{\omega_n} + t e^{-\omega_n t} + \frac{2}{\omega_n} e^{-\omega_n t} \right) \cdot 1(t) \quad (3\text{-}15)$$

当 $t \to \infty$ 时，其误差为

$$e(\infty) = \lim_{t\to\infty} [x_i(t) - x_o(t)] = \frac{2}{\omega_n}$$

其响应曲线如图 3-22 所示。

3. 当 $\zeta > 1$ 时

$$X_o(s) = \frac{X_o(s)}{X_i(s)} X_i(s) = \frac{\omega_n^2}{(s + \zeta\omega_n + \omega_n\sqrt{\zeta^2-1})(s + \zeta\omega_n - \omega_n\sqrt{\zeta^2-1})} \frac{1}{s^2}$$

$$= \frac{1}{s^2} - \frac{2\zeta}{\omega_n s} + \frac{\dfrac{2\zeta^2 + 2\zeta\sqrt{\zeta^2-1} - 1}{2\omega_n\sqrt{\zeta^2-1}}}{s + \zeta\omega_n - \omega_n\sqrt{\zeta^2-1}} - \frac{\dfrac{2\zeta^2 - 2\zeta\sqrt{\zeta^2-1} - 1}{2\omega_n\sqrt{\zeta^2-1}}}{s + \zeta\omega_n + \omega_n\sqrt{\zeta^2-1}}$$

进行拉普拉斯反变换，得

$$x_o(t) = \left[t - \frac{2\zeta}{\omega_n} + \frac{2\zeta^2 + 2\zeta\sqrt{\zeta^2-1} - 1}{2\omega_n\sqrt{\zeta^2-1}} e^{-(\zeta - \sqrt{\zeta^2-1})\omega_n t} - \frac{2\zeta^2 - 2\zeta\sqrt{\zeta^2-1} - 1}{2\omega_n\sqrt{\zeta^2-1}} e^{-(\zeta + \sqrt{\zeta^2-1})\omega_n t}\right] \cdot 1(t) \tag{3-16}$$

当 $t \to \infty$ 时，其误差为

$$e(\infty) = \lim_{t \to \infty}[x_i(t) - x_o(t)] = \frac{2\zeta}{\omega_n}$$

其响应曲线如图 3-23 所示。

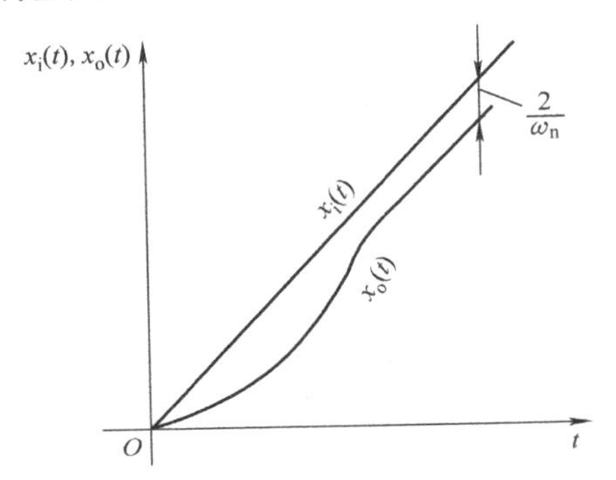

图 3-22　临界阻尼二阶系统单位斜坡响应曲线

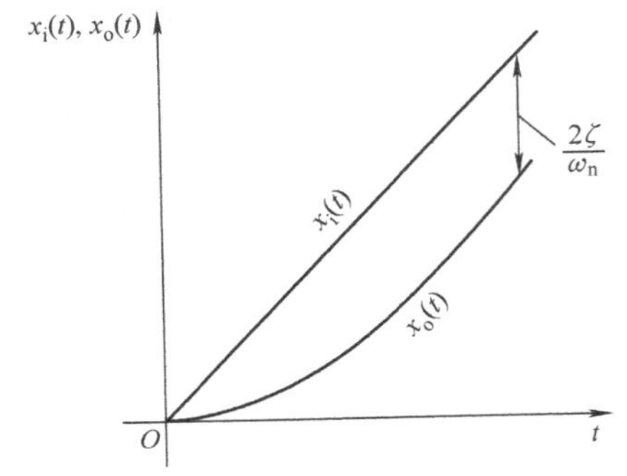

图 3-23　过阻尼二阶系统单位斜坡响应曲线

3.4　二阶系统瞬态响应的性能指标

性能指标可以在时间域里给出，也可以在频率域里提出。时域内的指标比较直观。通常，系统的性能指标根据系统对单位阶跃输入的响应给出。其原因有二：一是产生阶跃输入比较容易，而且从系统对单位阶跃输入的响应也较容易求得对任何输入的响应；二是在实际中，许多输入与阶跃输入相似，而且阶跃输入又往往是实际中最不利的输入情况。

应当指出，因为完全无振荡的单调上升过程的过渡过程时间太长，所以除了那些不允许产生振荡的系统外，通常都允许系统有适度的振荡，其目的是获得较短的过渡过程时间。这就是设计二阶系统时，常使系统在欠阻尼状态下工作的原因。因此，下面有关二阶系统响应的性能指标的定义及计算公式除特别说明外，都是针对欠阻尼二阶系统而言的，更确切地说，是只针对欠阻尼二阶系统的单位阶跃瞬态响应过程而言的。瞬态响应性能指标如图 3-24 所示。

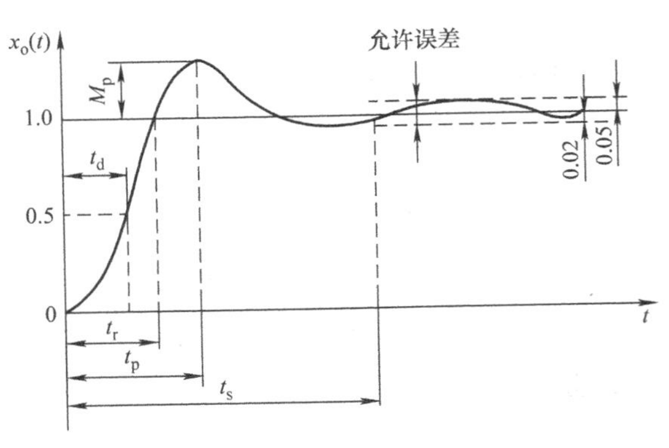

图 3-24　瞬态响应性能指标

瞬态响应性能指标包括：

1）上升时间 t_r：响应曲线从零时刻到首次到达稳态值的时间，即响应曲线从零上升到稳态值所需的时间。有些系统没有超调，理论上到达稳态值时间需要无穷大，因此将上升时间定义为响应曲线从稳态值的 10% 上升到稳态值的 90% 所需的时间。

2）峰值时间 t_p：响应曲线从零时刻到达峰值的时间，即响应曲线从零上升到第一个峰值点所需的时间。

3）最大超调量 M_p：单位阶跃输入时，响应曲线的最大峰值与稳态值的差占稳态值的百分比，通常用百分数来表示。

4）调整时间 t_s：响应曲线达到并一直保持在允许误差范围内的最短时间，也称为过渡过程时间。

5）延迟时间 t_d：响应曲线从零上升到稳态值的 50% 所需要的时间。

6）振荡次数 N：在调整时间 t_s 内响应曲线振荡的次数。

以上性能指标中，上升时间、峰值时间、调整时间、延迟时间反映系统瞬态响应的快速性，而最大超调量、振荡次数反映系统瞬态响应的相对平稳性。

1. 求上升时间 t_r

由式（3-7）可知

$$x_o(t)=\left[1-\frac{e^{-\zeta\omega_n t}}{\sqrt{1-\zeta^2}}\sin\left(\omega_d t+\arctan\frac{\sqrt{1-\zeta^2}}{\zeta}\right)\right]\cdot 1(t)$$

将 $x_o(t_r)=1$ 代入，得

$$1=1-\frac{e^{-\zeta\omega_n t_r}}{\sqrt{1-\zeta^2}}\sin\left(\omega_d t_r+\arctan\frac{\sqrt{1-\zeta^2}}{\zeta}\right)$$

因为 $e^{-\zeta\omega_n t_r}\neq 0$，所以

$$\sin\left(\omega_d t_r+\arctan\frac{\sqrt{1-\zeta^2}}{\zeta}\right)=0$$

由于上升时间定义为输出响应首次到达稳态值的时间，故

$$\omega_d t_r+\arctan\frac{\sqrt{1-\zeta^2}}{\zeta}=\pi$$

所以

$$t_r=\frac{1}{\omega_d}\left(\pi-\arctan\frac{\sqrt{1-\zeta^2}}{\zeta}\right)=\frac{1}{\omega_n\sqrt{1-\zeta^2}}(\pi-\arccos\zeta) \tag{3-17}$$

2. 求峰值时间 t_p

由式（3-7）可知

$$x_o(t)=\left[1-\frac{e^{-\zeta\omega_n t}}{\sqrt{1-\zeta^2}}\sin\left(\omega_d t+\arctan\frac{\sqrt{1-\zeta^2}}{\zeta}\right)\right]\cdot 1(t)$$

峰值点为极值点，令 $\frac{dx_o(t)}{dt}=0$，得

$$\frac{\zeta\omega_n e^{-\zeta\omega_n t_p}}{\sqrt{1-\zeta^2}}\sin(\omega_d t_p+\theta)-\frac{\omega_d e^{-\zeta\omega_n t_p}}{\sqrt{1-\zeta^2}}\cos(\omega_d t_p+\theta)=0$$

因为 $e^{-\zeta\omega_n t_p}\neq 0$，所以

$$\tan(\omega_d t_p + \theta) = \frac{\omega_d}{\zeta\omega_n} = \tan\theta$$

$$\omega_d t_p = \pi$$

$$t_p = \frac{\pi}{\omega_d} = \frac{\pi}{\omega_n\sqrt{1-\zeta^2}} \tag{3-18}$$

3. 求最大超调量 M_p

将式（3-18）代入式（3-6）表示的单位阶跃响应表达式中，得

$$M_p = x_o(t_p) - 1 = \left[1 - \frac{e^{-\zeta\omega_n\left(\frac{\pi}{\omega_d}\right)}}{\sqrt{1-\zeta^2}}(\sqrt{1-\zeta^2}\cos\pi + \zeta\sin\pi)\right] - 1$$

$$= e^{-\zeta\omega_n\left(\frac{\pi}{\omega_n\sqrt{1-\zeta^2}}\right)} = e^{-\frac{\zeta\pi}{\sqrt{1-\zeta^2}}} \tag{3-19}$$

由式（3-19）可知，M_p 仅与阻尼比 ζ 有关；ζ 越大，M_p 越小，系统的平稳性越好。$\zeta = 0.4 \sim 0.8$ 时，$M_p = 25.4\% \sim 1.5\%$。不同阻尼比下，二阶振荡系统的超调量见表3-2。

表3-2　不同阻尼比下的最大超调量

ζ	0	0.1	0.2	0.3	0.4	0.5	0.6	0.7	0.8	1
M_p(%)	100	72.9	52.7	37.2	25.4	16.3	9.5	4.3	1.5	0

4. 求调整时间 t_s

由式（3-7）可知

$$x_o(t) = \left[1 - \frac{e^{-\zeta\omega_n t}}{\sqrt{1-\zeta^2}}\sin\left(\omega_d t + \arctan\frac{\sqrt{1-\zeta^2}}{\zeta}\right)\right]\cdot 1(t)$$

其包络线表达为 $1 \pm \frac{e^{-\zeta\omega_n t}}{\sqrt{1-\zeta^2}}$，如图3-25所示。包络线进入误差带的时间即近似为调整时间，也称为过渡过程时间。

令：$1 \pm \frac{e^{-\zeta\omega_n t_s}}{\sqrt{1-\zeta^2}} = 1 \pm \Delta$

解得

$$t_s = \frac{-\ln\Delta - \ln\sqrt{1-\zeta^2}}{\zeta\omega_n} \tag{3-20}$$

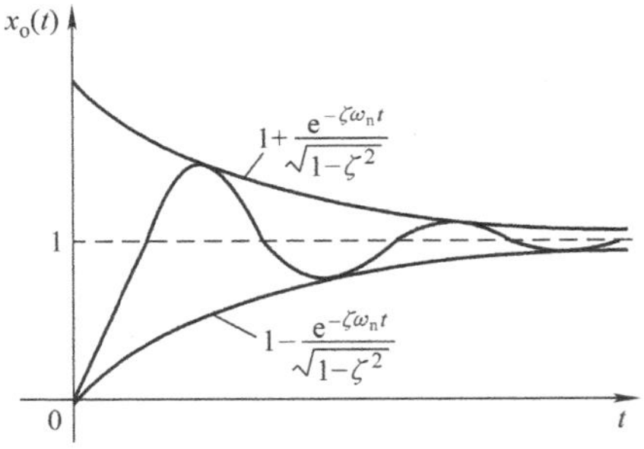

图3-25　二阶系统单位阶跃响应包络线

当 $0 < \zeta < 0.707$ 时，调整时间可以近似为

$$t_s \approx \frac{\ln 0.05}{\zeta\omega_n} \approx \frac{3}{\zeta\omega_n} \quad (\Delta = 0.05) \tag{3-21}$$

$$t_s \approx \frac{\ln 0.02}{\zeta\omega_n} \approx \frac{4}{\zeta\omega_n} \quad (\Delta = 0.02) \tag{3-22}$$

当 ζ 较大时，式（3-21）和式（3-22）的近似度降低。由式（3-20）~式（3-22）可见，当阻尼比 ζ 一定时，无阻尼固有频率 ω_n 越大，调整时间 t_s 越短，即系统响应越快。

当 ω_n 一定时，变化 ζ 求 t_s 的极小值，可得当 $\zeta = 0.707$ 左右时，二阶系统单位阶跃响应的调整时间最短，即响应最快，而且此时超调量 M_p 也不大，所以工程上一般取 $\zeta = 0.707$ 作为最佳阻尼比。当 $\zeta < 0.707$ 时，ζ 越小，则 t_s 越长；而当 $\zeta > 0.707$ 时，ζ 越大，则 t_s 越长。

在具体设计控制系统时，通常根据对最大超调量 M_p 的要求确定阻尼比 ζ，所以调整时间

t_s 主要依据系统的 ω_n 来确定。由此可见，二阶系统的特征参数 ω_n 和 ζ 决定了系统的调整时间 t_s 和最大超调量 M_p；反之，根据对 t_s 和 M_p 的要求，也能确定二阶系统的特征参数 ω_n、ζ。

5. 求振荡次数 N

在调整时间 t_s 内系统响应曲线的振荡次数 N 等于响应曲线 $x_o(t)$ 穿越稳态值次数的一半。

欠阻尼二阶系统的振荡周期为 $T_d=\dfrac{2\pi}{\omega_d}=\dfrac{2\pi}{\omega_n\sqrt{1-\zeta^2}}$，所以有

$$N=\frac{t_s}{T_d}=\begin{cases}\dfrac{1.5\sqrt{1-\zeta^2}}{\zeta\pi} & (\Delta=0.05)\\ \dfrac{2\sqrt{1-\zeta^2}}{\zeta\pi} & (\Delta=0.02)\end{cases}\tag{3-23}$$

N 仅与阻尼比 ζ 有关，ζ 越大，N 越小，系统的平稳性越好。

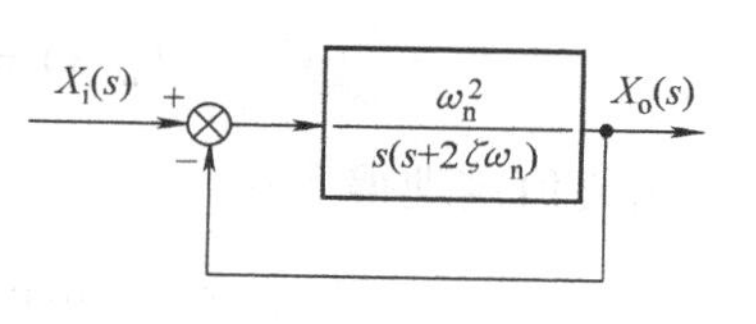

图3-26　例3-3系统框图

例3-3　设系统的框图如图3-26所示，其中 $\zeta=0.6$，$\omega_n=5\text{rad/s}$。当有一单位阶跃信号作用于系统时，求其性能指标 t_p、M_p 和 t_s。

解：(1) 求 t_p

$\omega_d=\omega_n\sqrt{1-\zeta^2}=4\text{rad/s}$

由式(3-18)得

$$t_p=\frac{\pi}{\omega_d}=0.785\text{s}$$

(2) 求 M_p，由式(3-19)得

$$M_p=e^{-\frac{\zeta\pi}{\sqrt{1-\zeta^2}}}\times100\%=9.5\%$$

(3) 求 t_s，由式(3-21)与式(3-22)得

$$t_s=\frac{3}{\zeta\omega_n}=1\text{s}\qquad(\Delta=0.05\text{ 时})$$

$$t_s=\frac{4}{\zeta\omega_n}=1.33\text{s}\qquad(\Delta=0.02\text{ 时})$$

例3-4　如图3-27所示的机械系统，施加8.9N的阶跃力后，记录其时间响应曲线如图3-28所示。试求该系统的质量 M、弹性刚度 k 和黏性阻尼系数 D 的数值。

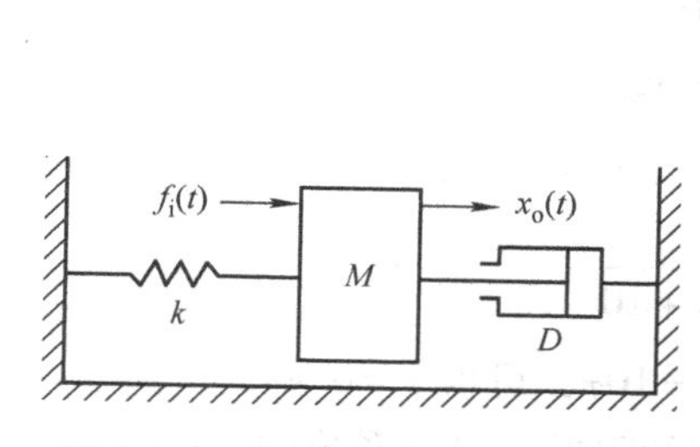

图3-27　质量－弹簧－阻尼系统

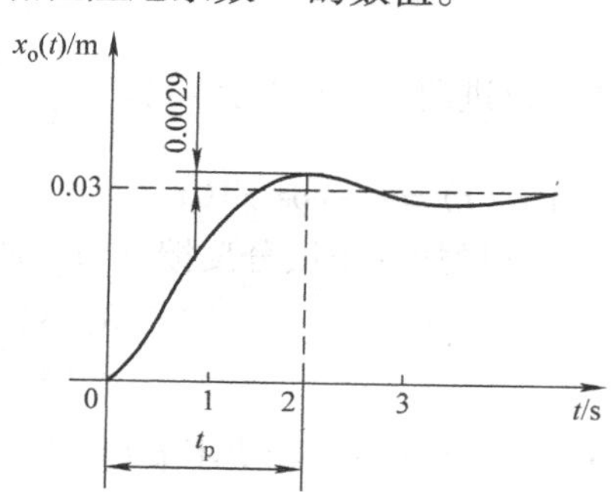

图3-28　系统阶跃响应曲线

解：根据牛顿第二定律，有

$$f_i(t)-kx_o(t)-D\frac{dx_o(t)}{dt}=M\frac{d^2x_o(t)}{dt^2}$$

进行拉普拉斯变换并整理，得

$$(Ms^2+Ds+k)X_o(s)=F_i(s)$$

$$\frac{X_o(s)}{F_i(s)}=\frac{1}{Ms^2+Ds+k}=\frac{\frac{1}{k}\frac{k}{M}}{s^2+\frac{D}{M}s+\frac{k}{M}}=\frac{\frac{1}{k}\omega_n^2}{s^2+2\zeta\omega_n s+\omega_n^2}$$

$$M_p=e^{-\frac{\zeta\pi}{\sqrt{1-\zeta^2}}}\times 100\%=\frac{0.0029}{0.03}=9.67\%$$

解得：$\zeta=0.6$，故

$$\omega_n=\frac{\pi}{t_p\sqrt{1-\zeta^2}}=\frac{\pi}{2\sqrt{1-0.6^2}}\text{rad/s}=1.96\text{rad/s}$$

$$X_o(s)=\frac{1}{Ms^2+Ds+k}F_i(s)=\frac{1}{Ms^2+Ds+k}\frac{8.9}{s}$$

由终值定理得

$$x_o(\infty)=\lim_{s\to 0}sX_o(s)=\lim_{s\to 0}s\frac{1}{Ms^2+Ds+k}\frac{8.9}{s}=\frac{8.9}{k}=0.03\text{m}$$

所以

$$k=\frac{8.9}{0.03}\text{N/m}=297\text{N/m}$$

$$M=\frac{k}{\omega_n^2}=\frac{297}{1.96^2}\text{kg}=77.3\text{kg}$$

$$D=2\zeta\omega_n M=2\times 0.6\times 1.96\times 77.3\text{kg/s}=181.8\text{kg/s}$$

例 3-5 图 3-29a 所示的系统是否能正常工作？若将系统改进成图 3-29b 所示的系统，并要求 $\zeta=0.7$，求此时 τ 的值，并说明改进后系统性能的变化。

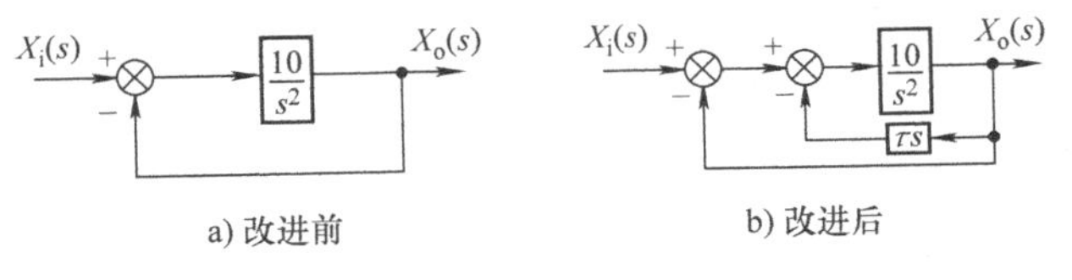

图 3-29 例 3-5 图

解：（1）改进前系统的传递函数为$\dfrac{X_o(s)}{X_i(s)}=\dfrac{10}{s^2+10}$，可见 $\zeta=0$，$\omega_n=\sqrt{10}\text{rad/s}$，系统的单位阶跃响应为 $x_o(t)=1-\cos\sqrt{10}t$，系统会发生等幅振荡，无法正常工作。

（2）给系统增加一个微分反馈环节，改进后系统的传递函数为

$$\frac{X_o(s)}{X_i(s)}=\frac{10}{s^2+10\tau s+10}$$

由于 $\omega_n=\sqrt{10}\text{rad/s}$，若要求 $\zeta=0.7$，根据 $2\zeta\omega_n=10\tau$，可得 $\tau=0.443$。

（3）系统增加一微分反馈环节后，可以增加系统的阻尼，提高系统的平稳性。

3.5　高阶系统的瞬态响应

三阶以上的微分方程描述的系统称为高阶系统。实际上，大量的系统，特别是机械系统，几乎都需要用高阶微分方程来描述。对高阶系统的研究和分析，一般是比较复杂的，其动态性能指标的确定是比较困难的，需要借助软件（如 MATLAB）来解决这个问题。工程上常常对高阶系统进行简化，用较低阶的近似系统替代阶数较高的实际系统；并要求简化后的模型能体现原系统的主要特征及主要变化规律，且模型误差在允许范围内。

一般的高阶系统可以分解成若干一阶惯性环节和二阶振荡环节的叠加。其瞬态响应即由这些一阶惯性环节和二阶振荡环节的响应函数叠加而成。

对于一般单输入单输出的线性定常系统，其传递函数可表示为

$$\begin{aligned}\frac{X_o(s)}{X_i(s)} &= \frac{K(s^m + b_1 s^{m-1} + \cdots + b_{m-1}s + b_m)}{s^n + a_1 s^{n-1} + \cdots + a_{n-1}s + a_n} \\ &= \frac{K(s^m + b_1 s^{m-1} + \cdots + b_{m-1}s + b_m)}{\prod\limits_{j=1}^{q}(s + p_j)\prod\limits_{k=1}^{r}(s^2 + 2\zeta_k\omega_k s + \omega_k^2)} \quad (n \geqslant m, q + 2r = n)\end{aligned}$$

设输入为单位阶跃，则

$$X_o(s) = \frac{X_o(s)}{X_i(s)}X_i(s) = \frac{K(s^m + b_1 s^{m-1} + \cdots + b_{m-1}s + b_m)}{s\prod\limits_{j=1}^{q}(s + p_j)\prod\limits_{k=1}^{r}(s^2 + 2\zeta_k\omega_k s + \omega_k^2)} \tag{3-24}$$

如果其极点互不相同，则式（3-24）可展开成

$$X_o(s) = \frac{\alpha}{s} + \sum_{j=1}^{q}\frac{\alpha_j}{s + p_j} + \sum_{k=1}^{r}\frac{\beta_k(s + \zeta_k\omega_k) + \gamma_k(\omega_k\sqrt{1-\zeta^2})}{(s + \zeta_k\omega_k)^2 + (\omega_k\sqrt{1-\zeta^2})^2}$$

经拉普拉斯反变换，得

$$\begin{aligned}x_o(t) = \alpha &+ \sum_{j=1}^{q}\alpha_j e^{-p_j t} + \sum_{k=1}^{r}\beta_k e^{-\zeta_k\omega_k t}\cos(\omega_k\sqrt{1-\zeta^2})t \\ &+ \sum_{k=1}^{r}\gamma_k e^{-\zeta_k\omega_k t}\sin(\omega_k\sqrt{1-\zeta^2})t\end{aligned} \tag{3-25}$$

由式（3-25）可见，当所有极点均具有负实部时，除常数 α 以外，其他各项随着时间 t 趋于无穷大而衰减为零，即系统是稳定的。稳定高阶系统的阶跃响应可能出现图 3-30 所示的各种波形。

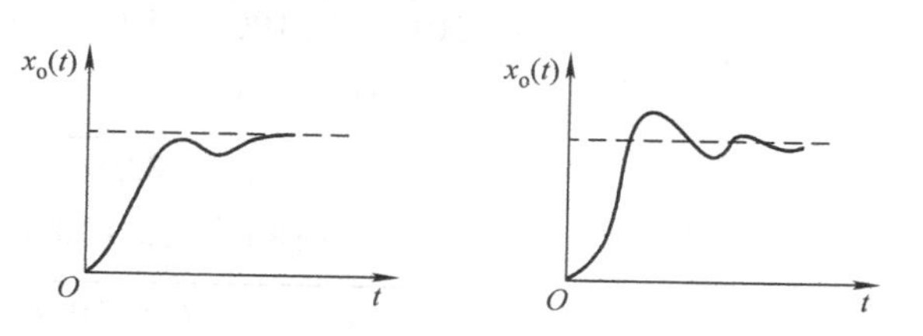

图 3-30　高阶系统阶跃响应曲线

为了在工程上处理方便，高阶系统的降阶简化一般采用两种方法。

1）主导极点。系统极点的负实部离虚轴越远，则该极点对应的项在瞬态响应中衰减得越快。反之，距虚轴最近的闭环极点对应着瞬态响应中衰减最慢的项，故称距虚轴最近的闭环极点为主导极点，其对高阶系统的瞬态响应起着主导作用。一般工程上当极点 A 距离虚轴大于五倍极点 B 离虚轴的距离时，分析系统时可忽略极点 A。

2）偶极子对消。系统传递函数中，如果分子、分母具有负实部的零、极点在数值上相

近，则可将该极点和零点一起消掉，称为偶极子对消。工程上认为某极点与对应的零点之间的间距小于它们本身到原点距离的1/10时，即可认为是偶极子。

例3-6 已知闭环系统传递函数为 $G(s)=\dfrac{5}{(0.1s+1)(s^2+2s+2)}$，试选择它的一个近似二阶系统。

解：该系统有3个极点：$s_{1,2}=-1\pm \mathrm{j}1$，$s_3=-10$。其中 s_3 远离虚轴，而且到虚轴的距离是 s_1 和 s_2 到虚轴的距离的10倍，所以认为 s_1 和 s_2 是一对主导极点，极点 s_3 则可以忽略。

那么，忽略与极点 $s_3=-10$ 相应的因式，就可以得到近似二阶系统的传递函数

$$G'(s)=\frac{5}{s^2+2s+2}$$

在上述两个传递函数中，$G(0)=G'(0)$，这就可以保证原系统的阶跃响应和近似二阶系统的阶跃响应具有相同的稳态值。

忽略闭环传递函数中远离虚轴的极点实质是忽略闭环系统中具有小时间常数的基本单元。当这些极点是实极点时，就相当于忽略时间常数较小的惯性单元。这些小时间常数通常被称为小惯性或小参数。不过，一般在研究系统时，总是先知道开环传递函数，开环传递函数中也有大小不等的时间常数。系统开环的小参数是否可以忽略往往与开环增益有关。尽管在对系统特征作初步研究时，一般可以按经验忽略开环传递函数中的小参数，但有时这种忽略会使近似闭环特性与实际闭环特性产生很大的偏差。所以，在实际系统中究竟能否忽略开环传递函数中的小参数，必须谨慎处理。

例3-7 已知某系统的闭环传递函数为

$$\frac{X_o(s)}{X_i(s)}=\frac{3.12\times10^5 s+6.25\times10^6}{s^4+100s^3+8.0\times10^3 s^2+4.4\times10^5 s+6.24\times10^6}$$

试求该系统近似的单位阶跃响应函数 $x_o(t)$。

解：对于高阶系统的传递函数，首先需要分解因式，如果能找到一个根，则多项式可以分离出一个因式。工程上常用的找根方法，一是试探法，二是采用计算机程序。

首先，找到该题分母有一个根 $s_1=-20$，则利用下面长除法分解出一个因式：

$$\begin{array}{r|l}
 & s^3+80s^2+6.4\times10^3 s+3.12\times10^5 \\ \hline
s+20 & s^4+100s^3+8.0\times10^3 s^2+4.4\times10^5 s+6.24\times10^6 \\
 & -)\,s^4+20s^3 \\ \hline
 & 80s^3+8.0\times10^3 s^2 \\
 & -)\,80s^3+1.6\times10^3 s^2 \\ \hline
 & 6.4\times10^3 s^2+4.4\times10^5 s \\
 & -)\,6.4\times10^3 s^2+1.28\times10^5 s \\ \hline
 & 3.12\times10^5 s+6.24\times10^6 \\
 & -)\,3.12\times10^5 s+6.24\times10^6 \\ \hline
 & 0
\end{array}$$

对于得到的三阶多项式，又找到一个根 $s_1=-60$，则可继续利用长除法分解出一个因式：

$$
\begin{array}{r}
s^2+20s+5.2\times10^3 \\
s+60\overline{\big)\ s^3+80s^2+6.4\times10^3s+3.12\times10^5} \\
-)s^3+60s^2 \qquad\qquad\qquad\qquad \\
\hline
20s^2+6.4\times10^3s \qquad\qquad \\
-)\ 20s^2+1.2\times10^3s \qquad\qquad \\
\hline
5.2\times10^3s\ +3.12\times10^5 \\
-)5.2\times10^3s\ +3.12\times10^5 \\
\hline
0
\end{array}
$$

对于剩下的二阶多项式，可以容易地分解出剩下的一对共轭复根

$$s_{3,4}=-10\pm j71.4$$

则系统的传递函数为

$$\frac{X_o(s)}{X_i(s)}=\frac{3.12\times10^5(s+20.03)}{(s+20)(s+60)(s^2+20s+5.2\times10^3)}$$

根据前面叙述简化高阶系统的依据，该四阶系统可简化为

$$\frac{X_o(s)}{X_i(s)}\approx\frac{5.2\times10^3}{s^2+20s+5.2\times10^3}$$

这里需要注意：当考虑主导极点消去（$s+60$）因式时，应将 3.12×10^5 除以 60 以保证原系统静态增益不变。简化后该系统近似为一个二阶系统，可用二阶系统的一套成熟的理论去分析该四阶系统，可得到近似的单位阶跃响应结果为

$$x_o(t)\approx1-e^{-10t}\sin(71.4t+1.43)\quad(t>0)$$

图 3-31 是用 MATLAB 软件绘制的本高阶系统的精确响应曲线和降阶简化后的近似系统的响应曲线对比。

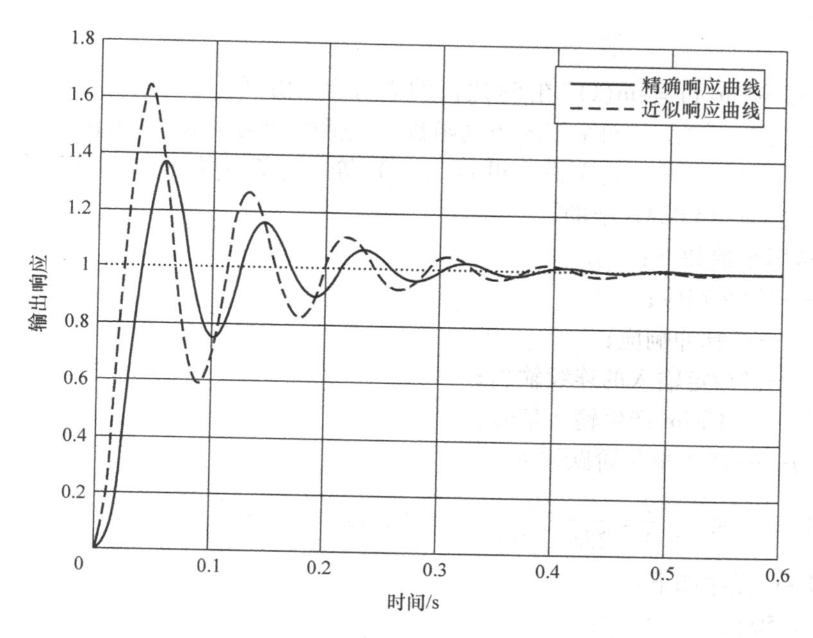

图 3-31　例 3-7 高阶系统的精确和近似的单位阶跃响应曲线

3.6 MATLAB 在时间响应分析中的应用

3.6.1 基于 MATLAB 工具箱的时域分析

MATLAB 的 Control 工具箱提供了很多线性系统在特定输入下仿真的函数，例如连续时间系统在阶跃输入激励下的仿真函数 step（　）、脉冲激励下的仿真函数 impulse（　）及任意输入激励下的仿真函数 lsim（　）等。其中阶跃响应函数的调用格式为：

```
[y,x] = step(sys,t)或[y,x] = step(sys)
```

其中，sys 可以由 tf（　）和 zpk（　）函数得到，t 为选定的仿真时间向量，如果不加 t，仿真时间范围自动选择。此函数只返回仿真数据，而不在屏幕上画仿真图形。返回值 y 为系统在各个仿真时刻的输出所组成的矩阵，而 x 为自动选择的状态变量的时间响应数据。如果用户对具体的响应数值不感兴趣，而只想绘制出系统的单位阶跃响应曲线，则可以由如下的格式调用：

```
step(sys,t)或 step(sys)
```

求取脉冲响应的函数 impulse（　）和函数 step（　）的调用格式完全一致，而任意输入下的仿真函数 lsim（　）的调用格式稍有不同，因为在调用此函数时还应该给出一个输入表向量，该函数的调用格式如下：

```
[y,x] = lsim(sys,u,t)
```

式中，u 为给定输入构成的列向量，它的元素个数应该和 t 的个数是一致的。当然，该函数若调用时不返回参数，也可以直接绘制出响应曲线图形。例如：

```
t = 0:0.01:5;
u = sin(t);
lsim(sys,u,t)
```

为单输入模型 sys 对“u(t) = sin(t)”在 5s 之内的输入响应仿真。

MATLAB 还提供了离散时间系统的仿真函数，包括阶跃响应函数 dstep（　）、脉冲响应函数 dimpulse（　）和任意输入响应函数 dlsim（　）等。它们的调用方式和连续系统的不完全一致。读者可以参阅 MATLAB 帮助。

时域分析常用函数如下：

step(　)——阶跃响应；

impulse(　)——脉冲响应；

lsim(　)——对指定输入的连续输出；

gensig(　)——对 lsim 产生输入信号；

stepfun(　)——产生单位阶跃输入。

例 3-8　绘制系统$\dfrac{X_o(s)}{X_i(s)}=\dfrac{50}{25s^2+2s+1}$的单位阶跃响应曲线。

解：MATLAB 程序如下：

```
num = [0,0,50];
den = [25,2,1];
step(num,den)
```

grid

运行结果如图 3-32 所示。

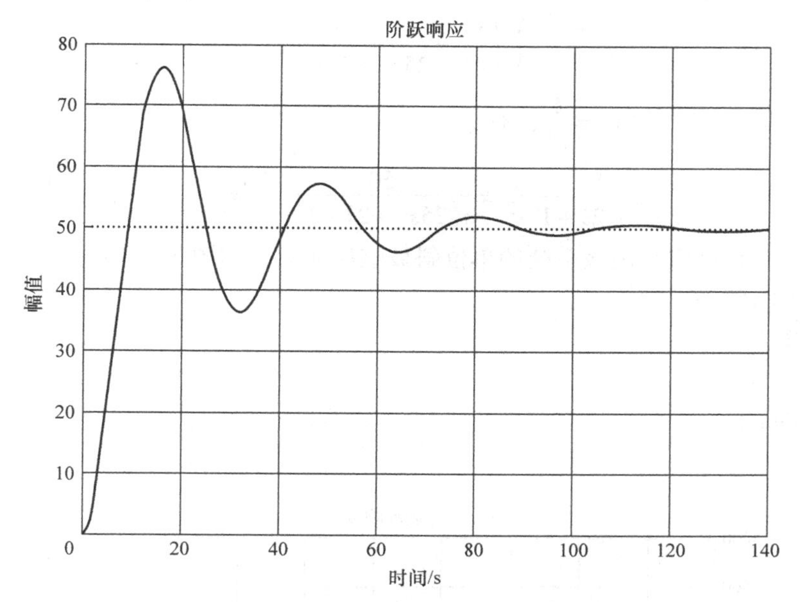

图 3-32　$G(s) = 50/(25s^2 + 2s + 1)$ 的单位响应曲线

例 3-9　绘制系统$\frac{X_o(s)}{X_i(s)} = \frac{50}{25s^2 + 2s + 1}$的单位脉冲响应曲线。

解：MATLAB 程序如下：

```
num = [0,0,50];
den = [25,2,1];
impulse(num,den)
grid
```

运行结果如图 3-33 所示。

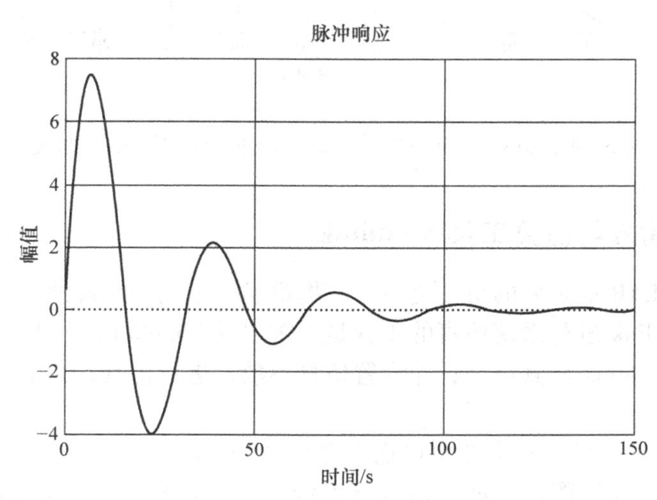

图 3-33　$G(s) = 50/(25s^2 + 2s + 1)$ 的单位脉冲响应曲线

在 MATLAB 中没有斜坡响应命令，可利用阶跃响应命令求斜坡响应，先用 s 除 $G(s)$，再利用阶跃响应命令。例如，考虑下列闭环系统

$$\frac{X_o(s)}{X_i(s)}=\frac{50}{25s^2+2s+1}$$

对于单位斜坡输入量 $X_i(s)=\frac{1}{s^2}$，有

$$X_o(s)=\frac{50}{25s^2+2s+1}\frac{1}{s^2}=\frac{50}{s(25s^2+2s+1)}\frac{1}{s}=\frac{50}{25s^3+2s^2+s}\frac{1}{s}$$

下面 MATLAB 程序将给出该系统的单位斜坡响应曲线，如图 3-34 所示。

```
num=[0,0,0,50];
den=[25,2,1,0];
t=0:0.01:100;
step(num,den,t)
grid
```

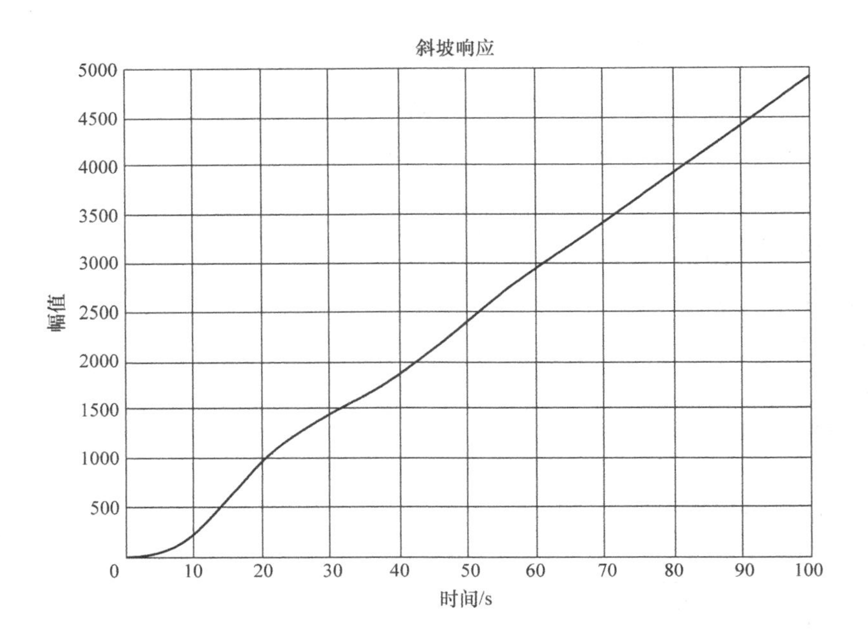

图 3-34 $G(s)=50/(25s^2+2s+1)$ 的单位斜坡响应曲线

3.6.2 系统框图输入与仿真工具 Simulink

Simulink 是 MATLAB 最重要的组件之一，它提供了一个动态系统建模、仿真和综合分析的集成环境。利用 Simulink 进行系统仿真的步骤是：①启动 Simulink，打开模块库；②打开空白模型窗口；③建立 Simulink 仿真模型；④设置仿真参数，进行仿真；⑤输出仿真结果。

1. 打开模块库

进入 MATLAB 环境之后，在命令窗口输入命令“simulink”，或者单击 MATLAB 窗口工具条上的“Simulink Library”图标，就可以打开系统模型库浏览器（Simulink Library Browser），如图 3-35 所示。可以看到模型库包括以下各个子模型库、Commonly Used Blocks（常用子模型

库）、Continuous（连续系统子模型库）、Discontinuities（非线性子模型库）、Discrete（离散系统子模型库）、Logic and Bit Operations（逻辑和位操作子模型库）、Lookup Tables（查找表子模型库）、Math Operations（数学子模型库）、Model Verification（模型检测子模型库）、Model - Wide Utilities（模型扩充子模型库）、Ports & Subsystems（端口和子系统子模型库）、Signal Attributes（信号属性子模型库）、Signal Routing（信号路线子模型库）、Sinks（接收器子模型库）、Sources（信号源子模型库）、User - Defined Functions（用户自定义函数子模型库）。每个子模型库包含同类型的标准模块。

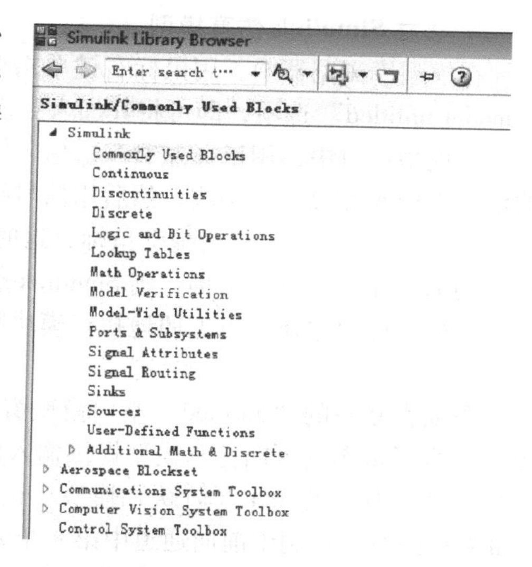

图 3-35　Simulink 的系统子模型库

用鼠标单击浏览器中的子模型库名称，右侧窗口弹出所包含的子模块，这些子模块可直接用于建立系统的 Simulink 框图模型。连续系统子模型库模块所包含的所有子模块如图 3-36 所示，包括 Derivative（微分器模块）、Integrator（积分器模块）、Transfer Fcn（传递函数模块）、State - Space（状态空间模块）、Zero - Pole（零极点模块）、PID Controller（PID 控制器模块）等。这些模块为用户以不同形式建立线性连续系统模型提供了方便。

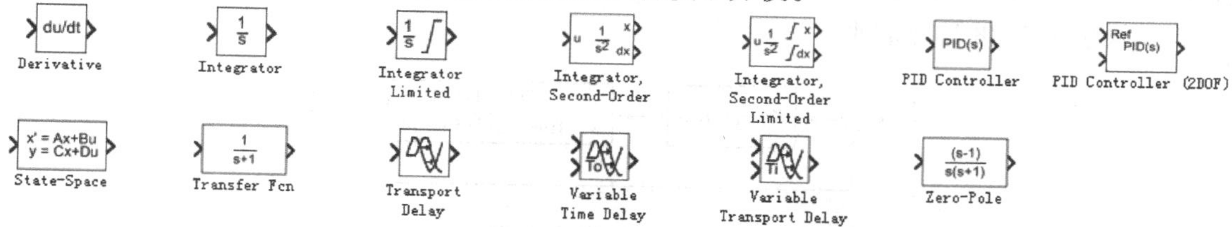

图 3-36　Simulink 连续系统子模型库包含的子模块

2. 打开空白模型窗口

模型窗口用来建立系统的仿真模型。只有先创建一个空白的模型窗口，才能将模型库的相应模块复制到该窗口，通过必要的连接，建立起 Simulink 仿真模型。

以下方法可用于打开一个空白的模型窗口：①在 MATLAB 主界面中选择新建："SIMULINK" → "Simulink Model" 菜单项；②单击模块库浏览器的新建图标；③在模块库浏览器下使用快捷键〈Ctrl + N〉。所打开的空白模型窗口如图 3-37 所示，默认的模型文件名为 "untitled. slx"。可以选择 "File" → "Save as" 菜单项改变模型文件名称。

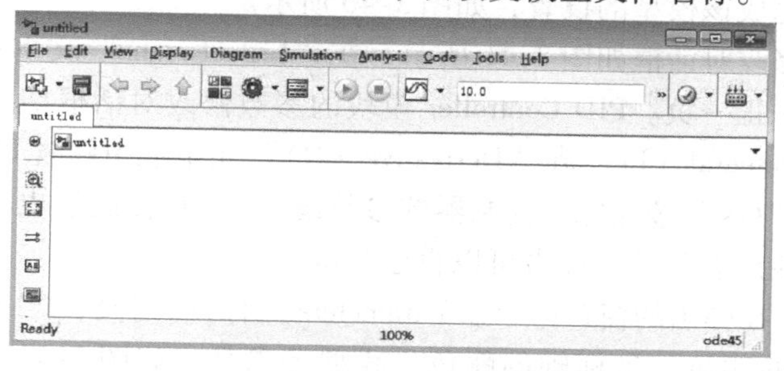

图 3-37　Simulink 的空白模型窗口

3. 建立 Simulink 仿真模型

在模型库浏览器中，用鼠标右键单击选中的模块，在弹出的快捷菜单中选择“Add block to model untitled”选项，即可将其加入到模型窗口中。

在模型窗口中，用鼠标左键双击指定模块图标，打开模块对话框，根据对话框栏目中提供的信息进行参数设置或修改。然后用信号线连接各模块，方法如下：用鼠标先单击起点模块的输出端（三角符号），然后拖动鼠标，这时就会出现一条带箭头的直线，将它的箭头拉到终点模块的输入端再释放鼠标键，则 Simulink 会自动地产生一条带箭头的连线，将两个模块连接起来。在模型窗口中还可以方便地执行模块删除，改变模块位置、大小及方向，模块参数设置等操作。

下面在新建的“untitled”空白模型窗口建立如图 3-38 所示的控制系统模型。Sources 子模型库包含了常用的可向仿真模型提供输入信号的模块，它没有输入口，但至少有一个输出口。本例中选择其中的 Step（阶跃）模块。相加点可选用 Commonly Used Blocks 子模型库中的 Sum（加法）模块。本例中前向通道中第一个方框为 PID 控制器模块，可在 Continous 子模型库中选择 PID Controller 模块；第二个方框为传递函数模块，在 Continous 子模型库中选择 Transfer Fcn 模块。Sinks 子模型库中包含了常用的显示和写输出模块，该类模块可以有多个输入口，但没有输出口。本例中选择 Scope（示波器）以显示仿真过程中产生的信号波形，选择 To Workspace（写工作空间）将仿真结果返回到 MATLAB 的工作空间。依次用右键单击选中的模块将它们加入到“untitled”模型窗口中，将各模块调整到合适位置后，拖动鼠标用带箭头的信号线将各模块按图 3-38 连接起来。

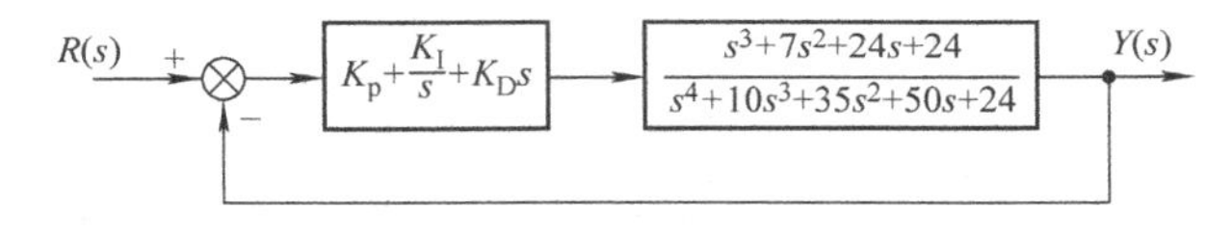

图 3-38　控制系统框图

用鼠标双击指定模块图标，打开模块对话框，根据对话框栏目中提供的信息进行参数设置或修改。Step 模块的对话框如图 3-39 所示，用户可以在该对话框中修改其中的“Step time”（阶跃时间，默认为 1，即 1s 时发生阶跃信号），也可以修改“Initial value”（初值，默认为 0）和“Final value”（终值，默认为 1）来重新定义阶跃信号，终值和初值的差值即为阶跃输入的幅值。双击模型窗口的 Transfer Fcn 模块，在弹出的对话框中分别在“Numerator coefficients”（分子系数）和“Denominator coefficients”（分母系数）文本框中填写系统传递函数的分子和分母多项式系数，然后单击“OK”按钮，这时该模块的参数以及该模块的图标显示都将赋予新的传递函数表示，完成该模型的设置，如图 3-40 所示。

Sum 模块的参数修改对话框如图 3-41 所示，在“List of signs”文本框中输入“+ −”字样，两个输入信号将一正一负。PID Controller 模块的参数修改对话框如图 3-42 所示，分别在“Proportional（P）”“Integral（I）”和“Derivative（D）”文本框中修改 PID 控制器的比例、积分和微分系数，单击“OK”按钮完成控制器的参数设定。PID 控制器也可以用比例、积分器、微分器和加法器等模块组合创建，读者可以自己尝试。

双击 Scope 模块，在弹出的窗口中单击 Parameters 图标，弹出“‘Scope’parameters”对话框，可以修改图形的颜色、坐标轴的颜色、线型等参数，如图 3-43 所示。双击 To Workspace 模块的图标，在参数修改对话框的“Variable name”（变量名）文本框中输入相应的变量名，给向 MATLAB 传送的数据指定一个变量名，如图 3-44 所示。返回的结果可以利用 MATLAB 命令进行进一步处理，比如用 plot（　）函数将结果绘制出来。

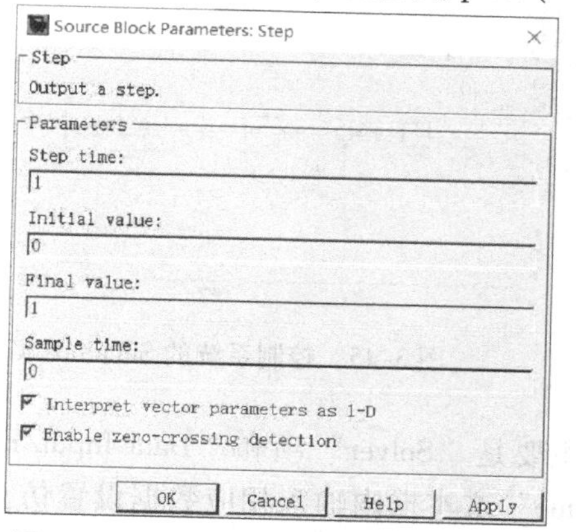

图 3-39　阶跃输入信号参数修改对话框

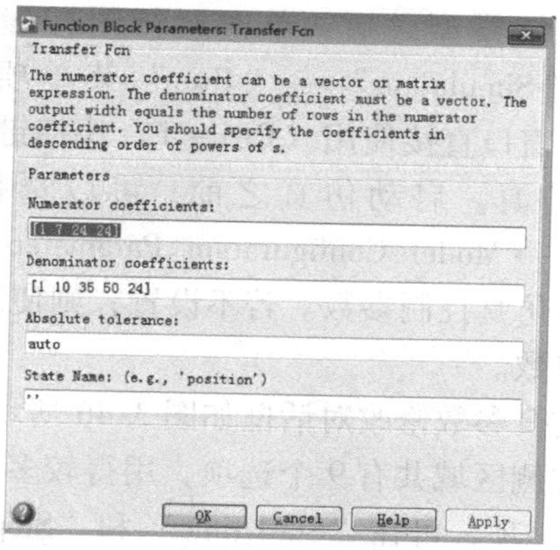

图 3-40　传递函数模块参数修改对话框

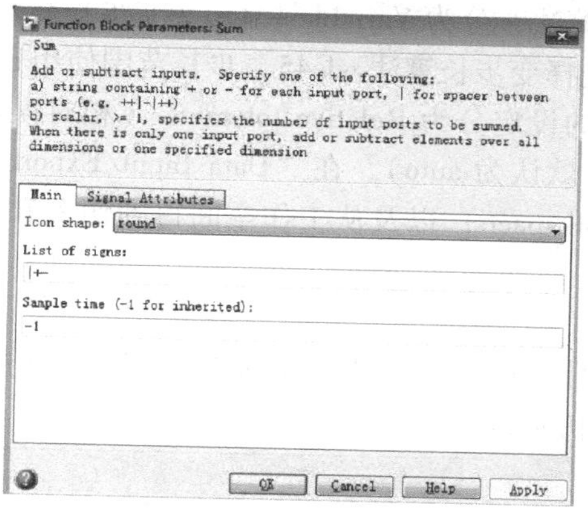

图 3-41　加法模块参数修改对话框

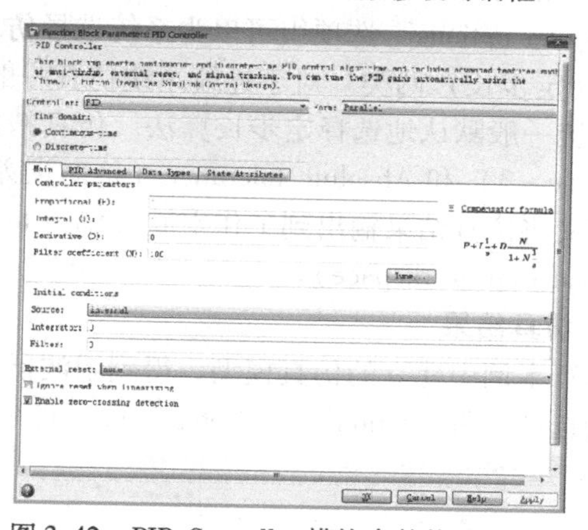

图 3-42　PID Controller 模块参数修改对话框

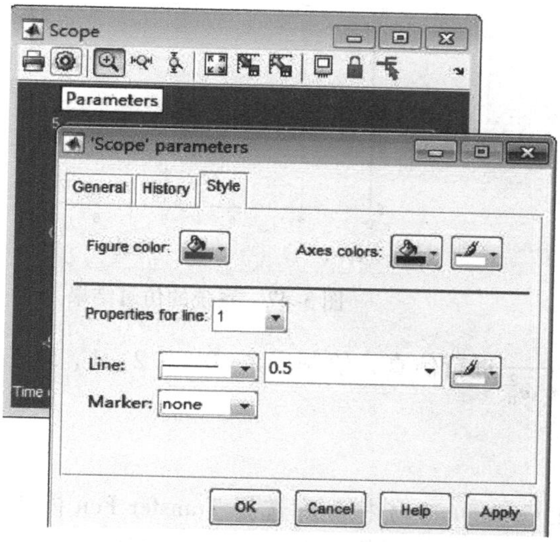

图 3-43　示波器参数修改对话框

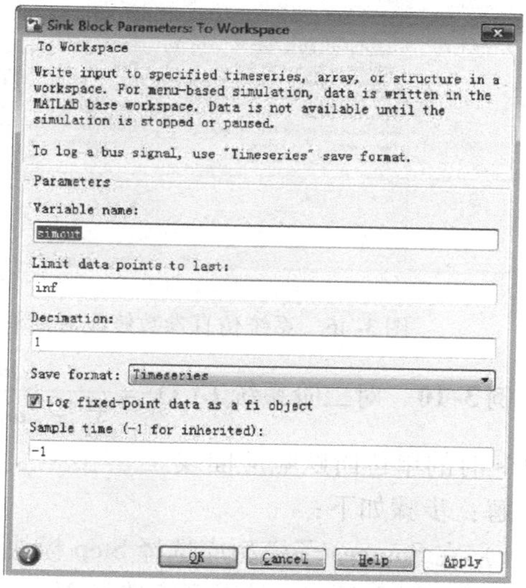

图 3-44　写工作空间参数修改对话框

本例中控制系统模型的 Simulink 实现如图 3-45 所示。

4. 设置仿真参数，进行仿真

建立系统模型之后，单击运行图标，或者选择"Simulation"→"Run"菜单项，或者在模型窗口直接使用〈Ctrl + T〉快捷键，启动模型仿真。启动仿真之前，可以选择"Simulation → Model Configuration Parameters"菜单项设置仿真控制参数。若不设置，则使用默认仿真参数。

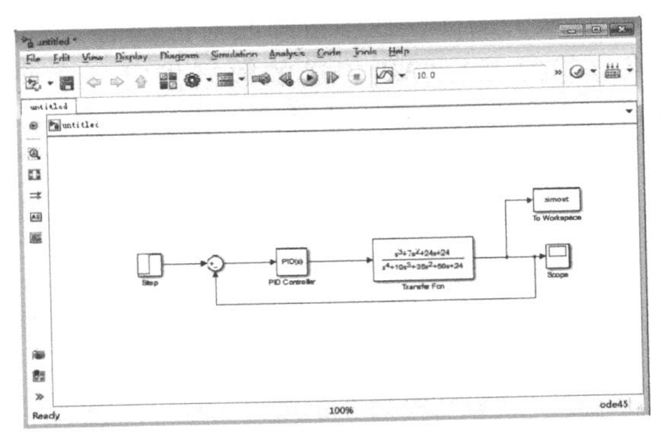

图 3-45　控制系统的 Simulink 实现

系统仿真参数修改对话框如图 3-46 所示。对话框的左侧区域共有 9 个选项，用得较多的主要是"Solver"项和"Data Input/Export"项。在"Solver"项，可在"Start time"和"Stop time"文本框内输入相应数据设置仿真开始时间和仿真终止时间，单位为"s"。另外，用户还可以利用 Sinks 库中的 Stop 模块来强行终止仿真。"Solver options"选项组可以为系统选择仿真算法，分为 Variable - step（变步长）和 Fixed - step（定步长）两类。对于连续系统仿真一般选择变步长算法 ode45，步长范围使用 auto 项，离散系统一般默认地选择定步长算法。仿真精度的设定分为 Relative tolerance（相对误差，默认值为 1e - 3）和 Absolute tolerance（绝对误差，默认为 auto）。在"Data Input/Export"项中可以定义将仿真结果输出到工作空间（Save to workspace）以及从工作空间得到输入和初始状态（Load from workspace）。

5. 仿真结果

运行本例中建立的仿真模型，得到示波器实时显示的仿真结果如图 3-47 所示。仿真过程中，若选择"Simulation"→"Stop"选项将终止仿真过程。

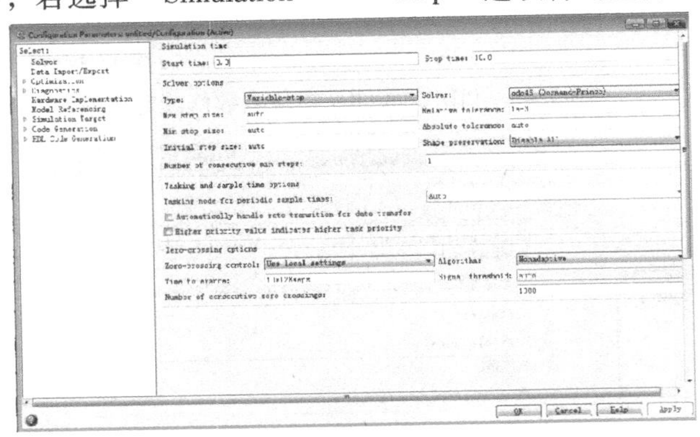

图 3-46　系统仿真参数修改对话框

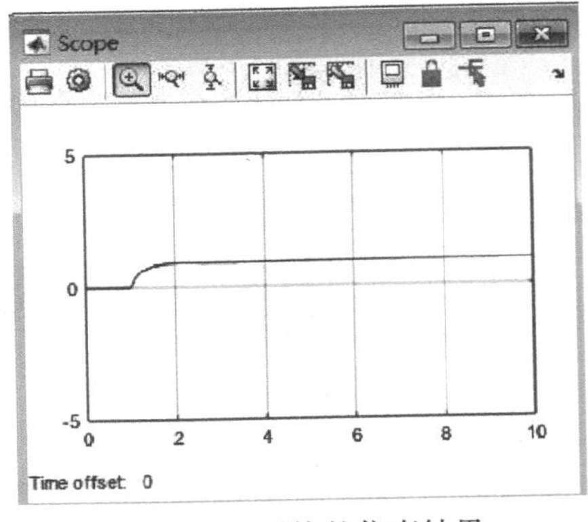

图 3-47　系统的仿真结果

例 3-10　对二阶系统 $G(s) = \dfrac{\omega_n^2}{s^2 + 2\omega_n \zeta s + \omega_n^2}$ 进行仿真，绘制当 $\zeta = 0$、0.2、1、5，$\omega_n = 5\text{rad/s}$ 时的单位阶跃响应曲线。

解：步骤如下：

1）在 Sources 子模型库选择 Step 模块，在 Continuous 子模型库选择 Transfer Fcn 模块，在 Commonly Used Blocks 子模型库选择 Mux 模块，在 Sinks 子模型库选择 Scope 模块。将这些模块加入到模型窗口，设置 Step 模块的"Step time"为 0，"Initial value"为 0，"Final value"为

1，即选择单位阶跃输入。根据题意完成四个传递函数模块的参数设置及 Mux 模块的设置。

2）根据信号流向，单击鼠标连接各模块，得到如图 3-48 所示的仿真模型。

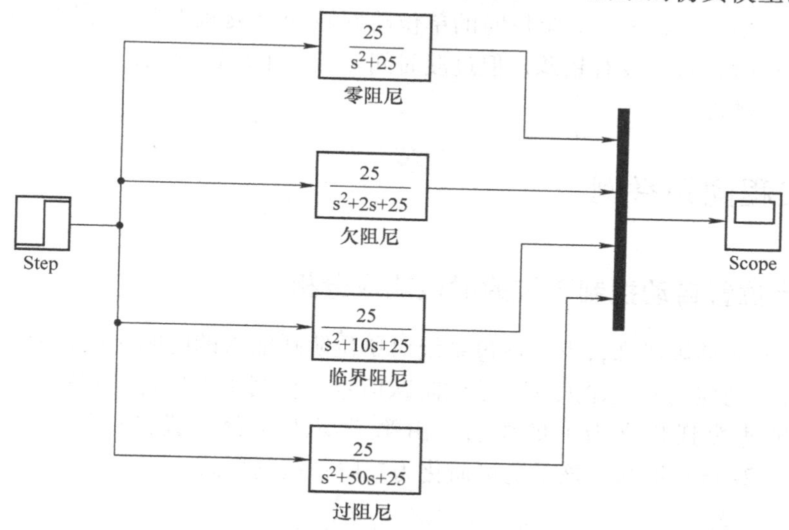

图 3-48　不同阻尼比情况的典型二阶系统单位阶跃响应仿真模型

3）仿真并分析。单击工具栏中运行图标，开始仿真。为了在示波器中表明不同曲线线型的意义或者完成对响应曲线的其他编辑，仿真之前，在 MATLAB 工作空间的命令行输入以下指令：

```
set(0,'ShowHiddenHandles','on');
set(gcf,'menubar','figure');
```

运行后，在示波器上显示出阶跃响应曲线，如图 3-49 所示。

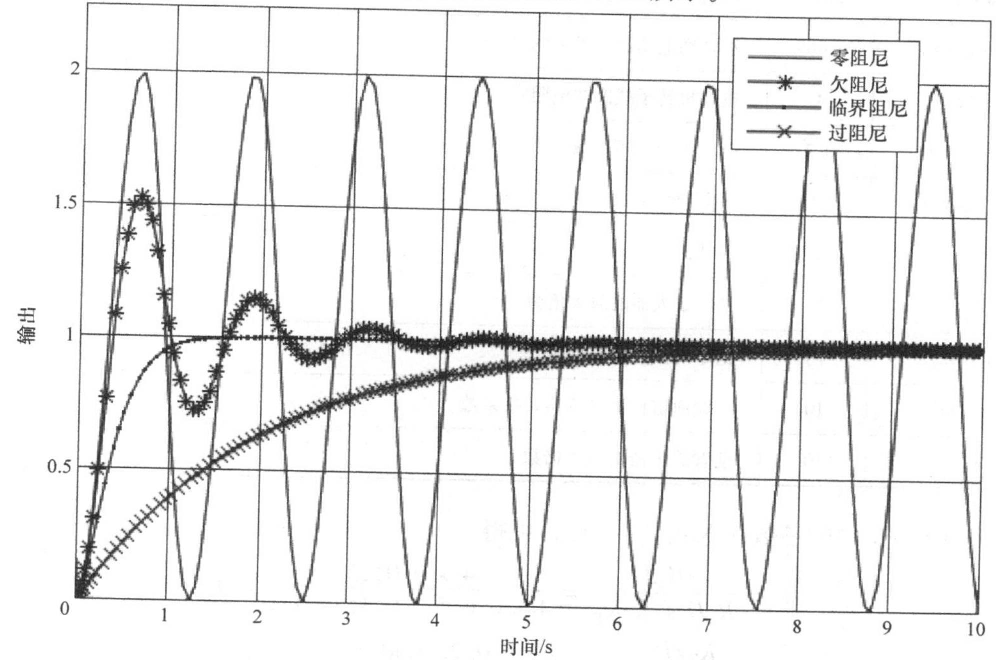

图 3-49　不同阻尼比情况的典型二阶系统单位阶跃响应仿真对比

本例设定同一无阻尼固有频率（取 $\omega_n = 5\text{rad/s}$），取四个不同阻尼比 $\zeta = 0$、0.2、1、5，分别对应零阻尼、欠阻尼、临界阻尼和过阻尼状态，对系统进行单位阶跃响应的仿真对比。仿真结果表明，对典型二阶系统，欠阻尼时的单位阶跃响应是衰减振荡，零阻尼时是等幅振荡，临界阻尼和过阻尼时，系统没有超调，但过渡时间较长，阻尼比越大，过渡过程时间越长，表征系统的动态响应越慢。

3.7 系列工程问题举例

3.7.1 工作台位置自动控制系统的时域响应分析

针对工作台的运动规律和特点，通过系统对单位阶跃输入的时间响应，分析该系统的时域性能。给工作台自动控制系统输入一个单位阶跃信号，相当于工作台的初始位置为零时，给定电位器指针会迅速拨到刻度为 1 的位置。由第 2 章工作台位置自动控制系统的数学模型式（2-92）和式（2-93）可知，该系统可简化为二阶系统的形式。

$$G_B(s) = \frac{\omega_n^2}{s^2 + 2\zeta\omega_n s + \omega_n^2} \tag{3-26}$$

式中，$\omega_n = \sqrt{\dfrac{K_q K_g K_f K}{T}}$，$\zeta = \dfrac{1}{\sqrt{K_q K_g K_f K T}}$，$T = \dfrac{R_a J}{R_a + D + K_e K_T}$，$K = \dfrac{K_T / i}{R_a D + K_e K_T}$

工作台的结构参数选择见表 3-3。

表 3-3 工作台位置控制系统的结构参数

参数	数值	物理意义
$J/(\text{kg}\cdot\text{m}^2)$	0.0125	电动机、减速机、滚珠丝杠和工作台等效到电动机转子上的总转动惯量
$D/(\text{N}\cdot\text{m}\cdot\text{s})$	0.005	折合到电动机转子上的总黏性阻尼系数
R_a/Ω	4	电动机转子线圈的电阻
$K_T/(\text{N}\cdot\text{m/A})$	0.2	电动机的力矩常数
$K_e/(\text{V}\cdot\text{s/rad})$	0.15	反电动势常数
i	4000	传动比
K_g	10	功率放大器的放大倍数
$K_p/(\text{V/m})$	10	指令电位器转换系数
$K_f/(\text{V/m})$	10	反馈通道检测电位器转换系数
K_q	10	前置放大器的放大倍数

将表（3-3）中的参数代入式（3-26），可得

$$T = \frac{R_a J}{R_a D + K_e K_T} = \frac{4 \times 0.0125}{4 \times 0.005 + 0.15 \times 0.2} = 1$$

$$K = \frac{K_T / i}{R_a D + K_e K_T} = \frac{0.2/4000}{4 \times 0.005 + 0.15 \times 0.2} = 0.001$$

$$\omega_n=\sqrt{\frac{K_qK_gK_fK}{T}}=\sqrt{\frac{1}{1}}=1$$

$$\zeta=\frac{1}{2T\omega_n}=\frac{1}{2\times1\times1}=0.5$$

得系统的闭环传递函数为

$$G_B(s)=\frac{1}{s^2+s+1} \tag{3-27}$$

计算系统的时域性能指标如下：

上升时间：
$$t_r=\frac{1}{\omega_n\sqrt{1-\zeta^2}}\left(\pi-\arctan\frac{\sqrt{1-\zeta^2}}{\zeta}\right)=2.4\text{s}$$

峰值时间：
$$t_p=\frac{\pi}{\omega_n\sqrt{1-\zeta^2}}=3.6\text{s}$$

超调量：
$$M_p=e^{-\frac{\zeta\pi}{\sqrt{1-\zeta^2}}}\times100\%=16.3\%$$

调整时间：
$$t_s=\frac{3}{\zeta\omega_n}=6\text{s}\qquad(\Delta=0.05)$$

调整工作台的结构参数，系统传递函数的阻尼比 ζ 和无阻尼固有频率 ω_n 会随之变化。

等效到电动机转子上的总转动惯量直接影响系统的固有频率和阻尼比。表 3-4 列出了其他结构参数不变时，不同负载惯量下工作台的各参数对比，对应的工作台的位移输出响应曲线如图 3-50 所示。比较曲线 1 和 2 可知，系统响应均为减幅振荡状态，阻尼比越小，超调量越大，二者的响应速度则与固有频率有关，固有频率越大，响应速度越快。曲线 3、4、5 对应的系统阻尼比均大于 0.707，此时系统无超调现象。

表 3-4　不同负载惯量条件下工作台模型参数对比

$J/(\text{kg}\cdot\text{m}^2)$	0.0125	0.00875	0.004	0.0031	0.0005
ζ	0.5	0.6	0.885	1	2
$\omega_n/(\text{rad/s})$	1	1.2	1.77	2	4

模型中前置放大器的放大倍数 K_q 可相应调节。K_q 增大时，ω_n 值增大，而 ζ 会减小，系统的动态性能也将随之改变。

3.7.2　磁盘驱动器读入系统的时域响应分析

根据第 2 章的分析可知，磁盘驱动器读入系统可简化为三阶系统或二阶系统，其传递函数分别如式（2-97）和式（2-100）所示，其中，K_a 为放大器的放大倍数。

当 $K_a=40$ 时，若系统输入信号为 $x_i(t)=0.1\text{rad}$，则得到两种数学模型下系统的输出分别为

$$X_o(s)=G_B(s)X_i(s)=\frac{10}{s(0.05s+1)(0.001s+1)+10}\cdot\frac{0.1}{s}$$

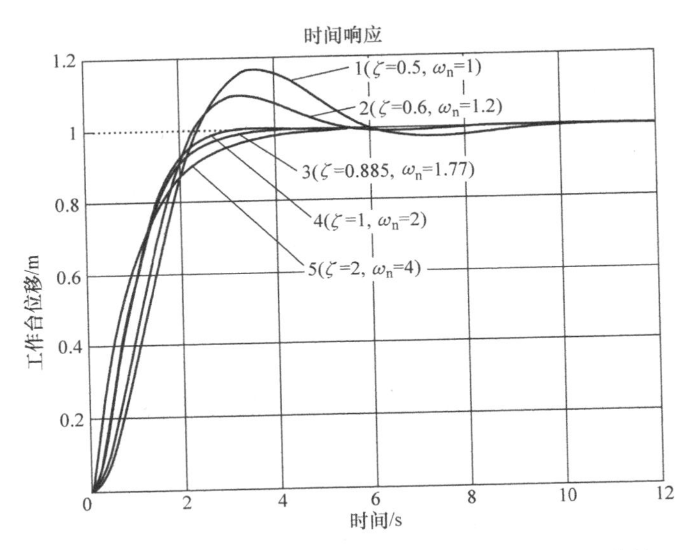

图 3-50　不同负载惯量条件下的工作台位移输出响应曲线

$$X'_{o}(s) = G'_{B}(s)X_{i}(s) = \frac{200}{s^2+20s+200}\frac{0.1}{s}$$

利用 MATLAB 的 step 函数，得到系统的阶跃响应曲线如图 3-51 所示。可见，适当合理地简化模型是可行的。

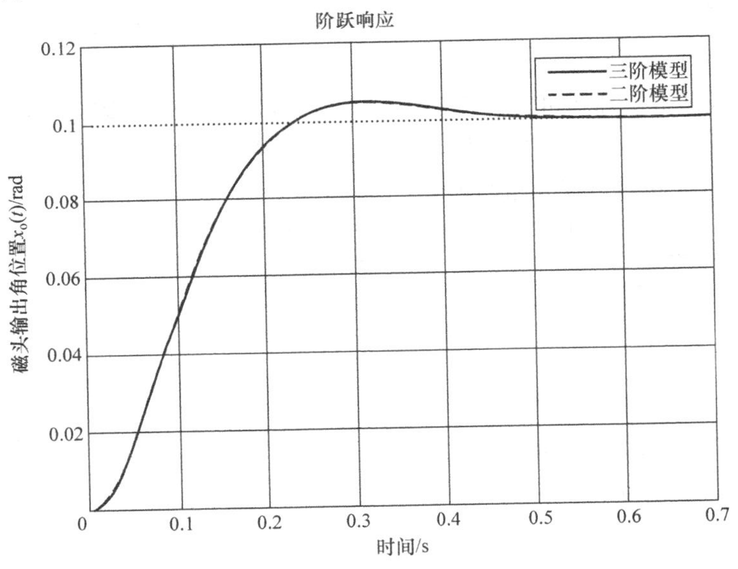

图 3-51　两种简化模型下系统的阶跃响应曲线

考虑忽略线圈电感影响的电动机和机械臂的二阶模型［见式（2-100）］，系统的固有频率为 $\omega_n = \sqrt{5K_a}$rad/s，阻尼比 $\zeta = 10/\sqrt{5K_a}$。K_a 分别取 30、60，其单位阶跃响应曲线如图 3-52 所示。从图中可以看出，不同的 K_a 值将使系统具有不同的瞬态响应特性，合理选择 K_a 值是十分必要的。表 3-5 给出了对应 5 个不同的 K_a 值，系统的几个时域性能指标的对比。

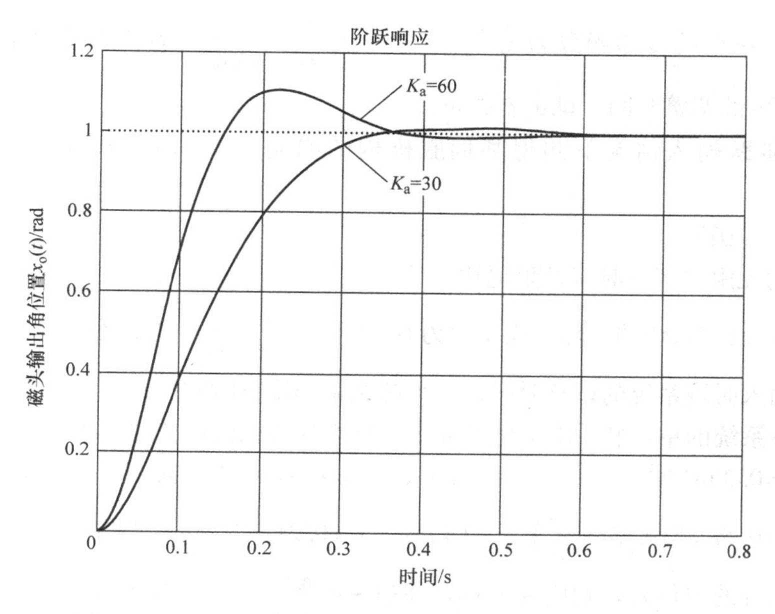

图 3-52　不同 K_a 值时，系统对于单位阶跃输入的响应曲线

表 3-5　不同 K_a 值时，二阶模型的参数及时域性能指标对比

K_a	20	30	40	60	80
阻尼比	1	0.82	0.707	0.58	0.50
无阻尼固有频率/(rad/s)	10	12.25	14.14	17.32	20
百分比超调量	0	1.2%	4.3%	10.8%	16.3%
调整时间/s（Δ=0.02）	0.4	0.40	0.40	0.40	0.40

习　题

3-1　什么是时间响应？

3-2　时间响应由哪两部分组成？各部分的定义是什么？

3-3　时间响应的瞬态响应反映哪方面的性能？稳态响应反映哪方面的性能？

3-4　某系统传递函数为 $G(s)=\dfrac{s+1}{s^2+5s+6}$，试求其单位脉冲响应函数。

3-5　设单位反馈系统的开环传递函数为 $G(s)=\dfrac{4}{s(s+5)}$，试求该系统的单位阶跃响应和单位脉冲响应。

3-6　设单位反馈系统的开环传递函数为 $G(s)=\dfrac{1}{s(s+1)}$，试求系统的上升时间、峰值时间、最大超调量和调整时间。

3-7 设有一系统的传递函数为 $\frac{X_o(s)}{X_i(s)}=\frac{\omega_n^2}{s^2+2\zeta\omega_n s+\omega_n^2}$，为使系统对单位阶跃响应有5%的超调量和2s的调整时间，试求 ζ 和 ω_n。

3-8 单位阶跃输入情况下测得某伺服机构的响应为 $x_o(t)=1+0.2\mathrm{e}^{-60t}-1.2\mathrm{e}^{-10t}$。试求：

（1）闭环传递函数。

（2）系统的无阻尼固有频率及阻尼比。

3-9 某单位反馈系统的开环传递函数为 $G(s)=\frac{K}{s(s+10)}$，当阻尼比为0.5时，求 K 值，并求单位阶跃输入时该系统的调整时间、最大超调量和峰值时间。

3-10 设各系统的单位脉冲响应函数如下，试求这些系统的传递函数。

（1）$g(t)=0.35\mathrm{e}^{-2.5t}$　　（2）$g(t)=a\sin\omega t+b\cos\omega t$

（3）$g(t)=0.5t+5\sin\left(3t+\frac{\pi}{3}\right)$　　（4）$g(t)=0.2(\mathrm{e}^{-0.4t}-\mathrm{e}^{-0.1t})$

3-11 设系统的单位阶跃响应为 $x_o(t)=8(1-\mathrm{e}^{-0.3t})$，求系统的过渡过程时间。

3-12 试求下列传递函数为 $G(s)$ 的系统的单位脉冲响应函数。

（1）$G(s)=\frac{s+3}{s^2+3s+2}$　　（2）$G(s)=\frac{s^2+3s+5}{(s+1)^2(s+2)}$

3-13 两系统的传递函数分别为 $G_1(s)=\frac{2}{2s+1}$ 和 $G_2(s)=\frac{1}{s+1}$，当输入信号为 $1(t)$ 时，试说明其输出到达各自稳态值的63.2%的先后。

3-14 试求图3-53所示系统的闭环传递函数，并求闭环系统阻尼比为0.5时所对应的 K 值。

3-15 设某系统的前向通道传递函数为 $G(s)=\frac{10}{s(s+1)}$，现如图3-54所示，阻尼比为0.5，试确定 K_n 值。

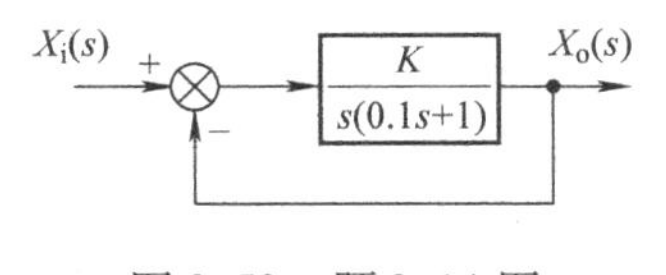

图3-53　题3-14图

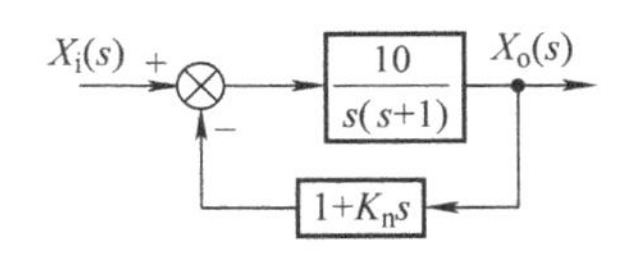

图3-54　题3-15图

3-16 图3-55所示为宇宙飞船姿态控制系统框图。假设系统中控制器时间常数 T 等于3s，力矩与惯性比为 $\frac{K}{J}=\frac{2}{9}\mathrm{rad/s^2}$，试求系统阻尼比。

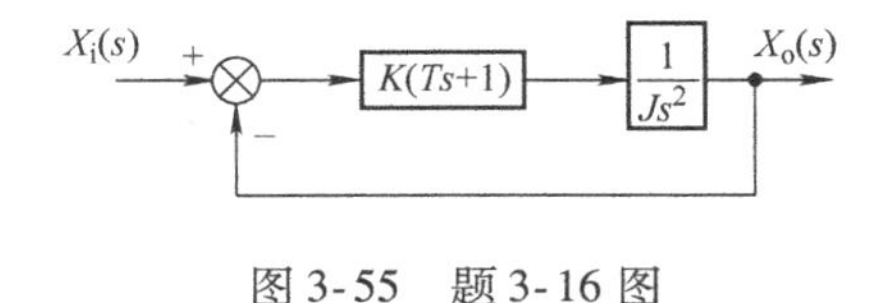

图3-55　题3-16图

3-17 若某系统，当零初始条件下的单位阶跃响应为 $x_o(t)=1-\mathrm{e}^{-2t}+\mathrm{e}^{-t}$ 时，试求系统的传递函数和单位脉冲响应。

3-18 二阶系统单位阶跃响应曲线如图3-56所示，试确定系统开环传递函数。设系统为单位负反馈系统。

3-19　系统框图如图 3-57 所示，若系统的超调量 $M_p = 15\%$，峰值时间 $t_p = 0.8s$。试求：

（1）K_1、K_2 值。

（2）调整时间 t_s、上升时间 t_r。

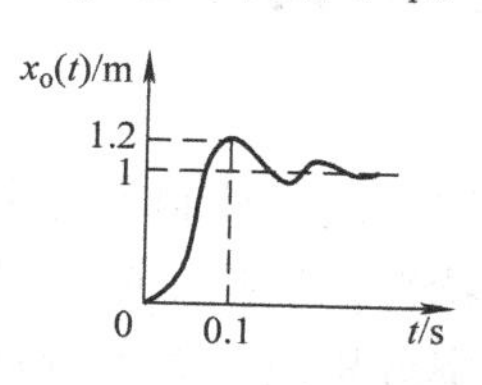

图 3-56　题 3-18 图

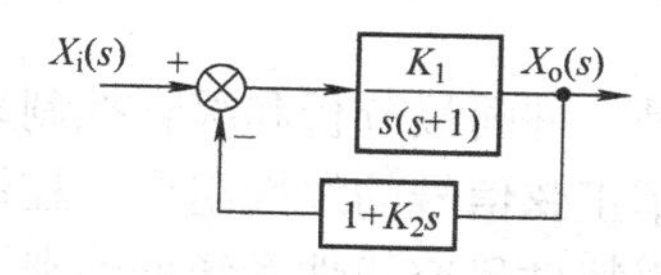

图 3-57　题 3-19 图

第4章 控制系统的频率特性分析

频域分析法是一种间接分析和综合控制系统的工程图解方法。控制系统中的输入信号，可以表示为不同频率正弦信号的线性组合。控制系统的频率特性，反映正弦信号作用下系统响应的性能。应用频率特性研究线性系统的经典方法，称为频率分析法。频率分析法可根据系统的开环频率特性，分析和判断闭环系统的稳定性、动态性能和稳态性能等。对于难以获得数学模型的系统，可以用实验的方法获得开环频率特性，具有重要的工程实用价值。频率分析法能方便地利用图表、曲线和经验公式作为辅助工具来分析参数变化对系统的影响，指出改善系统性能的途径，设计满足特定性能指标要求的系统。

频域分析法是一种工程上广泛采用的成熟实用的分析法。本章介绍频率特性的基本概念、频率特性曲线的绘制方法以及由频率特性求传递函数的方法，并简要介绍系统的闭环频域性能指标。频率域稳定判据将在第5章介绍。频率分析法的目的在于获得良好的系统性能，这部分内容由系统校正来实现，在第7章介绍。

4.1 频率特性

4.1.1 频率特性概述

1. 正弦输入信号作用下 *RC* 网络的稳态输出

以图4-1所示的 *RC* 滤波网络为例，其传递函数为

$$G(s)=\frac{U_o(s)}{U_i(s)}=\frac{1}{RCs+1}=\frac{1}{Ts+1} \tag{4-1}$$

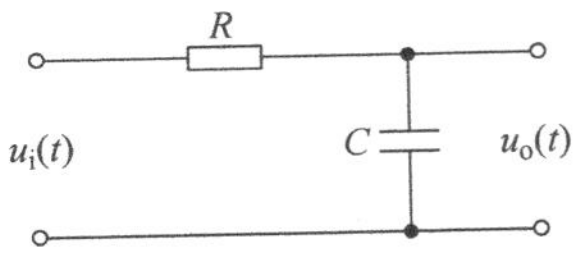

图4-1 *RC* 滤波网络

式中，T 为电路的惯性时间常数，$T=RC$。

设该滤波网络的输入信号为正弦电压信号，即

$$u_i(t)=A\sin\omega t \tag{4-2}$$

则

$$U_i(s)=L[u_i(t)]=\frac{A\omega}{s^2+\omega^2}$$

所以有

$$U_o(s)=\frac{1}{Ts+1}\frac{A\omega}{s^2+\omega^2}$$

将上式进行拉普拉斯反变换，得到输出电压的时域表达式为

$$u_o(t)=L^{-1}[U_o(s)]=\frac{AT\omega}{1+T^2\omega^2}e^{-\frac{t}{T}}+\frac{A}{\sqrt{1+T^2\omega^2}}\sin(\omega t-\arctan T\omega) \tag{4-3}$$

从式（4-3）可以看出，在正弦输入信号作用下，该网络的输出电压由两部分组成：第一项为瞬态响应部分，将随着时间的无限增大而衰减为零；第二项为稳态响应部分，即

$$u_o(\infty)=\lim_{t\to\infty}u_o(t)=\frac{A}{\sqrt{1+T^2\omega^2}}\sin(\omega t-\arctan T\omega) \tag{4-4}$$

对比式（4-2）和式（4-4）可知，该 *RC* 网络在正弦输入信号作用下的稳态响应为同频

的正弦信号，但幅值和相位角发生了变化。稳态响应与初始条件无关，稳态响应的幅值与输入信号的幅值之比 $A(\omega)$ 和相位角之差 $\varphi(\omega)$ 分别为

$$\begin{cases} A(\omega) = \dfrac{1}{\sqrt{1+T^2\omega^2}} \\ \varphi(\omega) = -\arctan T\omega \end{cases} \tag{4-5}$$

式（4-1）中，如果将复变量 $s=\sigma+\mathrm{j}\omega$ 的取值范围限定在虚轴上，即 $s=\mathrm{j}\omega$，可得到

$$G(\mathrm{j}\omega) = \frac{U_{\mathrm{o}}(\mathrm{j}\omega)}{U_{\mathrm{i}}(\mathrm{j}\omega)} = \frac{1}{\mathrm{j}T\omega+1} \tag{4-6}$$

对比式（4-5）和式（4-6）可以得到

$$\begin{cases} A(\omega) = |G(\mathrm{j}\omega)| = \dfrac{1}{\sqrt{1+T^2\omega^2}} \\ \varphi(\omega) = \angle G(\mathrm{j}\omega) = -\arctan T\omega \end{cases} \tag{4-7}$$

2. 正弦输入信号作用下线性定常系统的稳态输出

对于一般稳定的线性定常系统，如图 4-2 所示，设其传递函数为 $G(s)$，系统的输入量和输出量分别用 $x_{\mathrm{i}}(t)$ 和 $x_{\mathrm{o}}(t)$ 表示，其拉普拉斯变换分别为 $X_{\mathrm{i}}(s)$ 和 $X_{\mathrm{o}}(s)$ 。

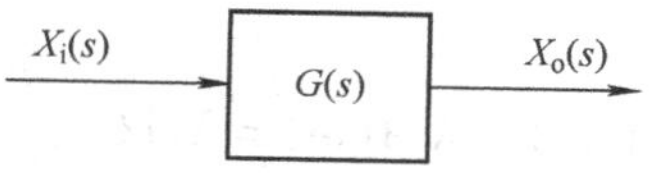

$X_i(s)$ → $G(s)$ → $X_o(s)$

图 4-2　稳定的线性定常系统框图

设输入信号为：$x_{\mathrm{i}}(t) = X_{\mathrm{i}}\sin\omega t$，传递函数写成两个自变量为 s 的多项式之比的形式，即

$$G(s) = \frac{N(s)}{D(s)}$$

则输出量的拉普拉斯变换为

$$X_{\mathrm{o}}(s) = G(s)X_{\mathrm{i}}(s) = G(s)\frac{\omega X_{\mathrm{i}}}{s^2+\omega^2} \tag{4-8}$$

如果 $G(s)$ 只具有不同的极点，那么式（4-8）可以展开表示为部分分式之和，即

$$\begin{aligned} X_{\mathrm{o}}(s) &= G(s)X_{\mathrm{i}}(s) = \frac{N(s)}{(s+s_1)(s+s_2)\cdots(s+s_{\mathrm{n}})}\frac{\omega X_{\mathrm{i}}}{s^2+\omega^2} \\ &= \frac{a}{s+\mathrm{j}\omega} + \frac{\bar{a}}{s-\mathrm{j}\omega} + \sum_{i=1}^{n}\frac{b_{\mathrm{i}}}{s+s_{\mathrm{i}}} \end{aligned} \tag{4-9}$$

式（4-9）进行拉普拉斯反变换后得到的系统时间响应表达式为

$$x_{\mathrm{o}}(t) = a\mathrm{e}^{-\mathrm{j}\omega t} + \bar{a}\mathrm{e}^{\mathrm{j}\omega t} + \sum_{i=1}^{n} b_{\mathrm{i}}\mathrm{e}^{-s_{\mathrm{i}}t} \quad (t \geqslant 0) \tag{4-10}$$

对于一个稳定的系统，$-s_{\mathrm{i}}$ 具有负实部。因此，当 $t\to\infty$ 时，$\mathrm{e}^{-s_{\mathrm{i}}t}$ 将趋近于零。如果 $G(s)$ 包含 m_{j} 个重极点 s_{j}，则 $x_{\mathrm{o}}(t)$ 将包含诸如这样的项：$t^{h_{\mathrm{j}}}\mathrm{e}^{-s_{\mathrm{j}}t}(h_{\mathrm{j}} = 0,1,2,\cdots,m_{\mathrm{j}}-1)$ 。对于一个稳定的系统，当 $t\to\infty$ 时，这些项也将趋于零。

可见，不论系统是否具有相异的极点，其稳态响应都将变为如下形式

$$x_{\mathrm{o}}(t) = a\mathrm{e}^{-\mathrm{j}\omega t} + \bar{a}\mathrm{e}^{\mathrm{j}\omega t} \tag{4-11}$$

式（4-11）中，常数 a 和 $\bar{a}$ 分别为

$$a = G(s)\frac{X_{\mathrm{i}}\omega}{s^2+\omega^2}(s+\mathrm{j}\omega)\Big|_{s=-\mathrm{j}\omega} = \frac{-X_{\mathrm{i}}G(-\mathrm{j}\omega)}{2\mathrm{j}} \tag{4-12}$$

$$\bar{a}=G(s)\frac{X_i\omega}{s^2+\omega^2}(s-\mathrm{j}\omega)\Big|_{s=\mathrm{j}\omega}=\frac{X_iG(\mathrm{j}\omega)}{2\mathrm{j}} \tag{4-13}$$

$G(\mathrm{j}\omega)$是复数，可写为

$$G(\mathrm{j}\omega)=|G(\mathrm{j}\omega)|\mathrm{e}^{\mathrm{j}\angle G(\mathrm{j}\omega)}=A(\omega)\mathrm{e}^{\mathrm{j}\varphi(\omega)} \tag{4-14}$$

$G(\mathrm{j}\omega)$和$G(-\mathrm{j}\omega)$共轭，故有

$$G(-\mathrm{j}\omega)=|G(\mathrm{j}\omega)|\mathrm{e}^{-\mathrm{j}\angle G(\mathrm{j}\omega)}=A(\omega)\mathrm{e}^{-\mathrm{j}\varphi(\omega)} \tag{4-15}$$

将式（4-14）、式（4-15）分别代入式（4-12）、式（4-13），得到

$$a=-\frac{X_i}{2\mathrm{j}}A(\omega)\mathrm{e}^{-\mathrm{j}\varphi(\omega)}\quad \bar{a}=\frac{X_i}{2\mathrm{j}}A(\omega)\mathrm{e}^{\mathrm{j}\varphi(\omega)}$$

再将a和$\bar{a}$代入式（4-11），则有

$$\begin{aligned}x_o(t)&=A(\omega)X_i\frac{\mathrm{e}^{\mathrm{j}[\omega t+\varphi(\omega)]}-\mathrm{e}^{-\mathrm{j}[\omega t+\varphi(\omega)]}}{2\mathrm{j}}\\&=A(\omega)X_i\sin[\omega t+\varphi(\omega)]=Y\sin[\omega t+\angle G(\mathrm{j}\omega)]\end{aligned} \tag{4-16}$$

式中，$Y=X_iA(\omega)=X_i|G(\mathrm{j}\omega)|$。

可以看出，在正弦输入信号的作用下，一个稳定的线性系统的稳态响应是一个与输入信号同频的正弦信号，但输出信号的幅值和相位一般来说不同于输入信号。输出信号的幅值为输入信号的幅值与$|G(\mathrm{j}\omega)|$的乘积，输出信号的相位角为输入信号的相位角与$\angle G(\mathrm{j}\omega)$之和。

3. 频率特性的定义

在正弦输入信号作用下，线性定常系统的稳态响应称为系统的频率响应。系统在不同频率的正弦输入信号作用下，其稳态响应随频率变化的特性，称为频率特性。频率特性与传递函数存在下列简单的关系

$$G(\mathrm{j}\omega)=G(s)|_{s=\mathrm{j}\omega} \tag{4-17}$$

也就是说，将传递函数中的s用$\mathrm{j}\omega$替换后就可得到系统的频率特性；反之，将频率特性中的$\mathrm{j}\omega$用s替换就得到系统的传递函数。

频率特性和微分方程、传递函数一样，都能表征系统的运动规律，也是描述线性控制系统的数学模型之一。

频率特性一般是复变函数，可以表示为指数形式、极坐标形式或代数形式。

$$G(\mathrm{j}\omega)=A(\omega)\mathrm{e}^{\mathrm{j}\varphi(\omega)}=A(\omega)\angle\varphi(\omega)=\mathrm{Re}\ G(\mathrm{j}\omega)+\mathrm{jIm}\ G(\mathrm{j}\omega) \tag{4-18}$$

式中，$A(\omega)=|G(\mathrm{j}\omega)|$，是频率响应与正弦输入信号的幅值之比，称为幅频特性。$A(\omega)>1$时，幅值放大；$A(\omega)<1$时，幅值衰减。

$\varphi(\omega)=\angle G(\mathrm{j}\omega)$，是频率响应与正弦输入信号的相位差，称为相频特性。$\varphi(\omega)>0°$时，表示相位超前；$\varphi(\omega)<0°$时，表示相位滞后。

$U(\omega)=\mathrm{Re}\ G(\mathrm{j}\omega)$，表示取$G(\mathrm{j}\omega)$的实部，称为实频特性。

$V(\omega)=\mathrm{Im}\ G(\mathrm{j}\omega)$，表示取$G(\mathrm{j}\omega)$的虚部，称为虚频特性。

图4-3是$G(\mathrm{j}\omega)$在复平面上的几何表示，从图中可以看出幅频特性、相频特性与实频特性、虚频特性之间的关系。

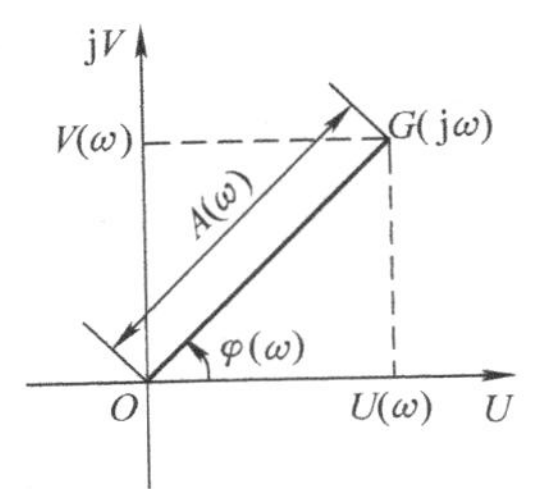

图4-3　$G(\mathrm{j}\omega)$在复平面上的表示

$$\begin{cases} U(\omega) = A(\omega)\cos\varphi(\omega) \\ V(\omega) = A(\omega)\sin\varphi(\omega) \\ A(\omega) = \sqrt{U(\omega)^2 + V(\omega)^2} \\ \varphi(\omega) = \arctan\dfrac{V(\omega)}{U(\omega)} \end{cases} \tag{4-19}$$

式（4-19）是 ω 的函数，可以用曲线表示它们随频率变化的规律。用曲线表示系统的频率特性，具有直观、简便的优点，应用广泛。另外，$A(\omega)$ 和 $U(\omega)$ 是 ω 的偶函数；$\varphi(\omega)$ 与 $V(\omega)$ 是 ω 的奇函数。

例 4-1　试求 $G(j\omega) = K\dfrac{1}{j\omega}\dfrac{1}{jT_1\omega + 1}(jT_2\omega + 1)$ 的幅频特性和相频特性。

解：
$$\begin{aligned} G(j\omega) &= K\frac{1}{j\omega}\frac{1}{jT_1\omega+1}(jT_2\omega+1) \\ &= K\frac{1}{\omega}e^{j(-\frac{\pi}{2})}\frac{1}{\sqrt{(T_1\omega)^2+1}}e^{j(-\arctan T_1\omega)}\sqrt{(T_2\omega)^2+1}\,e^{j(\arctan T_2\omega)} \\ &= \frac{K\sqrt{(T_2\omega)^2+1}}{\omega\sqrt{(T_1\omega)^2+1}}e^{j(-\frac{\pi}{2}-\arctan T_1\omega+\arctan T_2\omega)} \end{aligned}$$

所以
$$A(\omega) = \frac{K\sqrt{(T_2\omega)^2+1}}{\omega\sqrt{(T_1\omega)^2+1}}$$

$$\varphi(\omega) = -\frac{\pi}{2} - \arctan T_1\omega + \arctan T_2\omega$$

例 4-2　某系统传递函数为 $G(s) = \dfrac{7}{3s+2}$，试求输入为 $\dfrac{1}{7}\sin\left(\dfrac{2}{3}t + 45°\right)$ 时的稳态输出。

解：当给一个线性系统输入正弦信号时，其稳态输出是与输入同频率的正弦信号，输出的幅值与相角取决于系统的幅频特性与相频特性。

已知 $G(s) = \dfrac{7}{3s+2}$，则系统的频率特性为

$$G(j\omega) = \frac{7}{3j\omega + 2}$$

幅频特性和相频特性分别为

$$A(\omega) = \frac{7}{\sqrt{9\omega^2+4}},\quad \varphi(\omega) = -\arctan\left(\frac{3\omega}{2}\right)$$

由于 $x_i(t) = \dfrac{1}{7}\sin\left(\dfrac{2}{3}t + 45°\right)$，即输入信号的频率 $\omega = \dfrac{2}{3}$，则

$$A(\omega)\Big|_{\omega=\frac{2}{3}} = \frac{7}{\sqrt{9\left(\frac{2}{3}\right)^2+4}} = \frac{7\sqrt{2}}{4}$$

$$\varphi(\omega)\Big|_{\omega=\frac{2}{3}} = -\arctan\left(\frac{3}{2}\times\frac{2}{3}\right) = -45°$$

所以 $x_o(t)=\frac{1}{7}\times\frac{7\sqrt{2}}{4}\sin\left(\frac{2}{3}t+45°-45°\right)=\frac{\sqrt{2}}{4}\sin\frac{2}{3}t$

4. 频率特性与传递函数之间的关系

系统的频率特性 $G(j\omega)$ 是系统传递函数 $G(s)$ 的特殊形式，它们之间的关系如式(4-17)所示。频率特性可以看成定义在复平面虚轴上的传递函数，因此，频率特性和系统的微分方程、传递函数一样，都是描述系统各变量之间相互关系的数学表达式，均反映系统的固有特性。三者的关系如图4-4所示。

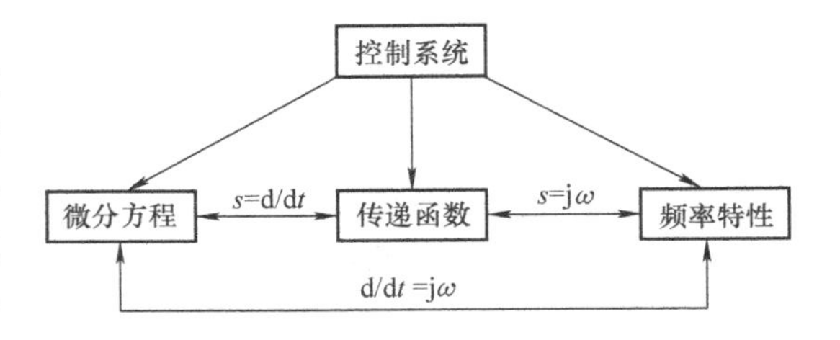

图4-4　频率特性、传递函数和微分方程三种数学模型之间的关系

4.1.2　频率特性的特点与作用

1. 频域分析法的数学基础

1）频域分析法的数学基础是傅里叶变换。傅里叶变换与拉普拉斯变换都是积分变换，但其积分区间不同，拉普拉斯变换的积分区间是 $0\sim+\infty$，傅里叶变换的积分区间是 $-\infty\sim+\infty$，因此，拉普拉斯变换可看作是一种单边的广义的傅里叶变换。二者的变换式和性质类似，对于大多数机电系统的数学模型，只要将 s 换成 $j\omega$ 就可将已知的拉普拉斯变换式变成相应的傅里叶变换式。

2）系统的频率特性就是系统单位脉冲响应函数 $w(t)$ 的傅里叶变换，即 $w(t)$ 的频谱。

由 $X_o(s)=G(s)X_i(s)$ 得 $X_o(j\omega)=G(j\omega)X_i(j\omega)$

当 $x_i(t)=\delta(t)$ 时，令系统的单位脉冲响应 $x_o(t)=w(t)$，则 $F[w(t)]=X_o(j\omega)$。

因为 $X_i(j\omega)=F[\delta(t)]=1$，所以 $X_o(j\omega)=G(j\omega)$，得到 $F[w(t)]=G(j\omega)$。

3）实际施加于控制系统的周期或非周期信号都可表示成由许多正弦谐波分量组成的傅里叶级数或用傅里叶积分表示的连续频谱函数，因此根据控制系统对于正弦谐波函数这类典型信号的响应，可以推算出它在任意周期或非周期信号作用下的响应情况。

2. 频率特性的特点

1）频率响应是时间响应的特例，是控制系统对正弦输入信号的稳态响应。

2）在某一特定频率下，系统输入、输出的幅值比与相位差是确定的数值，不是频率特性。当输入信号的频率 ω 在 $0\sim+\infty$ 的范围内连续变化时，则系统输出与输入信号的幅值比及相位差随输入频率 ω 变化的特性，才是频率特性。

3）系统通常含有电容、电感、弹簧、质量块等储能元件，输出不能立即跟踪输入，而与输入信号的频率有关，导致频率特性随输入频率而变化。

4）频率特性反映系统本身的性质，与系统结构和参数有关，与外界因素无关。

5）频率特性是在系统稳定的前提下求得的，不稳定系统无法直接观察到稳态响应，从理论上讲，系统动态过程的稳态分量总可以分离出来，而且其运动规律并不依赖系统的稳定性，可将频率特性的概念扩展为线性系统在正弦输入作用下，输出的稳态分量和输入的复数比，因此频率特性是一种稳态响应。

6）频率特性表征系统对不同频率正弦信号的跟踪能力，一般有“低通滤波”与“相位滞后”作用。

7）频率特性一般适用于线性元件或系统的分析，也可推广到某些非线性系统的分析。

3. 频率特性分析法的作用

1）频率特性分析法是通过系统开环的频率特性图像对系统性能进行分析并对系统加以综

合、校正的方法。该方法避免了求解闭环极点，其图形化的方式具有极强的直观性。

2）频率特性法使通过实验确定系统频率响应进而推断未知系统的传递函数成为可能，使设计者可以方便地控制系统的带宽、抑制系统对不期望的噪声和扰动的响应。

3）频率特性法的不足在于频域和时域之间缺乏直接联系，需要靠各种设计准则来间接地分析如何调整频率响应特性以满足系统时域内的瞬态响应指标。

4.1.3　频率特性的求取方法

1. 根据定义求取

已知系统的微分方程或传递函数，求其在正弦输入函数作用下的时间响应，取时间响应的稳态量与输入正弦量的复数比即可求得。

2. 根据传递函数求取

已知系统的传递函数，将 $s=\mathrm{j}\omega$ 代入系统的传递函数，即可求得

$$G(\mathrm{j}\omega)=G(s)\big|_{s=\mathrm{j}\omega}=\left.\frac{X_{\mathrm{o}}(s)}{X_{\mathrm{i}}(s)}\right|_{s=\mathrm{j}\omega}=\frac{X_{\mathrm{o}}(\mathrm{j}\omega)}{X_{\mathrm{i}}(\mathrm{j}\omega)} \tag{4-20}$$

即频率特性等于系统输出与输入的傅里叶变换之比。

3. 用实验方法求取

以实验的方法求取系统频率特性的原理如图 4-5 所示。在系统的输入端加入一定幅值的正弦信号，稳定后系统的输出也是正弦信号，记录不同频率的输入、输出的幅值和相位，即可求得系统的频率特性。

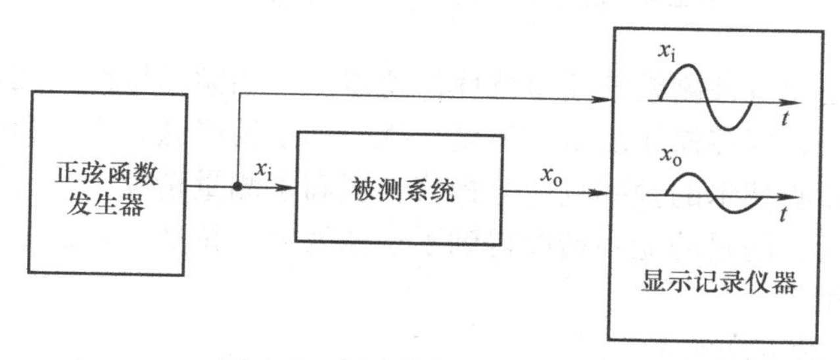

图 4-5　频率特性的实验求取

由上述所知，首先需要有能产生正弦信号的装置。对于电学系统，可以直接使用正弦信号发生器；对于非电学系统，可将电的正弦波信号通过一定的装置转换成相应的非电量，也可采用直接产生非电信号的装置。

图 4-6 所示是一个机械的低频角位移正弦函数发生装置。输入轴可以输入不同的转速，轴上装有夹角 α 可调整的滚动轴承，轴承外圈通过销钉与外环联接，销钉在外环上可以自由转动，但在轴承外圈上则是固定的，外环与输出轴联接。当滚动轴承与输入轴的夹角 α 满足 $0<\alpha\leqslant 45°$ 时，如果输入轴做等速转动，则在输出轴上即可得到正弦运动，其频率对应于输入轴的转速，其振幅与 α 角成正比，当 $\alpha=45°$时输出振幅最大。

选用何种装置产生正弦信号，除考虑信号的性质应与被测对象匹配外，还应考虑频率范围，一般机械系统测试的频率范围比电系统要低，往往在 1000Hz 以下。

对于输入正弦信号和输出正弦信号的显示和记录，最简单的方法是将输入和输出都转换成电量，用示波器或记录仪显示和记录。此外，还发展了一些测试系统频率特性的专用仪器。

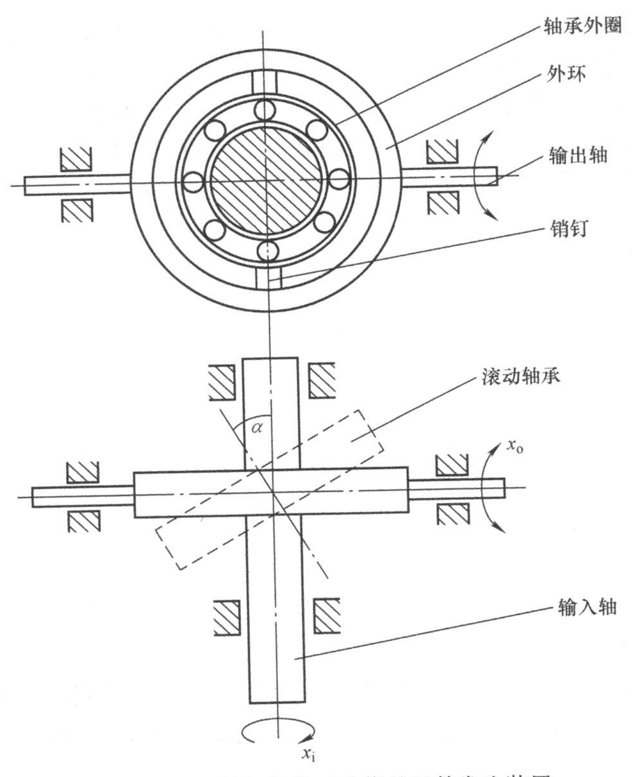

图 4-6 机械角位移正弦信号函数发生装置

频率响应分析仪是测量被测系统频率特性的仪器。早期频率特性的测量采用信号源、电压表、频率计、示波器等，仪器操作复杂、易受干扰、测量精度低。进入20世纪60年代，国外开发出以数字滤波为核心技术的频率响应分析仪，提高了测量精度。随着技术的发展，智能化和数字化程度不断提高，测量功能和精度得到了快速发展，拓宽了仪器的应用范围。目前，频率响应分析仪广泛应用于：

1）航空、航天、航海和军工。

2）机械振动分析、大型机械的故障监测与诊断。

3）自控系统、伺服系统的设计与调试。

4）电子元件、压电元件的阻抗与谐振测试。

5）自动控制系统科研与教学等领域。

图4-7为频率响应分析仪的原理框图，仪器主要由发生器、分析器、控制器、运算器、键盘、显示器、接口（串口和GPIB接口等）和其他选配部件构成。

频率响应分析仪由信号发生器产生一个正弦波或方波的电激励信号，用于系统测试。两个分析器在系统的两个点上测量对应激励信号的响应，经过运算器完成相关数学运算后，由显示器显示测量结果：直角坐标、极坐标或对数坐标，通过接口可以同其他仪器及计算机组成测试系统。调制解调器、辅助发生器、同步器为频率响应分析仪的选配部件。调制解调器允许频响仪直接同需要交流载波输入或产生交流载波输出的系统相连；辅助发生器可以附加发生器，同步到主发生器，可以产生与主发生器同相或正交的信号；同步器则可用外部信号发生器与频响仪信号发生器同步。

频率响应分析仪可实现幅频和相频特性测试，分辨率可以达到0.02dB、0.2°。频响仪一

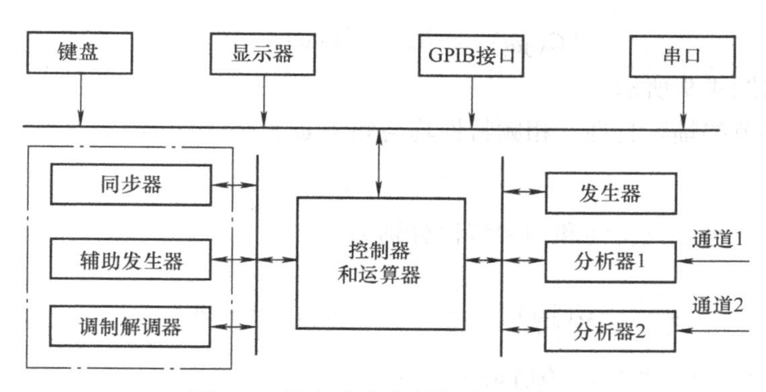

图 4-7　频率响应分析仪的原理框图

般支持对数、线性检测，可用大触摸屏进行实时显示，也可通过串口或 GPIB 实现计算机控制。

4.2　极坐标图

4.2.1　极坐标图概述

极坐标图也称奈奎斯特（Nyquist）图，简称奈氏图，是频率特性 $G(\mathrm{j}\omega)$ 的图形表示方法。$G(\mathrm{j}\omega)$ 是输入信号频率 ω 的复变函数，当 ω 由零变化到无穷大时，矢量 $G(\mathrm{j}\omega)$ 的端点在复平面上的轨迹就是极坐标图。图 4-8 是极坐标图的一个例子。

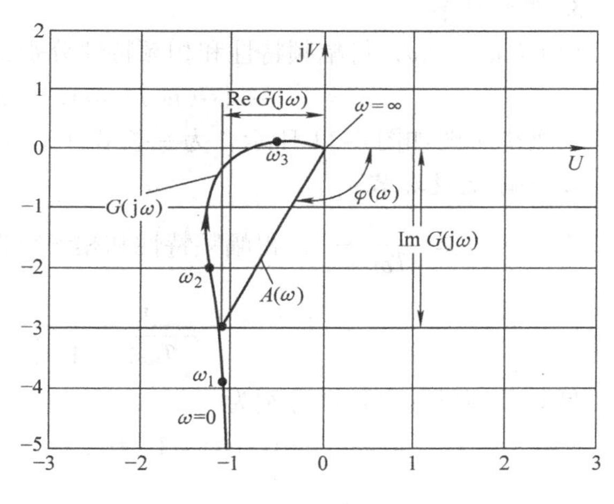

图 4-8　极坐标图示例

极坐标图以开环频率特性的实部为直角坐标系的横轴（即实轴），以其虚部为纵轴（即虚轴），以 ω 为参变量画出幅值与相位之间关系的曲线，参变量 ω 一般标在曲线旁边，并用箭头表示频率增大的方向。在极坐标图中正（负）相角是从正实轴开始，以逆时针方向旋转为正定义的。矢量 $G(\mathrm{j}\omega)$ 在实轴和虚轴上的投影，就是 $G(\mathrm{j}\omega)$ 的实部和虚部，可见，曲线上的任意一点对应该点频率下的实频、虚频、幅频和相频。

由于幅频特性是 ω 的偶函数，相频特性是 ω 的奇函数，所以 ω 从 0 到 $+\infty$ 的频率特性曲线和 ω 从 $-\infty$ 到 0 的频率特性曲线是关于实轴对称的。

极坐标图的优点是能在一幅图上表示出系统在整个频率范围内的频率响应特性。但它不能清楚地表明开环传递函数中各典型环节对系统的具体影响。

4.2.2　典型环节的极坐标图

1. 比例环节

由 $G(\mathrm{j}\omega)=K$，得幅频特性和相频特性分别为

$$|G(\mathrm{j}\omega)| = K,\ \angle G(\mathrm{j}\omega) = 0°$$

其极坐标图如图 4-9 所示。

可见，比例环节的幅频特性、相频特性均与频率 ω 无关，$G(\mathrm{j}\omega)$始终为实轴上的一点。

2. 积分环节

由 $G(\mathrm{j}\omega)=\dfrac{1}{\mathrm{j}\omega}$，得幅频特性和相频特性分别为

$$|G(\mathrm{j}\omega)| = \frac{1}{\omega},\qquad \angle G(\mathrm{j}\omega) = -90°$$

当 $\omega=0$ 时，$|G(\mathrm{j}\omega)|=\infty$，$\angle G(\mathrm{j}\omega)=-90°$。

当 $\omega=\infty$ 时，$|G(\mathrm{j}\omega)|=0$，$\angle G(\mathrm{j}\omega)=-90°$。

其极坐标图如图 4-10 所示，是一条沿着负虚轴从无穷远点指向坐标原点的直线。

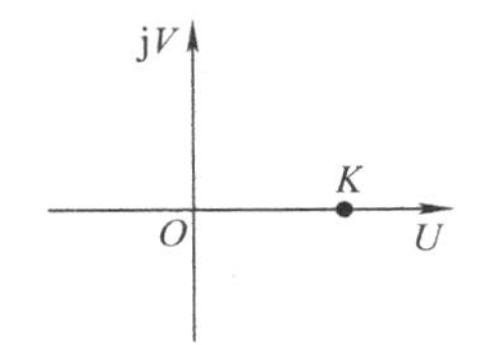

图 4-9　比例环节极坐标图

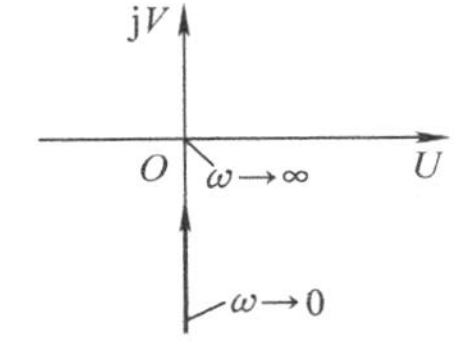

图 4-10　积分环节极坐标图

3. 微分环节

由 $G(\mathrm{j}\omega)=\mathrm{j}\omega$，得幅频特性和相频特性分别为

$$|G(\mathrm{j}\omega)| = \omega,\qquad \angle G(\mathrm{j}\omega) = 90°$$

其极坐标图如图 4-11 所示，为一条沿着正虚轴由坐标原点指向无穷远点的直线。

4. 一阶惯性环节

由 $G(\mathrm{j}\omega)=\dfrac{1}{\mathrm{j}T\omega+1}$，得幅频特性和相频特性分别为

$$|G(\mathrm{j}\omega)| = \frac{1}{\sqrt{(T\omega)^2+1}},\qquad \angle G(\mathrm{j}\omega) = -\arctan(T\omega)$$

低频和高频部分特性分别为

$$\lim_{\omega\to 0} G(\mathrm{j}\omega) = 1\angle 0°,\qquad \lim_{\omega\to\infty} G(\mathrm{j}\omega) = 0\angle -90°$$

当 $\omega=\dfrac{1}{T}$时，$G\left(\mathrm{j}\dfrac{1}{T}\right)=\dfrac{\sqrt{2}}{2}\angle -45°$。

实频特性和虚频特性分别为

$$U(\omega) = \frac{1}{1+T^2\omega^2},\qquad V(\omega) = \frac{-T\omega}{1+T^2\omega^2}$$

可以证明

$$\left(U-\frac{1}{2}\right)^2 + V^2 = \left(\frac{1}{2}\right)^2$$

可见，一阶惯性环节的极坐标图为位于第四象限的半圆，圆心位于实轴上（0.5，j0）处，半径等于 0.5，如图 4-12 所示。一阶惯性环节具有低通滤波和相位滞后的特点。在低频范围内，对输入信号的幅值衰减较小，滞后相角也小；在高频范围内，幅值衰减较大，滞后相角也大，最大滞后相角为 $-90°$。

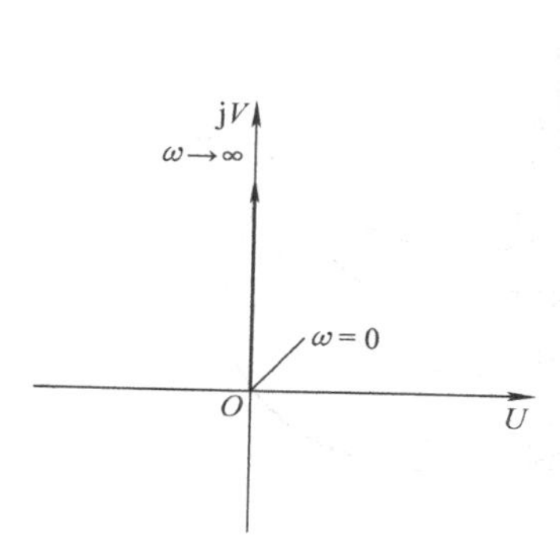

图 4-11　微分环节极坐标图

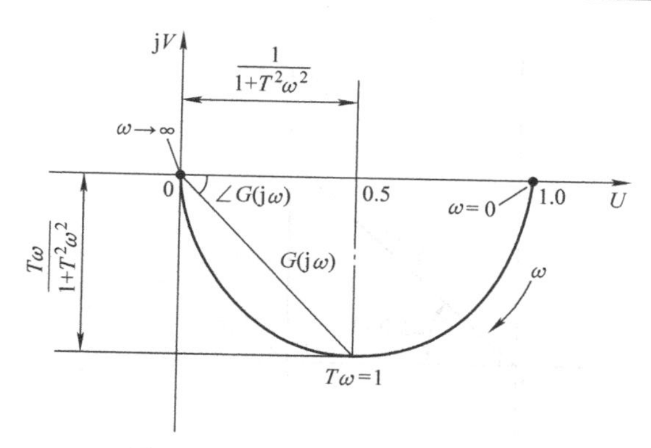

图 4-12　一阶惯性环节极坐标图

5. 一阶微分环节

由 $G(\mathrm{j}\omega)=\mathrm{j}\tau\omega+1$，得幅频特性和相频特性分别为

$$|G(\mathrm{j}\omega)|=\sqrt{(\tau\omega)^2+1},\qquad \angle G(\mathrm{j}\omega)=\arctan\tau\omega$$

低频和高频部分特性分别为

$$\lim_{\omega\to 0}G(\mathrm{j}\omega)=1\angle 0^\circ,\qquad \lim_{\omega\to\infty}G(\mathrm{j}\omega)=\infty\angle 90^\circ$$

实频特性和虚频特性分别为

$$U(\omega)=1,\qquad V(\omega)=\tau\omega$$

其极坐标图是复平面上通过（1，j0）点且平行于正虚轴的一条直线，如图 4-13 所示。

6. 二阶振荡环节

由 $G(\mathrm{j}\omega)=\dfrac{1}{T^2(\mathrm{j}\omega)^2+2\zeta T\mathrm{j}\omega+1}$，$0<\zeta<1$，得幅频特性和相频特性分别为

$$|G(\mathrm{j}\omega)|=\frac{1}{\sqrt{(1-T^2\omega^2)^2+(2\zeta T\omega)^2}},$$

$$\angle G(\mathrm{j}\omega)=\begin{cases}-\arctan\dfrac{2\zeta T\omega}{1-T^2\omega^2} & \left(\omega\leqslant\dfrac{1}{T}\right)\\[2ex] -180^\circ-\arctan\dfrac{2\zeta T\omega}{1-T^2\omega^2} & \left(\omega>\dfrac{1}{T}\right)\end{cases}$$

实频特性和虚频特性分别为

$$U(\omega)=\frac{1-T^2\omega^2}{(1-T^2\omega^2)^2+(2\zeta T\omega)^2},\qquad V(\omega)=-\frac{2\zeta T\omega}{(1-T^2\omega^2)^2+(2\zeta T\omega)^2}$$

当 $\omega\to 0$ 和 $\omega\to\infty$ 时，频率特性分别为

$$\lim_{\omega\to 0}G(\mathrm{j}\omega)=1\angle 0^\circ,\qquad \lim_{\omega\to\infty}G(\mathrm{j}\omega)=0\angle -180^\circ$$

可见，相角从 0°变化到 −180°，曲线与负虚轴必有交点。显然，交点处的实部为 0，相位角为 −90°。

令 $U(\omega)=0$ 或者 $\angle G(\mathrm{j}\omega)=-90^\circ$，求得交点处的频率为 $\omega=1/T=\omega_{\mathrm{n}}$，代入 $V(\omega)$ 或者 $|G(\mathrm{j}\omega)|$，得到交点处的幅值为 $|G(\mathrm{j}\omega_{\mathrm{n}})|=\dfrac{1}{2\zeta}$。

振荡环节的极坐标图如图 4-14 所示，起始于正实轴上（1，j0）点，终止于坐标原点，且高频部分与负实轴相切。曲线与负虚轴交点处的频率是无阻尼固有频率 ω_{n}，幅值为$\dfrac{1}{2\zeta}$。曲线位于第三、四象限。

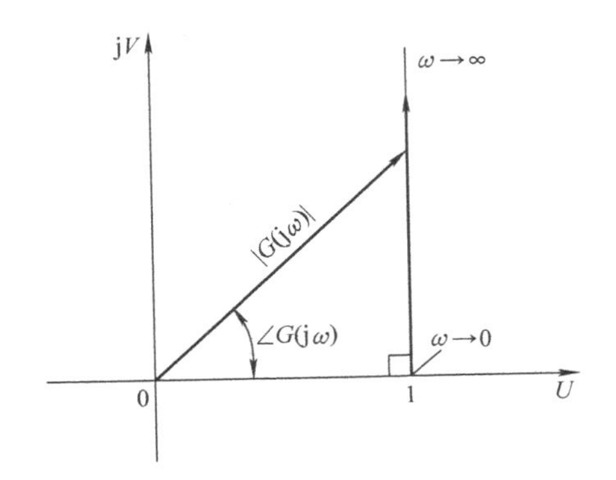

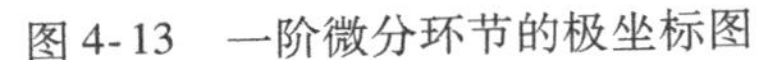
图 4-13　一阶微分环节的极坐标图

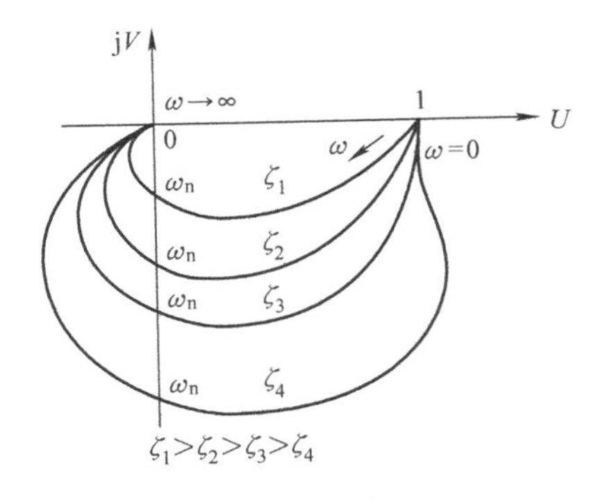

图 4-14　二阶振荡环节的极坐标图

ζ 取不同值时，振荡环节的极坐标图形状也不同。在阻尼比 ζ 较小时，幅频特性存在峰值，称为谐振峰值，此时的频率称为谐振频率 ω_r。可以求得，谐振频率 $\omega_r=\omega_n\sqrt{1-2\zeta^2}$，此时，谐振峰值为 $|G(j\omega_r)|=\dfrac{1}{2\zeta\sqrt{1-\zeta^2}}$，相位角为 $\angle G(j\omega_r)=-\arctan\dfrac{\sqrt{1-2\zeta^2}}{\zeta}$。可见，$\zeta$ 越小，ω_r 就越大。$\zeta=0$ 时，$\omega_r=\omega_n$；$0<\zeta<\dfrac{\sqrt{2}}{2}$时，$\omega_r<\omega_n$；$\dfrac{\sqrt{2}}{2}\leqslant\zeta<1$ 时，一般认为 ω_r 不存在。

7. 二阶微分环节

由 $G(j\omega)=\tau^2(j\omega)^2+2\zeta\tau(j\omega)+1=(1-\tau^2\omega^2)+j2\zeta\tau\omega$，可得

幅频特性为　$|G(j\omega)|=\sqrt{(1-\tau^2\omega^2)^2+(2\zeta\tau\omega)^2}$

相频特性为　$\angle G(j\omega)=\begin{cases}\arctan\dfrac{2\zeta\tau\omega}{1-\tau^2\omega^2} & \omega\leqslant\dfrac{1}{\tau}\\[2ex] 180^\circ+\arctan\dfrac{2\zeta\tau\omega}{1-\tau^2\omega^2} & \omega>\dfrac{1}{\tau}\end{cases}$

实频特性为　$U(\omega)=1-\tau^2\omega^2$

虚频特性为　$V(\omega)=2\zeta\tau\omega$

可见，$\lim\limits_{\omega\to 0}G(j\omega)=1\angle 0^\circ$，$\lim\limits_{\omega\to\infty}G(j\omega)=\infty\angle 180^\circ$

曲线与正实轴有交点，交点处的频率为 ω_n，幅值为 2ζ，相角为 90°。

可以得到，二阶微分环节的极坐标图如图 4-15 所示，曲线位于第一、二象限，起始于正实轴上（1，j0）点，随着 ω 的增加，$G(j\omega)$ 的虚部大于零且单调增加，而实部则由 1 开始单调递减。曲线与正虚轴交点处的频率是无阻尼固有频率 ω_n，幅值为 2ζ。

8. 延迟环节

由 $G(j\omega)=e^{-j\tau\omega}$，得 $|G(j\omega)|=1$，$\angle G(j\omega)=-\tau\omega$。

其极坐标图如图 4-16 所示，幅频特性是与 ω 无关的常值，其值为 1；相频特性随 ω 成线性变化。

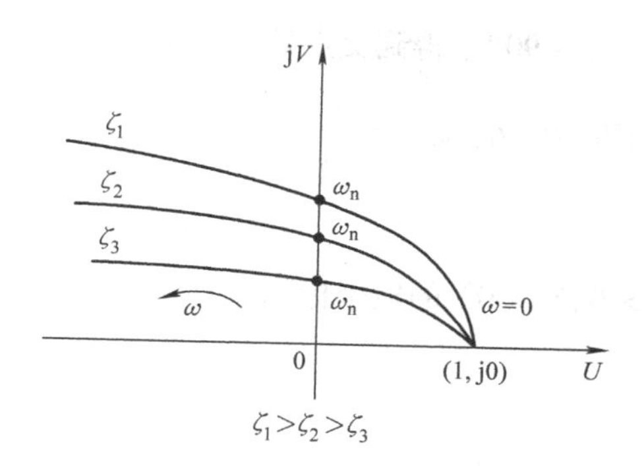

图4-15　二阶微分环节的极坐标图

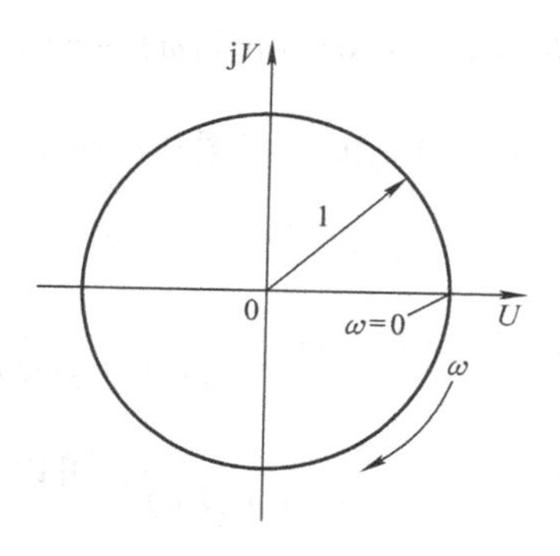

图4-16　延迟环节的极坐标图

4.2.3　一般系统极坐标图的作图方法

绘制一般系统开环频率特性的极坐标图，需要把系统所包含的各个环节对应频率的幅值相乘，相角相加，采用逐点描迹的方法按照所得幅值和相角绘制开环系统的极坐标图。若手工绘制，虽然可以精确地绘制频率特性的极坐标图，但非常麻烦，工作量大且并不实用。开环极坐标图用于系统分析时，一般只需要绘制概略极坐标图。为了较快地绘制极坐标图的大致形状，需研究根据开环频率特性的解析式绘制极坐标图的一般规律和特点。

手工绘制概略极坐标图的一般方法如下：

1）写出系统幅频特性$|G(\mathrm{j}\omega)|$和相频特性$\angle G(\mathrm{j}\omega)$的表达式。

2）分别求出$\omega=0$和$\omega=\infty$时的$G(\mathrm{j}\omega)$，即求得极坐标图的起点和终点。如果极坐标图有渐近线，则根据实频特性或虚频特性，求出渐近线。

3）求极坐标图与实轴的交点。该交点处的虚部为0，相位角为180°的整数倍，因此，令$\mathrm{Im}\ G(\mathrm{j}\omega)=0$或$\angle G(\mathrm{j}\omega)=n\cdot180°$（其中，$n$为整数，即$n=0$，$\pm1$，$\pm2$，…），求出交点处的频率$\omega$，再将该$\omega$值代入$\mathrm{Re}\ G(\mathrm{j}\omega)$或者$|G(\mathrm{j}\omega)|$，即求得交点处的坐标值。

4）求极坐标图与虚轴的交点。该交点处的实部为0，相位角为90°的奇数倍，因此，令$\mathrm{Re}\ G(\mathrm{j}\omega)=0$，或者$\angle G(\mathrm{j}\omega)=n\cdot90°$（其中，$n$为奇数，即$n=\pm1$，$\pm3$，…），求出交点处的频率$\omega$，再将该$\omega$值代入$\mathrm{Im}\ G(\mathrm{j}\omega)$或者$|G(\mathrm{j}\omega)|$，即可求得交点的坐标值。

5）必要时画出极坐标图的中间特征点。

6）勾画出大致曲线。

例4-3　概略绘制$G(\mathrm{j}\omega)=\dfrac{k}{(1+\mathrm{j}T_1\omega)(1+\mathrm{j}T_2\omega)}$　$(k>0,T_1>0,T_2>0)$的极坐标图。

解：由$G(\mathrm{j}\omega)=\dfrac{k}{(1+\mathrm{j}T_1\omega)(1+\mathrm{j}T_2\omega)}$

可以得到
$$|G(\mathrm{j}\omega)|=\frac{k}{\sqrt{1+(T_1\omega)^2}\sqrt{1+(T_2\omega)^2}}$$
$$\angle G(\mathrm{j}\omega)=-\arctan(T_1\omega)-\arctan(T_2\omega)$$

因此，$\lim\limits_{\omega\to0}G(\mathrm{j}\omega)=k\angle0°$，$\lim\limits_{\omega\to\infty}G(\mathrm{j}\omega)=0\angle-180°$

可以看出，起点和终点的幅频特性均为有限值，极坐标图没有渐近线；相频特性从0°变化到-180°，曲线与负虚轴有交点。

令 $\angle G(\mathrm{j}\omega) = -\arctan(T_1\omega) - \arctan(T_2\omega) = -90°$，得到交点处的频率为 $\omega = 1/\sqrt{T_1T_2}$，代入 $|G(\mathrm{j}\omega)|$，得到极坐标图与虚轴交点处的幅值为 $|G(\mathrm{j}\omega)| = \dfrac{k\sqrt{T_1T_2}}{T_1+T_2}$。

其概略极坐标图如图 4-17 所示。

例 4-4 绘制 $G(\mathrm{j}\omega) = \dfrac{k}{\mathrm{j}\omega(1+\mathrm{j}T\omega)}$ $(k>0, T>0)$ 的极坐标图。

解：由 $G(\mathrm{j}\omega) = \dfrac{k}{\mathrm{j}\omega(1+\mathrm{j}T\omega)}$，可以得到

幅频特性 $|G(\mathrm{j}\omega)| = \dfrac{k}{\omega\sqrt{1+(T\omega)^2}}$

相频特性 $\angle G(\mathrm{j}\omega) = -90° - \arctan(T\omega)$

当 $\omega = 0$ 时，$|G(\mathrm{j}\omega)| = \infty$，$\angle G(\mathrm{j}\omega) = -90°$。

当 $\omega = \infty$ 时，$|G(\mathrm{j}\omega)| = 0$，$\angle G(\mathrm{j}\omega) = -180°$。

将频率特性写成代数形式为

$$G(\mathrm{j}\omega) = \frac{-kT}{1+T^2\omega^2} - \mathrm{j}\frac{k}{\omega(1+T^2\omega^2)}$$

则

$$\lim_{\omega\to 0}\mathrm{Re}\,G(\mathrm{j}\omega) = -kT,\ \lim_{\omega\to 0}\mathrm{Im}\,G(\mathrm{j}\omega) = -\infty$$

可见，起点处有一条垂直于实轴、交实轴于$(-kT, \mathrm{j}0)$点的渐近线。极坐标图将沿着这条渐近线的 $-90°$方向起始于无穷远处。其极坐标图如图 4-18 所示。

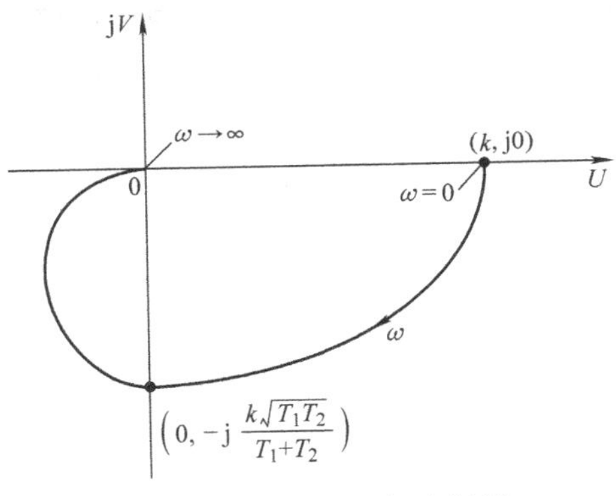

图 4-17 例 4-3 的极坐标图

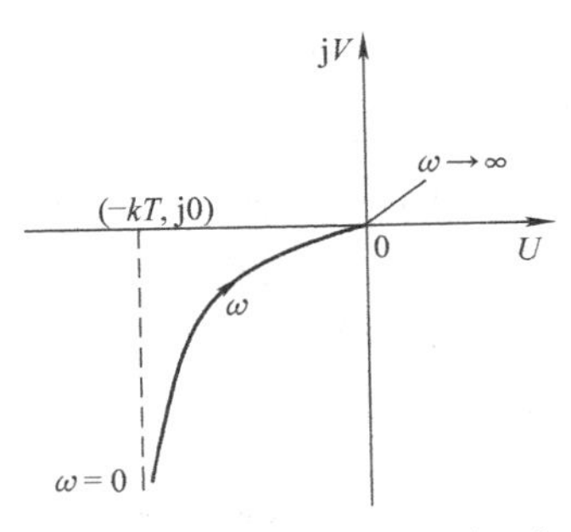

图 4-18 例 4-4 的极坐标图

例 4-5 已知系统的传递函数为 $G(s) = \dfrac{K(T_1s+1)}{s(T_2s+1)}$$(K>0, T_1>T_2>0)$，试绘制其极坐标图。

解：系统的频率特性为 $G(\mathrm{j}\omega) = \dfrac{K(1+\mathrm{j}T_1\omega)}{\mathrm{j}\omega(1+\mathrm{j}T_2\omega)}$，可得

幅频特性 $|G(\mathrm{j}\omega)| = \dfrac{K\sqrt{1+T_1^2\omega^2}}{\omega\sqrt{1+T_2^2\omega^2}}$

相频特性　$\angle G(j\omega) = \arctan T_1\omega - 90° - \arctan T_2\omega$

当 $\omega = 0$ 时，$|G(j\omega)| = \infty$，$\angle G(j\omega) = -90°$。

当 $\omega = \infty$ 时，$|G(j\omega)| = 0$，$\angle G(j\omega) = -90°$。

由于 $T_1 > T_2 > 0$，$\angle G(j\omega)$ 始终大于 $-90°$，曲线位于第四象限，且起点处有渐近线。

$$G(j\omega) = \frac{K(1 + jT_1\omega)}{j\omega(1 + jT_2\omega)} = \frac{K(T_1 - T_2)}{1 + T_2^2\omega^2} - j\frac{K(1 + T_1T_2\omega^2)}{\omega(1 + T_2^2\omega^2)}$$

$$\lim_{\omega\to 0}\text{Re}\ G(j\omega) = \lim_{\omega\to 0}\frac{K(T_1 - T_2)}{1 + T_2^2\omega^2} = K(T_1 - T_2)$$

$$\lim_{\omega\to 0}\text{Im}\ G(j\omega) = \lim_{\omega\to 0}\frac{-K(1 + T_1T_2\omega^2)}{\omega(1 + T_2^2\omega^2)} = -\infty$$

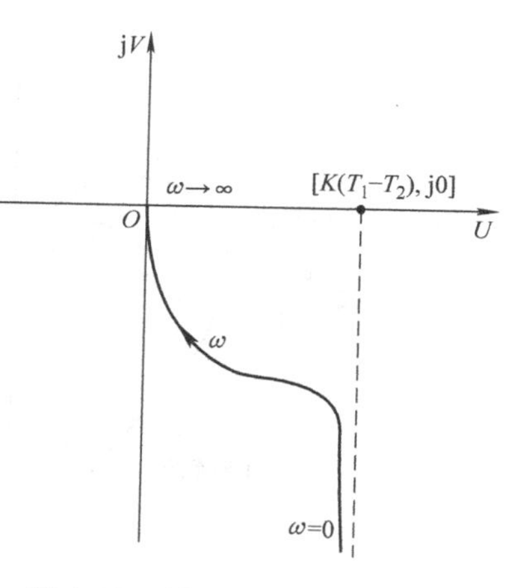

图 4-19　例 4-5 的极坐标图

其极坐标图如图 4-19 所示。

4.2.4　极坐标图的一般形状

一般系统的开环传递函数具有以下形式

$$G(j\omega) = \frac{K(1 + j\tau_1\omega)(1 + j\tau_2\omega)\cdots(1 + j\tau_m\omega)}{(j\omega)^\nu(1 + jT_1\omega)(1 + jT_2\omega)\cdots(1 + jT_{n-\nu}\omega)} \quad (K, \tau_1, \cdots, \tau_m, T_1, \cdots, T_{n-\nu} > 0)$$

式中，n 为分母多项式的阶次；m 为分子多项式的阶次，ν 为积分环节的个数。实际系统一般 $n \geqslant m$。

根据系统开环中包含的积分环节的个数，定义系统的型次。当 $\nu = 0$ 时，称该系统为 0 型系统；当 $\nu = 1$ 时，称该系统为Ⅰ型系统；当 $\nu = 2$ 时，称该系统为Ⅱ型系统。

一般系统的极坐标图具有以下特点：

1. 低频段，即 $\omega \to 0$ 时

1）$\nu = 0$ 时：起始于正实轴上的有限值。

2）$\nu = 1$ 时：起始于相位角为 $-90°$ 的无穷远处，其渐近线为一条平行于负虚轴的直线。

3）$\nu = 2$ 时：起始于相位角为 $-180°$ 的无穷远处。

2. 高频段，即 $\omega \to \infty$ 时

当 $n > m$ 时，极坐标图顺时针方向收敛于坐标原点，即幅值为 0，相位角为 $-(n - m) \times 90°$，即曲线与某一坐标轴相切。

3. 中频段，即 $0 < \omega < \infty$ 时

若 $G(s)$ 中含有零点，$\angle G(j\omega)$ 将不随 ω 单调变化，极坐标图会产生“变形”或者“弯曲”。

各型系统的低频和高频极坐标图的特点分别如图 4-20 和图 4-21 所示。

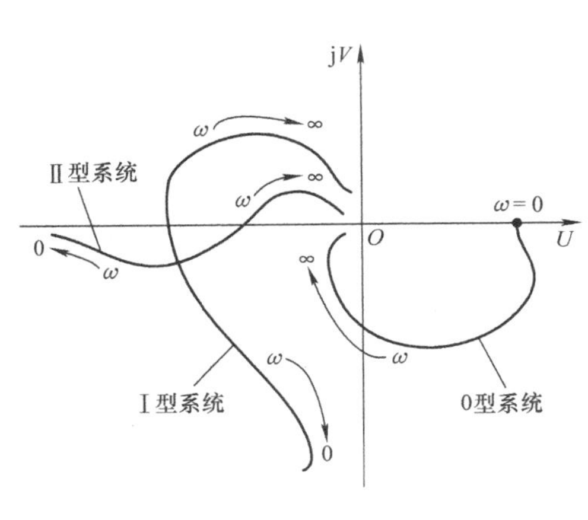

图 4-20　低频段极坐标图

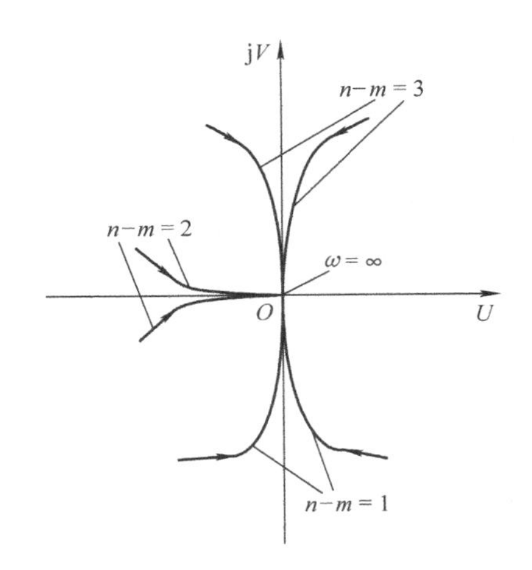

图 4-21　高频段极坐标图

4.3　对数坐标图

对数坐标图也叫伯德（Bode）图，是工程上常用的另一种频率特性的图形表示方法。该方法将幅值与频率的关系、相位与频率的关系分别画在两张图上，用半对数坐标纸绘制，频率坐标按对数分度，幅值和相角坐标则以线性分度。

图 4-22 是对数坐标图的坐标系，其中图 4-22a 为对数幅频特性图的坐标系，图 4-22b 为对数相频特性图的坐标系，两个坐标系上下放置，纵坐标对齐。两张图的横坐标都是频率 ω，以对数分度，但仍标注 ω 的真值，以便读取实际的角频率值，单位为 rad/s。在横坐标 ω 的对数分度中，频率每变化 10 倍，横坐标的间隔距离增加一个单位长度，称为一个十倍频程，记

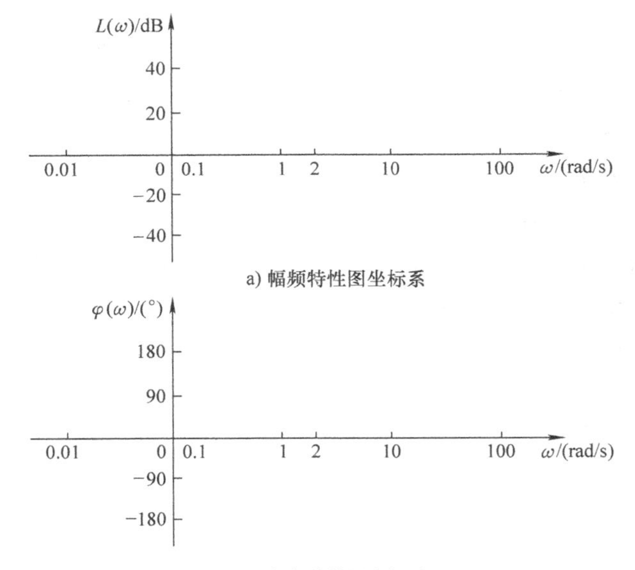

图 4-22　对数坐标图坐标系

作“dec”（decade）。在半对数坐标系中，横坐标轴上所需的对数刻度数目，取决于人们感兴趣的频率范围。

幅频特性图的纵坐标单位是分贝（dB），定义为

$$L(\omega)=20\lg|G(\mathrm{j}\omega)| \tag{4-21}$$

该纵坐标按分贝值作线性分度。

对数相频特性的纵坐标为相角 $\varphi(\omega)$，单位是度（°）或弧度，采用线性分度。

采用对数坐标图的优点主要有以下几个方面：

1）将幅频特性和相频特性分别作图，使系统（或环节）的幅值和相角与频率 ω 之间的关系更清晰。

2）幅值用分贝数表示，可将串联环节幅值的乘除运算变成加减运算，所以可分别作出各个环节的对数坐标图，再用叠加法得到系统的对数坐标图，使计算与作图过程得到简化。

3）所有典型环节乃至整个系统的对数幅频特性均可采用渐近线的方法，用分段直线画出近似的对数幅频特性折线。当只需要知道频率响应特性的粗略信息时，既快捷实用又可以满足要求。

4）横轴（ω 轴）按照对数分度，可合理利用纸张，以有限的纸张空间表示宽泛的频率范围，有利于系统的分析与综合。

5）通过实验方法获得的频率特性数据，经整理后画出对数频率特性，即可方便地求出实验对象的频率特性表达式或传递函数。

4.3.1 典型环节频率特性的对数坐标图

1. 比例环节（即放大环节）

由 $$G(\mathrm{j}\omega)=K$$

得 $L(\omega)=20\lg|G(\mathrm{j}\omega)|=20\lg K$　　$\varphi(\omega)=0°$

其对数坐标图如图 4-23 所示。

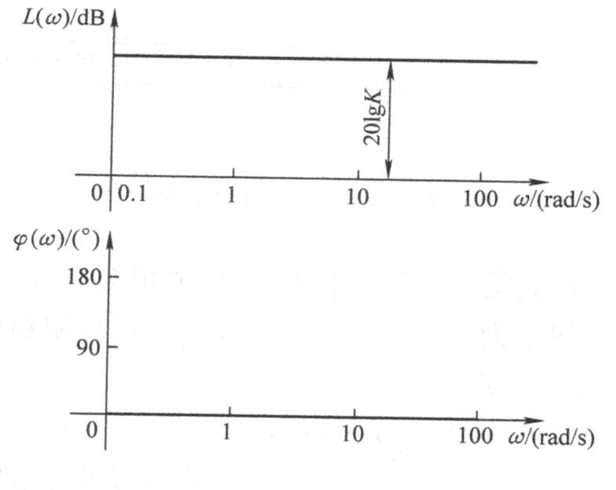

图 4-23　比例环节对数坐标图

工程上，静态放大系数 K（也叫增益）一般为常数，其对数幅频特性曲线为一条直线。当 $K>1$时，其分贝数为正，直线位于 0 分贝线上方；当 $K<1$ 时，其分贝数为负，直线位于 0 分贝线下方；当 $K=1$ 时，直线与 0 分贝线重合。改变传递函数中的增益会导致频率特性的对数幅频特性曲线上升或下降一个相应的常数，但不会影响相频曲线。

2. 积分环节

由 $$G(\mathrm{j}\omega)=\frac{1}{\mathrm{j}\omega}$$

得 $$L(\omega)=20\lg|G(\mathrm{j}\omega)|=20\lg\left|\frac{1}{\omega}\right|=-20\lg\omega$$

$$\varphi(\omega)=-90°$$

显然，对数幅值相对于 ω 的对数分度是一条直线，当 $\omega=1$ 时，$L(\omega)=0\text{dB}$；斜率为 -20dB/dec，即频率每增大十倍频程，幅值下降 20dB。可见，积分环节的幅频特性曲线为一条过（1，0）点、斜率为 -20dB/dec 的直线。

对数相频特性曲线在全部频率范围内都为 $-90°$，是一条直线。

其对数坐标图如图 4-24 所示。

对于二重积分环节，由 $G(\mathrm{j}\omega)=\dfrac{1}{(\mathrm{j}\omega)^2}$

得到
$$L(\omega)=20\lg\left|\frac{1}{(\mathrm{j}\omega)^2}\right|=-40\lg\omega,\quad \varphi(\omega)=-180°$$

其对数坐标图如图 4-25 所示。

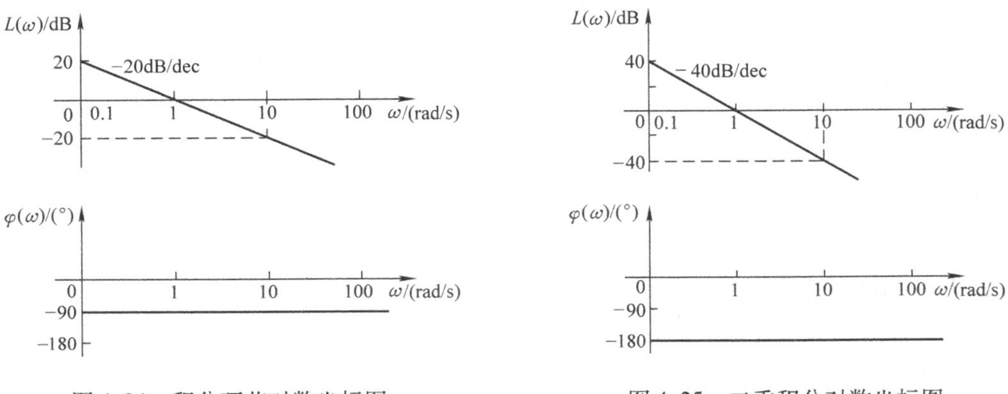

图 4-24　积分环节对数坐标图　　图 4-25　二重积分对数坐标图

依此类推，如果传递函数中包含 n 个积分环节，则对数幅频特性曲线为一条过（1，0）点、斜率为 $-20n\text{dB/dec}$ 的直线。对数相频特性曲线则在全部频率范围内都等于 $n(-90)°$。

3. 微分环节

由 $G(\mathrm{j}\omega)=\mathrm{j}\omega$ 可以得到
$$L(\omega)=20\lg|\mathrm{j}\omega|=20\lg\omega,\quad \varphi(\omega)=90°$$

其对数坐标图如图 4-26 所示。

如果传递函数中包含 m 个微分环节，则对数幅频特性曲线为一条过（1，0）点、斜率为 $20m\text{dB/dec}$ 的直线。对数相频特性曲线则在全部频率范围内都等于 $m(+90)°$。

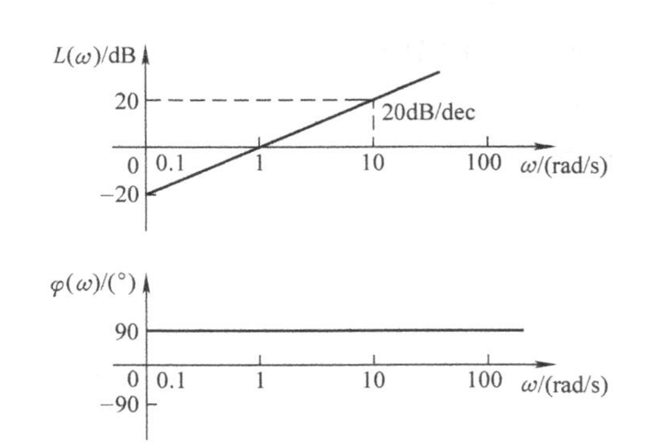

图 4-26　微分环节的对数坐标图

4. 一阶惯性环节

由 $G(\mathrm{j}\omega)=\dfrac{1}{1+\mathrm{j}T\omega}$ 得

$$L(\omega)=20\lg\left|\frac{1}{1+\mathrm{j}T\omega}\right|=-20\lg\sqrt{1+T^2\omega^2}\tag{4-22}$$

$$\varphi(\omega)=-\arctan T\omega\tag{4-23}$$

由式（4-22）可知

$$L(\omega)\approx\begin{cases}0 & \omega\ll 1/T\\ -20\lg T\omega & \omega\gg 1/T\end{cases}\tag{4-24}$$

可见，在低频段，对数幅频特性曲线可近似为一条 0dB 的直线；在高频段，对数幅频特性曲线可近似为一条过（$1/T$，0）点、斜率为 −20dB/dec 的直线，两条直线相交于（$1/T$，0）点。

由近似直线组成的折线称为对数幅频特性的渐近线。渐近线各近似线段交点处的频率称为转角频率，也叫交界频率，一般记为 ω_T。一阶惯性环节的转角频率为 $\omega_T=1/T$。

因为渐近线很容易绘制，为了能迅速地确定系统频率响应的一般性质，使计算量达到最小，常采用这种近似的方法绘制对数坐标图。

对比式（4-22）和式（4-24）可知，一阶惯性环节的渐近线和精确曲线之间是存在误差的，误差修正函数为

$$e(\omega)\approx\begin{cases}-20\lg\sqrt{1+T^2\omega^2} & \omega\ll 1/T\\ -20\lg\sqrt{1+T^2\omega^2}+20\lg T\omega & \omega\gg 1/T\end{cases}$$

表 4-1 是简单的修正量表。幅值的最大误差发生在转角频率处，约等于 −3dB。距离转角频率越近，渐近线的误差越大；反之，距离转角频率越远，渐近线的误差越小。误差主要在转角频率上下十倍频程的范围内，若距转角频率十倍频程以上，误差极小。

表 4-1　一阶惯性环节幅频特性渐近线修正量

ωT	0.1	0.2	0.5	1	2	5	10
修正量/dB	−0.04	−0.17	−0.97	−3.01	−0.97	−0.17	−0.04

由式（4-23）可知，对数相频特性曲线以反正切函数的形式表示为

$$\varphi(\omega)=\begin{cases}0 & \omega=0\\ -45^\circ & \omega=1/T\\ -90^\circ & \omega=\infty\end{cases}$$

一阶惯性环节的对数幅频渐近线、精确曲线和对数相频特性曲线如图 4-27 所示。改变时间常数 T，可以使转角频率向左或向右移动，但对数坐标图的形状保持不变。一阶惯性环节具有低通滤波器的特性。对于高于转角频率 ω_T 的频率，其对数幅频特性会迅速下降。

5. 一阶微分环节

由

$$G(\mathrm{j}\omega)=\mathrm{j}\tau\omega+1$$

得到

$$L(\omega)=20\lg\sqrt{(\tau\omega)^2+1},\quad \varphi(\omega)=\arctan\tau\omega$$

其分析方法与一阶惯性环节类似，其对数坐标图如图 4-28 所示。当转角频率相同时，一阶微分环节与一阶惯性环节的对数坐标图关于横轴对称。

6. 二阶振荡环节

$$G(\mathrm{j}\omega)=\frac{1}{T^2(\mathrm{j}\omega)^2+2\zeta T(\mathrm{j}\omega)+1}=\frac{1}{1+2\zeta\left(\mathrm{j}\dfrac{\omega}{\omega_n}\right)+\left(\mathrm{j}\dfrac{\omega}{\omega_n}\right)^2}$$

式中，时间常数 T 和无阻尼固有频率 ω_n 互为倒数，即 $\omega_n=1/T$。

可以得到

$$L(\omega)=-20\lg\sqrt{(1-T^2\omega^2)^2+(2\zeta T\omega)^2}=-20\lg\sqrt{\left(1-\frac{\omega^2}{\omega_n^2}\right)^2+\left(2\zeta\frac{\omega}{\omega_n}\right)^2}\tag{4-25}$$

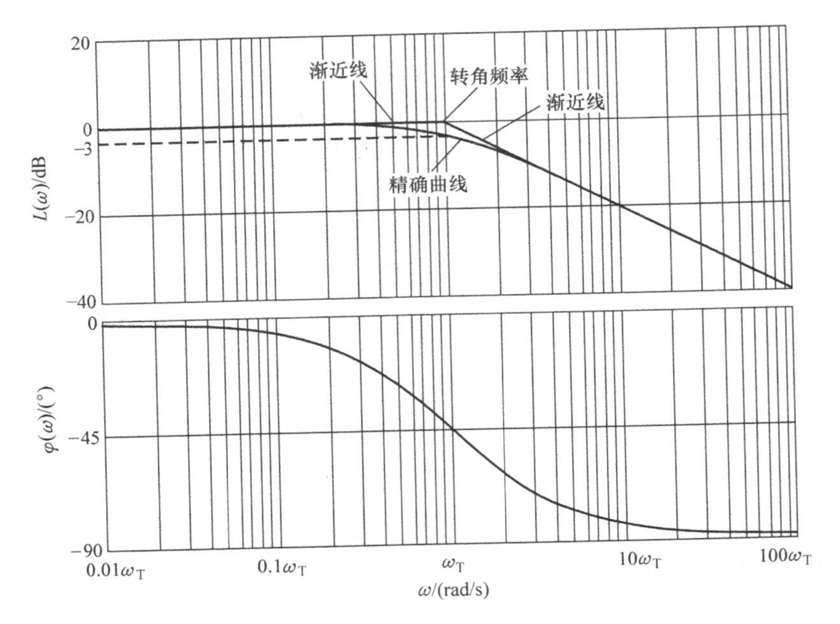

图 4-27　一阶惯性环节对数坐标图

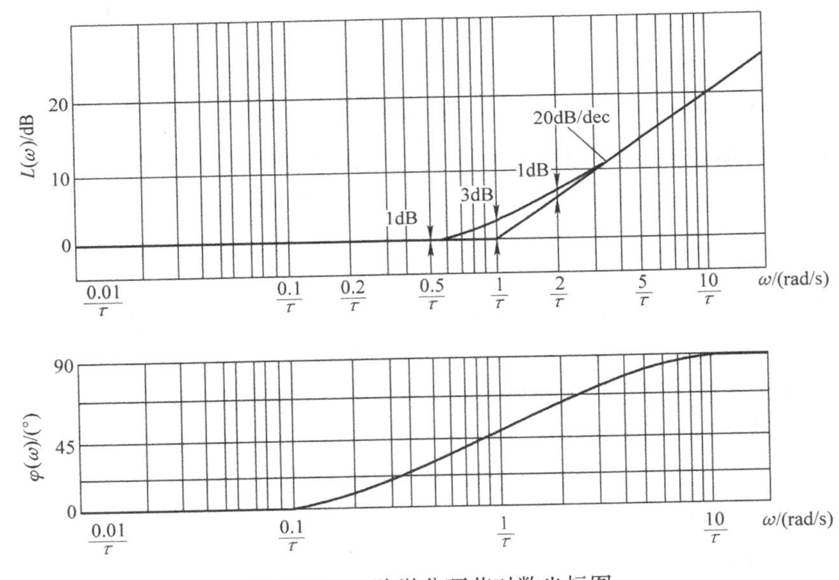

图 4-28　一阶微分环节对数坐标图

可见，二阶振荡环节的幅频特性和相频特性不仅与参数 ω_n 有关，还与阻尼比 ζ 有关。

在低频段，ω 很小，$T\omega \ll 1$，即 $\omega \ll \omega_n$ 时，$L(\omega) \approx 0$；

在高频段，ω 很大，$T\omega \gg 1$，即 $\omega \gg \omega_n$时，此时

$$L(\omega) \approx -20\lg(T\omega)^2 = -40\lg T\omega = 40\lg\omega_n - 40\lg\omega \tag{4-26}$$

式（4-26）中，当 $T\omega = 1$，即 $\omega = \omega_n$ 时，$L(\omega) \approx 0$。

可见，二阶振荡环节的对数幅频特性曲线的高频段渐近线为过（ω_n，0）点、斜率为 -40dB/dec 的直线，低频渐近线为 0dB 线，转角频率为 $\omega_T = \omega_n = 1/T$。

二阶振荡环节的精确对数幅频特性曲线与渐近线存在一定的误差，其值取决于阻尼比 ζ 的大小，阻尼比越小误差值越大，误差值可正可负且以转角频率为对称，距离转角频率越远误差越小（在转角频率附近略有变化）。图 4-29 为二阶振荡环节对数幅频特性误差修正曲线。

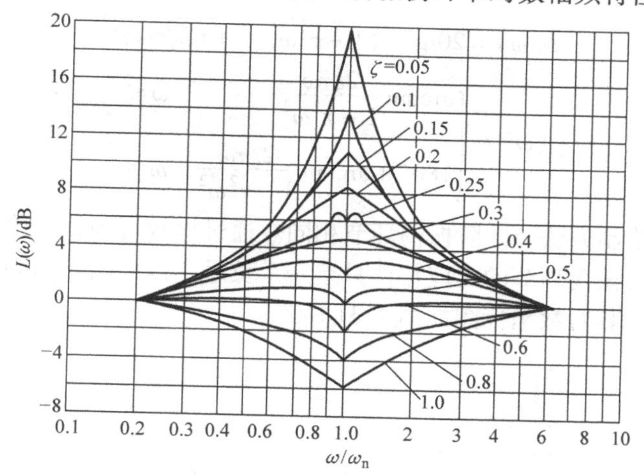

图 4-29　二阶振荡环节对数幅频特性误差修正曲线

二阶振荡环节的相频特性为

$$\varphi(\omega)=\begin{cases}-\arctan\dfrac{2\zeta T\omega}{1-T^2\omega^2} & \omega\leqslant\dfrac{1}{T}\\[2ex] -180^\circ-\arctan\dfrac{2\zeta T\omega}{1-T^2\omega^2} & \omega>\dfrac{1}{T}\end{cases}$$

相位角 $\varphi(\omega)$ 是 ω 和 ζ 的函数。当 $\omega=0$ 时，相角为 0°；在转角频率 $\omega=\omega_n$ 时，相角为 −90°，且与 ζ 无关；当 $\omega=\infty$ 时，相角为 −180°。

二阶振荡环节的对数坐标图如图 4-30 所示。

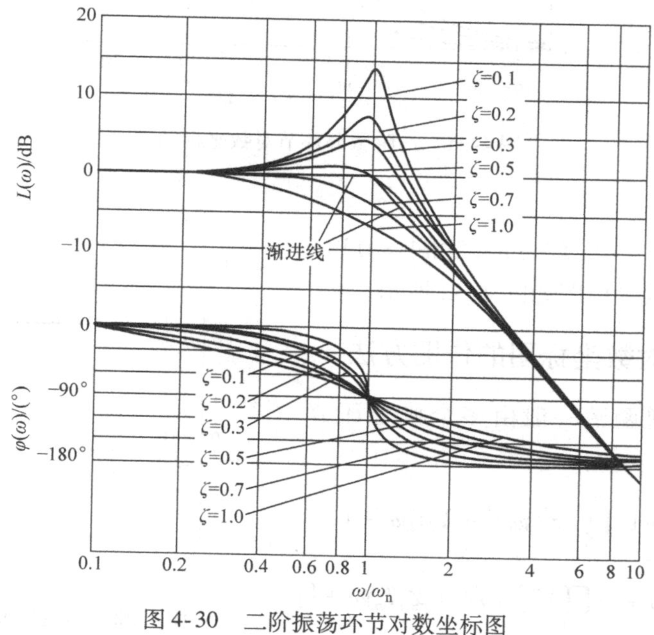

图 4-30　二阶振荡环节对数坐标图

7. 二阶微分环节

由
$$G(\mathrm{j}\omega)=\tau^2(\mathrm{j}\omega)^2+2\zeta\tau(\mathrm{j}\omega)+1$$
得
$$L(\omega)=20\lg\sqrt{(1-\tau^2\omega^2)^2+(2\zeta\tau\omega)^2}$$
$$\varphi(\omega)=\begin{cases}\arctan\dfrac{2\zeta\tau\omega}{1-\tau^2\omega^2} & \omega\leqslant\dfrac{1}{\tau}\\ 180°+\arctan\dfrac{2\zeta\tau\omega}{1-\tau^2\omega^2} & \omega>\dfrac{1}{\tau}\end{cases}$$

其对数坐标图的绘制方法与二阶振荡环节相同。通过比较可知，二阶微分环节的对数幅频特性、相频特性与二阶振荡环节的对应特性只差一个负号，因此当转角频率相同时，二者的对数坐标图对称于横轴。其对数坐标图如图 4-31 所示。

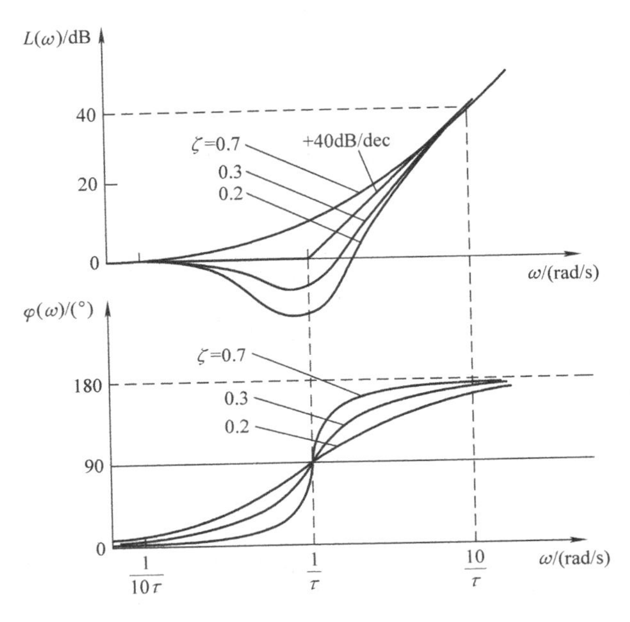

图 4-31　二阶微分环节对数坐标图

8. 延迟环节

由 $G(\mathrm{j}\omega)=\mathrm{e}^{-\mathrm{j}\tau\omega}$，得 $L(\omega)=20\lg1=0\mathrm{dB}$，$\varphi(\omega)=-\tau\omega$。其对数坐标图如图 4-32 所示。

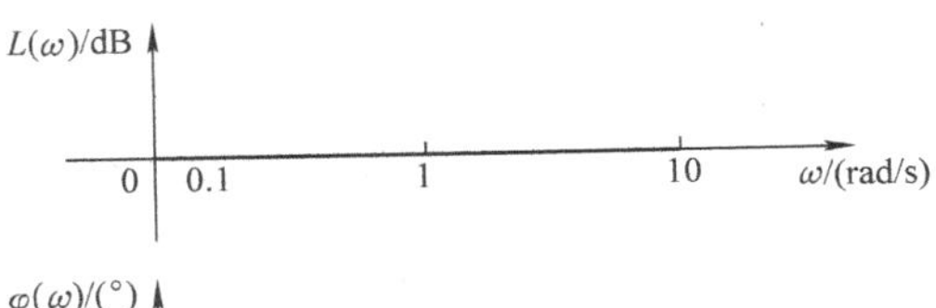

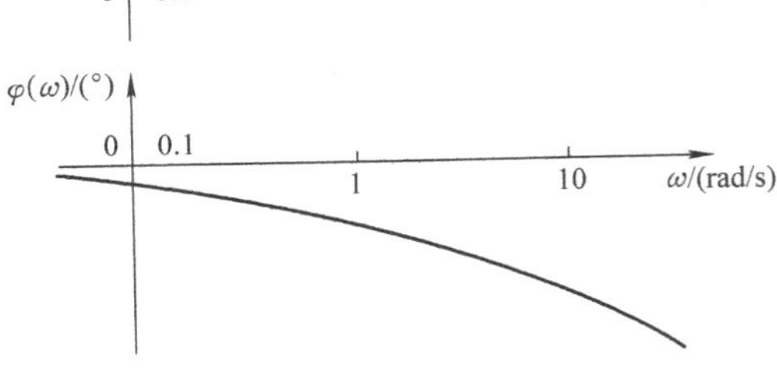

图 4-32　延迟环节对数坐标图

4.3.2　一般系统对数坐标图的作图方法

系统的开环传递函数一般由多个典型环节组成

$$G(\mathrm{j}\omega)=\frac{K\prod\limits_{i=1}^{\mu}(\tau_i\mathrm{j}\omega+1)\prod\limits_{l=1}^{\eta}[\tau_l^2(\mathrm{j}\omega)^2+2\zeta_l\tau_l\mathrm{j}\omega+1]}{(\mathrm{j}\omega)^{\nu}\prod\limits_{m=1}^{\rho}(\mathrm{j}T_m\omega+1)\prod\limits_{n=1}^{\sigma}[T_n^2(\mathrm{j}\omega)^2+2\zeta_nT_n\mathrm{j}\omega+1]}\tag{4-27}$$

其幅频特性为

$$L(\omega)=20\lg K+\sum_{i=1}^{\mu}20\lg\sqrt{(\tau_i\omega)^2+1}+\sum_{l=1}^{\eta}20\lg\sqrt{[1-(\tau_l\omega)^2]^2+(2\zeta_l\tau_l\omega)^2}$$

$$-20\nu\lg\omega-\sum_{m=1}^{\rho}20\lg\sqrt{(T_m\omega)^2+1}-\sum_{n=1}^{\sigma}20\lg\sqrt{[1-(T_n\omega)^2]^2+(2\zeta_nT_n\omega)^2}$$

可见，系统的对数幅频特性图由各典型环节的对数幅频特性图叠加而得。系统的相频特性图也可由各典型环节的相频特性图叠加得到。手绘对数坐标图可以依照以下步骤：

1）将开环传递函数写成如式（4-27）所示的标准形式，即各典型环节的常数项为1，确定系统的开环增益 K，把各典型环节的转角频率由小到大依次标在频率轴上。

2）根据系统的比例环节和积分环节确定渐近对数幅频特性曲线的初始段。由于系统低频段渐近线的频率特性为 $K/(\mathrm{j}\omega)^\nu$，因此渐近线的初始段或初始段的延长线必过点（1，$20\lg K$）、初始段的斜率必为 -20νdB/dec。

3）沿频率增大的方向每经过一个转角频率，依次将对应环节的高频渐近线的斜率进行叠加，即相应改变一次斜率。

4）如果需要，在转角频率附近进行修正，得到较为精确的对数幅频特性曲线。

5）绘制相频特性曲线。

① 分别绘出各典型环节的相频特性曲线。

② 然后选择若干频率点，包括起点、终点、转角频率点等，分别量取这些被选取的频率点上各典型环节的相频值并叠加，就可得到系统在这些频率上的相频值，标注在坐标系中，平滑连接这些点，就可以得到系统的相频特性曲线。

例4-6　某系统的传递函数为 $G(s)=\dfrac{24(0.25s+0.5)}{(5s+2)(0.05s+2)}$，绘制其对数坐标图。

解：（1）把传递函数化为标准形式（将一阶惯性环节和一阶微分环节的常数项化为1），得

$$G(s)=\frac{3(0.5s+1)}{(2.5s+1)(0.025s+1)}$$

上式表明，系统由一个比例环节（$K=3$，系统总的开环增益）、一个一阶微分环节、两个一阶惯性环节串联组成。

（2）系统的频率特性为 $G(\mathrm{j}\omega)=\dfrac{3(1+\mathrm{j}0.5\omega)}{(1+\mathrm{j}2.5\omega)(1+\mathrm{j}0.025\omega)}$

（3）求各环节的转角频率 ω_T

一阶惯性环节①：$\dfrac{1}{1+\mathrm{j}2.5\omega}$，转角频率 $\omega_{\mathrm{T}_1}=\dfrac{1}{2.5}=0.4$。

一阶惯性环节②：$\dfrac{1}{1+\mathrm{j}0.025\omega}$，转角频率 $\omega_{\mathrm{T}_2}=\dfrac{1}{0.025}=40$。

一阶微分环节：$1+\mathrm{j}0.5\omega$，转角频率 $\omega_{\mathrm{T}_3}=\dfrac{1}{0.5}=2$。

（4）确定开环增益及系统型次。本系统开环增益 $K=3$，系统不含积分环节，型次 $\nu=0$。

（5）绘制对数坐标图。步骤如下：

1）$20\lg3=9.5$dB，过点（1，9.5）作一条水平线（即斜率为0dB/dec的直线），此即为低频段的渐近线。

2）在 $\omega=0.4$ 处，将渐近线斜率由0dB/dec变为 -20dB/dec，这是一阶惯性环节①作用

的结果。

3）在 $\omega=2$ 处，将渐近线斜率由 -20dB/dec 再变为 0dB/dec，这是一阶微分环节作用的结果。

4）在 $\omega=40$ 处，由于一阶惯性环节②的作用，斜率再次改变为 -20dB/dec。

5）若有必要，在转角频率附近进行修正以得到较为精确的特性曲线。

6）绘制相频特性曲线。可选择若干频率点，如 $\omega=0\text{rad/s}$，0.4rad/s，1rad/s，2rad/s，40rad/s，200rad/s，1000rad/s 等，分别量取这些被选取的频率点上各典型环节的相频值并叠加，得到对应的系统相频值，在相频坐标系中描点并平滑连接这些点，就可以得到系统的相频特性曲线。

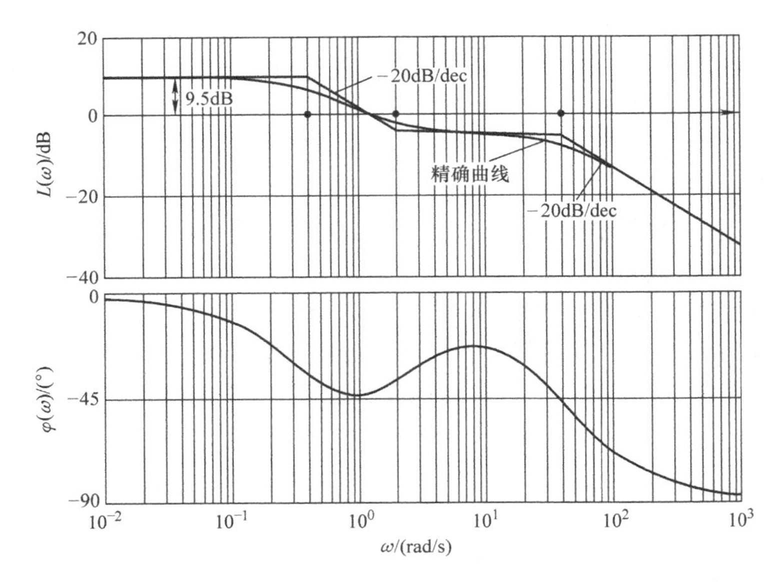

图 4-33 例 4-6 的对数坐标图

本例中系统对数坐标图的绘制方法一般称为顺序频率法，绘制对数坐标图还可以采用环节曲线叠加的方法。

例 4-7 已知 $G(\mathrm{j}\omega)=\dfrac{10(\mathrm{j}\omega+3)}{(\mathrm{j}\omega)(\mathrm{j}\omega+2)[(\mathrm{j}\omega)^2+\mathrm{j}\omega+2]}$，绘制系统对数坐标图。

解：系统由比例环节、积分环节、一阶惯性环节、二阶振荡环节和一阶微分环节五个典型环节组成，首先把频率特性转换成标准形式，即

$$G(\mathrm{j}\omega)=\frac{7.5\left(\frac{1}{3}\mathrm{j}\omega+1\right)}{(\mathrm{j}\omega)\left(\frac{1}{2}\mathrm{j}\omega+1\right)\left[\left(\frac{1}{\sqrt{2}}\right)^2(\mathrm{j}\omega)^2+2\times\frac{1}{2\sqrt{2}}\times\frac{1}{\sqrt{2}}\mathrm{j}\omega+1\right]}$$

该系统由下列五个典型环节组成：

比例环节：$G_1(\mathrm{j}\omega)=7.5$，$20\lg7.5=17.5\text{dB}$。

积分环节：$G_2(\mathrm{j}\omega)=\dfrac{1}{\mathrm{j}\omega}$，$\nu=1$，系统为 I 型系统。

二阶振荡环节：$G_3(j\omega)=\dfrac{1}{\left[\left(\dfrac{1}{\sqrt{2}}\right)^2(j\omega)^2+2\times\dfrac{1}{2\sqrt{2}}\times\dfrac{1}{\sqrt{2}}j\omega+1\right]}$，转角频率$\omega_1=1.414\mathrm{rad/s}$。

一阶惯性环节：$G_4(j\omega)=\dfrac{1}{\dfrac{1}{2}j\omega+1}$，转角频率 $\omega_2=2\mathrm{rad/s}$。

一阶微分环节：$G_5(j\omega)=\dfrac{1}{3}j\omega+1$，转角频率 $\omega_3=3\mathrm{rad/s}$。

各环节的对数幅频特性的渐近线叠加、平移得到系统的对数坐标图，如图 4-34 所示。

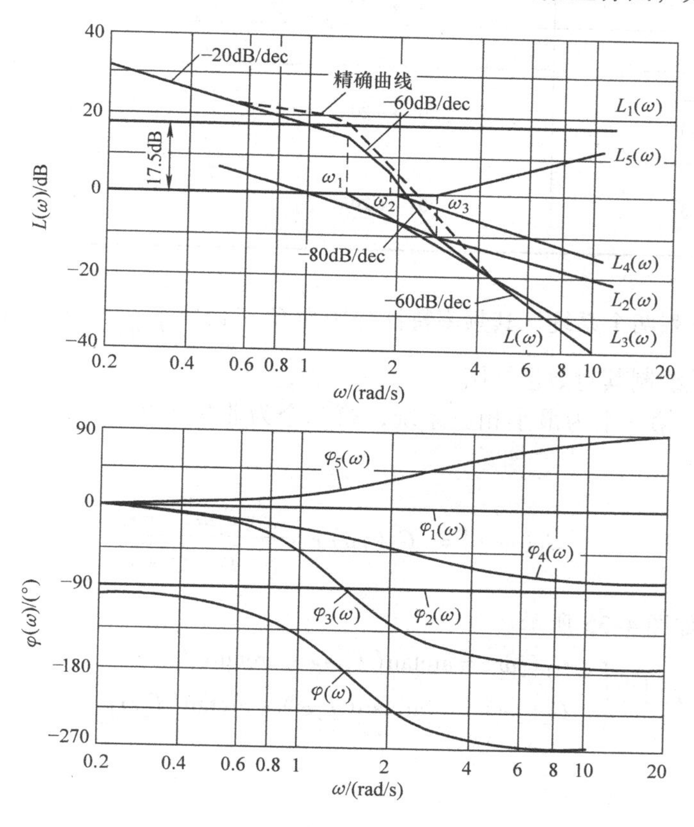

图 4-34　例 4-7 的对数坐标图

4.3.3　最小相位系统

在右半 s 平面内既无极点也无零点的传递函数，称为最小相位传递函数；否则称为非最小相位传递函数。具有最小相位传递函数的系统，称为最小相位系统；反之，称为非最小相位系统。

在具有相同幅频特性的系统中，最小相位系统具有最小的相角变化范围。因此，对于最小相位系统，其传递函数由单一的幅频特性就能唯一确定。而非最小相位系统，必须已知系统的幅频特性和相频特性，才能最终确定系统的传递函数。延迟环节具有非最小相位特性，频率越高，相位滞后越严重。表 4-2 给出了最小相位系统幅频、相频的对应关系。

表 4-2 最小相位系统幅频、相频对应关系

环节	幅频/(dB/dec) 渐近线斜率变化	相频/(°) 相位角变化区间
$\frac{1}{j\omega}$	-20	-90
$\frac{1}{Tj\omega+1}$	0→-20	0→-90
$\frac{1}{T^2(j\omega)^2+2\zeta Tj\omega+1}$	0→-40	0→-180
$\tau j\omega+1$	0→+20	0→90
⋮	⋮	⋮
$\frac{1}{\prod_{i=1}^{n}(T_i j\omega+1)}$	0→-20n	0→n·(-90)
$\prod_{i=1}^{m}(\tau_i j\omega+1)$	0→+20m	0→m·(+90)

例 4-8 设有下列两个系统，其频率特性分别为 $G_1(j\omega)=\frac{T_1j\omega+1}{T_2j\omega+1}$和 $G_2(j\omega)=\frac{-T_1j\omega+1}{T_2j\omega+1}$，其中 $T_1>T_2>0$，试绘制其对数坐标图。

解：两系统中，第一个为最小相位系统，第二个为非最小相位系统。二者的幅频特性一样，均为

$$|G_1(j\omega)|=|G_2(j\omega)|=\frac{\sqrt{(T_1\omega)^2+1}}{\sqrt{(T_2\omega)^2+1}}$$

其幅频特性图如图 4-35 所示。

而其相频特性分别为$\begin{cases}\angle G_1(j\omega)=\arctan(T_1\omega)-\arctan(T_2\omega)\\ \angle G_2(j\omega)=-\arctan(T_1\omega)-\arctan(T_2\omega)\end{cases}$

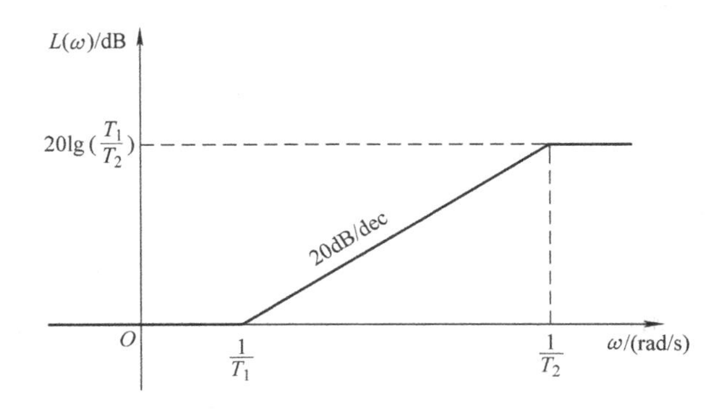

图 4-35 例 4-8 的幅频特性图

其相频特性图分别如图 4-36a 和图 4-36b 所示。

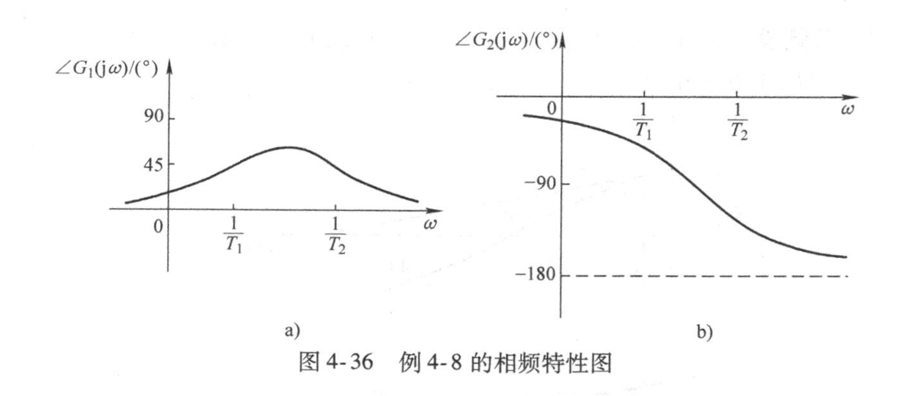

图4-36　例4-8的相频特性图

4.4　由频率特性曲线求系统传递函数

对于稳定的系统，工程上常常需要通过实验的方法测得系统的频率特性曲线，进而确定系统的传递函数，建立系统的数学模型。

对于最小相位系统，得到系统的对数幅频特性图，就可以唯一确定系统的传递函数。

1. 根据低频段渐近特性确定系统的型次和开环增益

假设0型、Ⅰ型、Ⅱ型系统的开环增益分别为K_0、K_1、K_2。

（1）0型系统

$$G_0(\mathrm{j}\omega)=\frac{K_0(\tau_1\mathrm{j}\omega+1)(\tau_2\mathrm{j}\omega+1)\cdots}{(T_1\mathrm{j}\omega+1)(T_2\mathrm{j}\omega+1)\cdots}$$

在低频时，ω很小，$G_0(\mathrm{j}\omega)\approx K_0$，$|G_0(\mathrm{j}0)|=K_0$。

可见，0型系统对数幅频特性曲线在低频处的高度为$20\lg K_0$，幅频特性图的低频段渐近线为一条水平线，如图4-37所示。

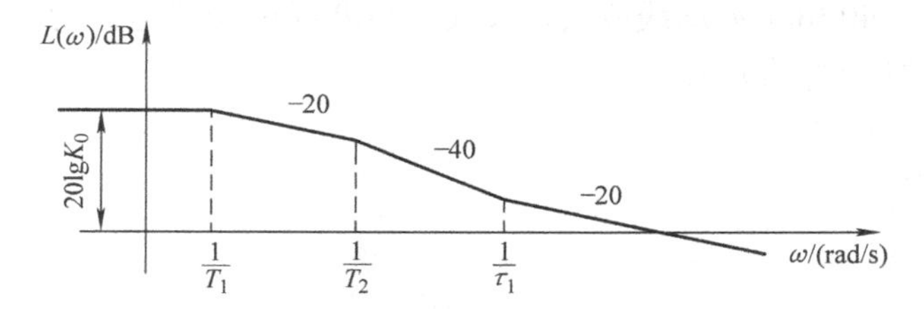

图4-37　0型系统开环增益的确定

（2）Ⅰ型系统

$$G_1(\mathrm{j}\omega)=\frac{K_1(\tau_1\mathrm{j}\omega+1)(\tau_2\mathrm{j}\omega+1)\cdots}{\mathrm{j}\omega(T_1\mathrm{j}\omega+1)(T_2\mathrm{j}\omega+1)\cdots}$$

在低频时，ω很小，$G_1(\mathrm{j}\omega)\approx\frac{K_1}{\mathrm{j}\omega}$，$|G_1(\mathrm{j}1)|\approx K_1$。

Ⅰ型系统的传递函数中含一个积分环节，幅频特性图的低频段渐近线的斜率为-20dB/dec。如果系统各转角频率均大于1，幅频特性曲线在$\omega=1$rad/s处的高度为$20\lg K_1$；如果系统有小于1rad/s的转角频率，则起始段-20dB/dec斜线的延长线与$\omega=1$rad/s线的交点高度为$20\lg K_1$。

可以证明，低频段 -20dB/dec 的斜线（或者其延长线）与横轴（0dB 线）交点处的频率 $\omega=K_1$。图 4-38 给出了确定Ⅰ型系统开环增益的方法。

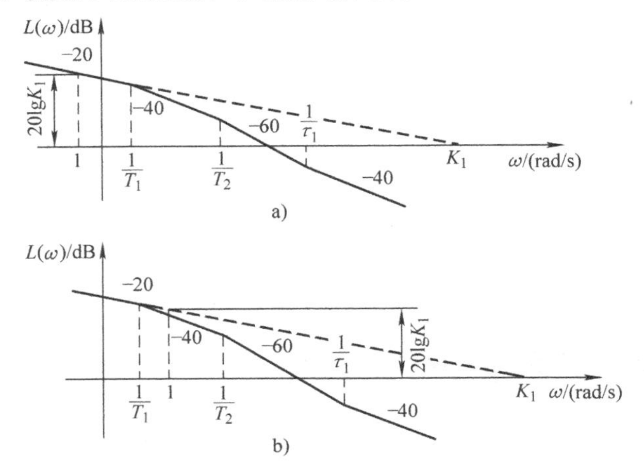

图 4-38　Ⅰ型系统开环增益的确定

（3）Ⅱ型系统

$$G_2(\mathrm{j}\omega)=\frac{K_2(\tau_1\mathrm{j}\omega+1)(\tau_2\mathrm{j}\omega+1)\cdots}{(\mathrm{j}\omega)^2(T_1\mathrm{j}\omega+1)(T_2\mathrm{j}\omega+1)\cdots}$$

在低频时，ω 很小，$G_2(\mathrm{j}\omega)\approx\dfrac{K_2}{(\mathrm{j}\omega)^2}$，$|G_2(\mathrm{j}1)|\approx K_2$。

Ⅱ型系统的传递函数中含有两个积分环节，幅频特性低频段渐近线的斜率为 -40dB/dec，如果系统各转角频率均大于 1，幅频特性曲线在 $\omega=1\text{rad/s}$ 处的高度为 $20\lg K_2$；如果系统有小于 1rad/s 的转角频率，则首段 -40dB/dec 斜线的延长线与 $\omega=1\text{rad/s}$ 线的交点高度为 $20\lg K_2$。

可以证明，首段 -40dB/dec 斜线或其延长线与 0dB 线的交点坐标为 $\omega=\sqrt{K_2}$。图 4-39 给出了确定Ⅱ型系统开环增益的方法。

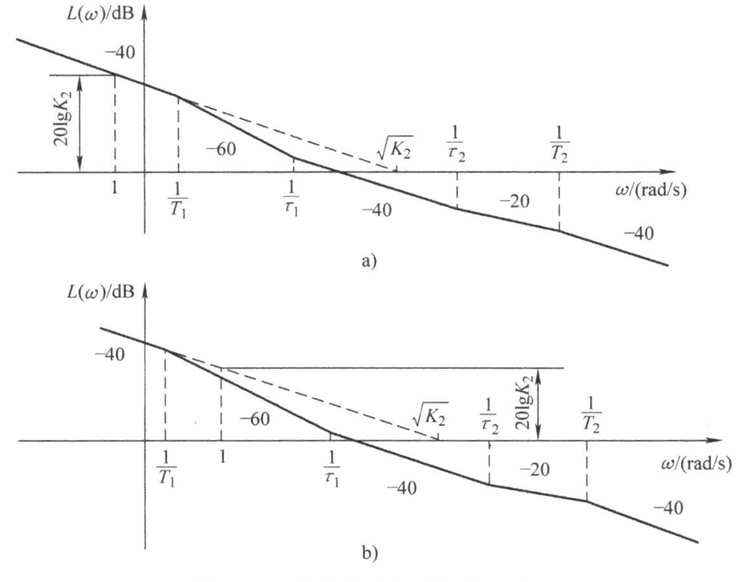

图 4-39　Ⅱ型系统开环增益的确定

依此类推，设系统的型次为 ν（$=0, 1, 2, \cdots$），ν 型系统的低频段渐近线是斜率为 -20νdB/dec的直线，如图 4-40 所示，低频段的渐近线或其延长线与 0dB 线的交点为 $\omega=\sqrt[\nu]{K_\nu}$。

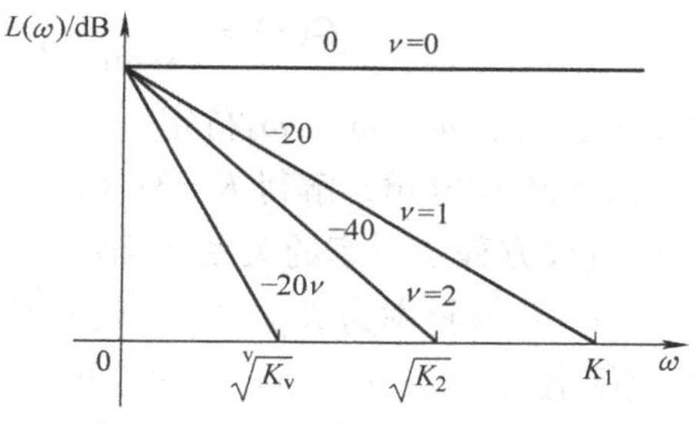

图 4-40　ν 型系统开环增益的确定

2. 系统其他各环节的估计

根据渐近线的转角频率及斜率变化确定组成系统的其他环节。

转角频率前后渐近线发生 -20dB/dec 的斜率变化，则系统包含一个一阶惯性环节；若发生 20dB/dec 的斜率变化，则系统包含一个一阶微分环节；若发生 -40dB/dec 的斜率变化，则系统包含一个二阶振荡环节或者两个转角频率相同的一阶惯性环节，需要根据对数坐标图的精确曲线来判断，并确定相关参数；若发生40dB/dec 的斜率变化，则系统包含一个二阶微分环节或者两个转角频率相同的一阶微分环节，需要根据对数坐标图的精确曲线来判断，并确定相关参数。

3. 写出系统的传递函数

系统开环传递函数的一般形式见式（4-27）。

由对数坐标图的作图过程可知，系统的型次 ν 及开环增益 K 决定了幅频特性曲线低频段渐近线的斜率和高度，幅频特性曲线转折点处的转角频率是对应环节时间常数的倒数，由此即可确定系统的传递函数。

4. 非最小相位的修正

对最小相位系统而言，实验所得的相频曲线必须与由幅频曲线确定的系统传递函数的理论相频曲线大致相符，而在低频段及高频段应严格相符。如果不符，可断定系统是一个非最小相位系统，即系统包含某些不稳定环节或者延迟环节，需要根据实验相频曲线对所得的传递函数进行修正，使得理论相频曲线与实验相频曲线相符。

例 4-9　最小相位系统对数幅频渐近特性如图 4-41 所示，请确定系统的传递函数。

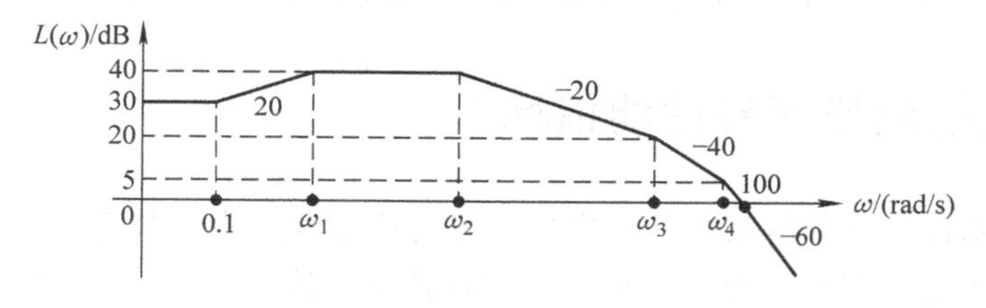

图 4-41　例 4-9 图

解：由图 4-41 可知在低频段渐近线斜率为 0，故系统为 0 型系统。渐近特性为分段线性函数，在各转角频率处，渐近特性斜率发生变化。

在 $\omega=0.1$ 处，斜率从 0dB/dec 变为 20dB/dec，为一阶微分环节。

在 $\omega=\omega_1$处，斜率从 20dB/dec 变为 0dB/dec，为一阶惯性环节。

在 $\omega=\omega_2$处，斜率从 0dB/dec 变为 -20dB/dec，为一阶惯性环节。

在 $\omega=\omega_3$处，斜率从 -20dB/dec 变为 -40dB/dec，为一阶惯性环节。

在 $\omega=\omega_4$处，斜率从 -40dB/dec 变为 -60dB/dec，为一阶惯性环节。

因此系统的传递函数具有下述形式

$$G(s)=\frac{K(s/0.1+1)}{(s/\omega_1+1)(s/\omega_2+1)(s/\omega_3+1)(s/\omega_4+1)}$$

式中，K、ω_1、ω_2、ω_3、ω_4待定。

由 $20\lg K=30\text{dB}$，解得 $K=31.62$。

由直线方程及斜率的关系式确定 ω_1、ω_2、ω_3、ω_4。

设 A、B 为斜率为 K_{AB}的对数幅频特性直线段上的两点，A 点的对数幅值为 $L(\omega_A)$，B 点的对数幅值为 $L(\omega_B)$，则有直线方程关系

$$K_{AB}=\frac{L(\omega_A)-L(\omega_B)}{\lg\omega_A-\lg\omega_B}$$

从低频段开始，令 $\omega_A=\omega_1$，从图 4-41 可知，$\omega_B=0.1$，$L(\omega_A)=40\text{dB}$，$L(\omega_B)=30\text{dB}$，$K_{AB}=20\text{dB/dec}$，则由上式可得

$$20=\frac{40-30}{\lg\omega_1-\lg0.1}$$

所以

$$\omega_1=0.1\times10^{\frac{40-30}{20}}\text{rad/s}=0.316\text{rad/s}$$

同理，可以确定 ω_4、ω_3、ω_2。

确定 ω_4：$-60=\dfrac{0-5}{\lg100-\lg\omega_4}$，所以，$\omega_4=82.54\text{rad/s}$。

确定 ω_3：$-40=\dfrac{5-20}{\lg\omega_4-\lg\omega_3}$，所以，$\omega_3=34.81\text{rad/s}$。

确定 ω_2：$-20=\dfrac{20-40}{\lg\omega_3-\lg\omega_2}$，所以，$\omega_2=3.481\text{rad/s}$。

于是，所求的系统传递函数为

$$G(s)=\frac{31.62(s/0.1+1)}{(s/0.316+1)(s/3.481+1)(s/34.81+1)(s/82.54+1)}$$

4.5 控制系统的闭环频率性能指标

系统的开环频率特性对分析系统的稳定性及相对稳定性具有十分重要的意义，但仅仅知道系统的开环频率特性是不够的，为了得到自动控制系统的其他性能指标，常常需要获得系统的闭环频率特性。

4.5.1 开环频率特性与闭环频率特性的关系

设有典型闭环系统如图 4-42 所示。

其开环频率特性为

$$G_k(j\omega)=G(j\omega)H(j\omega)$$

闭环频率特性为

$$G_B(j\omega)=\frac{X_o(j\omega)}{X_i(j\omega)}=\frac{G(j\omega)}{1+G(j\omega)H(j\omega)}=\frac{G(j\omega)}{1+G_k(j\omega)}$$

闭环幅频特性为

$$|G_B(j\omega)| = \left|\frac{X_o(j\omega)}{X_i(j\omega)}\right| = \left|\frac{G(j\omega)}{1+G_k(j\omega)}\right|$$

闭环相频特性为

$$\angle G_B(j\omega) = \angle G(j\omega) - \angle[1+G_k(j\omega)]$$

一般记为 $|G_B(j\omega)| = A(\omega)$，$\angle G_B(j\omega) = \varphi(\omega)$。

一般闭环频率特性图不如开环频率特性图容易画。若逐点取 ω 值，计算出在不同频率时 $G_B(j\omega)$ 的幅值和相位，则可分别作出 $A(\omega)-\omega$ 图（闭环幅频特性图）和 $\varphi(\omega)-\omega$ 图（闭环相频特性图），如图 4-43 所示。但由于需要逐点测量和作图，十分不便，因而在实际应用中很少采用。随着计算机的应用日益普及，这些烦琐的计算工作量可以由计算机完成。

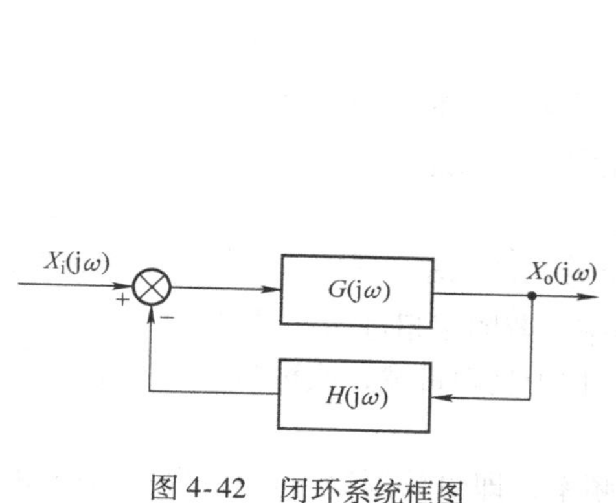

图 4-42　闭环系统框图

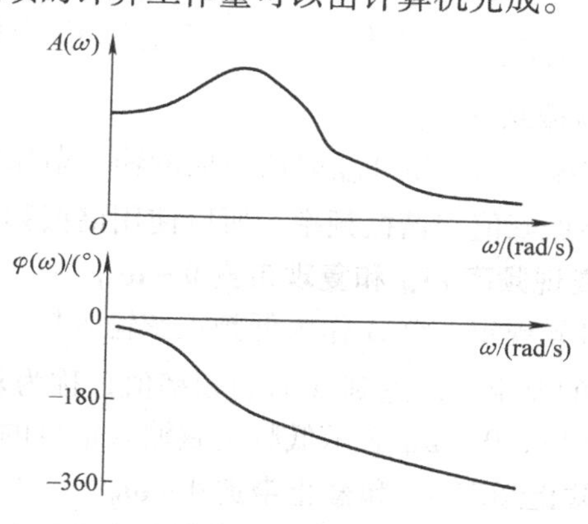

图 4-43　闭环频率特性图

4.5.2　闭环频率性能指标

在频域分析时常用到的一些闭环特征量，也称闭环频域性能指标。如图 4-44 所示，在闭环幅频特性曲线中给出了闭环频域指标的定义。

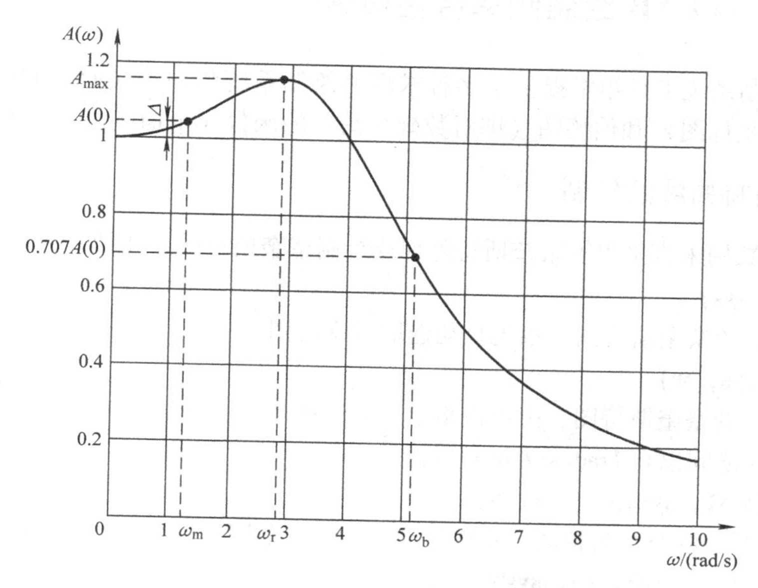

图 4-44　闭环频域性能指标

1. 零频振幅比，也叫零频值 $A(0)$

该指标直接反映系统的稳态精度。$A(0)=1$ 表示：当阶跃函数输入系统时，其阶跃响应的稳态值 $\lim\limits_{t\to\infty}x_o(t)$ 等于给定输入，即系统的稳态误差为0。$A(0)\neq1$ 表示系统存在稳态误差。$A(0)$越接近1，系统的稳态精度越高；反之，系统的稳态精度越低。

2. 谐振峰值 A_{max}

A_{max}值越大，表明系统对频率为 ω_r 的谐振信号响应越强烈，有谐振的趋势，表明系统的相对平稳性较差，系统的阶跃响应将有较大的超调量。

3. 相对谐振峰值，也叫谐振比 M_r

$M_r=\dfrac{A_{max}}{A(0)}$，当 $A(0)=1$ 时，A_{max}与 M_r 在数值上相等。

4. 谐振频率 ω_r

谐振频率指产生 A_{max}时所对应的输入谐振信号的频率。从前面的分析可知，未必所有的系统都有谐振峰值和谐振频率，所以使用谐振频率不能完善地描述系统的低通特性。

5. 复现频率 ω_M 和复现带宽 $0\sim\omega_M$

若事先规定一个 Δ 作为低频正弦输入信号作用下的允许误差，那么 ω_M 就是幅频特性曲线与 $A(0)$的差第一次达到 Δ 时的频率值，称为复现频率。若频率超过 ω_M，输出就不能“复现”输入，所以，$0\sim\omega_M$ 表示低频正弦输入信号的带宽，称为复现带宽，或称为工作带宽。

6. 截止频率 ω_b 和截止带宽 $0\sim\omega_b$

幅频特性 $A(\omega)$从 $A(0)$下降到 $0.707A(0)$时的频率，即对数幅频特性中 $20\lg A(\omega)$由 0dB 下降 3dB 时的频率，称为系统的截止频率，记作 ω_b。$0\sim\omega_b$ 的范围称为系统的截止带宽。闭环系统的带宽越宽，能通过它的高频信号就越多，输出与输入信号的形状越接近，响应速度就越快，但抑制输入端高频干扰的能力越弱。

4.6 利用 MATLAB 绘制频率特性曲线

MATLAB 控制系统工具箱中提供了多种求取并绘制系统频率响应曲线的函数，如绘制奈奎斯特图（即极坐标图）和伯德图（即对数坐标图）的函数 nyquist( )和 bode( )等。

4.6.1 奈奎斯特曲线的绘制

nyquist( )函数用来直接求解奈奎斯特阵列或绘制奈奎斯特图，几种调用格式及说明如下：

1. nyquist（sys）

绘制系统 sys 的奈奎斯特图，系统自动选取频率范围。

2. nyquist（sys，w）

绘制系统 sys 的奈奎斯特图，由用户指定选取频率范围。比如 w=0.1:0.1:100，表示频率在 0.1～100rad/s 之间以 0.1rad/s 为增量线性分度。

3. nyquist（sys1，sys2，…，sysN）

同时绘制多系统的奈奎斯特图，系统自动选取频率范围。

4. nyquist（sys1，sys2，…，sysN，w）

同时绘制多系统的奈奎斯特图，由用户指定选取频率范围。

5. nyquist（sys1，'PlotStyle1'，…，sysN，'PlotStyleN'）

同时绘制多系统的奈奎斯特图，图形属性参数可选，其 PlotStyle 应是 MATLAB 标准函数命令 Plot（）支持的各种属性标识符字符串。

6.［re，im，w］=nyquist（sys）

返回系统的奈奎斯特图相应的实部、虚部和频率向量。

7.［re，im］= nyquist（sys，w）

返回系统奈奎斯特图及指定频率范围内相应的实部和虚部向量。

上述指令中的 sys 的给定方式有多种，可以参考本书 2.7 节。下面例题中也采用多种方式来描述系统 sys。

例 4-10　单位负反馈系统的开环传递函数为 $G_k(s)=\dfrac{20s^2+20s+10}{(s^2+s)(s+10)}$，绘制系统的奈奎斯特图。

解：在 MATLAB 命令窗口输入以下程序，运行结果如图 4-45 所示。

```
num = [20 20 10];
den = conv ([1 1 0], [1, 10]);
nyquist (num, den)
```

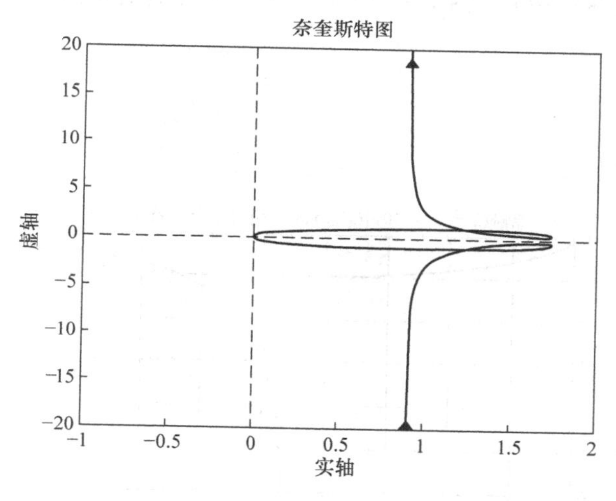

图 4-45　例 4-10 中系统的奈奎斯特图

如果想看清某部分细节，可以通过设置坐标范围进行局部放大，从而得到更清晰的局部图像。比如，本例上述程序增加下面语句，可以得到图 4-46。

```
axis ([ -2  2  -5  5])
```

若只绘制系统位于 $\omega>0$ 的奈奎斯特曲线，程序如下：

```
num =[20 20 10];
den = conv([1 1 0],[1,10]);
nyquist(num,den)
w =0.1:0.1:1000;                    % 设置频率范围
[re,im] = nyquist(num,den,w);       % 返回制定频率范围的奈奎斯特曲线数据
plot(re,im)
```

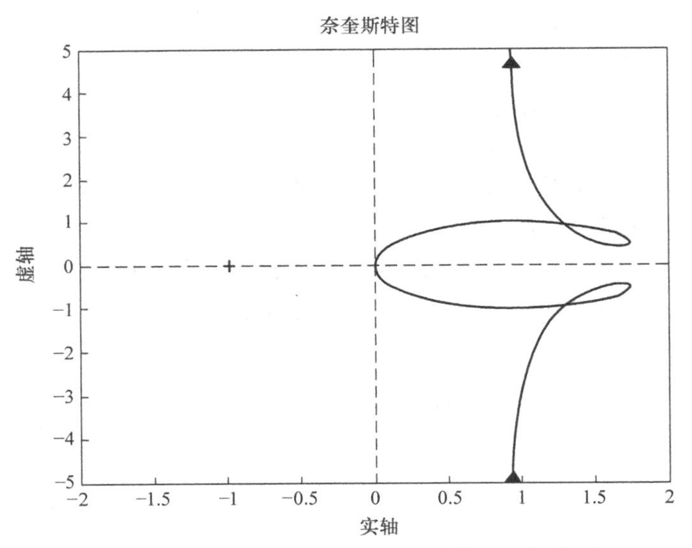

图 4-46　例 4-10 中局部放大的系统奈奎斯特图

```
grid;
title('系统(20^2 +20s +10)/[(s^2 +s)(s +10)]的奈奎斯特图(\omega >0)','fontsize',
12);
xlabel('实轴')
ylabel('虚轴')
```

运行结果如图 4-47 所示。

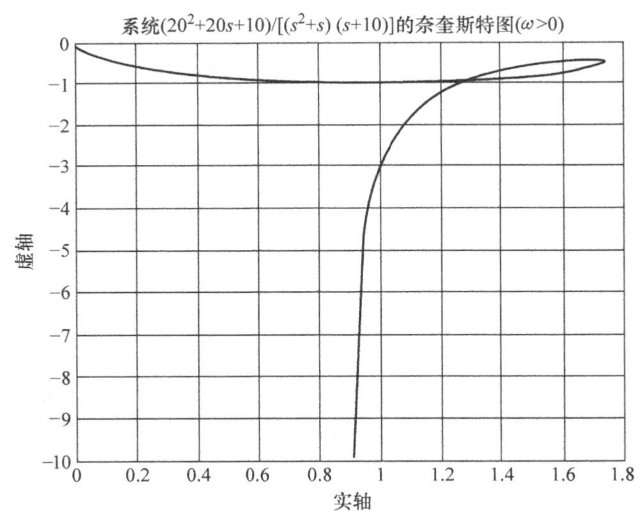

图 4-47　例 4-10 中系统奈奎斯特图（$\omega>0$）

4.6.2　伯德图的绘制

bode( ) 函数的几种调用格式及说明如下：

1. bode（sys）

绘制系统 sys 的伯德图，系统自动选取频率范围。

2. bode（sys1，…，sysN）

在一个窗口绘制多个系统 sys 的伯德图，由系统自动选取频率范围。

3. bode（sys1，'PlotStyle1'，…，sysN，'PlotStyleN'）

同时绘制多系统的伯德图，图形属性参数可选，其 PlotStyle 应是 MATLAB 标准函数命令 Plot( ) 所支持的各种属性标识符字符串。

4. bode（sys1，sys2，…，sysN，w）

同时绘制多系统的伯德图，由用户指定选取频率范围。比如 w = logspace（a，b，N），表示频率从 10^a 到 10^b 之间以对数分度取 N 个点。

5. [mag，phase] =bode（sys，w）

返回系统伯德图与指定频率范围相应的幅值、相位向量。可使用 magdb = 20 * log10（mag）将幅值转换为分贝值。

6. [mag，phase，wout] =bode（sys）

返回系统伯德图相应的幅值、相位和频率向量。可使用 magdb = 20 * log10（mag）将幅值转换为分贝值。

例 4-11　系统的开环传递函数为

$$G_k(s) = \frac{1000(s+1)}{s(s+2)(s^2+17s+4000)}$$

绘制系统的伯德图。

解：在命令行输入如下程序：

```
s = tf('s');
G = 1000 * (s + 1)/(s * (s + 2) * (s^2 + 17 * s + 4000));
bode(G)
grid
```

运行结果如图 4-48 所示。

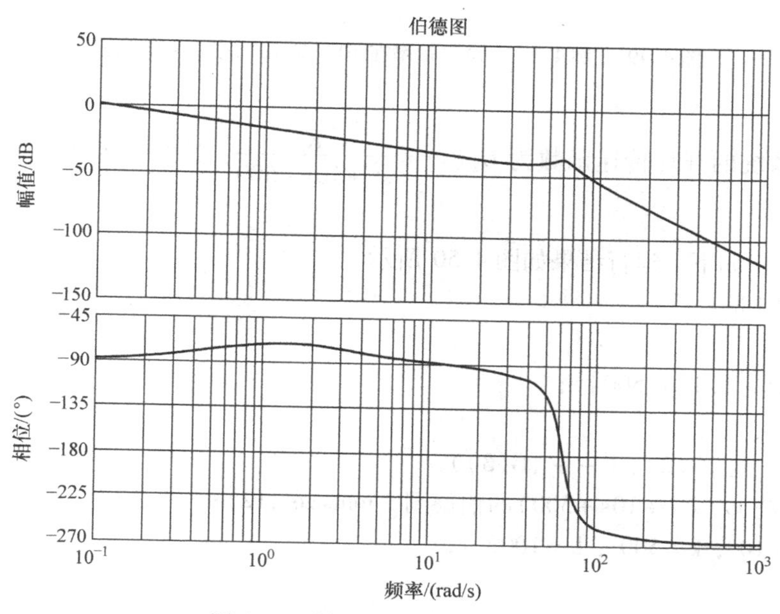

图 4-48　例 4-11 中系统的伯德图

本例若想绘制更宽频率段内的频率特性曲线，程序如下：

```
s = tf('s');
G = 1000 * (s + 1)/(s * (s + 2) * (s^2 + 17 * s + 4000));
w = logspace( -2,4,200);
bode(G,w)
grid
```

运行结果如图 4-49 所示。用鼠标左键单击曲线上任意一点，可显示该点处的频率值及幅频或相频值。

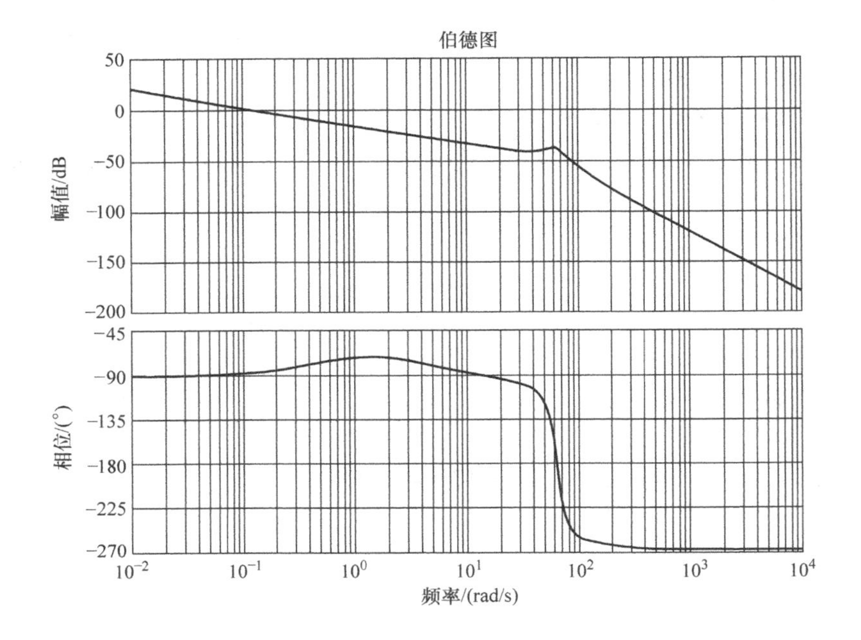

图 4-49　例 4-11 中设定频率在 10^{-2} 到 10^4 之间的伯德图

例 4-12　系统的开环传递函数为 $G_k(s) = \dfrac{K}{s^2+10s+500}$，试绘制 K 取不同值时系统的伯德图。

解：本例程序如下，运行结果如图 4-50 所示。

```
k = [10 500 1000];
for i = 1:3
G(i) = tf(k(i),[1 10 500]);
end
bode(G(1),'r:',G(2),'b--',G(3))
    title('系统 k/(s^2 + 10s + 500)的伯德图','fontsize',12);
legend('k = 10','k = 500','k = 1000');
grid
```

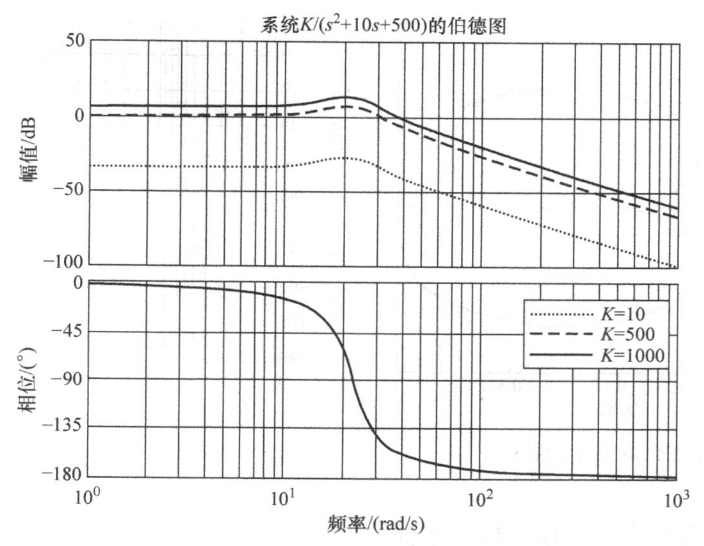

图 4-50　例 4-12 中系统的伯德图

4.7　系列工程问题举例

4.7.1　工作台位置自动控制系统的频域分析

第 3.7.1 节建立了工作台位置自动控制系统的闭环传递函数为 $G_B(s)=\dfrac{1}{s^2+s+1}$，可见，频率特性可以写为

$$G_B(j\omega)=\frac{1}{1-\omega^2+j\omega}$$

对应的幅频特性和相频特性分别为

$$\begin{cases}A(\omega)=|G_B(j\omega)|=\dfrac{1}{\sqrt{(1-\omega^2)^2+\omega^2}}\\ \varphi(\omega)=\angle G_B(j\omega)=-\arctan\dfrac{\omega}{1-\omega^2}\end{cases}$$

对数幅频特性为

$$L(\omega)=20\lg|G_B(j\omega)|=-20\lg\sqrt{(1-\omega^2)^2+\omega^2}$$

该系统的传递函数是一个典型的欠阻尼二阶振荡环节的形式，其中，$\omega_n=1\text{rad/s}$、$\zeta=0.5$。根据 4.2 节和 4.3 节，绘制其奈奎斯特图如图 4-51 所示，绘制其伯德图如图 4-52 所示。

由图 4-51 和图 4-52 可知，工作台位置控制系统跟随性能较好，谐振峰值不大。由伯德图可以读出，幅值下降 -3dB 时，频率大约为 1.27rad/s，即为截止频率 ω_b，可见系统的带宽较小。

4.7.2　磁盘驱动器读入系统的频域分析

磁盘驱动器用柔性悬挂结构装置来固定读入磁头，此柔性结构可以简化为质量 - 弹簧 - 阻尼系统，如图 4-53 所示。本章将在电动机 - 负荷系统模型中把该柔性装置包括进来。

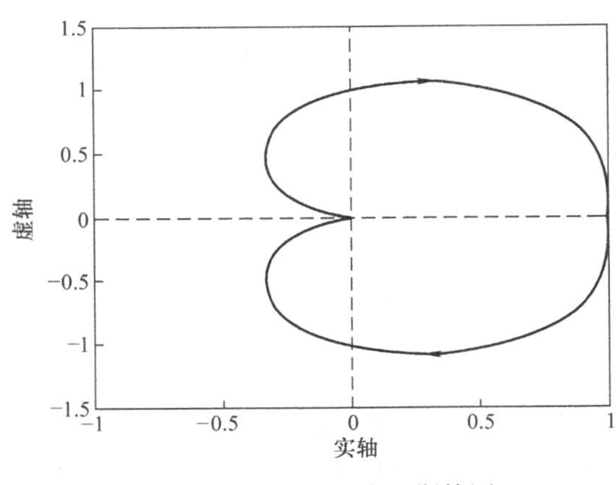

图 4-51　工作台的奈奎斯特图

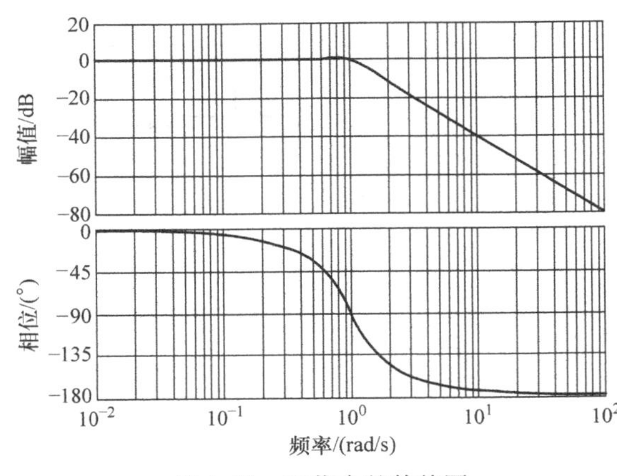

图 4-52　工作台的伯德图

柔性机构简化为磁头和柔性结构，建模为一个质量 M、一个弹簧 k 和一个黏性阻尼 D，假设外力 $u_1(t)$ 由支撑臂施加到柔性结构上，参照第 2 章建立质量－弹簧－阻尼系统数学模型，柔性结构有如下传递函数

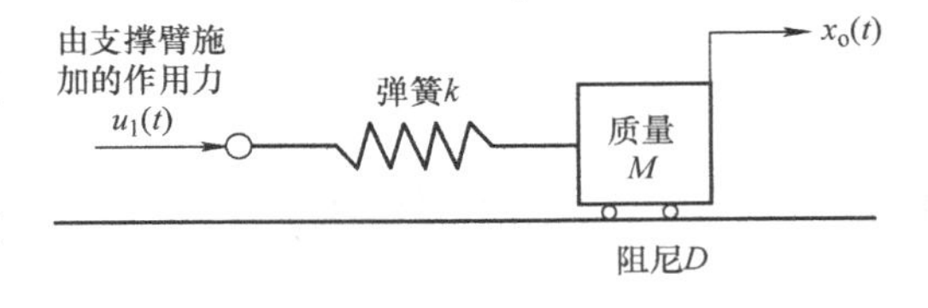

图 4-53　柔性机构和磁头的质量－弹簧－阻尼模型

$$\frac{X_o(s)}{U_1(s)} = G_1(s) = \frac{\omega_n^2}{s^2 + 2\zeta\omega_n s + \omega_n^2}$$

结合图 2-51，考虑簧片柔性结构的系统传递函数框图如图 4-54 所示。

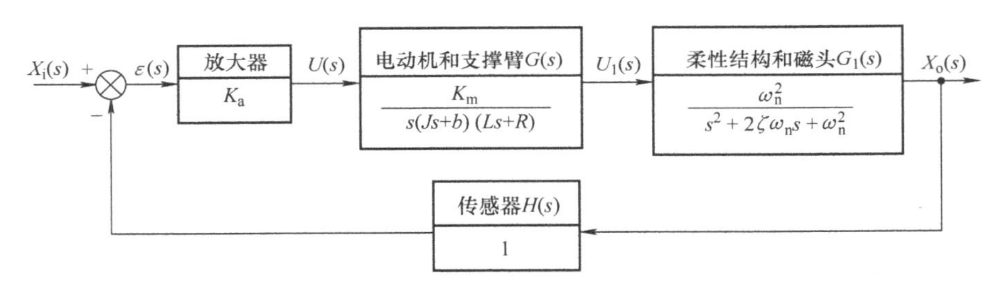

图 4-54　包含固定磁头的柔性结构的磁盘驱动器位置控制系统框图

典型的柔性结构和磁头的结构参数取 $\zeta = 0.3$ 和在 $f_n = 3000\text{Hz}$，即固有频率 $\omega_n = 18850\text{rad/s}$。此时

$$G_1(s) = \frac{3.55 \times 10^8}{s^2 + 1.13 \times 10^4 s + 3.55 \times 10^8}$$

由式（2-96）可知，作为驱动环节的电动机和支撑臂的传递函数为

$$G(s) = \frac{K_m/DR}{s(T_L s + 1)(Ts + 1)} = \frac{0.25}{s(0.05s + 1)(0.001s + 1)}$$

由图 4-54 可知，系统的开环传递函数和闭环传递函数分别为

$$G_k(s) = K_a G(s) G_1(s) = \frac{0.25K_a \times 3.55 \times 10^8}{s(0.05s + 1)(0.001s + 1)(s^2 + 1.13 \times 10^4 s + 3.55 \times 10^8)}$$

$$G_B(s)=\frac{K_aG(s)G_1(s)}{1+K_aG(s)G_1(s)}$$

$$=\frac{0.25K_a\times3.55\times10^8}{s(0.05s+1)(0.001s+1)(s^2+1.13\times10^4s+3.55\times10^8)+0.25K_a\times3.55\times10^8}$$

可以看出，系统开环由比例环节（增益为 $0.25K_a\times3.55\times10^8$）、积分环节、两个一阶惯性环节（转角频率分别为 $\omega_1=20\text{rad/s}$ 和 $\omega_2=1000\text{rad/s}$）以及二阶振荡环节组成。

取 $K_a=400$ 时，二阶振荡环节的转角频率 $\omega_3=18850\text{rad/s}$，阻尼比 $\zeta=0.3$；比例环节的增益为 3.55×10^8。绘制系统的开环幅频渐近特性曲线如图 4-55 所示。

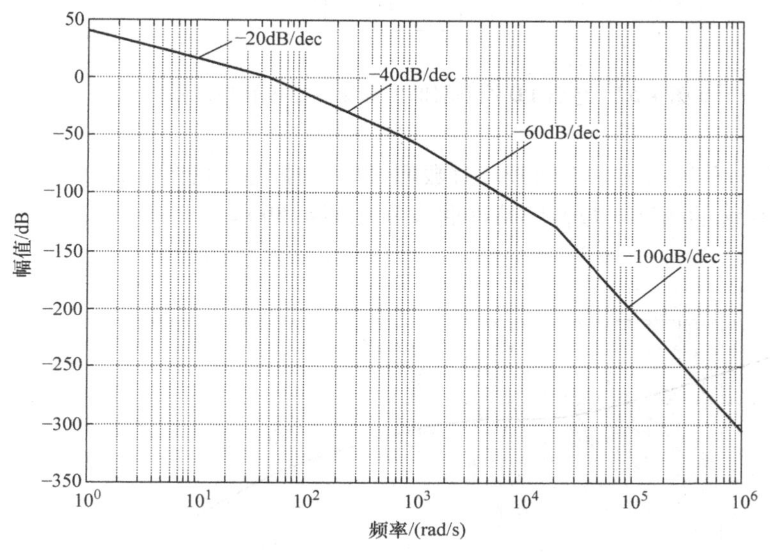

图 4-55　开环幅频特性的渐近特性曲线

图 4-56 为系统的闭环对数幅频特性曲线图。从图中可以读出截止带宽 $\omega_{b1}=29.94\text{rad/s}$，对应幅值为 −3dB。对于图 4-54 的系统中，仅有 P 控制器，系统带宽过低。

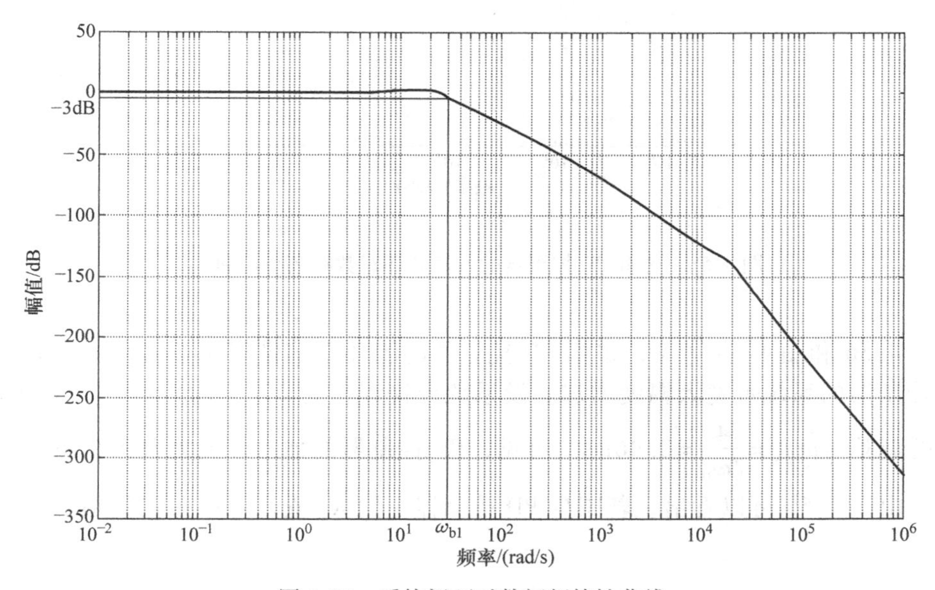

图 4-56　系统闭环对数幅频特性曲线

为了克服图 4-54 系统中带宽的不足，将放大器更换为 PD 控制器，系统框图如图 4-57 所示。

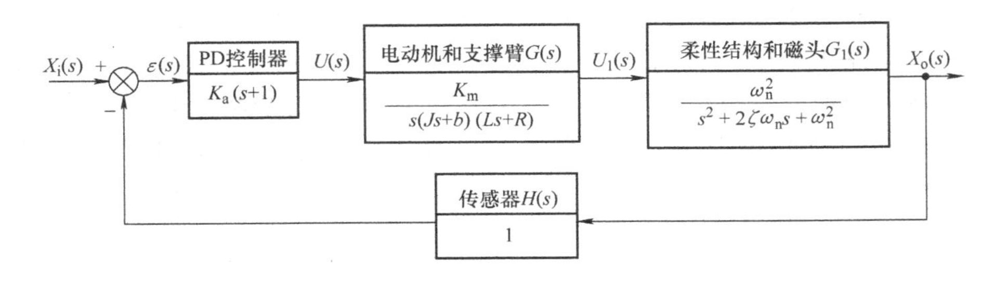

图 4-57　包含 PD 控制器的磁盘驱动器位置控制系统框图

针对图 4-57 所示的系统，绘制开环对数幅频特性曲线（见图 4-58）以及分别设定 K_a 等于 100 和 400 时系统的闭环对数幅频特性曲线（见图 4-59）。

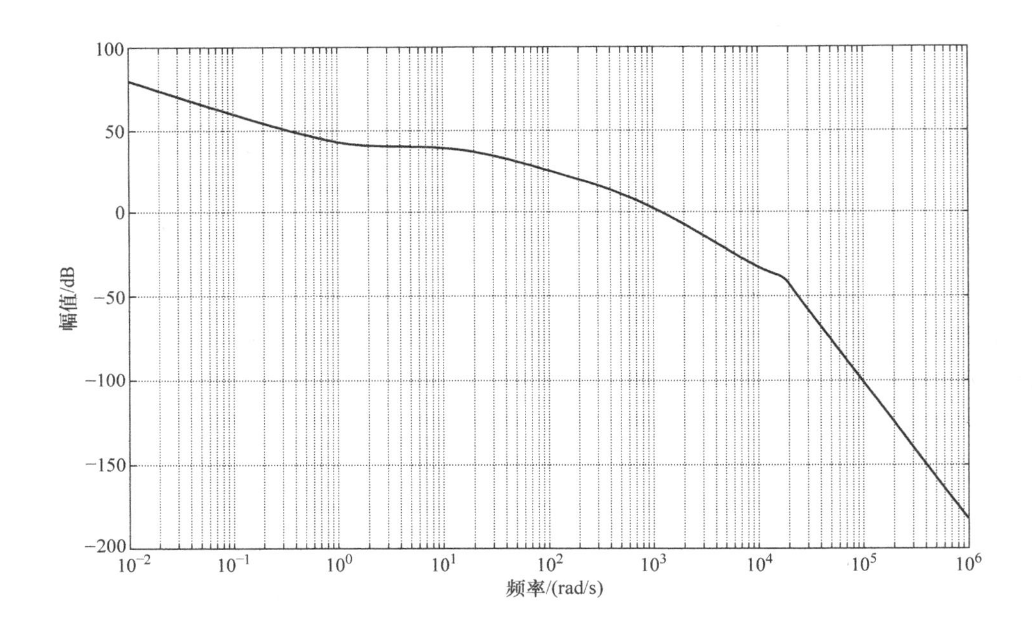

图 4-58　带有 PD 控制器的系统开环对数幅频特性曲线

对比图 4-56 和图 4-59 可见，采用 PD 控制器的闭环系统带宽$\omega_{b2}=2030.90\text{rad/s}$，相对于仅有 P 控制器的系统带宽大幅度增加。设系统允许误差为 2%，取 $\zeta=0.8$，$\omega_n\approx\omega_{b2}$，可计算系统的调整时间$t_s=\dfrac{4}{\zeta\omega_n}=2.46\text{ms}$。可见，PD 控制器的加入，大大改善了系统的动态性能。此外，由图 4-59 可以看出，若减少 PD 控制器中的 K_a 值，可在一定范围内抑制谐振的发生。

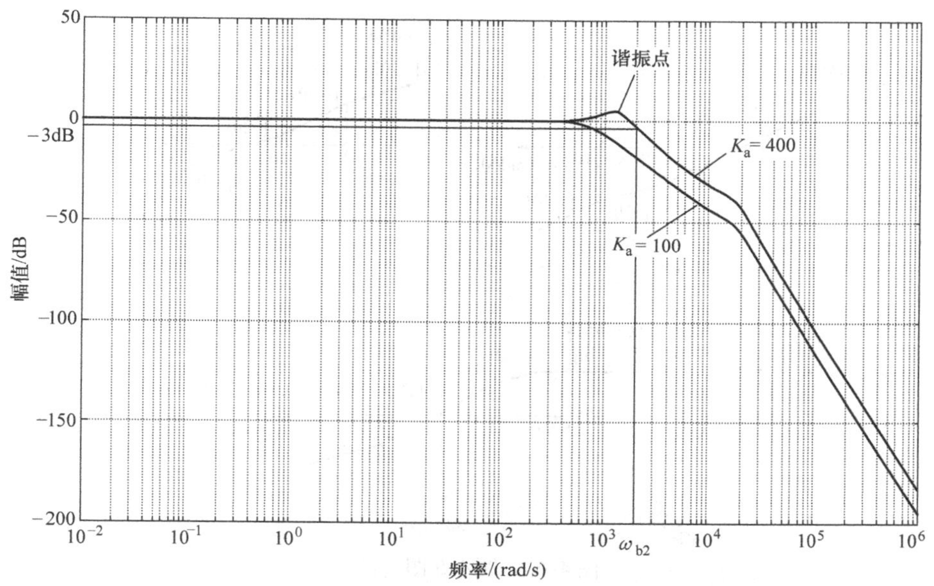

图 4-59　带有 PD 环节的系统闭环对数幅频特性曲线

习　　题

4-1　系统单位阶跃输入下的输出 $y_o(t)=1-1.8e^{-4t}+0.8e^{-9t}$ $(t\geqslant 0)$，求系统的频率特性表达式。

4-2　试求下列函数的幅频特性 $A(\omega)$、相频特性 $\varphi(\omega)$、实频特性 $U(\omega)$ 和虚频特性 $V(\omega)$。

（1）$G_1(j\omega)=\dfrac{5}{(30j\omega+1)}$　　（2）$G_2(j\omega)=\dfrac{1}{j\omega(0.1j\omega+1)}$

4-3　单位负反馈系统的开环传递函数为 $G(s)=\dfrac{4}{s+1}$，试求当下列输入信号作用于闭环系统时，系统的稳态输出：

（1）$x_i(t)=\sin(t+30°)$　　（2）$x_i(t)=2\cos(2t+45°)$

（3）$x_i(t)=\sin(t+30°)-2\cos(2t-45°)$

4-4　试求图 4-60 所示网络的频率特性，并绘制其奈奎斯特曲线。

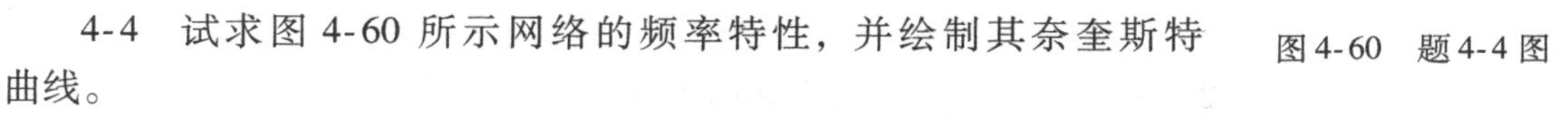

图 4-60　题 4-4 图

4-5　图 4-61 均是最小相位系统的开环对数幅频特性曲线，试写出其开环传递函数。

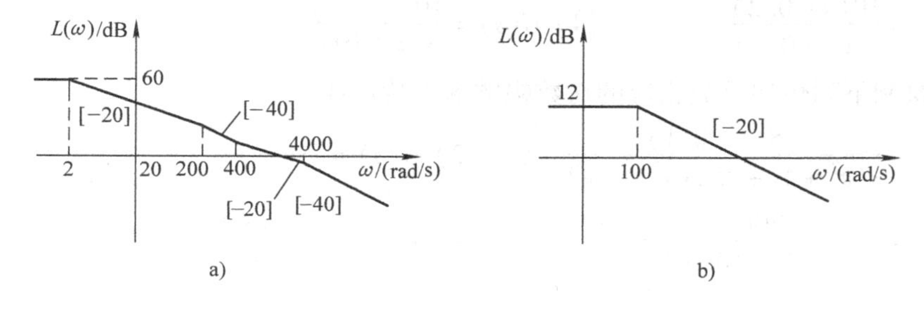

图 4-61　题 4-5 图

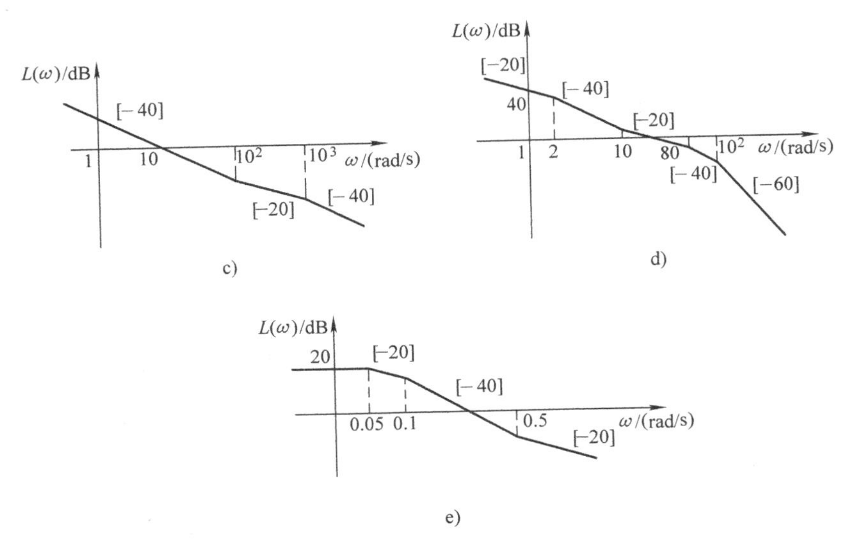

图 4-61　题 4-5 图（续）

4-6　已知某单位负反馈系统的开环传递函数为 $G(s)=\dfrac{K}{s(Ts+1)}$，在正弦信号 $x_{\mathrm{i}}(t)=\sin 10t$ 作用下，闭环系统的稳态响应 $x_{\mathrm{o}}(t)=\sin\left(10t-\dfrac{\pi}{2}\right)$，试计算 K、T 的值。

4-7　已知系统传递函数如下，试分别概略绘制各系统的极坐标图。

（1）$G(s)=\dfrac{K}{(T_1s+1)(T_2s+1)}$　$(K>0, T_1>T_2>0)$

（2）$G(s)=\dfrac{K}{s(s+1)}$　$(K>0)$　　（3）$G(s)=\dfrac{K(T_1s+1)}{s(T_2s+1)}$　$(K>0, T_2>T_1>0)$

（4）$G(s)=\dfrac{K(T_1s+1)}{s^2(T_2s+1)}$　（$0<T_1<T_2$ 和 $T_1>T_2>0$，$K>0$）

（5）$G(s)=\dfrac{250}{s(s+5)(s+15)}$　　（6）$G(s)=\dfrac{50}{s(s^2+s+1)}$

4-8　系统开环传递函数如下，试分别绘制各系统的对数幅频渐进特性曲线和对数相频特性曲线。

（1）$G(s)=\dfrac{2}{(2s+1)(8s+1)}$　　（2）$G(s)=\dfrac{10(s+1)}{s^2}$

（3）$G(s)=\dfrac{10(s+0.2)}{s^2(s+0.1)}$　　（4）$G(s)=\dfrac{10(s-50)}{s(s+10)}$

4-9　试绘制下列传递函数相应的对数幅频渐近特性线。

（1）$G(s)=\dfrac{8(s+0.1)}{s(s^2+4s+25)(s^2+s+1)}$　　（2）$G(s)=\dfrac{10}{s(s-1)(0.2s+1)}$

（3）$G(s)=\dfrac{200}{s^2(s+1)(10s+1)}$　　（4）$G(s)=\dfrac{10(s+1)^2}{s^2+\sqrt{2}s+2}$

4-10　已知系统的开环传递函数为 $G(s)=\dfrac{1}{s(s+1)(4s+1)}$，试绘制系统的开环极坐标图。

4-11　设最小相位系统开环对数幅频特性如图 4-62 所示，写出系统开环传递函数。

4-12　已知最小相位系统的开环对数幅频特性渐近线如图 4-63 所示，试求相应的开环传递函数。

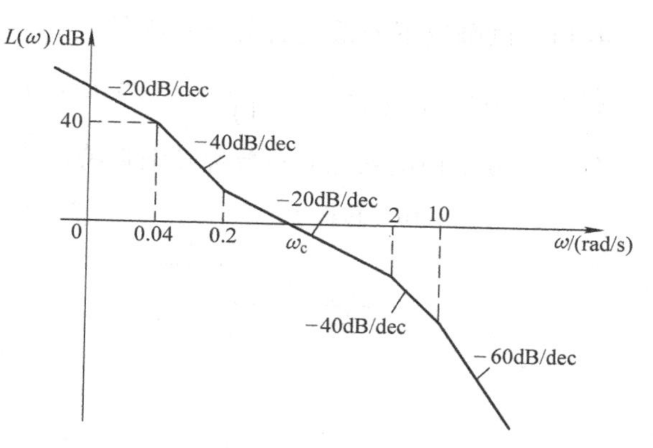

图 4-62　题 4-11 图

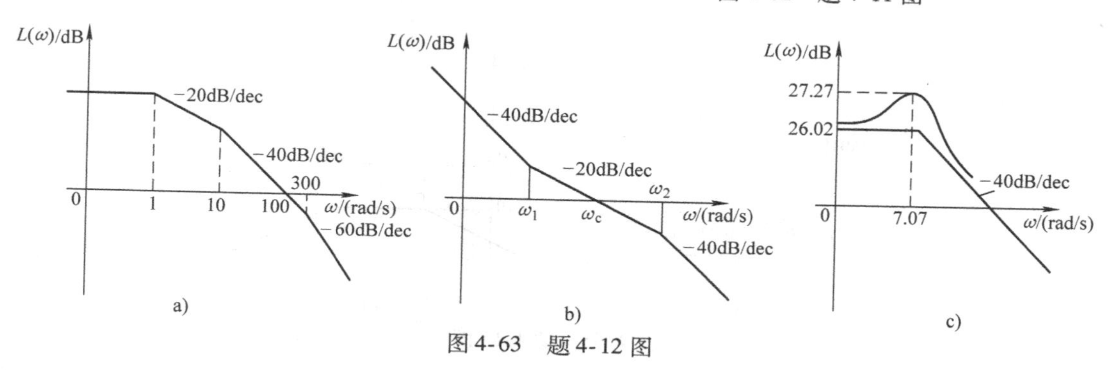

图 4-63　题 4-12 图

4-13　下面的各传递函数能否在图4-64中找到相应的奈奎斯特曲线？

(1) $G_1(s)=\dfrac{0.2(4s+1)}{s^2(0.4s+1)}$　　(2) $G_2(s)=\dfrac{0.14(9s^2+5s+1)}{s^3(0.3s+1)}$

(3) $G_3(s)=\dfrac{K(0.1s+1)}{s(s+1)}(K>0)$　　(4) $G_4(s)=\dfrac{K}{(s+1)(s+2)(s+3)}(K>0)$

(5) $G_5(s)=\dfrac{K}{s(s+1)(0.5s+1)}(K>0)$　　(6) $G_6(s)=\dfrac{K}{(s+1)(s+2)}(K>0)$

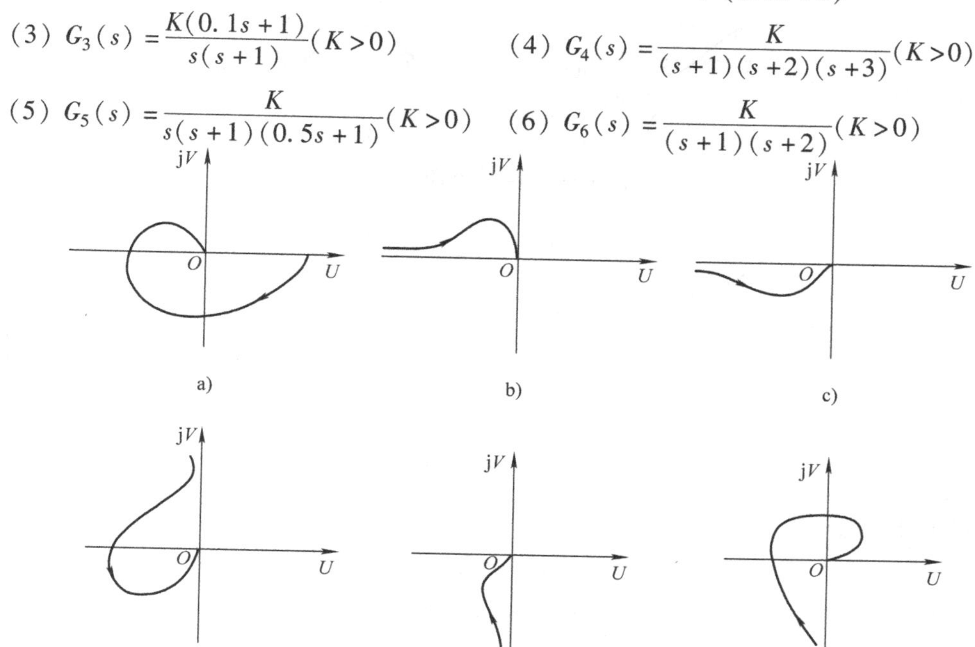

图 4-64　题 4-13 图

4-14　试画出下列系统的奈奎斯特图。

(1) $G_1(s)=\dfrac{1}{(s+1)(2s+1)}$　　(2) $G_2(s)=\dfrac{1}{s^2(s+1)(2s+1)}$

4-15　最小相位系统的对数幅频渐近特性曲线如图4-65所示，试写出其传递函数。

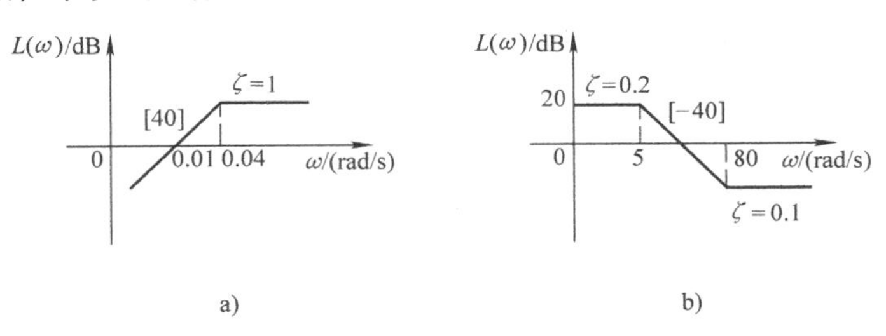

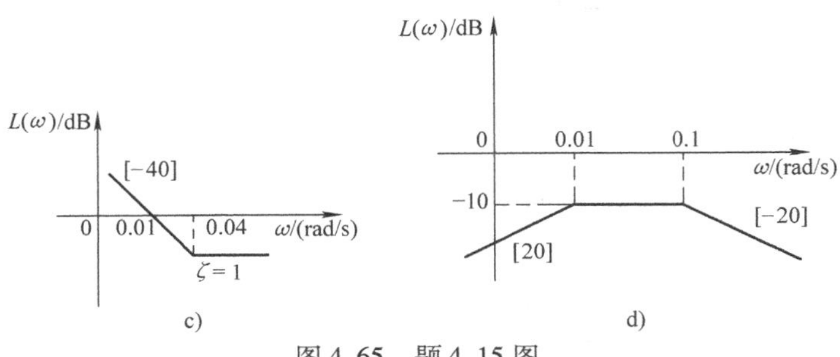

图4-65　题4-15图

4-16　两最小相位传递函数的对数幅频渐近特性曲线如图4-66所示，试分别写出对应的传递函数。

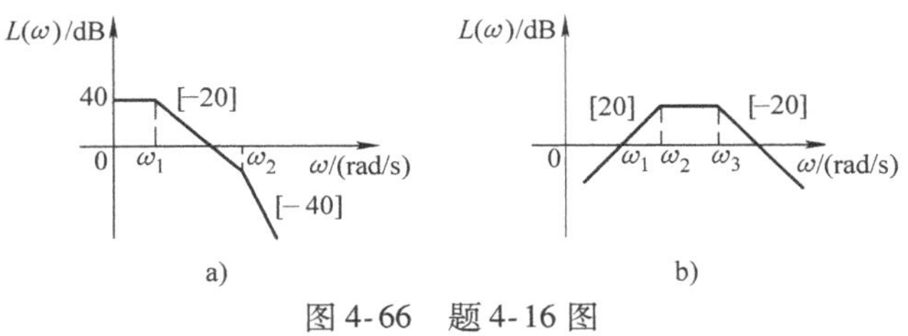

图4-66　题4-16图

第 5 章　控制系统的稳定性分析

一个不稳定的闭环系统通常是没有实用价值的。稳定是控制系统能够正常运行的首要条件。控制系统在实际运行过程中，总会受到外界和内部一些因素的干扰。如果系统不稳定，就会在任何微小的扰动作用下偏离原来的平衡状态，并随时间的推移而发散。分析系统的稳定性是经典控制理论的重要组成部分。经典控制理论对于判定一个线性定常系统是否稳定提供了多种方法。本章着重介绍几种常用的线性定常系统稳定判据以及提高系统稳定性的方法。在给出稳定性概念及系统稳定的充分必要条件后，主要讲解时域内判定稳定性的劳斯（Routh）判据、赫尔维茨（Hurwitz）稳定判据和频域内判定稳定性的奈奎斯特（Nyquist）判据、伯德（Bode）判据，并讨论相对稳定性问题。

5.1　系统稳定性的基本概念及充分必要条件

5.1.1　系统稳定性的基本概念

任何系统在扰动作用下都会偏离原平衡状态，产生初始偏差。所谓稳定性，是指系统在扰动消失后，由初始偏差状态恢复到原平衡状态的性能。

如图 5-1 所示，如果系统受到外界扰动，不论扰动引起的初始偏差有多大，当扰动取消后，系统都能恢复到初始平衡状态，则这种系统称为大范围稳定的系统；如果只有当扰动引起的初始偏差小于某一范围时，系统才能在取消扰动后恢复到初始平衡状态，否则就偏离初始平衡状态，这样的系统称为小范围稳定的系统。

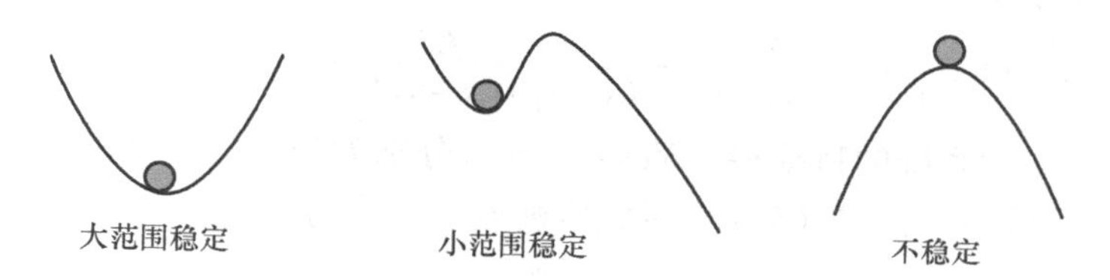

图 5-1　大范围稳定与小范围稳定

对于稳定的线性系统，必然在大范围和小范围内都能稳定。

线性控制系统处于某一平衡状态下，受到扰动作用而偏离了原来的平衡状态，在干扰消失后，系统又能回到原来的平衡状态或者回到原平衡点附近，则称该系统是稳定的，否则，该系统是不稳定的。

另外一种等价的描述是：若线性控制系统在初始扰动的作用下，其动态过程随时间的推移逐渐衰减并趋于零（原平衡工作点），则称系统是稳定的，如图 5-2a 所示；反之，在初始扰动作用下，系统的动态过程随时间的推移而发散，则称系统是不稳定的，如图 5-2b 所示。若在初始扰动作用下，系统的动态过程呈现持续不断的等幅振荡，则系统处于临界稳定状态。由于系统参数变化等原因，实际上等幅振荡不能维持，系统总会由于某些因素导致不稳定。因此，从工程应用的角度来看，临界稳定属于不稳定系统。

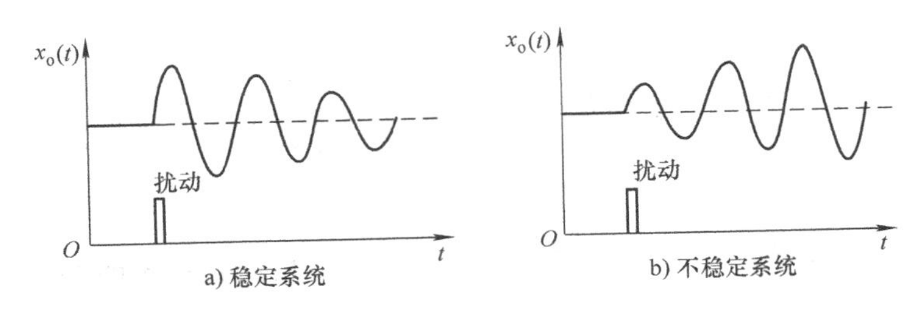

图 5-2　系统的动态响应过程

值得注意的是，线性系统的稳定性只取决于系统本身的结构与参数，而与输入无关（非线性系统的稳定性与输入有关）。开环系统不存在稳定性问题，系统出现不稳定现象，必有适当的反馈作用。

5.1.2　系统稳定的充分必要条件

对于线性定常系统，系统稳定性在数学上可定义为：若对线性系统在初始状态为零时输入单位脉冲信号 $\delta(t)$，如果系统的响应函数 $x_o(t)$ 随着时间的推移趋于零，即 $\lim\limits_{t\to\infty} x_o(t)=0$，则系统稳定；如果 $\lim\limits_{t\to\infty} x_o(t)=\infty$，则系统不稳定。

根据图 5-3 所示的一般闭环控制系统的框图写出系统的传递函数。

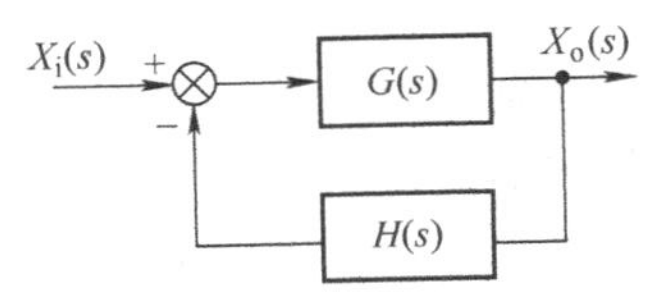

图 5-3　闭环控制系统框图

$$G_B(s)=\frac{X_o(s)}{X_i(s)}=\frac{G(s)}{1+G(s)H(s)}$$

系统的特征方程为 $1+G(s)H(s)=0$，该方程的根为系统的特征根，也是系统的闭环极点。由于 $\delta(t)$ 的拉普拉斯变换为 1，所以系统输出的拉普拉斯变换为

$$X_o(s)=\frac{G(s)}{1+G(s)H(s)}=\frac{G(s)}{(s-s_1)(s-s_2)\cdots(s-s_n)}=\frac{N(s)}{D(s)} \tag{5-1}$$

式中，s_1，s_2，…，s_n 为系统的特征根；$N(s)$、$D(s)$ 分别为分子、分母多项式。

假设特征方程无重根，将式（5-1）写成零极点的形式为

$$X_o(s)=\frac{K\prod\limits_{i=1}^{m}(s-z_i)}{\prod\limits_{j=1}^{q}(s-p_j)\prod\limits_{k=1}^{r}(s^2+2\zeta_k\omega_k s+\omega_k^2)} \tag{5-2}$$

式中，$q+2r=n$。

将上式进行部分分式展开，并设 $0<\zeta_k<1$，可得

$$X_o(s)=\sum_{j=1}^{q}\frac{A_j}{s-p_j}+\sum_{k=1}^{r}\frac{B_k s+C_k}{s^2+2\zeta_k\omega_k s+\omega_k^2} \tag{5-3}$$

式中，A_j 是闭环实数极点 p_j 处的留数；B_k 和 C_k 是与闭环复数极点 $s=-\zeta_k\omega_k\pm \mathrm{j}\omega_k\sqrt{1-\zeta_k^2}$ 处的留数相关的常系数。

将式（5-3）进行拉普拉斯反变换，可得系统的脉冲响应为

$$x_o(t) = \sum_{j=1}^{q} A_j e^{p_j t} + \sum_{k=1}^{r} B_k e^{-\zeta_k \omega_k t} \cos\omega_k \sqrt{1-\zeta_k^2}\, t + \sum_{k=1}^{r} \frac{C_k - B_k \zeta_k \omega_k}{\omega_k \sqrt{1-\zeta_k^2}} e^{-\zeta_k \omega_k t} \sin\omega_k \sqrt{1-\zeta_k^2}\, t \quad (t \geq 0) \tag{5-4}$$

式（5-4）表明，当且仅当系统的特征根全部具有负实部时，才能满足系统稳定的条件 $\lim\limits_{t\to\infty} x_o(t)=0$。若特征根中具有一个或者一个以上正实部根，则 $\lim\limits_{t\to\infty} x_o(t)=\infty$，表明系统不稳定。若特征根中具有一个或者一个以上零实部根，而其余的特征根均具有负实部，则 $\lim\limits_{t\to\infty} x_o(t)$ 趋于常数，或者趋于等幅正弦振荡，这种处于稳定和不稳定之间的临界状态，称为临界稳定状态。在经典控制理论中，临界稳定系统也是不稳定系统。

可以证明，当特征方程有多个重根时，要使系统稳定，仍然要求重根的实部必须都为负。

由此可见，线性系统稳定的必要且充分条件是：闭环系统特征方程的所有根均具有负实部；也可以表述成，闭环传递函数的极点全部具有负实部，或者闭环传递函数的极点全部在 s 平面的左半平面。

5.2　代数稳定判据

线性定常系统稳定的充要条件是其特征根全部具有负实部，因此可在求出特征方程的根之后判别系统的稳定性。但是一般情况下高阶系统没有统一的解析方法求解，求根的工作量很大。为此，考虑通过特征方程的系数和特征根的关系来判断系统的特征根是否全部具有负实部，用以判断系统的稳定性。1875 年，英国数学家劳斯（E. J. Routh）建立了采用特征方程系数组成的劳斯阵列表判别系统稳定性的方法，称为劳斯稳定判据。1895 年，德国数学家赫尔维茨（A. Hurwitz）建立了由特征方程的系数构成的赫尔维茨矩阵，根据计算各阶主子式的值来判断系统的稳定性，称为赫尔维茨判据。理论研究表明，劳斯阵列表和赫尔维茨矩阵的判定方法是等价的，因而又被称为劳斯 - 赫尔维茨判据。由于它们的判别式都是代数式，故又称为代数判据。

5.2.1　劳斯稳定判据

1. 系统稳定的必要条件

线性系统的特征方程为

$$D(s) = a_0 s^n + a_1 s^{n-1} + \cdots + a_{n-1} s + a_n = 0 \tag{5-5}$$

式（5-5）写成因式分解的形式，可以得到

$$a_0(s-s_1)(s-s_2)\cdots(s-s_n) = 0 \tag{5-6}$$

式中，$s_i(i=1, 2, \cdots, n)$ 为特征方程的特征根。将各个因式展开、合并同类项，可得

$$D(s) = a_0 s^n - a_0(s_1+s_2+\cdots+s_n)s^{n-1} + a_0(s_1s_2+s_2s_3+\cdots+s_{n-1}s_n)s^{n-2} - a_0(s_1s_2s_3+s_1s_2s_4+\cdots+s_{n-2}s_{n-1}s_n)s^{n-3} + \cdots + a_0(-1)^n s_1s_2s_3\cdots s_n = 0 \tag{5-7}$$

对比式（5-5）和式（5-7），由对应项系数相等，得到根与系数具有如下关系

$$\begin{cases}\dfrac{a_1}{a_0}=-(s_1+s_2+\cdots+s_n)=-(\text{所有根的和})\\ \dfrac{a_2}{a_0}=+(s_1s_2+s_2s_3+\cdots+s_{n-1}s_n)=+(\text{两个根乘积的和})\\ \dfrac{a_3}{a_0}=-(s_1s_2s_3+s_1s_2s_4+\cdots+s_{n-2}s_{n-1}s_n)=-(\text{三个根乘积的和})\\ \vdots\\ \dfrac{a_n}{a_0}=(-1)^n s_1s_2s_3\cdots s_n=(-1)^n(\text{所有 }n\text{ 个根的乘积})\end{cases} \tag{5-8}$$

由式（5-8）可知，要使全部特征根均具有负实部，必须满足：

1）特征方程的各项系数必须是非零的，即 $a_i \neq 0$（$i=0, 1, 2, \cdots, n$）。因为若有一个系数为零，则必出现实部为零的特征根或者实部有正有负的特征根，才能满足式（5-8），此时系统为临界稳定（根在虚轴上）或不稳定（根的实部为正）。

2）特征方程的各项系数 a_i 的符号都相同，才能满足式（5-8）。

按照惯例，$a_0>0$，此时上述两个条件就归结为 $a_i>0$。

上述为系统稳定的必要条件而非充分条件。也就是说，如果不满足这些条件，系统一定是不稳定的；然而满足了这些要求，还必须进一步确定系统的稳定性。例如，当特征多项式为 $D(s)=(s+2)(s^2-s+4)=s^3+s^2+2s+8$ 时，虽然该多项式的系数均为正，但系统却是不稳定的。

2. 劳斯判据

劳斯稳定性判据是一个线性系统稳定性的充要判据，证明从略。判据内容如下：

劳斯判据中将特征方程 $a_0s^n+a_1s^{n-1}+\cdots+a_{n-1}s+a_n=0$ 的系数排序为如下的阵列表

$$\begin{array}{cccccc} s^n & a_0 & a_2 & a_4 & a_6 & \cdots \\ s^{n-1} & a_1 & a_3 & a_5 & a_7 & \cdots \end{array}$$

表格中的其余行补全为

$$\begin{array}{cccccc} s^{n-2} & b_1 & b_2 & b_3 & b_4 & \cdots \\ s^{n-3} & c_1 & c_2 & c_3 & c_4 & \cdots \\ s^{n-4} & d_1 & d_2 & d_3 & & \cdots \\ \vdots & \vdots & \vdots & \vdots & & \\ s^2 & u_1 & u_2 & & & \\ s^1 & v_1 & & & & \\ s^0 & w_1 & & & & \end{array}$$

其中，系数根据下列公式计算

$$b_1 = \frac{-1}{a_1}\begin{vmatrix} a_0 & a_2 \\ a_1 & a_3 \end{vmatrix} = \frac{a_1a_2 - a_0a_3}{a_1}$$

$$b_2 = \frac{-1}{a_1}\begin{vmatrix} a_0 & a_4 \\ a_1 & a_5 \end{vmatrix} = \frac{a_1a_4 - a_0a_5}{a_1}$$

$$b_3 = \frac{-1}{a_1}\begin{vmatrix} a_0 & a_6 \\ a_1 & a_7 \end{vmatrix} = \frac{a_1a_6 - a_0a_7}{a_1}$$

$$\vdots$$

系数 b_i 的计算就是前两行的第一列与第 $i+1$ 列元素交叉相乘再相减后的差值除以前一行的第一个元素。用此方法一直进行到其余的 b_i 都等于零时为止。

显然，用同样的方法可以计算 c、d、e 等各行的系数，一直进行到其余各值为零为止。

$$c_1 = \frac{-1}{b_1}\begin{vmatrix} a_1 & a_3 \\ b_1 & b_2 \end{vmatrix} = \frac{b_1a_3 - a_1b_2}{b_1}$$

$$c_2 = \frac{-1}{b_1}\begin{vmatrix} a_1 & a_5 \\ b_1 & b_3 \end{vmatrix} = \frac{b_1a_5 - a_1b_3}{b_1}$$

$$c_3 = \frac{-1}{b_1}\begin{vmatrix} a_1 & a_7 \\ b_1 & b_4 \end{vmatrix} = \frac{b_1a_7 - a_1b_4}{b_1}$$

$$\vdots$$

$$d_1 = \frac{-1}{c_1}\begin{vmatrix} b_1 & b_2 \\ c_1 & c_2 \end{vmatrix} = \frac{c_1b_2 - b_1c_2}{c_1}$$

$$d_2 = \frac{-1}{c_1}\begin{vmatrix} b_1 & b_3 \\ c_1 & c_3 \end{vmatrix} = \frac{c_1b_3 - b_1c_3}{c_1}$$

这一过程一直进行到 s^0 行被算完为止。元素的完整阵列呈现为倒三角形。在展开的阵列中，为了简化其后的数值计算，可用一个正整数去除或乘某一整行的所有元素，并不改变稳定性结论。

在计算出劳斯阵列表后，判据的最后一步就是根据阵列表的第一列各项元素的正负符号来判断系统是否稳定。

劳斯判据表述为：系统稳定的充分必要条件是，劳斯阵列表中第一列各元素的符号均为正号，则系统稳定。表中第一列元素发生符号改变的次数等于具有正实部的特征根的个数。

例 5-1　设控制系统的特征方程为 $s^4+8s^3+17s^2+16s+5=0$，试用劳斯稳定判据判断系统的稳定性。

解：首先，由方程各项系数均为正可知已满足稳定的必要条件。其次，列劳斯阵列表为

$$\begin{array}{llll} s^4 & 1 & 17 & 5 \\ s^3 & 8 & 16 & \\ s^2 & 15 & 5 & \\ s^1 & \frac{40}{3} & & \\ s^0 & 5 & & \end{array}$$

由劳斯阵列表的第一列看出：第一列中元素符号均为正值，所以该控制系统是稳定的。

例 5-2 设控制系统的特征方程为 $2s^4+s^3+3s^2+5s+10=0$，试用劳斯稳定判据判断系统的稳定性。

解：首先，由方程各项系数均为正可知已满足稳定的必要条件。其次，列劳斯阵列表为

$$\begin{array}{llll} s^4 & 2 & 3 & 10 \\ s^3 & 1 & 5 & \\ s^2 & -7 & 10 & \\ s^1 & 6.43 & & \\ s^0 & 10 & & \end{array}$$

由劳斯阵列的第一列看出：第一列中元素符号不全为正值，且符号从 $+\to-\to+$ 改变两次，说明闭环系统有两个正实部的根，即有两个在 s 右半平面的极点，所以该闭环系统不稳定。

求解特征方程可以得到4个根，分别为 $s_{1,2}=-1.005\pm j0.933$，$s_{3,4}=0.755\pm j1.444$。

显然，$s_{3,4}$这对复根位于复平面右半平面。

3. 二阶、三阶系统的劳斯稳定判据

对于特征方程阶次较低（$n\leqslant3$）的系统，劳斯稳定判据可以化为不等式组的简单形式以便使用。

二阶系统特征多项式为 $a_0s^2+a_1s+a_2$，劳斯阵列表为

$$\begin{array}{lll} s^2 & a_0 & a_2 \\ s^1 & a_1 & \\ s^0 & a_2 & \end{array}$$

因此，二阶系统稳定的充要条件是其特征多项式的所有系数均为正数，即

$$a_0>0,\ a_1>0,\ a_2>0 \tag{5-9}$$

三阶系统特征多项式为 $a_0s^3+a_1s^2+a_2s+a_3$，劳斯阵列表为

$$\begin{array}{lll} s^3 & a_0 & a_2 \\ s^2 & a_1 & a_3 \\ s^1 & \dfrac{a_1a_2-a_0a_3}{a_1} & \\ s^0 & a_3 & \end{array}$$

因此，三阶系统稳定的充要条件是所有的系数均为正数且 $a_1a_2>a_0a_3$，即

$$a_0>0,\ a_1>0,\ a_2>0,\ a_3>0,\ a_1a_2>a_0a_3 \tag{5-10}$$

例 5-3 设系统的框图如图 5-4 所示，已知 $\zeta=0.2$，$\omega_n=86.6\text{rad/s}$，试确定使系统稳定的 K 值范围。

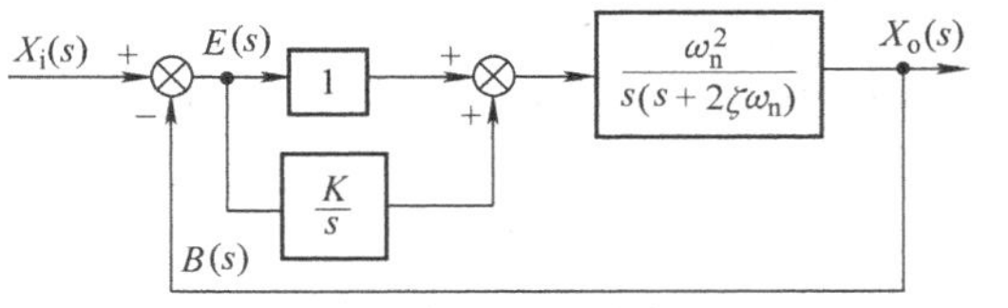

图 5-4 例 5-3 系统框图

解：从框图可求得系统的开环及闭环传递函数分别为

$$G_k(s)=\frac{\omega_n^2(s+K)}{s^2(s+2\zeta\omega_n)}$$

$$G_B(s)=\frac{\omega_n^2(s+K)}{s^3+2\zeta\omega_n s^2+\omega_n^2 s+K\omega_n^2}$$

闭环传递函数的特征方程为

$$s^3+2\zeta\omega_n s^2+\omega_n^2 s+K\omega_n^2=0$$

将已知参数 $\zeta=0.2$，$\omega_n=86.6$ 代入上式得

$$s^3+34.6s^2+7500s+7500K=0$$

根据三阶系统稳定的充要条件，可知使系统稳定需要满足

$$\begin{cases}K>0\\34.6\times7500-7500K>0\end{cases}$$

解得使系统稳定的 K 值范围为 $0<K<34.6$

4. 两种特殊情况

1）在劳斯阵列表中任意一行的第一个元素为零，而该行后各元素均不为零或者部分不为零。

在这种特殊情况下，计算下一行时，势必出现分母为零的情况，于是，劳斯阵列表的计算将无法进行。处理方法为：用极小的正数 ε 代替该零元素，继续计算后续行元素，直至补全劳斯阵列表，然后根据劳斯阵列表中第一列各元素的符号改变情况判断系统的稳定性。

如果该零元素上下两项的符号相同，则系统存在一对虚根，处于临界稳定状态；如果该零元素上下两项的符号不同，则系统有位于 s 右半平面的根，系统不稳定。

例 5-4　已知线性系统的特征方程为 $s^4+3s^3+3s^2+3s+2=0$，用劳斯判据判定系统的稳定性。

解：特征方程中各项系数全为正，满足系统稳定的必要条件，进一步计算劳斯阵列表为

$$\begin{array}{llll}s^4 & 1 & 3 & 2\\ s^3 & 3 & 3 & \\ s^2 & 2 & 2 & \\ s^1 & 0(\varepsilon) & & \\ s^0 & 1 & & \end{array}$$

其中，因为 s^1 行的第一项元素为 0，则 s^0 行的元素将为无穷大。可以将 s^1 行中的 0 元素替换为一个极小的正数 ε，继续计算劳斯阵列表。

可以看出劳斯阵列表中第一列 $0(\varepsilon)$ 上下两项的符号均为正，表明系统有一对共轭虚根，系统临界稳定。

若求解特征方程可以得到 4 个根，分别为：-1，-2，$\pm j$。

例 5-5　已知线性系统的特征方程为 $s^5+2s^4+2s^3+4s^2+11s+10=0$，试用劳斯判据判定系统的稳定性。

解：特征方程中各项系数均为正，满足系统稳定的必要条件，进一步计算劳斯阵列表为

s^5	1	2	11
s^4	2	4	10
s^3	$0(\varepsilon)$	6	
s^2	c_1	10	
s^1	d_1		
s^0	10		

其中，$c_1=\dfrac{4\varepsilon-12}{\varepsilon}\approx\dfrac{-12}{\varepsilon}<0$，$d_1=\dfrac{6c_1-10\varepsilon}{c_1}\approx 6>0$。

可见，第一列中有两次符号的改变。因此，系统是不稳定的，且系统有两个特征根位于 s 平面的右半平面。

2）在劳斯阵列表中，某一行的各元素全部为零。

劳斯阵列出现全零行，表明系统在 s 平面有对称分布的根，即存在大小相等、符号相反的实根和（或）一对共轭纯虚根和（或）实部符号相异、虚部数值相同的两对或两对以上的共轭复数根，如图 5-5 所示。

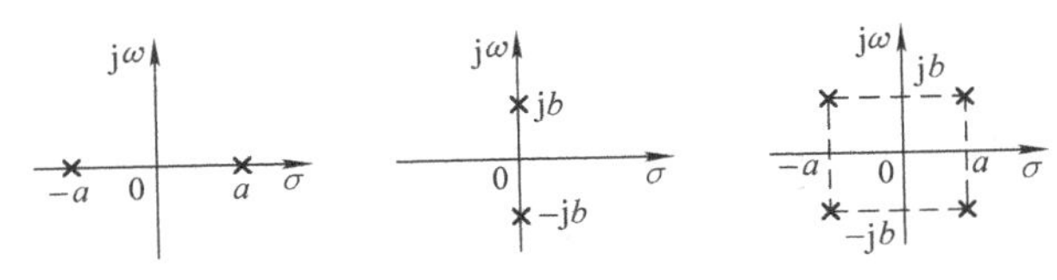

图 5-5　劳斯阵列表出现全零行时，可能的特征根分布情况

在这种特殊情况下，可利用该零行上面一行元素构成辅助多项式，用辅助多项式对 s 求导后的多项式系数代替该零行元素后继续计算劳斯阵列表，然后根据劳斯阵列表中第一列各元素的符号改变情况判断系统的稳定性。

如果劳斯阵列表第一列没有符号改变，说明系统存在一对虚根，处于临界稳定状态；如果有符号改变，说明系统具有正实部的特征根，系统不稳定。通过求解辅助多项式构成的辅助方程可以求得这些特征根。

例 5-6　设某系统特征方程为 $s^6+2s^5+8s^4+12s^3+20s^2+16s+16=0$，试用劳斯判据判别系统的稳定性。

解：计算劳斯阵列表为

s^6	1	8	20	16	
s^5	2	12	16		
s^4	1	6	8		（计算后整行除以 2 所得）
s^3	0	0			

可见，s^3 行的各元素全为零，利用 s^4 行元素得到辅助多项式为

$$A(s)=s^4+6s^2+8$$

将辅助多项式 $A(s)$ 对 s 求导，得到一个新的多项式为

$$\frac{\mathrm{d}A(s)}{\mathrm{d}s}=4s^3+12s$$

用上式的系数 4 和 12 替换原表中 s^3 行中的 0 元素，并以此行再计算劳斯阵列表中的后续

各行，得到劳斯阵列表为

s^6	1	8	20	16	
s^5	2	12	16		
s^4	1	6	8		（计算后整行除以 2 所得）
s^3	0(4)	0(12)			
s^2	3	8			
s^1	4/3				
s^0	8				

可见，第一列元素符号没有改变，说明系统没有右半平面的根，但因为 s^3 行的各项元素全为零，说明 s 平面上有对称分布的根，其根可由辅助方程 $s^4+6s^2+8=0$ 求得。

$$s^4+6s^2+8=(s^2+2)(s^2+4)=0$$

故

$$s_{1,2}=\pm\sqrt{2}\mathrm{j},\ s_{3,4}=\pm 2\mathrm{j}$$

为两对共轭虚根，系统处于临界稳定状态。

例 5-7　设某系统特征方程为 $s^7+3s^6+7s^5+5s^4+4s^3+12s^2+28s+20=0$，试用劳斯判据判别系统的稳定性。

解：劳斯阵列表为

s^7	1	7	4	28	
s^6	3	5	12	20	
s^5	16/3	0	64/3		（整行除以 16/3）
	1	0	4		
s^4	5	0	20		（整行除以 5）
	1	0	4		辅助多项式 $A(s)=s^4+4$
s^3	0(4)	0			$A'(s)=4s^3$
s^2	$0(\varepsilon)$	4			
s^1	$-16/\varepsilon$				
s^0	4				

第一列元素符号改变两次，系统不稳定。若求解特征方程，可得其特征根为

$$-1,\ -1\pm\mathrm{j}2,\ -1\pm\mathrm{j},\ 1\pm\mathrm{j}$$

需要指出的是，如果特征方程在虚轴上仅有单根，此时系统是临界稳定的，但如果虚根是重根，则系统是不稳定的，且具有 $t\sin(\omega t+\varphi)$ 的形式，劳斯判据不能发现这种形式的不稳定。

5. 劳斯判据的应用

劳斯稳定判据只是初步解决了系统特征方程式的根在 s 平面上的分布情况，而不能确定根的具体数值。用劳斯判据判定系统的稳定性，如果系统不稳定时，则这种判据并不能直接指出使系统稳定的方法；如果系统稳定，劳斯判据也不能表明系统特征根相对于虚轴的距离，也就不能保证系统具备满意的动态特性。由高阶系统单位脉冲响应表达式［见式（5-4）］可知，若特征方程式具有负实部的根紧靠虚轴，则由于 $|s_j|$ 或 $\zeta_k\omega_k$ 的值很小，系统过渡过程将具有缓慢的非周期特性或者强烈的振荡特性。为了使稳定的系统具有良好的动态响应，常希望在 s 左半平面上特征根的位置与虚轴有一定的距离。

在 s 左半平面上作一条 $s=-a$ 的垂线，而 a 是系统特征根位置与虚轴之间的最小给定距离，引入新变量 z，令 $z=s+a$，代入原系统特征方程，得到一个以 z 为变量的新特征方程，对新特征方程应用劳斯稳定判据，判定系统的特征根是否全部位于 $s=-a$ 垂线左侧。也可以理解成，把 s 平面内的虚轴向左平移到 $-a$ 的位置，判定特征根是否位于移动后的虚轴的左侧。

应用劳斯判据还可以确定使系统稳定或者使系统特征根全部位于 $s=-a$ 垂线之左的一个或者多个参数的取值范围。

例 5-8 已知系统的特征方程为 $D(s)=s^3+9s^2+18s+18K=0$，若要求特征根的实部均小于 -1，判断 K 的取值范围。

解： 令 $s=z-1$，代入特征方程可得

$$(z-1)^3+9(z-1)^2+18(z-1)+18K=0$$

z 为变量的新特征方程为

$$z^3+6z^2+3z-10+18K=0$$

根据三阶系统稳定的充要条件可知，特征方程系数需要满足不等式

$$\begin{cases}18K-10>0\\18>18K-10\end{cases}$$

解不等式可得，当 $\frac{5}{9}<K<\frac{14}{9}$ 时，特征根的实部均小于 -1。

5.2.2 赫尔维茨稳定判据

线性系统的特征方程为

$$D(s)=a_0s^n+a_1s^{n-1}+\cdots+a_{n-1}s+a_n=0 \quad (a_0>0) \tag{5-11}$$

各系数排成如下 $n\times n$ 的行列式：

$$\Delta=\begin{vmatrix}a_1 & a_3 & a_5 & \cdots & 0 & 0 & 0\\ a_0 & a_2 & a_4 & & & & \\ 0 & a_1 & a_3 & & \vdots & \vdots & \vdots\\ & a_0 & a_2 & & 0 & & \\ & 0 & a_1 & \ddots & a_n & & \\ & & a_0 & & a_{n-1} & 0 & \\ & & 0 & & a_{n-2} & a_n & \\ \vdots & \vdots & \vdots & & a_{n-3} & a_{n-1} & 0\\ 0 & 0 & 0 & \cdots & a_{n-4} & a_{n-2} & a_n\end{vmatrix} \tag{5-12}$$

该行列式也称为赫尔维茨行列式，排列规则如式（5-12）所示：首先在主对角线上从 a_1 开始，按下角标依次增加的顺序把特征方程的系数写进去，一直写到 a_n 为止。然后由主对角线上的系数出发，写出每一列的各元素：每列由上向下，系数 a 的下角标依次递减；由下向上，系数 a 的下角标依次递增。当写到特征方程中不存在的系数时，以零替代。

系统稳定的充分必要条件是：主行列式 Δ_n 及其对角线上各子行列式 Δ_1，Δ_2，$\cdots$，Δ_{n-1} 均具有正值，即

$$\Delta_1=a_1>0$$

$$\Delta_2 = \begin{vmatrix} a_1 & a_3 \\ a_0 & a_2 \end{vmatrix} > 0$$

$$\Delta_3 = \begin{vmatrix} a_1 & a_3 & a_5 \\ a_0 & a_2 & a_4 \\ 0 & a_1 & a_3 \end{vmatrix} > 0$$

$$\vdots \tag{5-13}$$

例 5-9　设控制系统的特征方程式为 $s^4 + 8s^3 + 17s^2 + 16s + 5 = 0$，试用赫尔维茨稳定判据判断系统的稳定性。

解：首先，由系数方程均为正，可知已满足稳定的必要条件。

将各系数排成行列式为

$$\Delta = \begin{vmatrix} 8 & 16 & 0 & 0 \\ 1 & 17 & 5 & 0 \\ 0 & 8 & 16 & 0 \\ 0 & 1 & 17 & 5 \end{vmatrix}$$

由于

$$\Delta_1 = 8 > 0$$

$$\Delta_2 = \begin{vmatrix} 8 & 16 \\ 1 & 17 \end{vmatrix} > 0$$

$$\Delta_3 = \begin{vmatrix} 8 & 16 & 0 \\ 1 & 17 & 5 \\ 0 & 8 & 16 \end{vmatrix} > 0$$

$$\Delta = \begin{vmatrix} 8 & 16 & 0 & 0 \\ 1 & 17 & 5 & 0 \\ 0 & 8 & 16 & 0 \\ 0 & 1 & 17 & 5 \end{vmatrix} > 0$$

故该系统稳定。

赫尔维茨判据采用行列式的形式表示，其特点是规律简单明确，便于记忆。但高阶系统计算过程较为复杂。赫尔维茨判据只适用于判定特征方程的根是位于复平面的左平面还是右平面，而劳斯判据还可以判定相对稳定性，故赫尔维茨判据应用较少。

5.3　奈奎斯特稳定判据

奈奎斯特（Nyquist）稳定判据是一种几何判据，由 H. Nyquist 于 1932 年提出，在 1940 年以后得到了广泛的应用，至今仍是判别线性控制系统稳定性的一种基本方法。它通过系统开环传递函数的极坐标图，利用图解法来判断闭环系统的稳定性。

该判据的优点在于：

1）使用较方便，无须获得闭环系统的特征根，工程上可以先应用分析法或频率特性实验法获得开环频率特性 $G_k(j\omega)$，即 $G(j\omega)H(j\omega)$ 曲线，进而分析闭环系统的稳定性。

2）奈奎斯特判据能定量地给出系统的相对稳定性指标以及进一步提高和改善系统动态性能（包括稳定性）的途径。

3）代数判据对含有延迟环节的系统无效，奈奎斯特判据则可以解决。

奈奎斯特稳定判据基于复变函数理论中的柯西辐角定理，该定理在无须基于复变函数理论严格证明的情况下也可以理解。

5.3.1 辐角定理

$F(s)$是复变量s的单值有理函数，是s多项式的分式。如果在某一域内存在$F(s)$和它所有的导数，那么就说此复变函数$F(s)$在该域内是解析的。在s平面上使函数$F(s)$解析的点叫普通点；在s平面上使函数$F(s)$变为非解析的点，叫奇点；极点是奇点的一种，极点使$F(s)$或它的导数趋近于无穷大。

如果函数$F(s)$在s平面上指定的区域内是解析的，则对于此区域内的任何一点d_s都可以在$F(s)$平面上找到一个相应的点d_f，d_f称为d_s在$F(s)$平面上的映射。同样，对于s平面上任意一条不通过$F(s)$任何奇点的封闭曲线C_s，也可以在$F(s)$平面上找到一条与之相对应的封闭曲线C_F（C_F为C_s的映射）。

设s平面上不通过$F(s)$任何奇点的封闭曲线C_s包围$F(s)$的Z个零点和P个极点。当s以顺时针方向沿封闭曲线C_s移动一周时，在$F(s)$平面上相对应的封闭曲线C_F将以顺时针方向绕原点旋转N圈。N、Z、P的关系为

$$N = Z - P \tag{5-14}$$

若$N>0$，表示C_F顺时针包围原点N圈；若$N=0$，表示C_F不包围原点；若$N<0$，表示C_F逆时针包围原点N圈。

上面的表述就是辐角定理。对定理的严格证明有兴趣的读者可参考有关复变函数的教材。下文仅对其进行简单的说明，以理解定理的内容。

将函数$F(s)$写成零极点的表达形式，如式（5-15）所示：

$$F(s) = \frac{K(s-z_1)(s-z_2)\cdots(s-z_m)}{(s-p_1)(s-p_2)\cdots(s-p_n)} = \frac{K\prod_{i=1}^{m}(s-z_i)}{\prod_{j=1}^{n}(s-p_j)} \tag{5-15}$$

$F(s)$的幅值和相角分别为

$$\begin{cases} |F(s)| = \dfrac{K\prod_{i=1}^{m}|s-z_i|}{\prod_{j=1}^{n}|s-p_j|} \\ \angle F(s) = \sum_{i=1}^{m}\angle(s-z_i) - \sum_{j=1}^{n}\angle(s-p_j) \end{cases} \tag{5-16}$$

s平面上$F(s)$的零点，映射到$F(s)$平面是坐标原点；s平面上$F(s)$的极点，映射到$F(s)$平面是无穷远点；s平面上的其他点，映射到$F(s)$平面是除原点外的有限点。

当s平面上点s从s_1经过某曲线C_s到达s_2时，映射到$F(s)$平面上将是一段曲线C_F，该曲线完全由s平面上的曲线C_s和$F(s)$的表达式决定。若只考虑点s从s_1到达s_2相角的变化量，则有

$$
\begin{aligned}
\Delta\angle F(s) &= \angle F(s_2) - \angle F(s_1) \\
&= \left[\sum_{i=1}^{m}\angle(s_2 - z_i) - \sum_{j=1}^{n}\angle(s_2 - p_j)\right] - \left[\sum_{i=1}^{m}\angle(s_1 - z_i) - \sum_{j=1}^{n}\angle(s_1 - p_j)\right] \\
&= \left[\sum_{i=1}^{m}\angle(s_2 - z_i) - \sum_{i=1}^{m}\angle(s_1 - z_i)\right] - \left[\sum_{j=1}^{n}\angle(s_2 - p_j) - \sum_{j=1}^{n}\angle(s_1 - p_j)\right]
\end{aligned}
$$

以函数 $F(s)=\dfrac{s+2}{s}$为例，若在 s 平面上分别取三个点：$d_{s1}(-1,\ \mathrm{j}1)$、$d_{s2}(1,\ -\mathrm{j}1)$、$d_{s3}(-2,\mathrm{j}0)$，其中 d_{s3} 为 $F(s)$的零点，将 d_{s1}、d_{s2} 和 d_{s3} 分别代入 $F(s)=\dfrac{s+2}{s}$，得到映射到 $F(s)$平面上的三个对应点分别为：$d_{F1}(0,-\mathrm{j}1)$、$d_{F2}(2,\mathrm{j}1)$、$d_{F3}(0,\mathrm{j}0)$，其中 d_{F3} 为 $F(s)$平面的坐标原点。映射关系如图 5-6 所示。

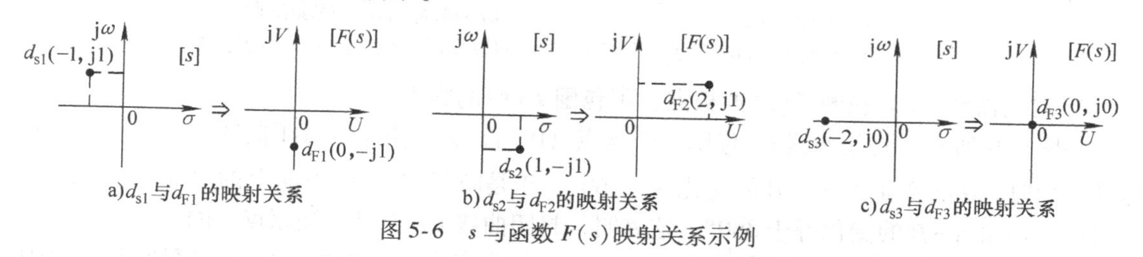

图 5-6　s 与函数 $F(s)$映射关系示例

下面仍以函数 $F(s)=\dfrac{s+2}{s}$为例，在 s 平面上分四种情况选取封闭曲线 C_s，当点 s 沿封闭曲线 C_s 按顺时针方向运动一周时，观察 $F(s)$平面上映射曲线 C_F 包围坐标原点的情况。这里，设分子 $s+2$ 的辐角为 α，分母 s 的辐角为 β，则 $F(s)$的辐角为 $\alpha-\beta$。

1. 封闭曲线 C_s 既不包围 $F(s)$的零点也不包围 $F(s)$的极点

如图 5-7 所示，当点 s 沿封闭曲线 C_s 按顺时针方向运动一周时，α 和 β 的变化都为 0°，于是映射到 $F(s)$平面上的对应点沿 C_F 绕行一周后，辐角 $\alpha-\beta$ 的变化也为 0°。这表明，封闭曲线 C_F 此时不包围原点。

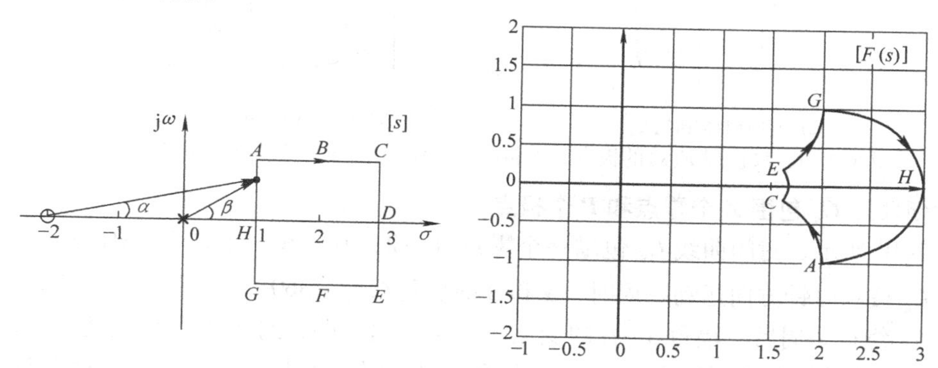

图 5-7　C_s 既不包围 $F(s)$的零点也不包围 $F(s)$的极点时，C_s 与 C_F 的映射关系图

2. 封闭曲线 C_s 只包围 $F(s)$的零点、不包围 $F(s)$的极点

如图 5-8 所示，封闭曲线 C_s 包围一个零点（-2，j0），当点 s 沿封闭曲线 C_s 按顺时针方向运动一周时，α 的变化为 $-360°$，β 的变化为 0°，于是映射到 $F(s)$平面上的对应点沿 C_F 绕行一周后，辐角 $\alpha-\beta$ 的变化应为 $-360°$。这表明，封闭曲线 C_F 顺时针包围原点一圈。

同理，当封闭曲线 C_s 内包含 Z 个零点，但不包含极点时，映射曲线 C_F 应顺时针包围原点 Z 圈，即 $F(s)$ 的辐角 $\alpha-\beta$ 的变化等于 $Z\times(-360°)$。

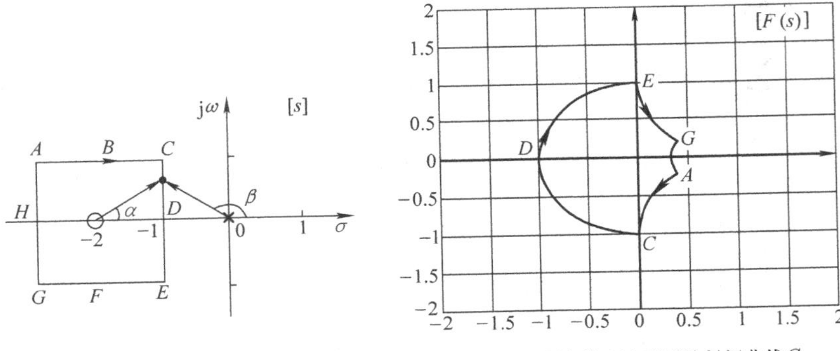

a) s 平面封闭曲线 C_s　　b) 映射到 $F(s)$ 平面的封闭曲线 C_F

图 5-8　C_s 只包围 $F(s)$ 的零点、不包围 $F(s)$ 的极点时，C_s 与 C_F 的映射关系图

3. 封闭曲线 C_s 只包围 $F(s)$ 的极点、不包围 $F(s)$ 的零点

如图 5-9 所示，封闭曲线 C_s 包围一个极点（0，j0），当点 s 沿封闭曲线 C_s 按顺时针方向运动一周时，α 的变化为 0°，β 的变化为 -360°，于是映射到 $F(s)$ 平面上的对应点沿 C_F 绕行一周后，辐角 $\alpha-\beta$ 的变化等于 360°。这表明，封闭曲线 C_F 逆时针绕原点一圈。

同理，当封闭曲线 C_s 内包含 P 个极点，但不包含零点时，映射曲线 C_F 应逆时针包围原点 P 圈，即 $F(s)$ 的辐角 $\alpha-\beta$ 的变化等于 $P\times360°$。

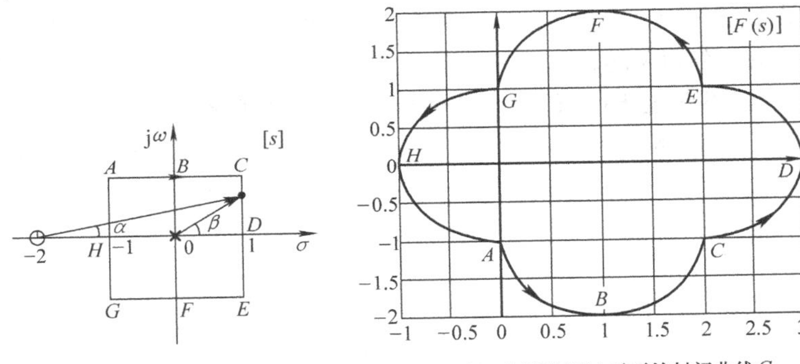

a) s 平面封闭曲线 C_s　　b) 映射到 $F(s)$ 平面的封闭曲线 C_F

图 5-9　C_s 只包围 $F(s)$ 的极点、不包围 $F(s)$ 的零点时，C_s 与 C_F 的映射关系图

4. 封闭曲线 C_s 包围 Z 个零点和 P 个极点

如图 5-10 所示，封闭曲线 C_s 包围一个零点（-2，j0）和一个极点（0，j0），当点 s 沿封闭曲线 C_s 按顺时针方向运动一周时，α 和 β 的变化都为 -360°，于是映射到 $F(s)$ 平面上的对应点沿 C_F 绕行一周后，辐角 $\alpha-\beta$ 的变化等于 0°。这表明，封闭曲线 C_F 不包围原点。

同理，当封闭曲线 C_s 内包围 Z 个零点和 P 个极点时，当点 s 沿 C_s 按顺时针方向运动一周时，映射到 $F(s)$ 平面上的对应点沿 C_F 绕行一周后，辐角 $\alpha-\beta$ 的变化应等于 $Z\times(-360°)-P\times(-360°)=(Z-P)\times(-360°)$。表明封闭曲线 C_F 顺时针包围原点 $Z-P$ 圈，也就是说此时封闭曲线 C_F 顺时针包围原点的圈数 $N=Z-P$，这就是辐角定理。

5.3.2　辅助函数

图 5-3 为闭环控制系统框图的一般形式，其闭环传递函数为

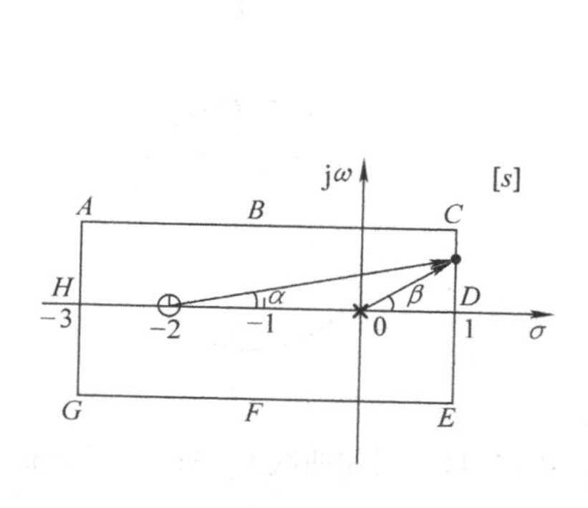

a) s 平面封闭曲线 C_s

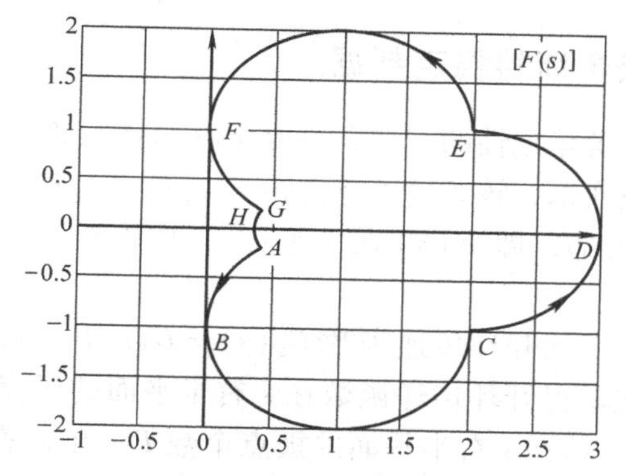

b) 映射到 $F(s)$ 平面的封闭曲线 C_F

图 5-10　C_s 包围 $F(s)$ 的 Z 个零点和 P 个极点时，C_s 与 C_F 的映射关系图

$$G_B(s)=\frac{G(s)}{1+G(s)H(s)} \tag{5-17}$$

系统的开环传递函数为

$$G_k(s)=G(s)H(s)$$

系统的特征方程为

$$1+G(s)H(s)=0$$

令

$$F(s)=1+G(s)H(s) \tag{5-18}$$

线性定常系统的开环传递函数一般可以写成以下形式

$$G_k(s)=G(s)H(s)=\frac{b_0s^m+b_1s^{m-1}+\cdots+b_{m-1}s+b_m}{a_0s^n+a_1s^{n-1}+\cdots+a_{n-1}s+a_n}=\frac{N(s)}{D(s)}\quad(n\geqslant m) \tag{5-19}$$

将式（5-19）代入式（5-17）和式（5-18），可以得到

$$G_B(s)=\frac{G(s)D(s)}{D(s)+N(s)} \tag{5-20}$$

$$F(s)=1+\frac{N(s)}{D(s)}=\frac{D(s)+N(s)}{D(s)} \tag{5-21}$$

对比式（5-18）~式（5-21），可以看出辅助函数 $F(s)$ 具有以下特点：

1）$F(s)$ 的零点就是闭环传递函数 $G_B(s)$ 的极点；$F(s)$ 的极点就是开环传递函数 $G_k(s)$ 的极点。

2）因为开环传递函数分母多项式的阶次 n 一般大于或者等于分子多项式的阶次 m，故 $F(s)$ 的零点和极点数相同。

3）$F(s)$ 和开环传递函数 $G_k(s)$ 只相差常数 1。当 s 沿封闭曲线 C_s 运动一周时，函数 $F(s)$ 映射到 $F(s)$ 平面上的封闭曲线 C_F 和函数 $G_k(s)$ 映射到［GH］平面上的封闭曲线 C_{GH} 只相差常数 1，可见封闭曲线 C_F 可由封闭曲线 C_{GH} 沿实轴正方向平移一个单位长度获得。因此，封闭曲线 C_F 包围 $F(s)$ 平面坐标原点的圈数等于 C_{GH} 包围（-1，j0）的圈数，其几何关系如图 5-11 所示。

可见，辅助函数 $F(s)$ 建立了系统的开环极点和闭环极点与 $F(s)$ 的零极点之间的直接联系，同时建立了封闭曲线 C_F 和 C_{GH} 之间的转换关系。奈奎斯特判据就是依据辐角原理，在已知开环传递函数 $G(s)H(s)$ 的情况下，利用开环传递函数的奈奎斯特轨迹来判明闭环系统是否稳定。

5.3.3 奈奎斯特稳定判据

闭环系统稳定性的充要条件是 $G_B(s)$ 的全部极点均具有负实部，该条件可等价为 $F(s)$ 的所有零点均具有负实部，即 $F(s)$ 在 s 平面右半平面没有零点。

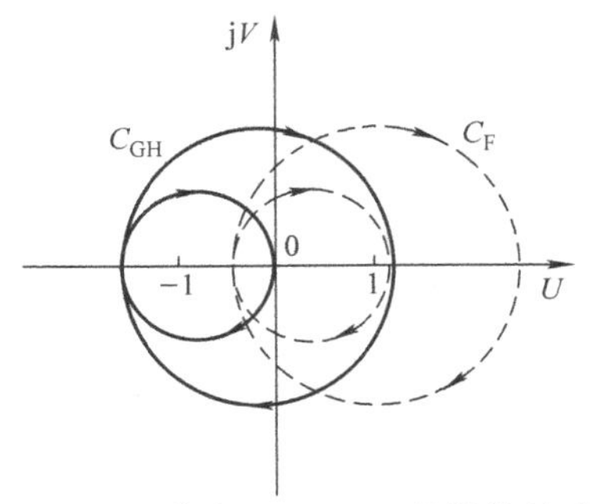

图 5-11 封闭曲线 C_F 和 C_{GH} 的转换关系举例

已知系统的开环传递函数 $G_k(s)=G(s)H(s)$，就可以直接求得开环传递函数在 s 右半平面的极点个数，即 $F(s)$ 在 s 右半平面的极点个数 P。在 s 平面选取封闭曲线 C_s 包围整个右半平面，找到 C_s 映射到 $F(s)$ 平面的封闭曲线 C_F，可以确定出封闭曲线 C_F 包围 $F(s)$ 平面坐标原点的圈数 N，则可由 $Z=N+P$ 计算出 $F(s)$ 位于 s 平面右半平面的零点个数 Z，这些零点也就是 $G_B(s)$ 的极点。在 $F(s)$ 平面上的封闭曲线 C_F 包围原点的圈数就是在［GH］平面上封闭曲线 C_{GH} 包围（-1，j0）的圈数。

1. s 平面封闭曲线 C_s 的选取

为应用辐角定理，要求 s 平面的封闭曲线 C_s 不能通过 $F(s)$ 的任何极点，也就是 C_s 不能通过开环传递函数 $G(s)H(s)$ 的任何极点。当开环传递函数 $G(s)H(s)$ 在虚轴上没有极点时，选取 s 平面上的封闭曲线 C_s 由下述两部分组成：

1）$s=j\omega$，其中，$\omega\in(-\infty,+\infty)$，即整个虚轴。

2）$s=Re^{j\theta}$，其中，$R\to\infty$，$\theta\in[+90°,-90°]$，即半径趋近于无穷大的圆弧。

此时，C_s 包围了整个［s］平面右半平面，如图 5-12 所示。C_s 也称为［s］平面上的奈奎斯特路径。

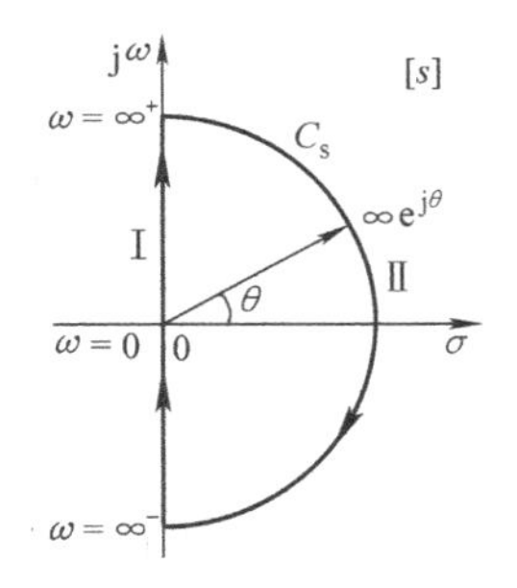

图 5-12 $G(s)H(s)$ 无虚轴上的极点时，C_s 的选取

2. $G(s)H(s)$ 平面上封闭曲线 C_{GH} 的绘制

1）在 $s=j\omega$，$\omega\in[0,+\infty)$ 时，映射到［GH］平面的曲线为开环频率特性 $G(j\omega)H(j\omega)$ 的奈奎斯特曲线。

2）在 $s=j\omega$，$\omega\in(-\infty,0]$ 时，映射到［GH］平面的曲线与在 $s=j\omega,\omega\in[0,+\infty)$ 时的奈奎斯特曲线关于实轴对称。

3）在 $s=Re^{j\theta}$，$R\to\infty$，$\theta\in[+90°,-90°]$ 时，映射到［GH］平面为坐标原点（$n>m$ 时），或者实轴上的一点（$n=m$ 时）。它对于 C_{GH} 包围某点的情况没有影响。

可见，$G(s)H(s)$ 包围某点的情况只需考虑 s 沿着整个虚轴变化时映射到［GH］平面的开环奈奎斯特轨迹 $G(j\omega)H(j\omega),\omega\in(-\infty,+\infty)$ 即可。

3. 奈奎斯特判据的内容

奈奎斯特判据的数学表达式为

$$Z=N+P$$

式中，Z 为 $F(s)$ 在 s 右半平面上的零点数（即 $G_B(s)$ 在 s 右半平面上的极点数）；P 为 $G_k(s)$ 在 s 右半平面上的极点数；N 为开环频率特性 $G_k(j\omega)$ 包围（-1，j0）的圈数［即 $F(s)$ 平面上 C_F 曲线包围原点的圈数］。若顺时针包围原点，则 N 为正；若逆时针包围原点，则 N 为负；若不包围原点，则 $N=0$。

显然，由闭环系统稳定性的充分必要条件可知，只有 $Z=0$ 时，闭环系统才是稳定的。

［GH］平面上系统稳定的充要条件可表述为：当 ω 从 $-\infty$ 变化到 $+\infty$ 时，若系统的开环

奈奎斯特轨迹逆时针包围（-1，j0）点的圈数等于 $G_k(s)$ 位于 s 右半平面的极点数，则系统是稳定的。因为此时 $N=-P$，由 $Z=N+P$ 可知 $Z=0$，否则系统就是不稳定的。

这一充要条件还可以表述为：当 ω 从 $-\infty$ 变化到 $+\infty$ 时，若系统的开环奈奎斯特轨迹逆时针包围（-1，j0）P 圈，则系统是稳定的，否则系统就是不稳定的。

假如开环传递函数 $G_k(s)$ 在 s 右半平面上的极点数 $P=0$，即系统开环是稳定的，则只有当 $G_k(j\omega)$ 的轨迹不包围（-1，j0）点时系统才是稳定的，否则系统就是不稳定的。

假如系统的开环是不稳定的，即 $P\neq0$，为使系统稳定，在 ω 从 $-\infty$ 变化到 $+\infty$ 时，$G_k(j\omega)$ 需要逆时针包围（-1，j0）点 P 圈。开环不稳定而其闭环却能稳定的系统，在实际应用中有时不太可靠。

由于 $G_k(j\omega)$ 在 $\omega\in(-\infty,0]$ 和 $\omega\in[0,+\infty)$ 的奈奎斯特轨迹是关于实轴对称的，所以只绘制正频率段的 $G_k(j\omega)$ 也可以判断出其包围（-1，j0）点的情况。

在 $G_k(j\omega)$ 的奈奎斯特轨迹较为复杂时，判断图形绕（-1，j0）点的圈数稍有些困难。这时可以采用角增量的方法：想象以（-1，j0）点为中心，奈奎斯特曲线上任意一点为起点，有一个点沿着曲线的方向移动，计算当它回到起点时围绕（-1，j0）点的角度增量。

如果系统开环为最小相位系统，奈奎斯特判据的应用还可以进一步简化。此时只需要画出 ω 从 0 变化到 $+\infty$ 时 $G_k(j\omega)$ 的奈奎斯特曲线，想象一个点沿着奈奎斯特曲线的方向移动，如果在最接近（-1，j0）点的一段曲线上，（-1，j0）点是在前进方向的左侧，则闭环系统是稳定的；如果（-1，j0）点是在前进方向的右侧，则闭环系统是不稳定的；如果曲线刚好穿过（-1，j0）点，则闭环系统是临界稳定的。

某最小相位系统的极坐标图如图 5-13 所示，可以应用奈奎斯特判据判定闭环系统是否稳定。

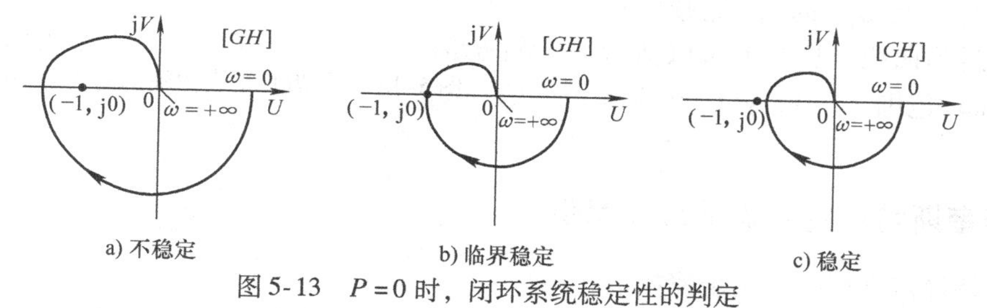

图 5-13　$P=0$ 时，闭环系统稳定性的判定

4. 辅助曲线的补画

当开环系统含有积分环节时，则需要画一条辅助曲线才能看清 $G_k(j\omega)$ 曲线是否包围（-1，j0）点，从而判断系统是否稳定。因为，当开环系统含有积分环节时，说明系统开环传递函数在坐标原点处有极点，为满足辐角定理，s 平面封闭曲线 C_s 的选取需要避开虚极点。

在原点附近，取 $s=\varepsilon e^{j\theta'}$（$\varepsilon$ 为正无穷小量，$\theta'\in[-90°,+90°]$），即圆心为原点、半径为无穷小的半圆。如图 5-14 所示，此时 s 平面上的封闭曲线由四段组成。

1）正虚轴：$s=j\omega$，其中，$\omega\in(0^+,+\infty)$。

2）右半平面上半径为无穷大的半圆：$s=Re^{j\theta}$，其中，$R\to\infty$，$\theta\in[+90°,-90°]$。

3）负虚轴：$s=j\omega$，其中，$\omega\in(-\infty,0^-)$。

4）半径为无穷小的右半圆：$s=\varepsilon e^{j\theta'}$，其中 $\varepsilon\to0$，$\theta'\in[-90°,+90°]$。

将这一奈奎斯特路径各段映射到［GH］平面上的奈奎斯特轨迹 $G_k(j\omega)$ 的对应曲线段为：

1）第Ⅰ和第Ⅲ曲线段：常规的奈奎斯特图 $G_k(j\omega)$，关于实轴对称。

2）第Ⅱ曲线段：将 $s=Re^{j\theta}$，其中，$R\to\infty$，$\theta\in[+90°,-90°]$代入 $G_k(j\omega)$，当分母阶数比分子阶数高，即 $n>m$ 时，$G_k(j\omega)$趋近于0；当 $n=m$ 时，$G_k(j\omega)$为常数。

3）第Ⅳ曲线段

① 对于Ⅰ型系统：将奈奎斯特路径中的点 $s=\varepsilon e^{j\theta'}$，$\varepsilon\to 0$，$\theta'=-90°\to 0°\to +90°$代入 $G_k(s)$中，得

$$\lim_{s\to 0}G_k(s)=\lim_{\varepsilon\to 0}\frac{k}{\varepsilon e^{j\theta'}}=\infty\, e^{-j\theta'}$$

所以这一段的映射为半径为∞、角度从90°顺时针变到-90°的右半圆，如图5-15a所示。

② 对于Ⅱ型系统：将奈奎斯特路径中的点 $s=\varepsilon e^{j\theta'}$，$\varepsilon\to 0$，$\theta'=-90°\to 0°\to +90°$代入 $G_k(s)$中，得

$$\lim_{s\to 0}G_k(s)=\lim_{\varepsilon\to 0}\frac{k}{(\varepsilon e^{j\theta'})^2}=\infty\, e^{-j2\theta'}$$

图5-14 $G(s)H(s)$有积分环节时，C_s 的选取

所以这一段的映射为半径为∞、角度从180°顺时针变到-180°的整圆，如图5-15b所示。

同理，若 $G_k(s)$中包含 ν 个积分环节，则辅助曲线是一个半径为无穷大、角度从 $\nu(90°)$顺时针变到 $\nu(-90°)$的部分圆周。辅助曲线可看作是 $G_k(j\omega)$低频段的延伸，与 $G_k(j\omega)$的低频段连接起来构成封闭曲线，这样就可以清楚地看出 $G_k(j\omega)$包围（-1，j0）点的情况了。

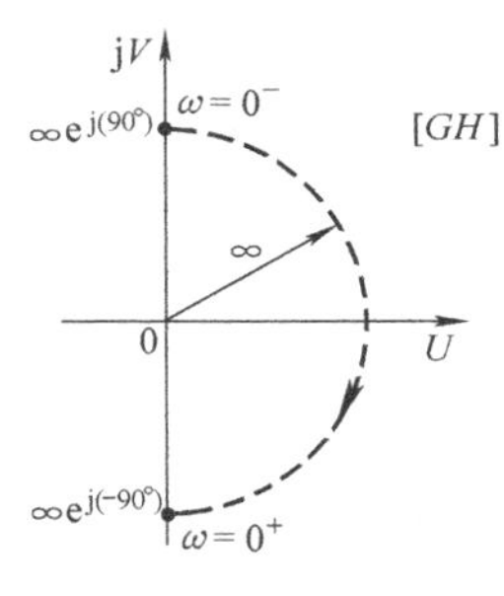

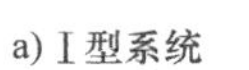

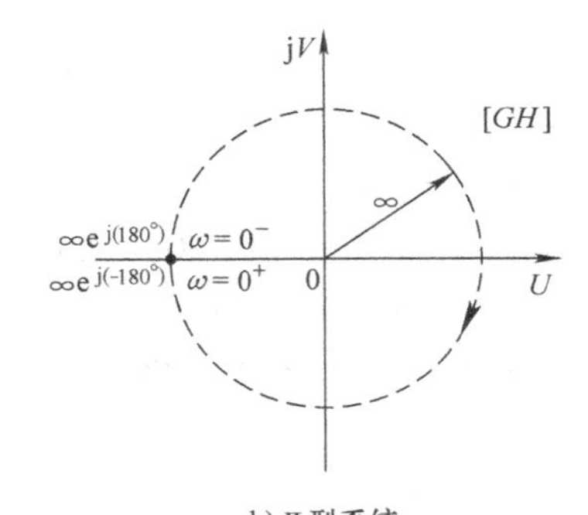

图5-15 ［GH］平面内辅助曲线的补画

5.3.4 奈奎斯特稳定判据的应用举例

奈奎斯特稳定判据的应用步骤如下：

1）画出开环系统奈奎斯特图（包括正负频率段），必要时需要补画辅助曲线（一般用虚线表示）。

2）确定开环在 s 右半平面的极点数 P。

3）确定［GH］平面上的奈奎斯特轨迹包围（-1，j0）的圈数 N。

4）计算 $Z=N+P$，当 $Z=0$ 时闭环系统稳定，当 $Z>0$ 时闭环系统不稳定，当 $Z<0$ 时计算有误。

例5-10 下列为某闭环控制系统的开环传递函数，式中开环增益 K 和时间常数 T、T_1、T_2、T_3、T_4、T_5 均为正值，判断对应闭环系统的稳定性。

a）$G_k(s)=\dfrac{K}{(T_1s+1)(T_2s+1)}$　　b）$G_k(s)=\dfrac{K(T_4s+1)(T_5s+1)}{(T_1s+1)(T_2s+1)(T_3s+1)}$

c）$G_k(s)=\dfrac{K}{s(Ts+1)}$　　d）$G_k(s)=\dfrac{K}{s(T_1s+1)(T_2s+1)}$

解： a）系统为0型系统，$G_k(s)$在 s 右半平面没有极点，即 $P=0$；其开环奈奎斯特轨迹

如图5-16a 所示，可以看出，$G_k(j\omega)$不包围（-1，j0）点，即$N=0$。所以，无论K取任何正值，系统总是稳定的。

b）系统为0型系统，$G_k(s)$在s右半平面没有极点，即$P=0$。图5-16b 为ω取正频率段时的开环奈奎斯特图，$G_k(j\omega)$是否包围（-1，j0）点与K或T_1、T_2、T_3、T_4和T_5的相对大小有关。

当T_1、T_2、T_3均大于T_4、T_5，且T_4、T_5、K值恰当时，可以得到图5-16b①所示的曲线，此时$G_k(j\omega)$包围（-1，j0）点，系统不稳定。若减小K值，其他参数不变，则相位不变，但曲线①有可能因模减小而不包围（-1，j0）点，因而系统趋于稳定。

如果K值不变，可以增加一阶微分环节的时间常数T_4、T_5，使相位角增大，曲线①变成曲线②，不包围（-1，j0）点，因而系统趋于稳定。

c）系统为Ⅰ型系统，$G_k(s)$在s右半平面没有极点，即$P=0$。其开环奈奎斯特轨迹如图5-16c 所示，虚线为补画的辅助曲线。可以看出，$G_k(j\omega)$不包围（-1，j0）点，即$N=0$。所以，无论K取任何正值，系统总是稳定的。

d）系统为Ⅰ型系统，$G_k(s)$在s右半平面没有极点，即$P=0$。其开环奈奎斯特图如图5-16d 所示，曲线①和②分别对应着较小K值和较大K值的情况。可见，K值较小时，$G_k(j\omega)$不包围（-1，j0）点，即$N=0$，系统稳定；K值较大时，$G_k(j\omega)$轨迹顺时针包围（-1，j0）点两圈，即$N=2$，则$Z=2$，说明有两个闭环极点位于s右半平面，系统是不稳定的。

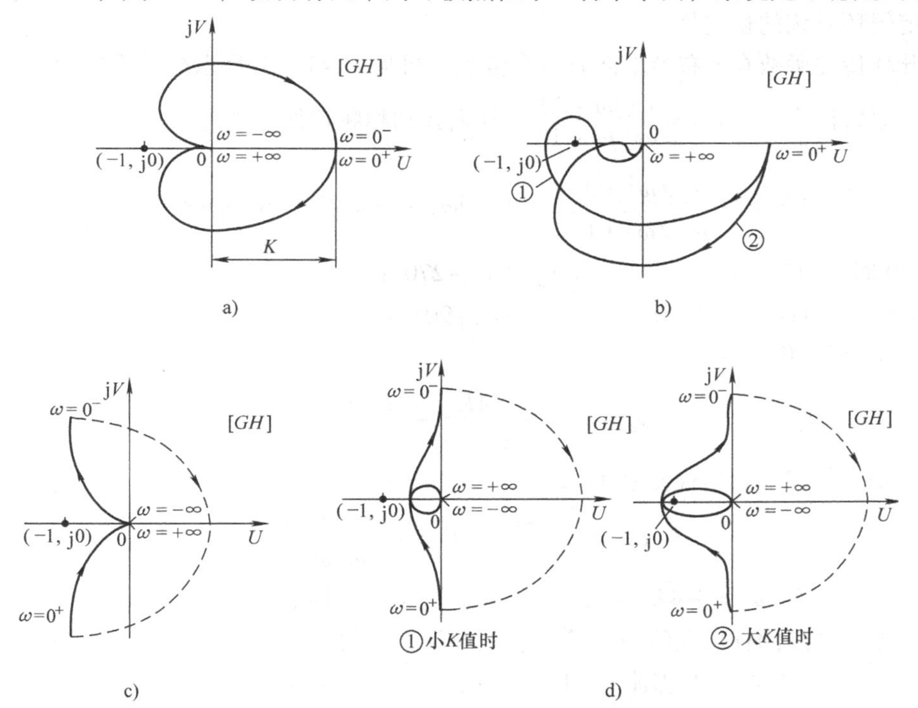

图5-16　例5-10图

例5-11　设闭环系统的开环传递函数为$G_k(s)=\dfrac{K(T_2s+1)}{s^2(T_1s+1)}(K>0,\ T_1>0,\ T_2>0)$，试确定闭环系统的稳定性。

解：系统为Ⅱ型系统，$G_k(s)$在s右半平面没有极点，即$P=0$。

该闭环系统的稳定性取决于时间常数 T_1、T_2 的大小。图5-17是 $T_1<T_2$、$T_1=T_2$、$T_1>T_2$ 三种不同情况下 $G_k(s)$ 的奈奎斯特轨迹。可见，当 $T_1<T_2$ 时，$\angle G(j\omega)>-180°$，$(-1,j0)$点位于轨迹的左侧，轨迹不包围（-1，$j0$）点，系统稳定；当 $T_1=T_2$ 时，$\angle G(j\omega)=-180°$，轨迹穿越（-1，$j0$）点，系统处于临界稳定状态；当 $T_1>T_2$ 时，$\angle G(j\omega)<-180°$，$(-1,j0)$点位于轨迹的右侧，轨迹顺时针包围（-1，$j0$）点2圈，系统不稳定，闭环系统有两个位于 s 右半平面的极点。

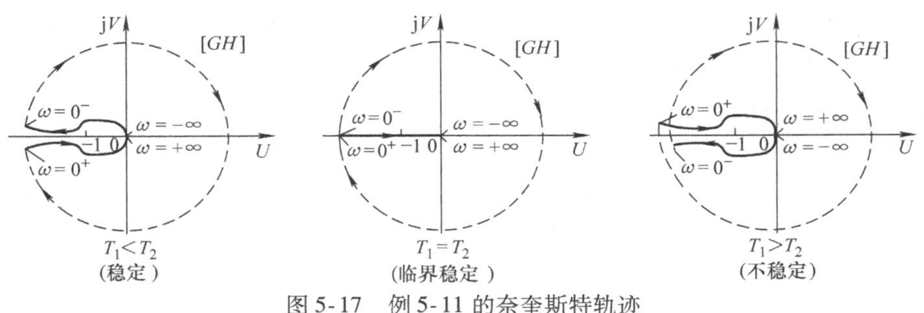

图5-17　例5-11的奈奎斯特轨迹

例5-12　设闭环系统的开环传递函数为

$$G_k(s)=\frac{K(s+3)}{s(s-1)}\quad(K>0)$$

试确定闭环系统的稳定性。

解：开环传递函数在 s 右半平面有一个极点，可见 $P=1$，开环系统是不稳定的。

开环频率特性为 $G_k(j\omega)=\dfrac{K(j\omega+3)}{j\omega(j\omega-1)}$，其幅频和相频特性分别为

$$|G_k(j\omega)|=\frac{K\sqrt{\omega^2+9}}{\omega\sqrt{\omega^2+1}},\quad \angle G_k(j\omega)=-270°+\arctan\omega+\arctan\frac{\omega}{3}$$

当 $\omega=0$ 时，$|G_k(j\omega)|=\infty$，$\angle G_k(j\omega)=-270°$；

当 $\omega=\infty$ 时，$|G_k(j\omega)|=0$，$\angle G_k(j\omega)=-90°$。

将 $G_k(j\omega)$ 写成代数形式为

$$G_k(j\omega)=-\frac{4K}{\omega^2+1}+j\frac{K(3-\omega^2)}{\omega(\omega^2+1)}$$

可以得到实频和虚频特性分别为

$$U(\omega)=-\frac{4K}{\omega^2+1},\ V(\omega)=\frac{K(3-\omega^2)}{\omega(\omega^2+1)}$$

当 $\omega=0^+$ 时，$U(\omega)=-4K$，$V(\omega)=+\infty$；当 $\omega=0^-$ 时，$U(\omega)=-4K$，$V(\omega)=-\infty$。

由此可见，补画的辅助曲线位于第二、三象限，并与 $G_k(j\omega)$ 的奈奎斯特图低频段相连接，如图5-18所示。轨迹逆时针包围（-1，$j0$）点一圈，因此 $N=-1$。于是 $Z=N+P=0$，闭环系统是稳定的。

例5-13　设闭环系统的开环传递函数为 $G(s)H(s)=\dfrac{8}{(s-1)(s+2)(s+3)}$，试确定闭环系统的稳定性。

解：开环传递函数在 s 右半平面有一个值为1的极点，可见 $P=1$，开环系统是不稳定的。图5-19是其开环奈奎斯特图，可见轨迹逆时针包围（-1，$j0$）点一圈，因此 $N=-1$。于是

$Z=N+P=0$，闭环系统是稳定的。

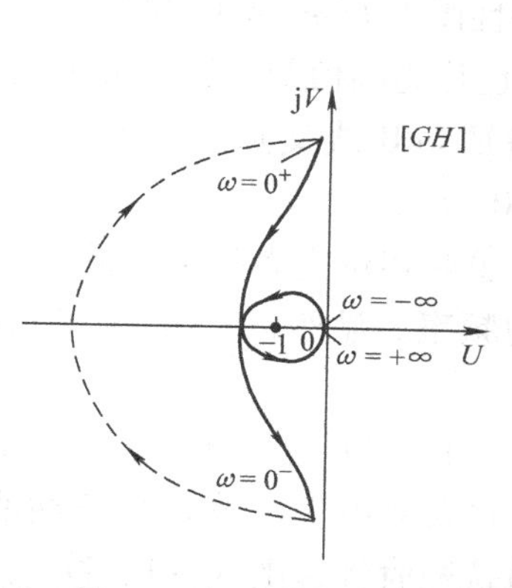

图 5-18　例 5-12 中系统开环奈奎斯特轨迹

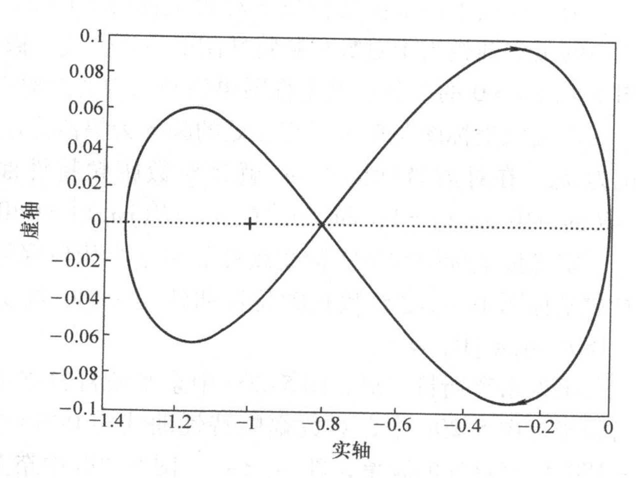

图 5-19　例 5-13 的奈奎斯特图

5.4　伯德判据

利用开环对数坐标图和开环极坐标图的关系，将奈奎斯特判据略作引申，即可利用开环对数坐标图判断系统的稳定性，称为对数判据或伯德判据。对数坐标图可以通过实验获得，因此在工程上获得了广泛的应用。

开环对数坐标图和开环极坐标图的对应关系如图 5-20 所示。

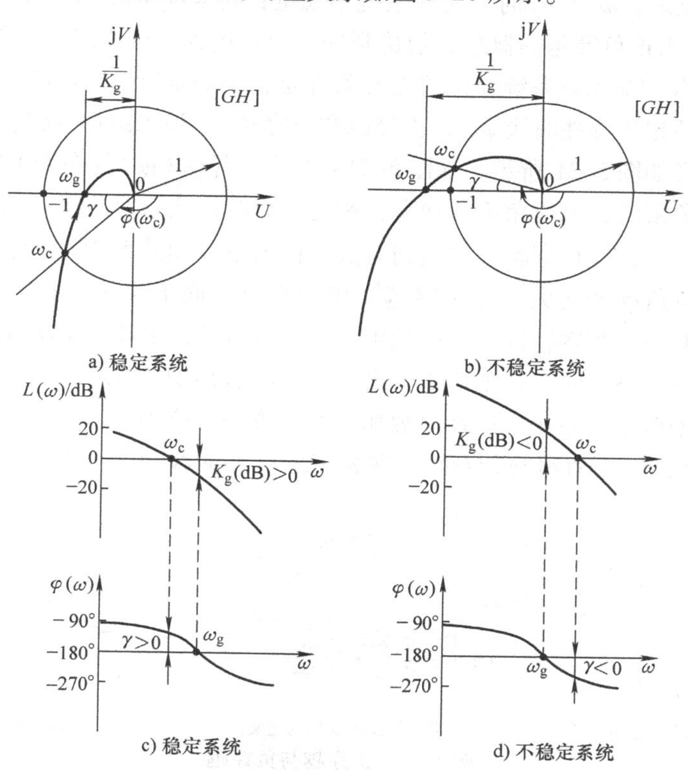

图 5-20　开环对数坐标图与极坐标图的关系及稳定性

极坐标图中的单位圆相当于对数坐标图中的0dB线，即对数幅频特性图的横轴；极坐标图中的负实轴相当于对数相频特性图的 $-180°$线。极坐标图单位圆以外的点对应对数幅频特性图中 $L(\omega)>0$ 的部分；极坐标图单位圆以内的点对应幅频特性图中 $L(\omega)<0$ 的部分。

定义极坐标图与单位圆交点处的频率为幅值穿越频率，也称为幅值交界频率或剪切频率，记为 ω_c。在对数坐标图中 ω_c 就是对数幅频特性曲线与横轴0dB线交点处的频率。显然，$|G(j\omega_c)H(j\omega_c)|=1$，即 $20\lg|G(j\omega_c)H(j\omega_c)|=0\text{dB},\omega_c\in[0,\infty)$。

定义极坐标图与负实轴交点处的频率为相位穿越频率，也叫相位交界频率，记为 ω_g。在对数坐标图中 ω_g 是对数相频特性曲线与 $-180°$线交点处的频率。显然，$\angle G(j\omega_g)H(j\omega_g)=-180°,\omega_g\in[0,\infty)$。

根据奈奎斯特判据，图5-20a中奈奎斯特轨迹不包围（-1，j0）点，系统稳定；对应的对数坐标图5-20c中，对数幅频特性曲线与0dB线交点处的频率小于对数相频特性曲线与 $-180°$线交点处的频率，即 $\omega_c<\omega_g$。图5-20b中奈奎斯特轨迹顺时针包围（-1，j0）点，系统不稳定；对应的对数坐标图5-20d中，对数幅频特性曲线与0dB线交点处的频率大于对数相频特性曲线与 $-180°$线交点处的频率，即 $\omega_c>\omega_g$。若奈奎斯特曲线刚好穿过（-1，j0）点，则系统处于临界稳定状态；对应的对数坐标图中，对数幅频特性曲线与0dB线交点处的频率等于对数相频特性曲线与 $-180°$线交点处的频率，即 $\omega_c=\omega_g$。

根据奈奎斯特判据和上述对应关系，在 $P=0$ 时，伯德判据（也叫对数判据）可表述为：若开环对数幅频特性曲线与0dB线相交先于对数相频特性曲线与 $-180°$线相交，即 $\omega_c<\omega_g$，则闭环系统稳定；反之，$\omega_c>\omega_g$ 时，闭环系统不稳定；$\omega_c=\omega_g$ 时，闭环系统临界稳定。

当 $P\neq0$ 时，引入正负穿越的概念，伯德判据全面叙述为：若系统开环传递函数 $G_k(s)$在 s 右半平面有 P 个极点，则闭环系统稳定的充要条件是：当 $\omega\in[0,+\infty)$时，在所有 $L(\omega)>0$ 的频率范围内，开环相频特性曲线 $\varphi(\omega)$正穿越和负穿越 $-180°$线的次数差为 $P/2$。

正负穿越的定义如图5-21所示。如图5-21a所示，当 $G_k(j\omega)$的奈奎斯特轨迹从第二象限穿越负实轴到第三象限时，相位角逐渐加大，称为正穿越；从第三象限穿越负实轴至第二象限时，相位角逐渐减小，称为负穿越。对应到对数坐标图中，如图5-21b所示，相频线由下向上穿越 $-180°$线，相位角逐渐变大，为正穿越；相频线由上向下穿越 $-180°$线，相位角逐渐变小，为负穿越。若其对数相频特性一开始就由 $-180°$线向下，则算负半次穿越；反之，若对数相频特性一开始就由 $-180°$向上，则算正半次穿越，如图5-21c所示。

对于开环为Ⅰ型以上的系统，应在对数相频特性图 $\varphi(\omega)$中 $\omega=0$ 处，自上而下附加一段 $0°\sim-90°\nu$（ν 为型次）的直线与相频特性在 $\omega=0^+$处的曲线相连，再使用伯德判据。

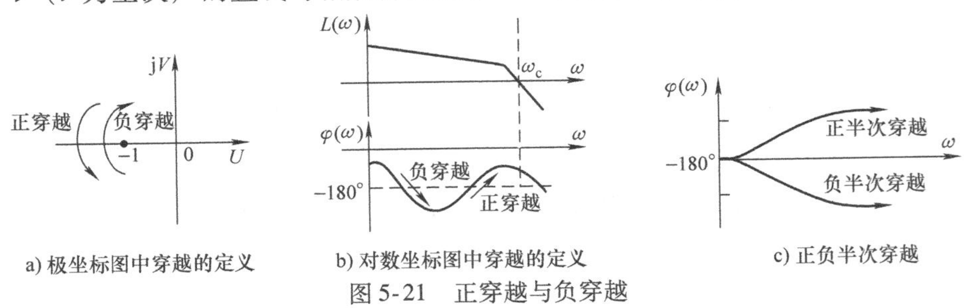

a) 极坐标图中穿越的定义　b) 对数坐标图中穿越的定义　c) 正负半次穿越

图5-21　正穿越与负穿越

例5-14　系统开环频率特性对数坐标图如图5-22所示，试判定闭环系统的稳定性。

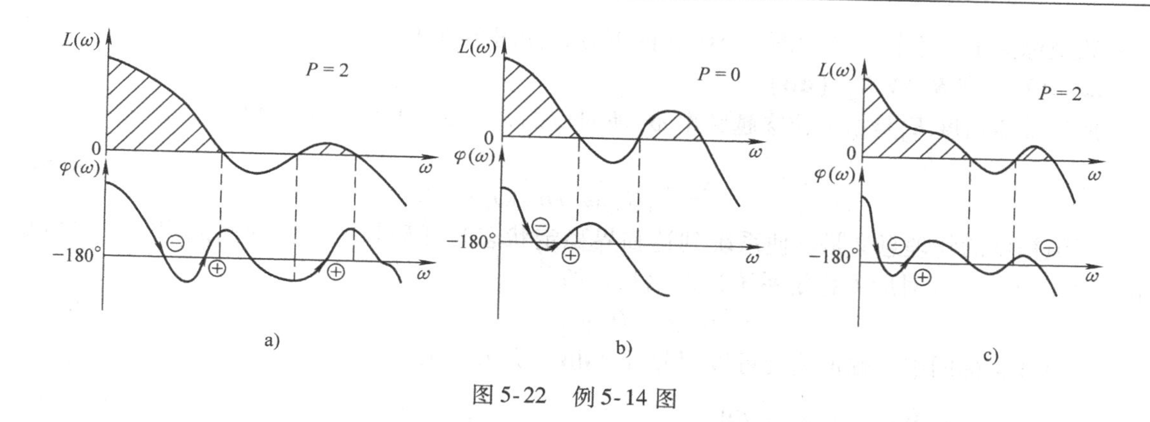

图5-22　例5-14图

解：图5-22a中，右半平面有两个极点，$P=2$，正负穿越的次数之差为$2-1=1=P/2$，则闭环系统稳定。

图5-22b中，右半平面没有极点，$P=0$，正负穿越的次数之差为0，则闭环系统稳定。

图5-22c中，右半平面有两个极点，$P=2$，正负穿越的次数之差为$1-2=-1\neq P/2$，则闭环系统不稳定。

与极坐标图相比，用对数坐标图判断系统的稳定性，有以下几个优点：

1）对数坐标图可以用渐近线的方法作出，故比较简单。

2）根据对数坐标图上的渐近线，可以粗略地判别系统的稳定性。

3）在对数坐标图中，可以分别作出各环节的对数幅频、相频特性曲线，以便明确哪些环节是造成不稳定性的主要因素，从而对其参数进行合理选择和校正。

4）在调整开环增益时，只需将对数坐标图中的对数幅频特性上下平移即可，因此很容易看出保证稳定性所需的增益值。

5.5　控制系统的相对稳定性

控制系统稳定与否是绝对稳定性的概念。而对一个稳定的系统而言，还有一个相对稳定性的概念。相对稳定性与系统的动态性能指标有密切的关系。在设计一个控制系统时，不仅要求系统必须是绝对稳定的，而且还应保证系统具有一定的相对稳定性。只有这样，才能使系统不致因内部或外部参数的小范围漂移而导致系统性能变差甚至不稳定。

相对稳定性，也称稳定裕度，其物理意义就是一个稳定系统离稳定边界还有多大的安全距离。在频率域里，用相位裕度γ和幅值裕度（也叫增益裕度）K_g或K_g（dB）来表示。

1. 相位裕度γ

相位裕度是指幅值穿越频率ω_c所对应的相位角$\varphi(\omega_c)$与$-180°$的差值，即

$$\gamma=\varphi(\omega_c)-(-180°)=180°+\varphi(\omega_c) \tag{5-22}$$

相位裕度的物理意义是，如果系统在幅值穿越频率ω_c处的相位角$\varphi(\omega_c)$再滞后γ，则系统将由稳定变为临界稳定。

$\gamma>0°$，称为正相位裕度。正相位裕度在极坐标图中位于负实轴下方，如图5-20a所示；在对数坐标图中位于相频特性图$-180°$线的上方，如图5-20c所示。

$\gamma<0°$，称为负相位裕度。负相位裕度在极坐标图中位于负实轴上方，如图5-20b所示；

在对数坐标图中位于相频特性图 $-180°$线的下方，如图 5-20d 所示。

2. 幅值裕度 K_g 或 K_g（dB）

所谓幅值裕度 K_g是指相位穿越频率 ω_g 所对应的开环幅频特性值的倒数，即

$$K_g = \frac{1}{|G(j\omega_g)H(j\omega_g)|} \tag{5-23}$$

幅值裕度的物理意义是，使系统到达临界稳定状态时开环频率特性的幅值增大（对应稳定系统）或缩小（对应不稳定系统）的倍数，即

$$|G(j\omega_g)H(j\omega_g)| \cdot K_g = 1 \tag{5-24}$$

在对数坐标图中，幅值裕度可以用分贝（dB）数来表示，即

$$K_g(\text{dB}) = 20\lg K_g = 20\lg \frac{1}{|G(j\omega_g)H(j\omega_g)|} = -20\lg|G(j\omega_g)H(j\omega_g)| \tag{5-25}$$

$K_g(\text{dB}) > 0$，称为正幅值裕度。正幅值裕度在对数坐标图中位于 0dB 线下方，如图 5-20c 所示；此时 $K_g > 1$，即 $|G(j\omega_g)H(j\omega_g)| < 1$，如图 5-20a 所示。

$K_g(\text{dB}) < 0$，称为负幅值裕度。负幅值裕度在对数坐标图中位于 0dB 线上方，如图 5-20d 所示；此时 $K_g < 1$，即 $|G(j\omega_g)H(j\omega_g)| > 1$，如图 5-20b 所示。

对于开环传递函数为一阶和二阶的最小相位系统，由于其相位角始终不会小于 $-180°$，因此其相位穿越频率 ω_g 为无穷大。从理论上讲，这样的系统一定是稳定的。

应该指出，如果仅单一用幅值裕度或相位裕度不足以说明系统的稳定性或其相对稳定性，对于 $P=0$ 的开环系统来说，只有当相位裕度及幅值裕度都为正时，相应的闭环系统才是稳定的，而且必须同时给出这两个量才能确定系统稳定性的优劣。图 5-23a 所示系统的幅值裕度大，但相位裕度小；相反，图 5-23b 所示系统的相位裕度大，但幅值裕度小。这两个系统的相对稳定性都不好。在工程上，为使系统有比较满意的性能指标，通常希望相位裕量 $\gamma = 30° \sim 60°$，幅值裕度 $K_g(\text{dB}) > 6\text{dB}$，即 $K_g > 2$。

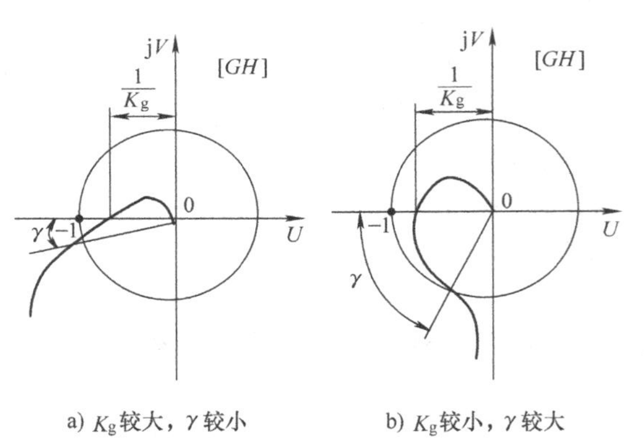

图 5-23　系统稳定裕度的对比

系统临界稳定时，$\gamma = 0°$，K_g（dB）$=0$dB。

例 5-15　已知单位负反馈系统的闭环传递函数为 $G_B(s) = \dfrac{K}{0.1s^3 + 0.7s^2 + s + K}$，求使此闭环系统稳定的 K 值范围；当 $K=4$ 时，求闭环系统的相位裕度 γ 和幅值裕度 K_g（dB）。

解：1）闭环系统的特征方程为

$$0.1s^3 + 0.7s^2 + s + K = 0$$

根据劳斯判据，该三阶系统稳定的充要条件为

$$\begin{cases} K > 0 \\ 0.7 > 0.1K \end{cases} \tag{5-26}$$

求解式（5-26）可得使此系统稳定的 K 值需满足：$0 < K < 7$。

2）当 $K=4$ 时，闭环传递函数为

$$G_B(s)=\frac{4}{0.1s^3+0.7s^2+s+4}$$

开环传递函数为

$$G_k(s)=\frac{G_B(s)}{1-G_B(s)}=\frac{4}{0.1s^3+0.7s^2+s}=\frac{40}{s(s+2)(s+5)}$$

开环频率特性为

$$G_k(j\omega)=\frac{40}{j\omega(j\omega+2)(j\omega+5)}$$

开环幅频特性为

$$|G_k(j\omega)|=\frac{40}{\omega\sqrt{\omega^2+4}\sqrt{\omega^2+25}}$$

开环相频特性为

$$\varphi(\omega)=-90°-\arctan\frac{\omega}{2}-\arctan\frac{\omega}{5}$$

3）求幅值穿越频率 ω_c 和相位裕度 γ。令 $|G_k(j\omega_c)|=1$，即

$$\frac{40}{\omega_c\sqrt{(\omega_c^2+4)(\omega_c^2+25)}}=1$$

解得　$\omega_c^2=5.5$，$\omega_c=2.345\text{rad/s}$。

当 $\omega=\omega_c$ 时，开环相频特性为

$$\varphi(\omega_c)=-90°-\arctan\frac{\omega_c}{2}-\arctan\frac{\omega_c}{5}=-90°-49.54°-25.13°=-164.67°$$

代入式（5-22），求得相位裕度为

$$\gamma=180°+\varphi(\omega_c)=15.33°$$

4）求相位穿越频率 ω_g 和幅值裕度 $K_g(\text{dB})$。令 $\varphi(\omega_g)=-180°$，即

$$-90°-\arctan\frac{\omega_g}{2}-\arctan\frac{\omega_g}{5}=-180°$$

解得，$\omega_g^2=10$，$\omega_g=3.162\text{rad/s}$。

当 $\omega=\omega_g$ 时，开环幅频特性为

$$|G_k(j\omega_g)|=\frac{40}{\omega_g\sqrt{\omega_g^2+4}\sqrt{\omega_g^2+25}}=0.57$$

幅值裕度为 $K_g(\text{dB})=20\lg K_g=20\lg\dfrac{1}{|G_k(j\omega_g)|}=20\lg 1.75\text{dB}=4.86\text{dB}$

例 5-16　开环传递函数为 $G(s)=\dfrac{K}{s(s+1)(s+5)}$，求 $K=10$、100 时的相位裕度、幅值裕度。

解：用作图的方法。

$K=10$、100 时的对数坐标图分别如图 5-24a、图 5-24b 所示。从图中可以读出：当 $K=10$ 时，$\omega_c\approx1.4\text{rad/s}$，$\gamma=21°$，$K_g(\text{dB})=8\text{dB}$；当 $K=100$ 时，$\omega_c\approx4.4\text{rad/s}$，$\gamma=-30°$，$K_g(\text{dB})=-12\text{dB}$。

可见随着 K 值的加大，系统可能变得不稳定。

同样可以参考例 5-15 中的方法，通过计算得到稳定裕度，结果为：当 $K=10$ 时，$\omega_c=$

1.23rad/s，$\gamma=25.5°$，$\omega_g=2.24$rad/s，K_g(dB) = 9.5dB；当 $K=100$ 时，$\omega_c=3.92$rad/s，$\gamma=-23.5°$，$\omega_g=2.24$rad/s，K_g(dB) = −10.5dB。

由于图 5-24 中的幅频特性只给出了渐近线，所以读图值和计算值有一定的误差。

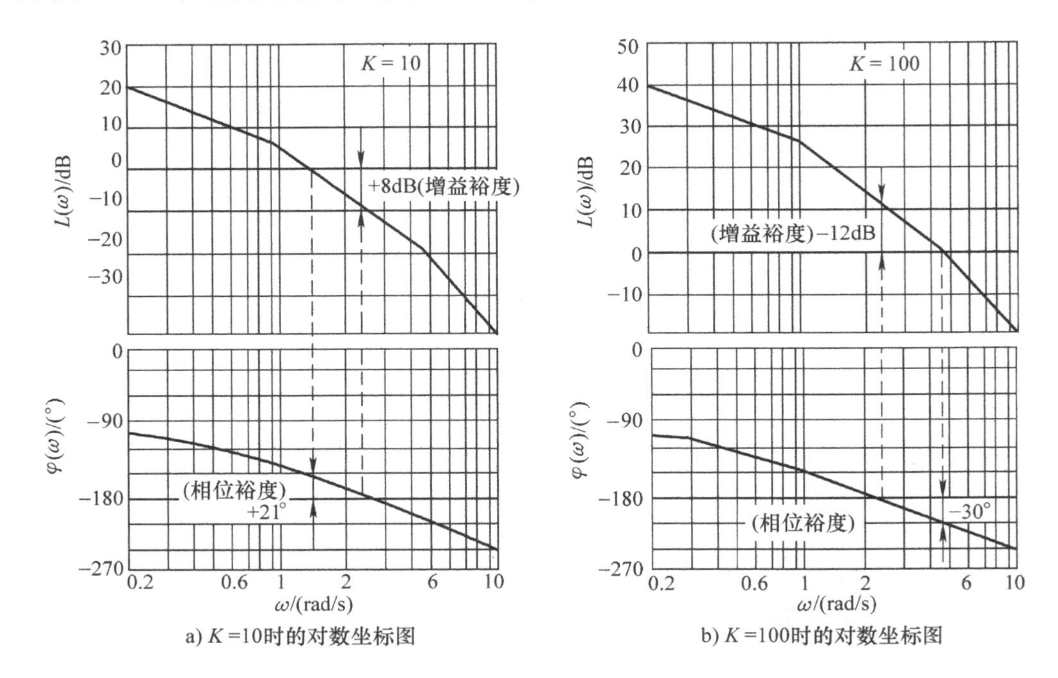

图 5-24 例 5-16 对数坐标图

5.6 利用 MATLAB 分析系统稳定性

给定一个控制系统，利用 MATLAB 可以方便地通过求解特征根的分布、绘制奈奎斯特图或者伯德图等方法来判断系统的稳定性，并可直接求出系统的相位裕度和幅值裕度。

1. 直接判定法

根据系统稳定的充分必要条件判定线性系统的稳定性，最简单的方法是求出系统的所有极点，并观察是否含有实部大于 0 的极点，如果有，则系统不稳定。实际的控制系统大部分都是高阶系统，面临求解高次方程，求根工作量很大。但在 MATLAB 中只需分别调用函数 roots(den) 或 eig(A) 即可，这样就可以用得出的极点位置直接判定系统的稳定性。

例 5-17 设系统特征方程为 $s^5+s^4+2s^3+2s^2+3s+5=0$，计算特征根并判别该系统的稳定性。

解：在命令窗口输入以下程序：

```
s=[1 1 2 2 3 5];
roots(s)
```

运行结果为

```
ans =
   0.7207 + 1.1656i
```

```
   0.7207 - 1.1656i
  -0.6018 + 1.3375i
  -0.6018 - 1.3375i
  -1.2378 + 0.0000i
```

可以看出，有 2 个在 s 右半平面的特征根，系统不稳定。

例 5-18　已知控制系统的传递函数为 $G(s)=\dfrac{s^3+7s^2+24s+24}{s^4+10s^3+35s^2+50s+24}$，求零极点分布图，并判断该系统的稳定性。

解：在命令窗口依次输入以下指令：

```
clear
num = [1 7 24 24];
den = [1 10 35 50 24];
[z,p] = tf2zp(num,den)
```

运行得到系统的零极点分别为：

```
z =
  -2.7306 + 2.8531i
  -2.7306 - 2.8531i
  -1.5388 + 0.0000i
p =
  -4.0000
  -3.0000
  -2.0000
  -1.0000
```

用 pzmap 函数可以绘制零极点分布图（见图 5-25），命令如下：

```
pzmap(num,den)
```

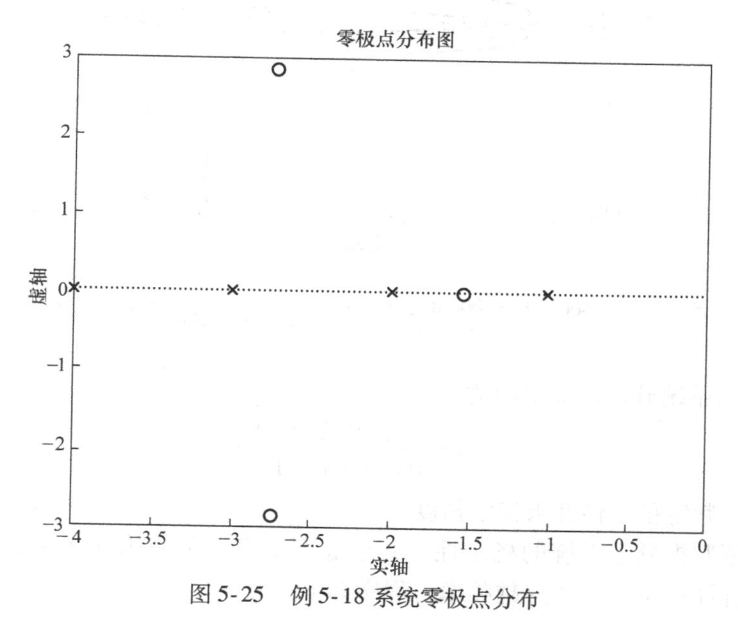

图 5-25　例 5-18 系统零极点分布

2. 用奈奎斯特判据或伯德判据判定稳定性并求稳定裕度

MATLAB 提供了函数直接绘制系统的奈奎斯特图或者伯德图，进而判断系统的稳定性。MATLAB 还提供了计算稳定裕度的函数。计算稳定裕度的函数如下：

```
[Gm,Pm,Wgm,Wpm] = margin(sys)
```

计算结果中，Gm 为幅值裕度，Pm 为相位裕度，Wgm 为幅值穿越频率，Wpm 为相位穿越频率。

例 5-19 已知系统开环传递函数为

$$G(s)=\frac{K}{s(s^2+5s+100)}$$

当 $K=400$、$K=1000$ 时，用奈奎斯特判据判定系统的稳定性。

解：用 MATLAB 绘制 K 值分别为 $K=400$、$K=1000$ 时的奈奎斯特图，程序如下：

```
clear
num1 = [400];
num2 = [1000];
den = conv([1 0],[1 5 100]);
sys1 = tf(num1,den);
sys2 = tf(num2,den)
nyquist(sys1,sys2,'--')
```

运行结果如图 5-26 所示。从图中可以看出，$K=400$ 时，曲线不包围（-1，j0）点，系统稳定；$K=1000$ 时，曲线顺时针包围（-1，j0）点 2 圈，系统不稳定。

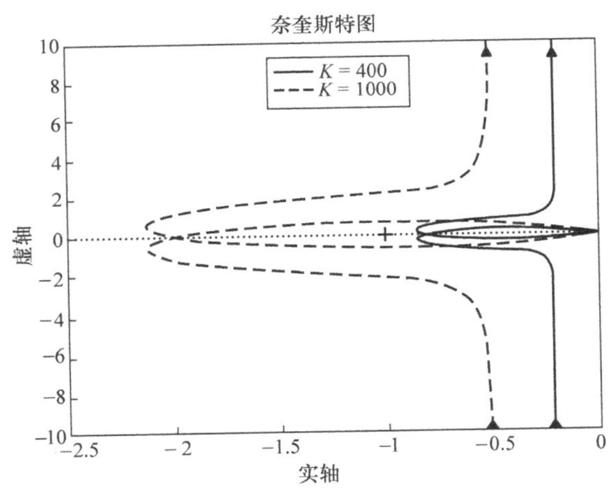

图 5-26 $K=400$、$K=1000$ 时，$G(s)=\frac{K}{s(s^2+5s+100)}$的奈奎斯特图

例 5-20 已知系统开环传递函数为

$$G(s)=\frac{75(0.2s+1)}{s(s^2+16s+100)}$$

试用伯德判据判定稳定性并求稳定裕度。

解：欲用伯德判据判定系统的稳定性，并求稳定裕度，可使用 margin 函数。该函数可以在对数坐标图中标注稳定裕度和穿越频率。程序如下：

```
clear
num = 75 * [0.2 1];
den = conv([1 0],[1 16 100]);
sys = tf(num,den);
[Gm,Pm,Wcg,Wcp] = margin(sys)
margin(sys)
```

运行结果为:

```
Gm =
   Inf
Pm =
   91.6644
Wcg =
   Inf
Wcp =
   0.7573
```

标注有稳定裕度的对数坐标图如图 5-27 所示，系统对应的相位裕度为 91.6644°（即Pm = 91.7°）；相位穿越频率为无穷大，对应的幅值裕度也为无穷大（即 Gm = inf）。

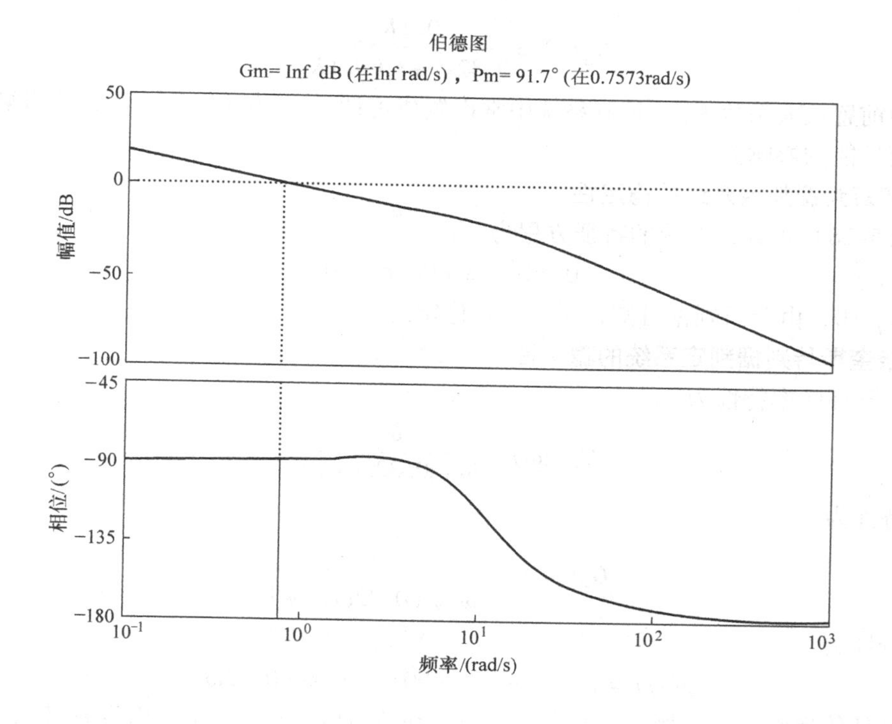

图 5-27 $G(s)=\dfrac{75(0.2s+1)}{s(s^2+16s+100)}$的对数坐标图及稳定裕度

5.7 系列工程问题举例

5.7.1 工作台位置自动控制系统稳定性分析

第2、3、4章分别完成了工作台位置自动控制系统的数学模型建立、时域分析和频域分析。下面对系统的稳定性进行分析。由式（2-91）和式（2-92）可知：

系统开环传递函数为

$$G_k(s)=\frac{U_b(s)}{X_i(s)}=\frac{K_pK_qK_gK_fK}{s(Ts+1)}$$

系统闭环传递函数为

$$G_B(s)=\frac{K_pK_qK_gK}{Ts^2+s+K_qK_gK_fK}$$

式中，$T=\dfrac{R_aJ}{R_aD+K_eK_T}$，$K=\dfrac{K_T/i}{R_aD+K_eK_T}$。

工作台的结构参数见表3-3，总的转动惯量重新取值，令 $J=0.004\text{kg}\cdot\text{m}^2$，其他参数值与表3-3中一致。代入参数值得到系统的开环和闭环传递函数分别为

$$G_k(s)=\frac{K_q}{0.32s^2+s}=\frac{K_q}{s(0.32s+1)} \tag{5-27}$$

$$G_B(s)=\frac{0.1K_q}{0.32s^2+s+0.1K_q} \tag{5-28}$$

系统中前置放大系数 K_q 在控制系统中常设置成可调的，以便在系统调试时调整，考察该参数对系统性能的影响。

1. 用劳斯判据判定系统的稳定性

由式（5-28）可知，系统的特征方程为

$$0.32s^2+s+0.1K_q=0$$

由于 $K_q>0$，由劳斯判据可知，系统总是稳定的。

2. 用奈奎斯特判据判定系统的稳定性

系统的开环频率特性为

$$G_k(j\omega)=\frac{K_q}{j\omega(j0.32\omega+1)}$$

幅频特性为

$$|G_k(j\omega)|=\frac{K_q}{\omega\sqrt{(0.32\omega)^2+1}} \tag{5-29}$$

相频特性为

$$\varphi(\omega)=\angle G_k(j\omega)=-90^\circ-\arctan(0.32\omega) \tag{5-30}$$

系统开环传递函数由比例、积分和一阶惯性环节组成，在 s 右半平面没有极点，因此只要 $K_q>0$，其奈奎斯特图就不可能包围（-1，j0）点，系统稳定。

3. 用伯德判据判定系统的稳定性

设幅值穿越频率为 ω_c，相位穿越频率为 ω_g，则

$$\frac{K_q}{\omega_c\sqrt{(0.32\omega_c)^2+1}}=1$$

即 $0.1024\omega_c^4+\omega_c^2-K_q^2=0$，解得

$$\omega_c^2=\frac{-1+\sqrt{1+0.4096K_q^2}}{0.2048} \tag{5-31}$$

令 $-90°-\arctan(0.32\omega_g)=-180°$，可得 $\omega_g=\infty$。可见，$\omega_c<\omega_g$，根据伯德判据，系统是稳定的。

4. 计算稳定裕度

幅值稳定裕度为

$$K_g=\frac{1}{|G_k(j\omega_g)|}=\frac{\omega_g\sqrt{(0.32\omega_g)^2+1}}{K_q}=\infty \tag{5-32}$$

相位稳定裕度为

$$\gamma=180°+\varphi(\omega_c)=90°-\arctan(0.32\omega_c) \tag{5-33}$$

由式（5-31）和式（5-33）可知，调节 K_q，可以改变系统的稳定裕度。随着前置放大器放大倍数增大，幅值穿越频率增大，系统响应速度加快，相位稳定裕度降低。部分计算值为：$K_q=1$ 时，$\omega_c=0.96\text{rad/s}$，$\gamma=72.99°$；$K_q=10$ 时，$\omega_c=2.48\text{rad/s}$，$\gamma=51.59°$；$K_q=100$ 时，$\omega_c=5.17\text{rad/s}$，$\gamma=31.15°$。

5.7.2　磁盘驱动器读入系统稳定性分析

1. 用劳斯判据判定稳定性

根据第 2 章的分析，不考虑固定磁头的柔性结构时，磁盘驱动读入系统的传递函数框图如图 5-28 所示。

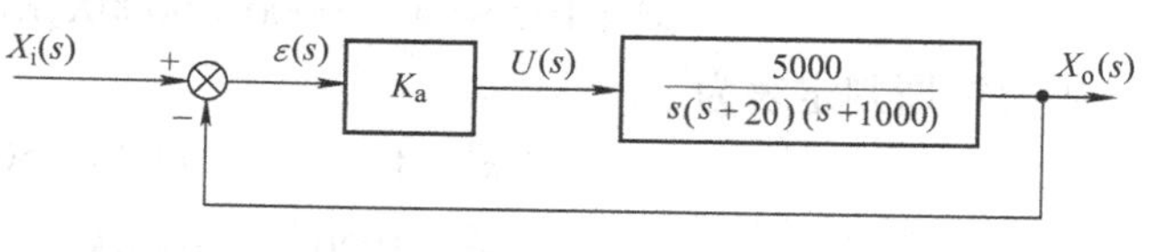

图 5-28　磁盘驱动读入系统框图

闭环传递函数为

$$G_B(s)=\frac{5000K_a}{s(s+20)(s+1000)+5000K_a} \tag{5-34}$$

特征方程为

$$s(s+20)(s+1000)+5000K_a=0 \tag{5-35}$$

即

$$s^3+1020s^2+20000s+5000K_a=0$$

使用劳斯判定表

s^3	1	20000
s^2	1020	$5000K_a$
s^1	b_1	
s^0	$5000K_a$	

其中，$b_1=\dfrac{20000\times1020-5000K_a}{1020}$。

当 $b_1=0$，即 $K_a=4080$ 时，系统具有临界稳定性。使用辅助方程，可得

$$1020s^2+5000\times4080=0$$

也就是说，虚轴上的根为 $s=\pm j141.4$。为了保证系统的稳定性，$K_a<4080$。

若系统中增加速度反馈，系统的传递函数框图变为如图 5-29a 所示，经变换后其等效框图如图 5-29b 所示。

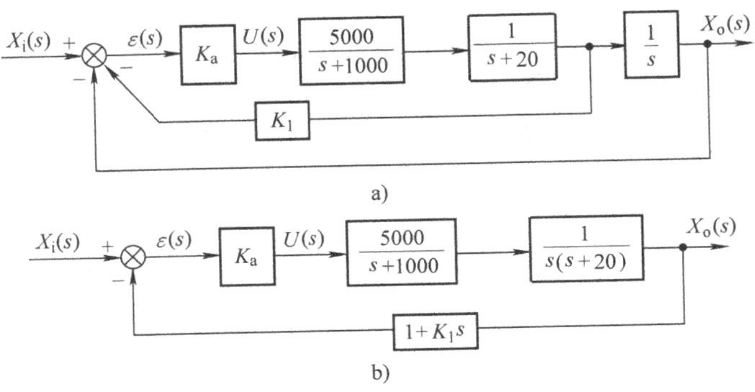

图 5-29　增加速度反馈后磁盘驱动系统传递函数框图

此时，该系统的闭环传递函数为

$$G'_B(s)=\frac{5000K_a}{s(s+20)(s+1000)+5000K_a(1+K_1s)} \tag{5-36}$$

特征方程为

$$s(s+20)(s+1000)+5000K_a(1+K_1s)=0 \tag{5-37}$$

即

$$s^3+1020s^2+(20000+5000K_aK_1)s+5000K_a=0$$

列写劳斯判定表为

$$\begin{array}{lll} s^3 & 1 & 20000+5000K_aK_1 \\ s^2 & 1020 & 5000K_a \\ s^1 & b_1 & \\ s^0 & 5000K_a & \end{array}$$

其中，$b_1=\dfrac{1020\times(20000+5000K_aK_1)-5000K_a}{1020}$。

为使系统保证稳定，需要满足下列条件

$$\begin{cases}1020\times(20000+5000K_aK_1)-5000K_a>0\\ K_a>0\end{cases}$$

解得，$\begin{cases}K_1>0.0001-\dfrac{40}{K_a}\\ K_a>0\end{cases}$

2. 稳定裕度的求取

考虑图 4-54 描述的系统，该系统包含柔性结构的谐振。系统的开环传递函数为

$$G_k(s)=\frac{0.25K_a\times3.55\times10^8}{s(0.05s+1)(0.001s+1)(s^2+1.13\times10^4s+3.55\times10^8)}$$

用 MATLAB 来确定 $K_a=400$ 时系统的增益裕度和相位裕度，如图 5-30 所示。

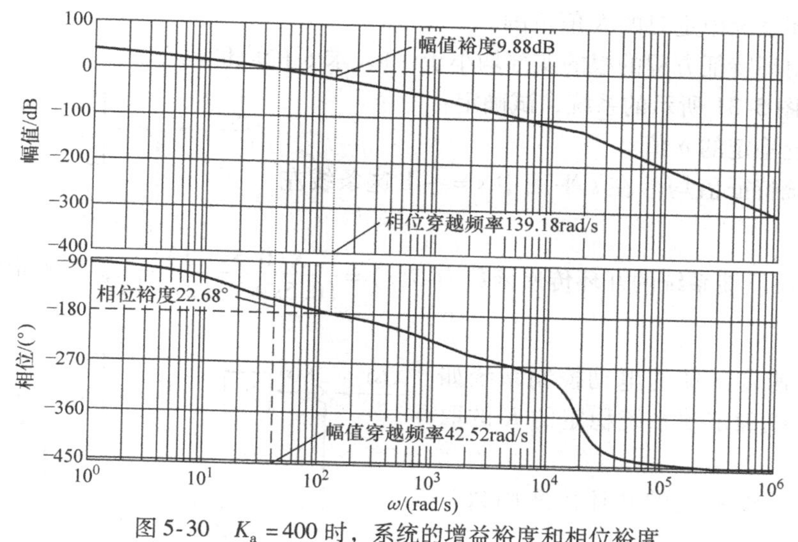

图5-30　$K_a=400$ 时，系统的增益裕度和相位裕度

习　题

5-1　问答题

（1）一个闭环控制系统稳定的充分必要条件是什么？

（2）奈奎斯特判据的主要内容是什么？

（3）试说明极坐标图和对数坐标图的对应关系。

（4）伯德判据的主要内容是什么？

（5）什么是系统的稳定裕度？

5-2　对于如下特征方程的反馈控制系统，试用劳斯判据判定系统是否稳定。如果不稳定，闭环系统有几个在 s 右半平面的特征根？

（1）$s^4+8s^3+18s^2+16s+5=0$

（2）$s^4+2s^3+10s^2+24s+80=0$

（3）$s^5+s^4+2s^3+2s^2+3s+5=0$

（4）$s^6+2s^5+8s^4+12s^3+20s^2+16s+16=0$

（5）$s^5+12s^4+44s^3+48s^2+5s+1=0$

5-3　对于如下特征方程的反馈控制系统，试用劳斯判据求使系统稳定的 K 值范围。

（1）$s^4+20s^3+15s^2+2s+K=0$

（2）$s^3+(K+1)s^2+Ks+50=0$

（3）$s^4+20Ks^3+5s^2+(10+K)s+15=0$

（4）$s^3+(K+0.5)s^2+4Ks+50=0$

5-4　单位负反馈系统的开环传递函数为 $G(s)=\dfrac{K(s+1)}{s(Ts+1)(2s+1)}$，要求系统闭环稳定，试确定 K 和 T 的范围，并在 $T-K$ 的直角坐标图上标出稳定区域。

5-5　设单位反馈系统的开环传递函数为 $G(s)=\dfrac{K}{s(\frac{1}{3}s+1)(\frac{1}{6}s+1)}$，

（1）求闭环系统稳定时的 K 值范围。

（2）若要闭环特征方程的根的实部均小于 -1，求 K 的取值范围。

5-6　对于图 5-31 所示的系统，试确定：

（1）使系统稳定的 a 值。

（2）使系统特征值均落在 s 平面中 $s=-1$ 这条线左边的 a 值。

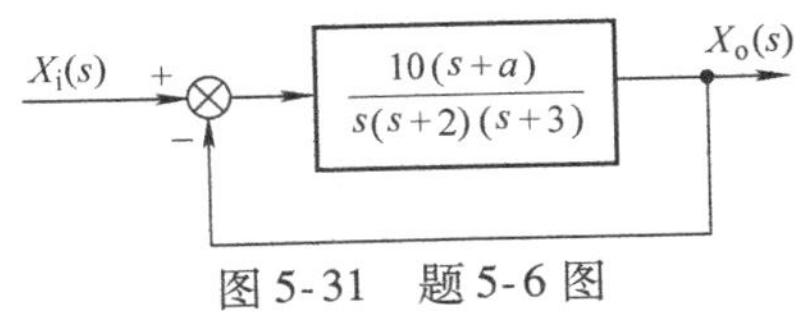

图 5-31　题 5-6 图

5-7　某单位反馈系统的开环传递函数为 $G(s)=\dfrac{K(0.5s-1)^2}{(0.5s+1)(2s-1)}$，试确定使系统稳定的 K 值范围。

5-8　具有速度反馈的电动控制系统如图 5-32 所示，试确定使系统稳定的 K 的取值范围。

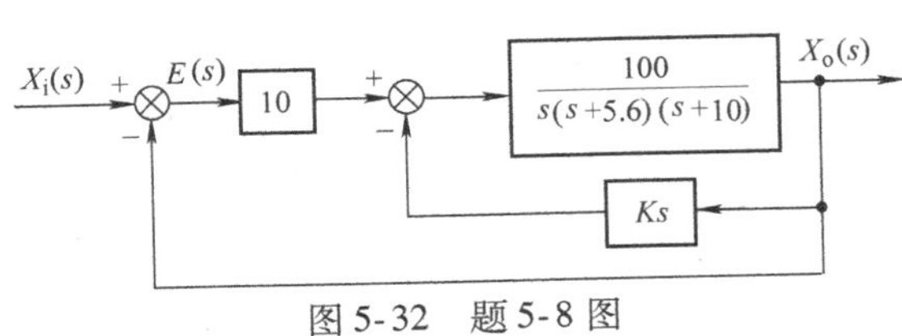

图 5-32　题 5-8 图

5-9　单位反馈系统的开环传递函数为 $G(s)=\dfrac{K}{s(0.2s+1)(\tau s+1)}$，若系统以 $\omega=5\mathrm{rad/s}$ 的角频率作等幅振荡，试确定此时的 K 值和 τ 值。

5-10　某闭环系统的特征方程为 $D(s)=s^4+6s^3+(k+2)s^2+3ks+2=0$，试求系统产生等幅振荡的 k 值。

5-11　已知系统开环传递函数如下，用奈奎斯特稳定性判据判定对应闭环系统的稳定性。

（1）$G(s)H(s)=\dfrac{10}{(s+1)(2s+1)(3s+1)}$

（2）$G(s)H(s)=\dfrac{10}{s(s+1)(10s+1)}$

（3）$G(s)H(s)=\dfrac{10}{s^2(0.1s+1)(0.2s+1)}$

5-12　已知系统开环传递函数如下，用奈奎斯特稳定性判据判定对应闭环系统的稳定性。

（1）$G(s)=\dfrac{10}{s(s-1)(s+5)}$　　（2）$G(s)=\dfrac{s}{1-0.2s}$

5-13　设四个系统，其开环传递函数的奈奎斯特图分别如图 5-33a ~ d 所示，试确定系统的稳定性，并说明闭环系统位于 s 右半平面的极点个数。其中 P 为开环传递函数在 s 右半平面的极点数，ν 为开环积分环节的个数。

5-14　已知系统开环奈奎斯特图如图 5-34 所示，试根据奈奎斯特判据判别系统的稳定性，并说明闭环系统位于 s 右半平面的极点个数。其中，P 为开环传递函数在 s 右半平面的极点数，ν 为开环系统积分环节的个数。

5-15　已知系统的开环传递函数为 $G(s)=\dfrac{K}{s(s+1)(4s+1)}$，试求闭环系统临界稳定时的 K 值。

5-16　设单位反馈系统开环传递函数为 $G(s)=\dfrac{10(s+1)}{s^2(s-1)}$，试根据奈奎斯特判据判定闭环系统的稳定性。

5-17　设单位反馈系统的开环传递函数为 $G(s)H(s)=\dfrac{10K(s+0.5)}{s^2(s+2)(s+10)}$，试用伯德判据确

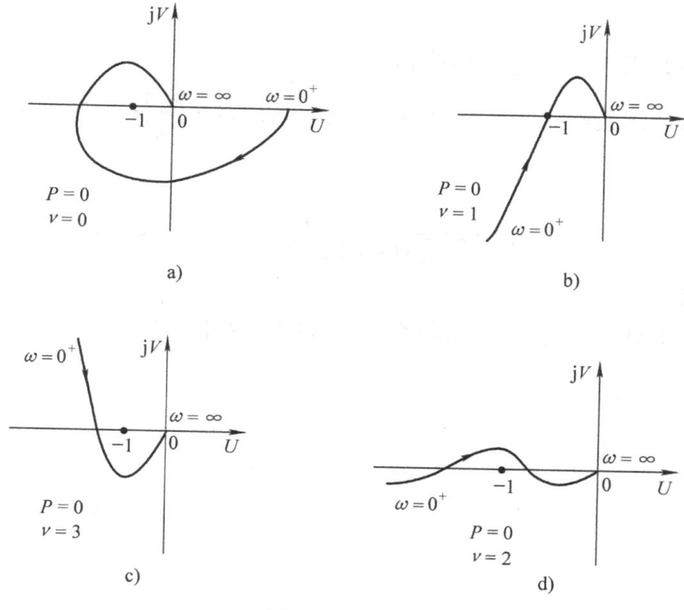

图 5-33　题 5-13 图

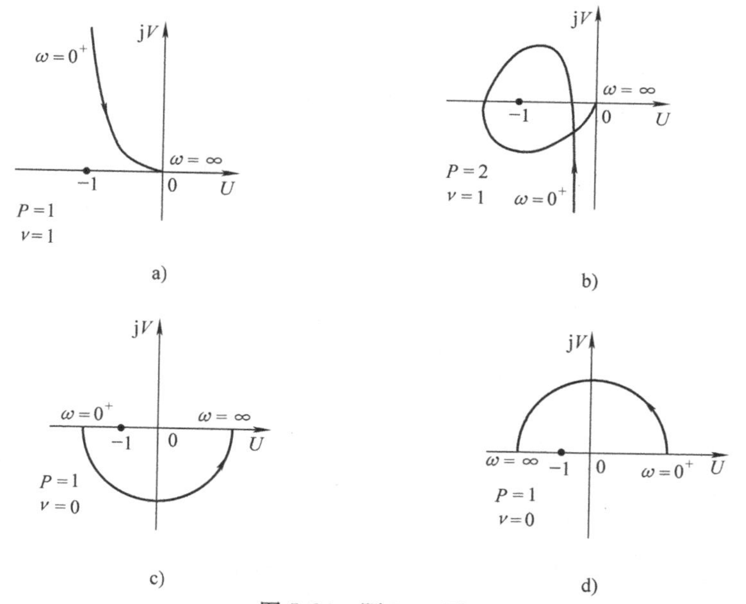

图 5-34　题 5-14 图

定该系统分别在 $K=1$、$K=10$ 和 $K=100$ 时的稳定性。

5-18　设系统的开环传递函数为 $G(s)=\dfrac{10}{s(s+1)(s+10)}$，试画出其对数坐标图，并判断系统是否稳定。

5-19　已知系统的开环传递函数为 $G(s)=\dfrac{4}{s^2(0.2s+1)}$，试：

（1）绘制系统的对数坐标图，并求系统的相位裕度。

（2）在系统中串联一个一阶微分环节 $s+1$，绘制系统的对数坐标图，并求系统的相位裕度。

(3) 说明一阶微分环节对系统稳定性的影响。

5-20 设单位反馈控制系统的开环传递函数为 $G(s)H(s)=\frac{as+1}{s^2}$，试确定使相位裕度等于 $+45°$ 的 a 值。

5-21 设系统的开环传递函数为 $G(s)=\frac{K}{s(s+1)(0.2s+1)}$，求 $K=2$ 及 $K=20$ 时的相位裕度 γ 和幅值裕度 K_g(dB)。

5-22 请应用 MATLAB 仿真软件判断题 5-12 和题 5-19 中系统的稳定性。

第6章　控制系统的误差分析

对控制系统的要求是稳定、准确、快速。“准确”是控制系统的重要性能。误差问题即是控制系统的准确度问题。对于实际系统来说，输出量常常不能绝对精确地达到所期望的数值，期望的数值与实际输出的差就是所谓的误差。一个稳定的控制系统，在某一外因作用下，系统的输出由瞬态分量和稳态分量组成，因而系统的误差也是由瞬态误差和稳态误差两部分组成。过渡过程完成后的误差称为系统稳态误差。稳态误差是系统在过渡过程完成后控制准确度的一种度量。控制系统只有在满足要求的控制精度的前提下，才有实际工程意义。

机电控制系统中元件的不完善，如静摩擦、间隙、放大器的零点漂移、元件老化和变质，都会造成误差。本章侧重说明由于系统不能很好地跟踪输入信号，或者由于扰动作用而引起的稳态误差，即系统原理性误差。

本章将着重建立有关稳态误差的概念，给出稳态误差和静态误差系数的计算方法，讨论减小稳态误差的途径。

6.1　稳态误差的基本概念

系统的典型结构图如图6-1所示。其中，实线部分与实际系统有对应关系，而虚线部分则是为了说明概念额外画出的。

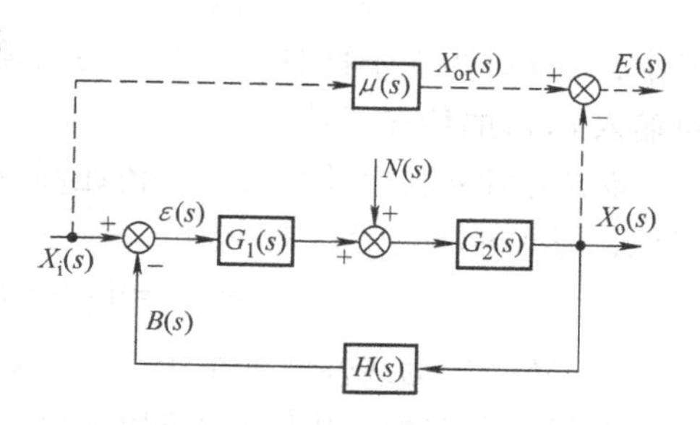

图6-1　误差和偏差的概念

误差定义为控制系统希望的输出量 $x_{or}(t)$ 和实际的输出量 $x_o(t)$ 之差，记作 $e(t)$，其象函数记作 $E(s)$。误差信号的稳态分量被称为稳态误差，或称静态误差，记作 e_{ss}。输入信号 $x_i(t)$ 和反馈信号 $b(t)$ 比较后的信号也能够反映系统误差的大小，称为偏差，记作 $\varepsilon(t)$，其象函数记作 $\varepsilon(s)$；偏差信号的稳态分量被称为稳态偏差，记作 ε_{ss}。误差定义在系统的输出端，在系统性能指标中经常使用，但在实际系统中有时无法量测，因而一般只有数学意义。偏差定义在系统的输入端，在实际系统中是可以量测的，具有一定的物理意义。一般情况下，系统的误差信号与偏差信号并不相等。

由第1章可知，闭环控制系统的基本思想就是“检测偏差用以纠正偏差”，即运用偏差 $\varepsilon(s)$ 进行控制。

当 $X_o(s)=X_{or}(s)$ 时，应有 $\varepsilon(s)=0$，即

$$\varepsilon(s)=X_i(s)-H(s)X_o(s)=X_i(s)-H(s)X_{or}(s)=0$$

因此

$$X_i(s)=H(s)X_{or}(s)\quad 或\quad X_{or}(s)=\frac{X_i(s)}{H(s)} \tag{6-1}$$

可见

$$\mu(s)=\frac{1}{H(s)} \tag{6-2}$$

当 $X_o(s)\neq X_{or}(s)$ 时，由于 $\varepsilon(s)\neq 0$，偏差起控制作用并力图调节 $X_o(s)$ 到 $X_{or}(s)$，此时，

$$\begin{aligned}\varepsilon(s) &= X_i(s)-X_o(s)H(s)=H(s)X_{or}(s)-X_o(s)H(s)\\ &= H(s)[X_{or}(s)-X_o(s)]=H(s)E(s)\end{aligned}$$

求得误差信号和偏差信号之间的关系为

$$E(s)=\frac{1}{H(s)}\varepsilon(s) \tag{6-3}$$

对实际使用的控制系统来说，$H(s)$往往是一个常数，因此通常误差信号和偏差信号之间存在简单的关系，求出了稳态偏差，也就得到了稳态误差。

对于单位反馈系统而言，稳态偏差等于稳态误差，即当$H(s)=1$时，$\varepsilon(s)=E(s)$。

对于图6-1所示的系统，输入$X_i(s)$与干扰$N(s)$同时作用于系统，根据叠加原理，有

$$\begin{aligned}X_o(s) &= \frac{G_1(s)G_2(s)}{1+G_1(s)G_2(s)H(s)}X_i(s)+\frac{G_2(s)}{1+G_1(s)G_2(s)H(s)}N(s)\\ &= G_{xi}(s)X_i(s)+G_N(s)N(s)\end{aligned}$$

$$\begin{aligned}E(s) &= X_{or}(s)-X_o(s)\\ &= \frac{X_i(s)}{H(s)}-G_{xi}(s)X_i(s)-G_N(s)N(s)\\ &= \left[\frac{1}{H(s)}-G_{xi}(s)\right]X_i(s)-G_N(s)N(s)\\ &= \left[\frac{1}{H(s)}-G_{xi}(s)\right]X_i(s)+[-G_N(s)]N(s)\\ &= \phi_{xi}(s)X_i(s)+\phi_N(s)N(s)\end{aligned} \tag{6-4}$$

式中，$\phi_{xi}(s)$为无干扰时，误差$e(t)$对输入$x_i(t)$的传递函数；$\phi_N(s)$为无输入时，误差$e(t)$对输入$n(t)$的传递函数。

$\phi_{xi}(s)$和$\phi_N(s)$总称为误差传递函数，反映了系统的结构与参数对误差的影响。根据终值定理，得到时域内的误差值为

$$e_{ss}=\lim_{t\to\infty}e(t)=\lim_{s\to 0}sE(s)=\lim_{s\to 0}s[\phi_{xi}(s)X_i(s)+\phi_N(s)N(s)] \tag{6-5}$$

式（6-5）为线性定常系统稳态误差值的一般计算公式。可以看出，稳态误差由输入信号引起的稳态误差和干扰信号引起的稳态误差两部分叠加而成。

6.2 由输入信号引起的稳态误差

6.2.1 稳态误差计算

反馈控制系统如图6-2所示。

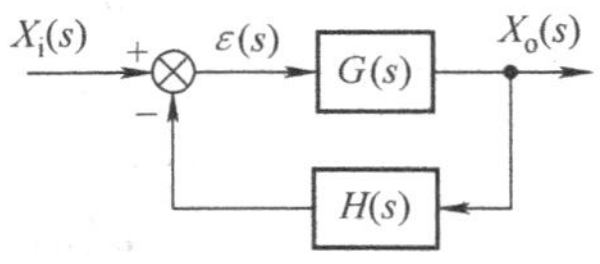

由输入信号引起的系统偏差传递函数为

$$\frac{\varepsilon(s)}{X_i(s)}=\frac{1}{1+G(s)H(s)}$$

即

$$\varepsilon(s)=\frac{1}{1+G(s)H(s)}X_i(s) \tag{6-6}$$

图6-2 反馈控制系统

则根据终值定理，有

$$\varepsilon_{ss}=\lim_{t\to\infty}\varepsilon(t)=\lim_{s\to 0}s\varepsilon(s)=\lim_{s\to 0}s\frac{1}{1+G(s)H(s)}X_i(s) \tag{6-7}$$

式中，ε_{ss}为稳态偏差值。

由式（6-3）稳态误差与稳态偏差之间的关系，可得稳态误差为

$$e_{ss}=\lim_{s\to 0}s\frac{1}{H(s)}\frac{1}{1+G(s)H(s)}X_i(s) \tag{6-8}$$

式中，e_{ss}为稳态误差值。一般情况下，$H(s)$为常值，记为H。这时

$$e_{ss}=\frac{\varepsilon_{ss}}{H} \tag{6-9}$$

若系统为单位反馈系统，则$H(s)=1$，此时稳态偏差等于稳态误差，即

$$e_{ss}=\lim_{s\to 0}s\frac{1}{1+G(s)}X_i(s) \tag{6-10}$$

上述就是求取输入引起的反馈控制系统稳态误差的方法。需要注意的是，终值定理只对有终值的变量有意义。如果系统本身不稳定，则终值趋于无穷大，用终值定理求出的值是虚假的。故在求取系统稳态误差之前，应首先判断系统的稳定性。

例 6-1　某反馈控制系统如图 6-3 所示，当输入$x_i(t)=1(t)$时，求稳态误差。

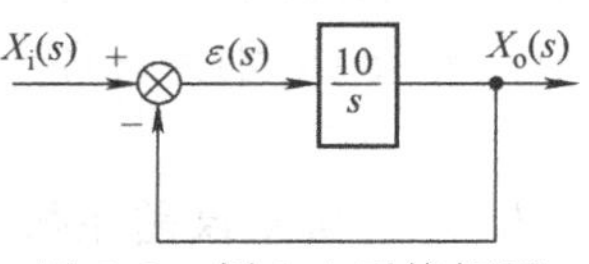

图 6-3　例 6-1 系统框图

解：该系统为一阶惯性系统，系统稳定。系统为单位反馈系统，稳态误差等于稳态偏差。偏差传递函数为

$$\frac{\varepsilon(s)}{X_i(s)}=\frac{1}{1+G(s)}=\frac{1}{1+\dfrac{10}{s}}=\frac{s}{s+10}$$

而$X_i(s)=\dfrac{1}{s}$，则

$$e_{ss}=\varepsilon_{ss}=\lim_{s\to 0}s\frac{s}{s+10}X_i(s)=\lim_{s\to 0}s\frac{s}{s+10}\frac{1}{s}=0$$

稳态误差为零，是很理想的。从物理意义上看，当输入为 1 时，其输出量的稳态值应为 1。若不为 1，则偏差就不为零，输出就继续变化直到为 1。只有当偏差为零时，输出值才不再变化。

例 6-2　设某单位负反馈系统的开环传递函数为$G(s)=\dfrac{20}{(0.5s+1)(0.04s+1)}$，求输入信号为单位阶跃函数和单位斜坡函数时的稳态误差e_{ss}。

解：系统为二阶系统，闭环系统稳定。系统为单位反馈系统，稳态误差等于稳态偏差。

$$e_{ss}=\lim_{s\to 0}s\frac{1}{1+G(s)}X_i(s)$$

将$G(s)$代入上式，可得系统的稳态误差为

$$e_{ss}=\lim_{s\to 0}s\frac{(0.5s+1)(0.04s+1)}{20+(0.5s+1)(0.04s+1)}X_i(s)$$

输入为单位阶跃函数时，$X_i(s)=\dfrac{1}{s}$,从而

$$e_{ss}=\lim_{s\to 0}s\frac{(0.5s+1)(0.04s+1)}{20+(0.5s+1)(0.04s+1)}\frac{1}{s}=0.05$$

输入为单位斜坡函数时，$X_i(s)=\dfrac{1}{s^2}$，从而

$$e_{ss}=\lim_{s\to 0}s\frac{(0.5s+1)(0.04s+1)}{20+(0.5s+1)(0.04s+1)}\frac{1}{s^2}=\infty$$

由本例可以看出，对于同一系统，如果输入信号不同，其稳态误差也不同。实际上，从式(6-8)可以看出，系统的稳态误差不仅跟输入信号有关，还与系统的开环传递函数即系统的结构参数有关。

6.2.2 静态误差系数

图6-2所示为反馈控制系统，设其开环传递函数为

$$G(s)H(s)=\frac{K\prod_{i=1}^{m}(\tau_i s+1)}{s^{\nu}\prod_{j=1}^{n-\nu}(T_j s+1)} \tag{6-11}$$

式中，K为系统的开环静态放大倍数（也称为开环增益）；$\tau_i(i=1,2,\cdots,m)$、$T_j(j=1,2,\cdots,n-\nu)$分别为各环节的时间常数；ν为系统的型次，即开环系统中积分环节的个数（$\nu=0,1,2,\cdots$）。

1. 静态位置误差系数

静态位置误差系数K_p的定义为

$$K_p=\lim_{s\to 0}G(s)H(s)=G(0)H(0) \tag{6-12}$$

对于0型系统，设

$$G(s)H(s)=\frac{K(\tau_1 s+1)(\tau_2 s+1)\cdots}{(T_1 s+1)(T_2 s+1)\cdots}$$

则

$$K_p=\lim_{s\to 0}\frac{K(\tau_1 s+1)(\tau_2 s+1)\cdots}{(T_1 s+1)(T_2 s+1)\cdots}=K$$

所以，对于0型系统，静态位置误差系数K_p就是系统的开环静态放大倍数K。

对于Ⅰ型或高于Ⅰ型的系统，静态位置误差系数为

$$K_p=\lim_{s\to 0}\frac{K(\tau_1 s+1)(\tau_2 s+1)\cdots}{s^{\nu}(T_1 s+1)(T_2 s+1)\cdots}=\infty$$

系统对单位阶跃输入的稳态偏差是

$$\varepsilon_{ss}=\lim_{s\to 0}s\frac{1}{1+G(s)H(s)}\cdot\frac{1}{s}=\frac{1}{1+G(0)H(0)}$$

于是，将K_p代入上式可得

$$\varepsilon_{ss}=\frac{1}{1+K_p} \tag{6-13}$$

因此，对于单位阶跃输入，系统稳态偏差可以概括如下

$$\varepsilon_{ss}=\frac{1}{1+K}\quad（对0型系统而言）$$

$$\varepsilon_{ss}=0\quad（对Ⅰ型或高于Ⅰ型的系统）$$

可见，0型系统对单位阶跃输入的稳态偏差为定值$\frac{1}{1+K}$，偏差的大小与系统的开环静态放大倍数K成反比，K越大，ε_{ss}越小。对具有单位反馈的0型系统，只要K不是无穷大，系统

总有误差存在；对具有单位反馈的 I 型及以上系统，稳态误差为 0，可以准确跟踪阶跃输入信号。也就是说，要准确跟踪阶跃输入信号，必须采用 I 型及以上系统。

2. 静态速度误差系数

静态速度误差系数 K_v 的定义为

$$K_v = \lim_{s\to 0} sG(s)H(s) \tag{6-14}$$

1）对于 0 型系统

$$K_v = \lim_{s\to 0} s\frac{K(\tau_1 s+1)(\tau_2 s+1)\cdots}{(T_1 s+1)(T_2 s+1)\cdots} = 0$$

2）对于 I 型系统，

$$K_v = \lim_{s\to 0} s\frac{K(\tau_1 s+1)(\tau_2 s+1)\cdots}{s(T_1 s+1)(T_2 s+1)\cdots} = K$$

3）对于 Ⅱ 型或高于 Ⅱ 型的系统

$$K_v = \lim_{s\to 0} s\frac{K(\tau_1 s+1)(\tau_2 s+1)\cdots}{s^2(T_1 s+1)(T_2 s+1)\cdots} = \infty$$

当输入为单位斜坡信号时，其稳态偏差为

$$\begin{aligned}\varepsilon_{ss} &= \lim_{s\to 0} s\frac{1}{1+G(s)H(s)}\frac{1}{s^2} = \lim_{s\to 0}\frac{1}{s[1+G(s)H(s)]}\\ &= \lim_{s\to 0}\frac{1}{sG(s)H(s)} = \frac{1}{K_v}\end{aligned} \tag{6-15}$$

对于 0 型系统，$\varepsilon_{ss} = \frac{1}{K_v} = \frac{1}{0} = \infty$；对于 I 型系统，$\varepsilon_{ss} = \frac{1}{K_v} = \frac{1}{K}$；对于 Ⅱ 型或高于 Ⅱ 型的系统，$\varepsilon_{ss} = \frac{1}{K_v} = 0$。

可见，0 型系统在稳态时，不能跟踪速度输入信号，稳态误差为∞；具有单位反馈的 I 型系统可以跟随速度输入，但有一定的误差。具有单位反馈的 Ⅱ 型及 Ⅱ 型以上的系统可以准确跟踪速度输入信号，稳态误差为 0。也就是说，要准确跟踪速度输入信号，必须采用 Ⅱ 型及以上系统。

3. 静态加速度误差系数

静态加速度误差系数 K_a 的定义为

$$K_a = \lim_{s\to 0} s^2 G(s)H(s) \tag{6-16}$$

1）对于 0 型系统

$$K_a = \lim_{s\to 0} s^2\frac{K(\tau_1 s+1)(\tau_2 s+1)\cdots}{(T_1 s+1)(T_2 s+1)\cdots} = 0$$

2）对于 I 型系统

$$K_a = \lim_{s\to 0} s^2\frac{K(\tau_1 s+1)(\tau_2 s+1)\cdots}{s(T_1 s+1)(T_2 s+1)\cdots} = 0$$

3）对于 Ⅱ 型系统

$$K_a = \lim_{s\to 0} s^2\frac{K(\tau_1 s+1)(\tau_2 s+1)\cdots}{s^2(T_1 s+1)(T_2 s+1)\cdots} = K$$

当输入为单位加速度信号时，其稳态偏差为

$$\varepsilon_{ss}=\lim_{s\to 0}s\cdot\frac{1}{1+G(s)H(s)}\cdot\frac{1}{s^3}=\lim_{s\to 0}\frac{1}{s^2[1+G(s)H(s)]}=\lim_{s\to 0}\frac{1}{s^2G(s)H(s)}=\frac{1}{K_a}$$

可见，对于0型系统，$\varepsilon_{ss}=\frac{1}{0}=\infty$；对于Ⅰ型系统，$\varepsilon_{ss}=\frac{1}{0}=\infty$；对于Ⅱ型系统，$\varepsilon_{ss}=\frac{1}{K_a}=\frac{1}{K}$。

所以，0型和Ⅰ型系统在稳定状态下都不能跟踪加速度输入信号。具有单位反馈的Ⅱ型系统在稳定状态下能够跟踪加速度输入信号，但带有一定的稳态误差。高于Ⅱ型以上的系统可以准确跟踪加速度输入信号，但系统往往稳定性差，故不实用。

小结：

1）位置误差、速度误差、加速度误差分别指输入是阶跃、斜坡、加速度信号时所引起的误差。

2）表6-1概括了0型、Ⅰ型和Ⅱ型系统在各种输入量作用下的稳态偏差。在对角线以上，稳态偏差为无穷大；在对角线以下，则稳态偏差为零。

3）静态误差系数 K_p、K_v、K_a 分别是0型、Ⅰ型、Ⅱ型系统的开环静态放大倍数，而 $\nu=0$，1，2就是系统的型次，即系统开环积分环节的数目。

表6-1　各类系统的稳态偏差

系统类别	单位阶跃输入[$1(t)$]	单位斜坡输入[$t\cdot 1(t)$]	单位加速度输入[$\frac{1}{2}t^2\cdot 1(t)$]
0型系统	$\frac{1}{1+K}$	∞	∞
Ⅰ型系统	0	$\frac{1}{K}$	∞
Ⅱ型系统	0	0	$\frac{1}{K}$

4）对于单位反馈控制系统，稳态误差等于稳态偏差。

5）对于非单位反馈控制系统，先求出稳态偏差后，再按下式求出稳态误差

$$e_{ss}=\frac{\varepsilon_{ss}}{H(0)}$$

对于非单位反馈系统，也可以利用静态位置误差系数、静态速度误差系数和静态加速度误差系数求出系统稳态误差。值得注意的是，对于非单位反馈控制系统而言，静态位置误差系数、静态速度误差系数和静态加速度误差系数，实际上是位置偏差系数、静态速度偏差系数和静态加速度偏差系数。

上述结论是在阶跃、斜坡等典型输入信号作用下得到的，但具有普遍的实用意义。这是因为控制系统输入信号的变化往往是比较缓慢的，可把输入信号在时间 $t=0$ 附近展开成泰勒级数，这样，可把控制信号看成几个典型输入信号之和，系统的稳态误差可看成是上述典型信号分别作用下的误差的总和。

例6-3　设有二阶振荡系统，其框图如图6-4所示。试求系统在单位阶跃、单位斜坡和单位加速度输入时的稳态误差。

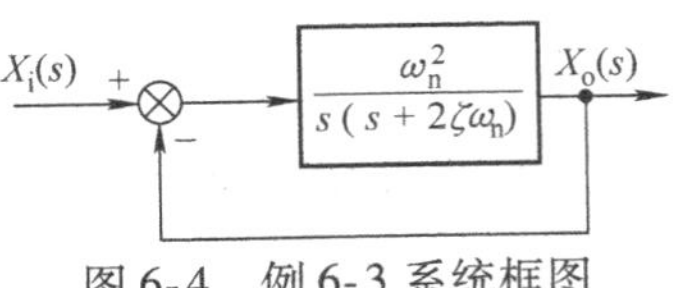

图6-4　例6-3系统框图

解：该系统为二阶振荡系统，系统稳定。由于是单位反馈系统，稳态偏差等于稳态误差。另外，该系统开环具有一个积分环节，为Ⅰ型系统。

$$G_k(s)=\frac{\omega_n^2}{s(s+2\zeta\omega_n)}=\frac{\dfrac{\omega_n}{2\zeta}}{s\left(\dfrac{s}{2\zeta\omega_n}+1\right)}$$

1）单位阶跃输入时，$e_{ss}=0$。

2）单位斜坡输入时，$e_{ss}=\dfrac{1}{K_v}=\dfrac{1}{K}=\dfrac{2\zeta}{\omega_n}=$ 常量。

3）单位加速度输入时，$e_{ss}=\infty$。

可见系统不能承受加速度输入。

例 6-4　已知单位反馈系统的开环传递函数为 $G_k(s)=\dfrac{10(2s+1)}{s^2(s^2+6s+100)}$，求输入为 $x_i(t)=(2+2t+t^2)\cdot 1(t)$ 时系统的稳态误差。

解：（1）系统的闭环传递函数为

$$G_B(s)=\frac{10(2s+1)}{s^4+6s^3+100s^2+20s+10}$$

列劳斯阵列表判断系统的稳定性，系统特征式为：$D(s)=s^4+6s^3+100s^2+20s+10$，列劳斯阵列表

s^4	1	100	10
s^3	3	10	
s^2	96.67	10	
s^1	9.69		
s^0	10		

可知，系统稳定。

（2）求稳态误差

$$G_k(s)=\frac{10(2s+1)}{s^2(s^2+6s+100)}=\frac{0.1\times(2s+1)}{s^2(0.01s^2+0.06s+1)}$$

系统为Ⅱ型系统，开环增益 $K=0.1$。

因为，$x_i(t)=(2+2t+t^2)\cdot 1(t)=(2+2t+2\times\dfrac{1}{2}t^2)\cdot 1(t)$，所以，$e_{ss}=0+0+\dfrac{2}{0.1}=20$。

6.3　干扰引起的稳态误差

控制系统在调节和跟踪过程中不可避免地会遇到扰动，这种扰动可能是由于负荷变化引起，也可能是由于外界环境变化引起。控制系统在扰动作用下的稳态误差值反映了系统的抗干扰能力。干扰信号作用下的稳态误差称为扰动稳态误差，一般用误差的定义来求。

如图 6-5 所示系统，在干扰信号单独作用下，系统的输出为

$$X_{oN}(s)=\frac{G_2(s)}{1+G_1(s)G_2(s)H(s)}N(s)$$

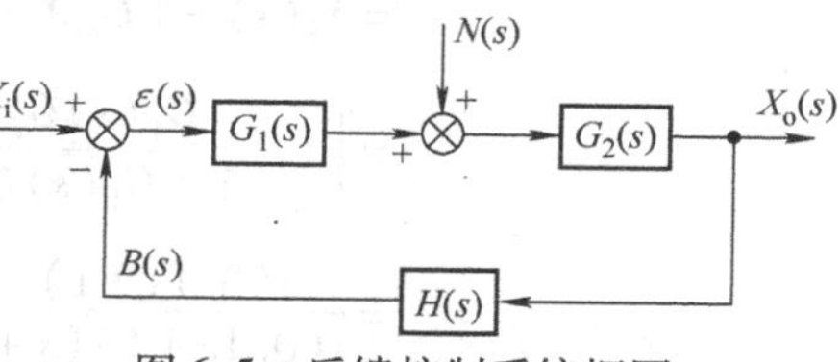

图 6-5　反馈控制系统框图

理想情况下，系统在干扰信号作用下的期望输出

为零，但实际很难达到。根据误差的定义，干扰作用下的稳态误差为

$$E_N(s)=0-X_{oN}(s)=-\frac{G_2(s)}{1+G_1(s)G_2(s)H(s)}N(s) \tag{6-17}$$

根据终值定理，稳态误差值为

$$e_{ssN}=\lim_{s\to 0}sE_N(s)=\lim_{s\to 0}s\frac{-G_2(s)}{1+G_1(s)G_2(s)H(s)}N(s) \tag{6-18}$$

例 6-5 系统结构如图 6-6 所示，当输入信号 $x_i(t)=t\cdot 1(t)$，干扰信号 $n(t)=0.5\times 1(t)$时，求系统总的稳态误差。

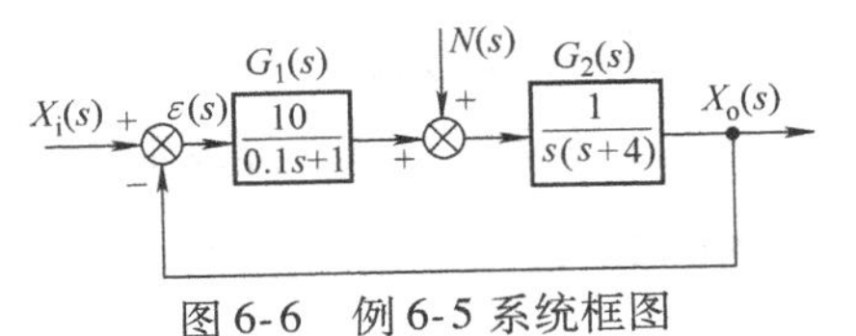

图 6-6 例 6-5 系统框图

解：

方法一：首先，根据劳斯判据判别系统稳定。

先求输入引起的稳态误差。系统为单位反馈系统，稳态误差和稳态偏差相等。

系统的开环传递函数为

$$G_k(s)=G_1(s)G_2(s)=\frac{10}{s(0.1s+1)(s+4)}=\frac{2.5}{s(0.1s+1)(0.25s+1)}$$

系统为 I 型系统，$K_v=K=2.5$，输入为单位斜坡信号 $x_i(t)=t\cdot 1(t)$，则

$$e_{ss1}=\varepsilon_{ss1}=\frac{1}{2.5}=0.4$$

再求干扰引起的稳态误差，干扰信号为 $N(s)=\frac{0.5}{s}$

根据式（6-4），干扰误差传递函数为

$$\phi_N(s)=-\frac{G_2(s)}{1+G_1(s)G_2(s)}=-\frac{0.1s+1}{s(0.1s+1)(s+4)+10}$$

干扰引起的误差为

$$e_{ss2}=\lim_{s\to 0}s[\phi_N(s)N(s)]=\lim_{s\to 0}s\left[-\frac{0.1s+1}{s(0.1s+1)(s+4)+10}\frac{0.5}{s}\right]=-0.05$$

所以，总误差为 $e_{ss}=e_{ss1}+e_{ss2}=0.4-0.05=0.35$。

方法二：根据定义直接求取稳态误差。

输入 $X_i(s)$与干扰 $N(s)$同时作用于系统，系统总的输出为

$$X_o(s)=\frac{G_1(s)G_2(s)}{1+G_1(s)G_2(s)}X_i(s)+\frac{G_2(s)}{1+G_1(s)G_2(s)}N(s)$$

系统为单位反馈系统，$X_{or}(s)=X_i(s)$。

$$\begin{aligned}E(s)&=X_{or}(s)-X_o(s)\\&=X_i(s)-[G_{xi}X_i(s)+G_N(s)N(s)]\\&=\left[1-\frac{G_1(s)G_2(s)}{1+G_1(s)G_2(s)}\right]X_i(s)-\frac{G_2(s)}{1+G_1(s)G_2(s)}N(s)\\&=\frac{s(0.1s+1)(s+4)}{s(0.1s+1)(s+4)+10}\frac{1}{s^2}-\frac{0.1s+1}{s(0.1s+1)(s+4)+10}\frac{0.5}{s}\end{aligned}$$

则总的稳态误差值为

$$e_{ss}=\lim_{s\to 0}s\left[\frac{1}{s^2}\frac{s(0.1s+1)(s+4)}{s(0.1s+1)(s+4)+10}-\frac{0.5}{s}\frac{0.1s+1}{s(0.1s+1)(s+4)+10}\right]$$

$$=\lim_{s\to 0}\left[\frac{(0.1s+1)(s+4)}{s(0.1s+1)(s+4)+10}-\frac{0.5(0.1s+1)}{s(0.1s+1)(s+4)+10}\right]=\frac{4}{10}-\frac{1}{20}=0.35$$

例6-6 系统的负载变化往往是系统的主要干扰。如图6-7所示的稳定系统，设 $G_1(s)$ 和 $H(s)$ 中不包含纯微分环节，扰动信号 $N(s)$ 使实际输出发生变化。试分析扰动信号 $N(s)$ 对系统稳态误差的影响。

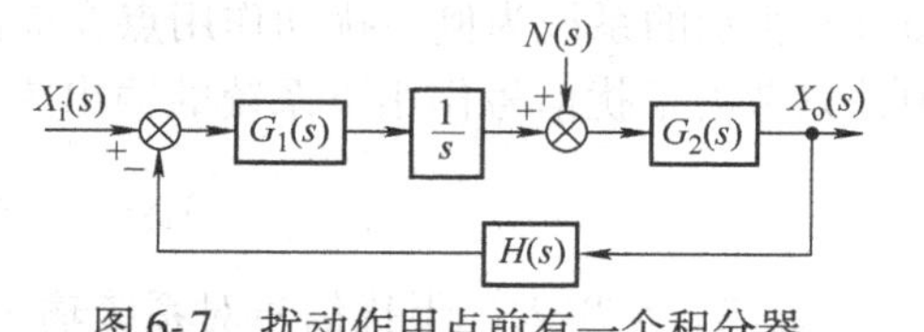

图6-7 扰动作用点前有一个积分器

解：假设干扰信号为阶跃函数，$n(t)=a\cdot 1(t)$，则 $N(s)=\frac{a}{s}$，由图6-7可知，由式(6-18)可得干扰信号作用下的稳态误差为

$$e_{ssN}=\lim_{s\to 0}s\left[-\frac{X_{oN}(s)}{N(s)}N(s)\right]=\lim_{s\to 0}s\left[-\frac{sG_2(s)}{s+G_1(s)G_2(s)H(s)}\frac{a}{s}\right]=0$$

可见，在保证系统稳定的情况下，在扰动作用点前有一个积分器，就可以消除阶跃扰动引起的稳态误差。

同理，只要保证系统稳定，且在扰动作用点前有两个积分器（见图6-8），就可以消除斜坡扰动引起的稳态误差。

$$e_{ssN}=\lim_{s\to 0}s\left[-\frac{X_{oN}(s)}{N(s)}N(s)\right]=\lim_{s\to 0}s\left[-\frac{s^2G_2(s)}{s^2+G_1(s)G_2(s)H(s)}\frac{a}{s^2}\right]=0$$

作为对比，如果将积分器 $1/s$ 置于干扰点之后，如图6-9所示。

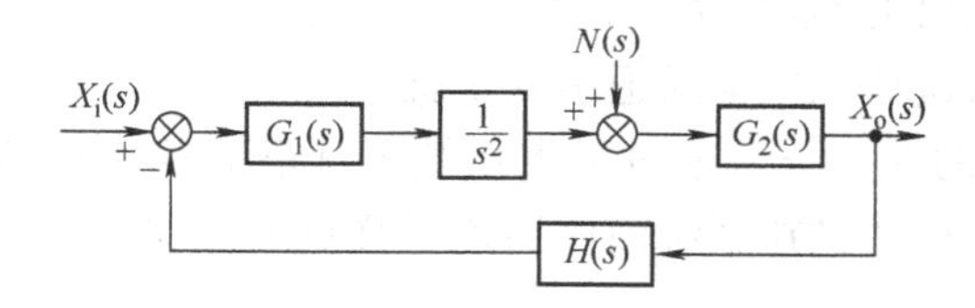

图6-8 扰动作用点前有两个积分器

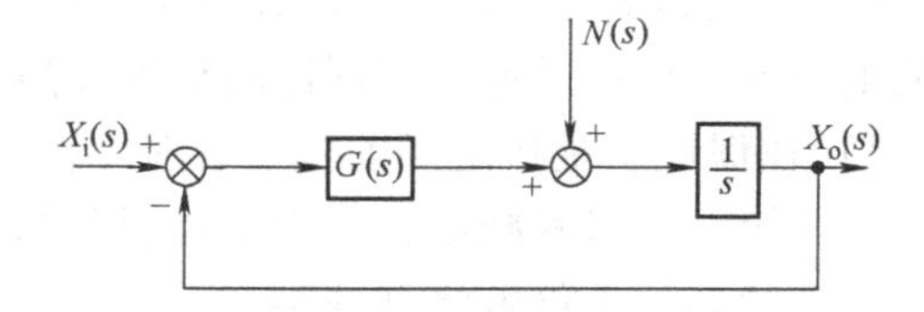

图6-9 积分器置于干扰点之后

令 $N(s)=\frac{a}{s}$，当没有积分器 $1/s$ 时，干扰信号作用下的稳态误差为

$$e_{1N}=\lim_{s\to 0}s\left[\frac{-1}{1+G(s)}N(s)\right]=\lim_{s\to 0}s\left[\frac{-1}{1+G(s)}\frac{a}{s}\right]=\frac{-a}{1+G(0)}$$

当干扰点之后设置积分器 $1/s$ 时，

$$e_{2N} = \lim_{s\to0} s\left[-\frac{\frac{1}{s}}{1+\frac{1}{s}G(s)}\cdot\frac{a}{s}\right] = \lim_{s\to0} s\left\{-\frac{a}{s[s+G(s)]}\right\} = \frac{-a}{G(0)}$$

对比两种情况可以看出，将积分器 $1/s$ 置于干扰点之后对消除阶跃扰动 $N(s)$ 引起的稳态误差没有什么改善。

另外，在保证系统稳定的前提下，在扰动作用前加大增益，可减小扰动的影响。以图6-10a所示的系统为例，扰动作用点在前向通道，并在扰动作用前增加一增益环节。令 $X_i(s)=0$，只考虑干扰信号作用下系统的输出为

$$X_{oN}(s) = \frac{1}{1+KG(s)H(s)}N(s)$$

显然，K 越大，干扰信号对系统输出的影响越小。

但在图 6-10b 中，扰动信号作用在反馈通道上。此时，令 $X_i(s)=0$，只考虑干扰信号作用下系统的输出为

$$X_o(s) = \frac{-KG(s)H(s)}{1+KG(s)H(s)}N(s)$$

可见，此时加大放大器增益 K 并不能使扰动的影响减小。

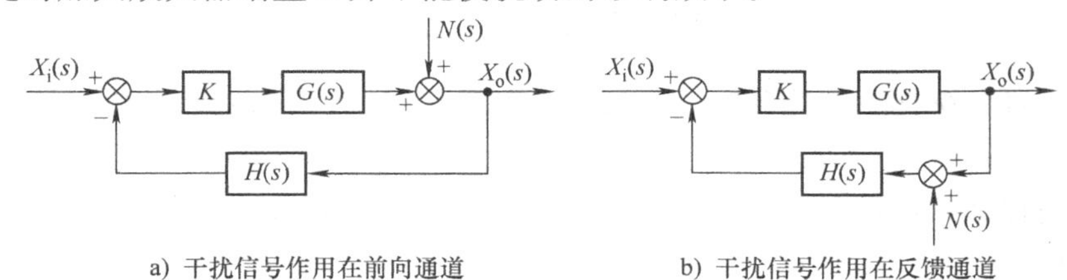

a) 干扰信号作用在前向通道　　b) 干扰信号作用在反馈通道

图 6-10　前向通道增加放大器增益

6.4　减小系统误差的途径

为了减小系统误差，可考虑以下途径：

1）系统的实际输出通过反馈环节与输入比较，因此反馈通道的精度对于减小系统误差是至关重要的。反馈通道元、部件的精度要高，尽量避免在反馈通道引入干扰。

2）在保证系统稳定的前提下，对于输入引起的误差，可通过增大系统开环静态放大倍数和提高系统型次将其减小；对于干扰引起的误差，可通过在系统前向通道干扰点前加积分器和增大开环静态放大倍数将其减小。

3）有的系统要求的性能很高，既要求稳态误差小，又要求良好的动态性能。这时单靠加大开环静态放大倍数和串入积分环节，往往不能同时满足上述要求，可以采用加入复合控制的方法对误差进行补偿。补偿的方式分成两种：按干扰补偿和按输入补偿。这种补偿方式也称为前馈校正，具体补偿原理及结构参见第 7 章前馈校正部分。这两种补偿方法在伺服系统里应用很广，在调速系统及加工系统中也得到了广泛应用。

6.5　利用 MATLAB 计算系统的稳态误差

反馈控制系统的结构一般如图 6-2 所示，在输入信号作用下的稳态误差为

$$e_{ss}=\lim_{s\to 0}s\frac{1}{H(s)}\frac{1}{1+G(s)H(s)}X_i(s)=\lim_{s\to 0}E_s(s) \tag{6-19}$$

若系统为单位反馈系统，则稳态误差为

$$e_{ss}=\lim_{s\to 0}s\frac{1}{1+G(s)}X_i(s)=\lim_{s\to 0}E_s(s) \tag{6-20}$$

在 MATLAB 中，利用函数 dcgain（）可求取系统在给定输入下的稳态误差，其调用格式如下：

ess = dcgain（sys）

其中，ess 为欲求取的系统稳态误差；sys 为式（6-19）或式（6-20）中 $E_s(s)$的 MATLAB 描述。

例 6-7　已知单位反馈系统的开环传递函数为 $G(s)H(s)=\frac{1}{s^2+2s+1}$，试用 MATLAB 求该系统在单位阶跃和单位斜坡作用下的稳态误差。

解：根据式（6-20），系统输入单位阶跃和单位斜坡信号时稳态误差分别为

$$e_{ss1}=\lim_{s\to 0}s\frac{1}{1+G(s)}\frac{1}{s}$$

$$e_{ss2}=\lim_{s\to 0}s\frac{1}{1+G(s)}\frac{1}{s^2}$$

可用下述程序求取稳态误差：

```
clear
G1 = tf(1,[1   2   1]);                     %写出 G(s)
G2 = 1/(1 + G1);                           %求 1/(1 + G1)
G3 = tf([1   0],1);                        %写出 s
G4 = G2 * G3;                              %求 s * (1/(1 + G(s))
ess1 = dcgain(G4 * tf(1,[1   0]))          %求单位阶跃输入时的稳态误差
ess2 = dcgain(G4 * tf(1,[1   0   0]))      %求单位斜坡输入时的稳态误差
```

运行结果为

```
ess1  =
     0.5000
ess2  =
     Inf
```

6.6　系列工程问题举例

6.6.1　工作台位置自动控制系统误差分析

系统没有设置控制器时，系统的开环传递函数为

$$G_k(s)=\frac{K_q}{0.32s^2+s}$$

其静态位置误差系数为

$$K_p = \lim_{s\to 0} G(s)H(s) = \lim_{s\to 0}\frac{K_q}{0.32s^2+s} = \infty$$

当给定的输入为单位阶跃时稳态误差为

$$e_{ss} = \frac{1}{1+K_p} = 0$$

其静态速度误差系数为

$$K_v = \lim_{s\to 0} sG(s)H(s) = \lim_{s\to 0} s\frac{K_q}{0.32s^2+s} = K_q$$

当给定的输入为单位斜坡时，稳态误差为

$$e_{ss} = \frac{1}{K_v} = \frac{1}{K_q}$$

可见，随着前置放大器放大倍数的增大，稳态误差变小，且稳态误差与前置放大器放大倍数成反比。

6.6.2 磁盘驱动器读入系统误差分析

磁盘驱动器必须精确定位磁头阅读器，同时能够降低参数变化、外界碰撞和振动的影响。对笔记本式计算机的碰撞还可能在某些频率点激发谐振。对于磁盘驱动器运行的扰动包括物理碰撞、在环形轴承上的磨损或者摆动以及由于元件改变引起的参数变化等。本节将研究磁盘驱动器系统适应扰动和系统参数变化的性能，分析调整放大器增益 K_a 时，系统对于阶跃输入的瞬态响应和稳态误差。

针对图 1-16 所示的磁盘驱动器读入系统，此闭环控制系统使用一个带有可变增益的放大器作为控制器，结合 2.8.2 节的分析，当考虑扰动信号的作用时，重画框图如图 6-11 所示。

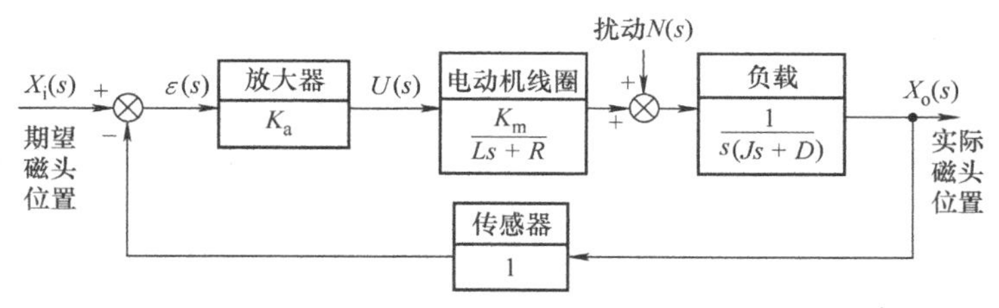

图 6-11 输入信号和干扰信号同时作用下的磁盘驱动器控制系统

1. 由输入信号引起的稳态误差

系统为单位反馈系统，稳态偏差等于稳态误差。令 $N(s)=0$，则

系统的开环传递函数为

$$G_k(s) = \frac{K_aK_m}{s(Ls+R)(Js+D)}$$

系统开环为 I 型系统，无论参数怎么变化，当输入为单位阶跃信号时的稳态误差值为：$e_{ss1}=0$。

2. 由干扰信号引起的稳态误差

下面考虑 $X_i(s)=0$ 时，扰动 $N(s)=1/s$ 对系统的影响。扰动作用下的输出为

$$X_{o2}(s) = \frac{Ls+R}{s(Ls+R)(Js+D)+K_aK_m}\frac{1}{s} \tag{6-21}$$

扰动作用下的稳态误差为

$$e_{ss2} = \lim_{s \to 0} s \frac{-(Ls+R)}{s(Ls+R)(Js+D)+K_a K_m} \frac{1}{s} = -\frac{R}{K_a K_m} \tag{6-22}$$

由式（6-22）可知，控制器 K_a 可以起到对扰动的抑制作用，K_a越大，扰动引起的误差的绝对值越小。但 K_a太大，系统的输出会有较大的振荡，这是不能接受的。

图 6-11 中代入表 2-5 中的结构参数，可得系统的框图如图 6-12 所示。

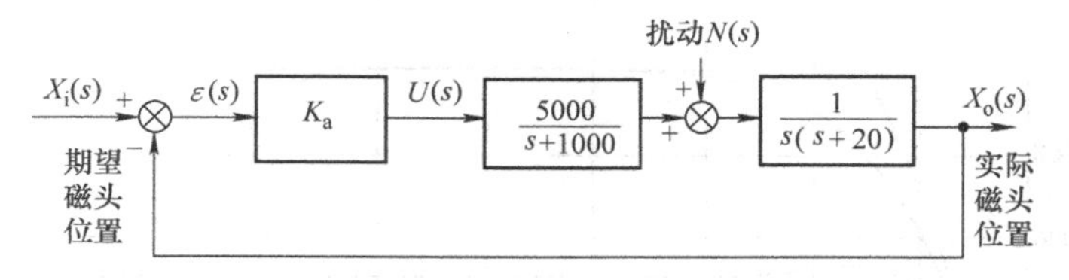

图 6-12　代入表 2-5 中典型参数的磁盘驱动器控制系统框图

$X_i(s)=1/s$，$N(s)=0$ 时，系统在输入信号作用下输出为

$$X_{o1}(s) = \frac{5000K_a}{s^3+1020s^2+20000s+5000K_a} \frac{1}{s}$$

$X_i(s)=0$，$N(s)=1/s$ 时，系统在扰动信号作用下输出为

$$X_{o2}(s) = \frac{s+1000}{s^3+1020s^2+20000s+5000K_a} \frac{1}{s}$$

分别取 K_a等于 10、20、40、80，用 MATLAB 绘制 $X_i(s)=1/s$、$N(s)=0$ 时，系统的响应曲线，如图 6-13 所示。从图中可以看出，若 K_a过大，则系统对阶跃输入信号的响应有较大的振荡特性。

同理，考虑 $X_i(s)=0$、$N(s)=1/s$ 时，系统的响应曲线如图 6-14 所示，从图中可以看出，K_a越大，对干扰的抑制作用越大。$K_a>80$ 时，扰动对系统输出的影响可以控制在非常小的范围内。

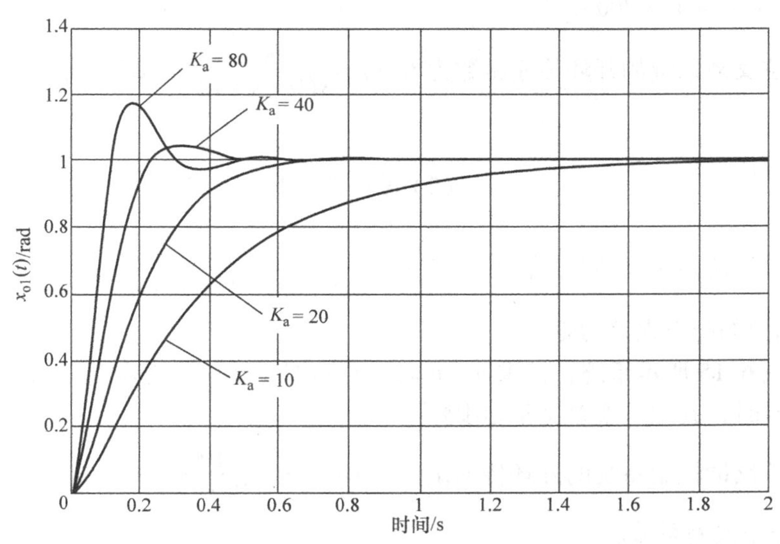

图 6-13　系统对单位阶跃输入的响应曲线

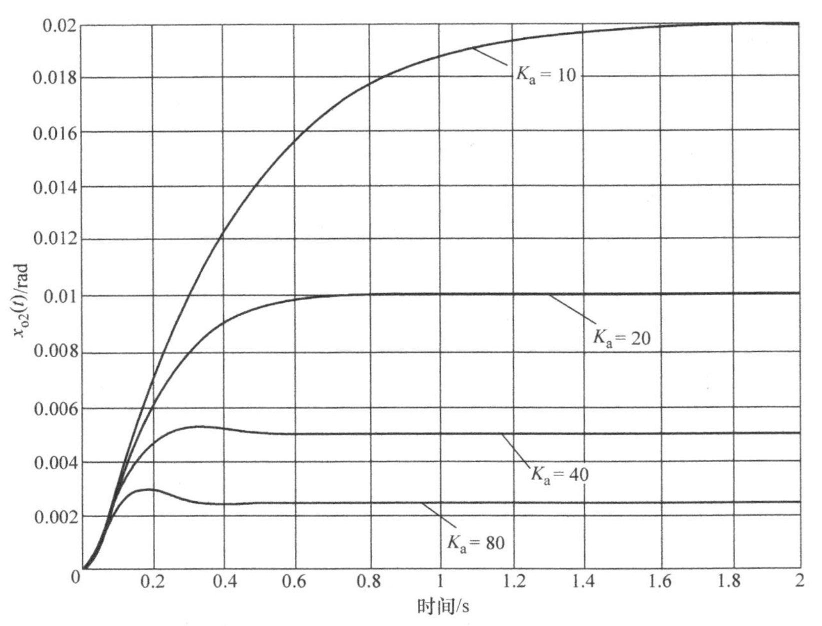

图 6-14　系统对单位扰动的响应曲线

习　　题

6-1　试求单位反馈系统的静态位置、速度、加速度误差系数及其稳态误差。设输入信号分别为单位阶跃、单位斜坡和单位加速度，其系统开环传递函数分别如下。

（1）$G(s)=\dfrac{50}{(0.1s+1)(2s+1)}$　　（2）$G(s)=\dfrac{K}{s(0.1s+1)(0.5s+1)}$

（3）$G(s)=\dfrac{K}{s(s^2+4s+200)}$　　（4）$G(s)=\dfrac{K(2s+1)(4s+1)}{s^2(s^2+2s+10)}$

6-2　设单位反馈系统的开环传递函数为 $G(s)=\dfrac{500}{s(0.1s+1)}$，试求当下列信号输入时系统的稳态误差。

（1）$x_i(t)=\dfrac{t^2}{2}\cdot 1(t)$　　（2）$x_i(t)=(1+2t+2t^2)\cdot 1(t)$

6-3　某单位反馈系统闭环传递函数为$\dfrac{X_o(s)}{X_i(s)}=\dfrac{a_{n-1}s+a_n}{s^n+a_1s^{n-1}+\cdots+a_{n-1}s+a_n}$，试证明该系统对斜坡输入的响应的稳态误差为零。

6-4　对于图 6-15 所示系统，试求 $n(t)=2\times 1(t)$时系统的稳态误差。当 $x_i(t)=t\cdot 1(t)$，$n(t)=-2\times 1(t)$时，其稳态误差又是多少？

6-5　某单位反馈控制系统的开环传递函数为 $G(s)=\dfrac{100}{s(0.1s+1)}$，

（1）试求静态误差系数。

（2）当输入为 $x_i(t)=(1+t+at^2)\cdot 1(t)(a\geqslant 0)$ 时，试求系统的稳态误差。

6-6　对于图 6-16 所示系统，试求：

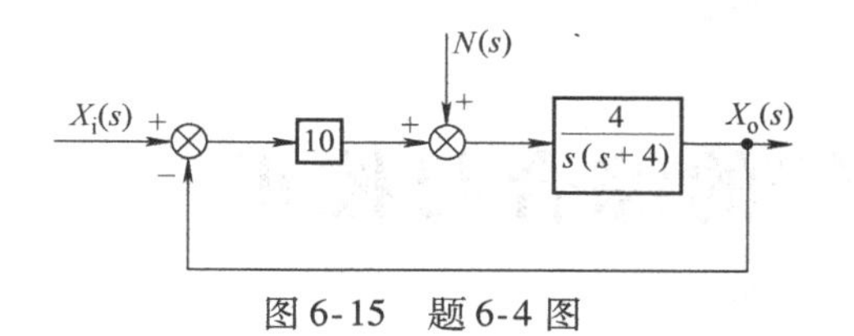

图 6-15　题 6-4 图

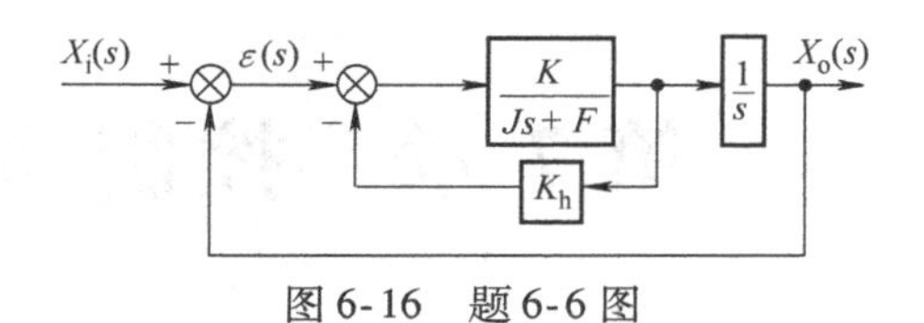

图 6-16　题 6-6 图

（1）系统在单位阶跃信号作用下的稳态误差。

（2）系统在单位斜坡信号作用下的稳态误差。

（3）讨论 K_h 和 K 对稳态误差的影响。

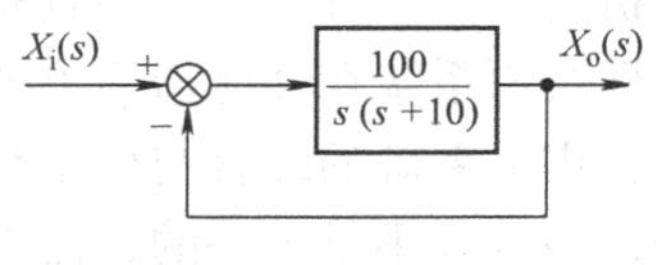

图 6-17　题 6-7 图

6-7　如图 6-17 所示系统，当 $x_i(t)=(10+2t)\cdot 1(t)$ 时，试求系统的稳态误差。

6-8　某位置控制系统如图 6-18 所示。

（1）试求静态误差系数。

（2）当速度输入为 5rad/s 时，试求稳态误差。

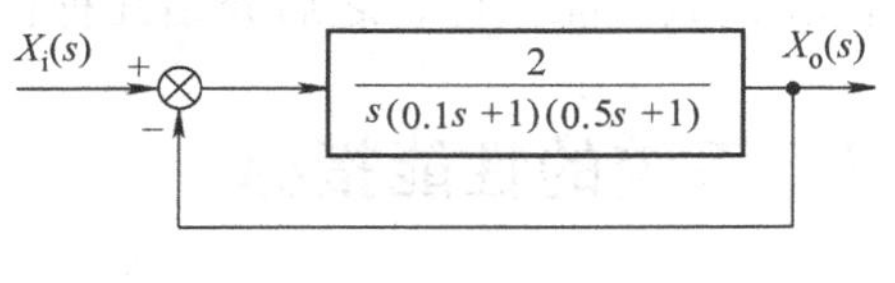

图 6-18　题 6-8 图

6-9　某系统的框图如图 6-19 所示。

（1）当输入 $x_i(t)=(10t)\cdot 1(t)$ 时，试求其稳态误差。

（2）当输入 $x_i(t)=(4+6t+3t^2)\cdot 1(t)$ 时，试求其稳态误差。

6-10　某系统如图 6-20 所示，其中 b 为速度反馈系数。

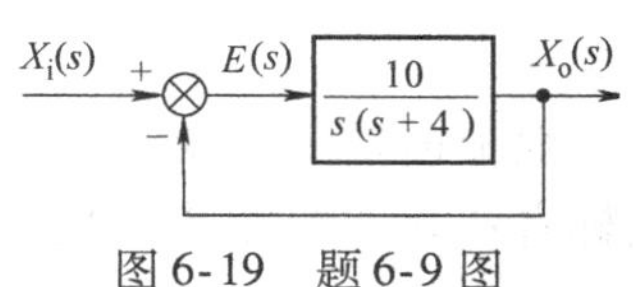

图 6-19　题 6-9 图

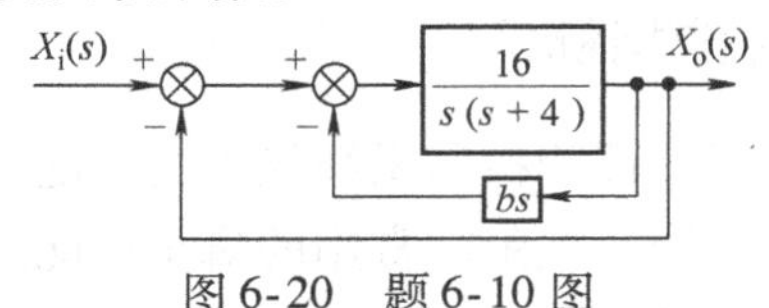

图 6-20　题 6-10 图

（1）当不存在速度反馈（$b=0$）时，试求单位斜坡输入引起的稳态误差。

（2）当 $b=0.15$ 时，试求单位斜坡输入引起的稳态误差。

6-11　已知系统的框图如图 6-21 所示。

（1）当 $K_d=0$ 时，求系统的阻尼比 ζ、无阻尼固有频率 ω_n 和单位斜坡输入时的稳态误差。

（2）确定 K_d 以使 $\zeta=0.707$，并求此时当输入为单位斜坡函数时系统的稳态误差。

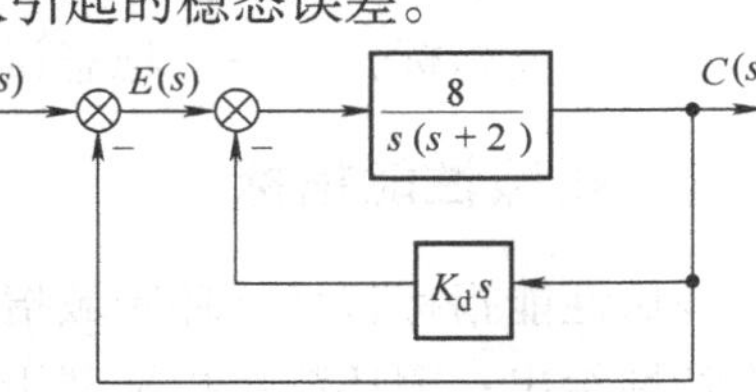

图 6-21　题 6-11 图

6-12　若温度计的特性用传递函数 $G(s)=\dfrac{1}{Ts+1}$ 描述，现用温度计测量盛在容器内的水温，发现需 30s 时间指出实际水温的 95% 的数值。试求：

（1）把容器的水温加热到 100°C，温度计的温度指示误差。

（2）给容器加热，使水温按 6°C/min 的速度线性变化时，温度计的稳态指示误差。

第7章　控制系统的综合与校正

根据已知的系统求出系统的性能指标，分析这些性能指标与系统参数之间的关系，是系统分析的任务。分析的结果具有唯一性。系统的综合与校正的任务是根据控制系统应具备的性能指标及原系统在性能指标上的缺陷来确定校正装置（元件）的结构、参数和连接方式。从逻辑上讲，系统的综合与校正是系统分析的逆问题。满足系统性能指标的校正装置的结构、参数和连接方式不是唯一的，需综合考虑系统各方面性能、成本、体积、重量以及可行性等多个因素，选出最佳方案。

本章只从控制系统的角度讨论控制系统的综合和校正问题。首先简单介绍系统的时域性能指标和频域性能指标，之后介绍几种校正的作用及利用频域法进行系统校正的方法。

7.1　系统的性能指标

系统的性能指标按类型可分为以下几种：

1）时域性能指标，包括瞬态性能指标和稳态性能指标。

2）频域性能指标，包括开环频域指标和闭环频域指标。

7.1.1　时域性能指标

时域性能指标是评价控制系统优劣的性能指标，一般根据系统在典型输入信号作用下的输出响应的某些特点统一规定。常用的瞬态性能时域指标有：M_p——最大超调量；t_r——上升时间（s）；t_p——峰值时间（s）；t_s——调整时间（s）。

一阶系统的瞬态性能指标只有调整时间 t_s。

稳态性能指标：e_{ss}——稳态误差。

7.1.2　频域性能指标

频域性能指标包括开环频域指标和闭环频域指标两种类型。开环频域指标利用系统的开环频率特性给出；闭环频域指标利用系统的闭环频率特性给出。

开环频域指标包括：K_p——静态位置误差系数；K_v——静态速度误差系数；K_a——静态加速度误差系数；ω_c——幅值穿越频率（也称幅值交界频率或剪切频率）(rad/s)；K_g 或 K_g (dB)——幅值裕度（也称幅值稳定裕量）；γ——相位裕度（也叫相位稳定裕量）(°)。

闭环频域指标包括：$A(0)$——零频振幅比，也叫零频值；A_{max}——谐振峰值；M_r——相对谐振峰值，也叫谐振比，$M_r=\dfrac{A_{max}}{A(0)}$；$\omega_r$——谐振频率（rad/s）；$\omega_M$——复现频率（rad/s），$0\sim\omega_M$称为复现带宽；$\omega_b$——截止频率（rad/s），$0\sim\omega_b$称为截止带宽。

7.1.3　开环频率特性的三个频段

开环频率特性曲线可划分为三个频段，即低频段、中频段和高频段，如图7-1a所示。对应到闭环频率特性曲线的三个频段划分如图 7-1b 所示。

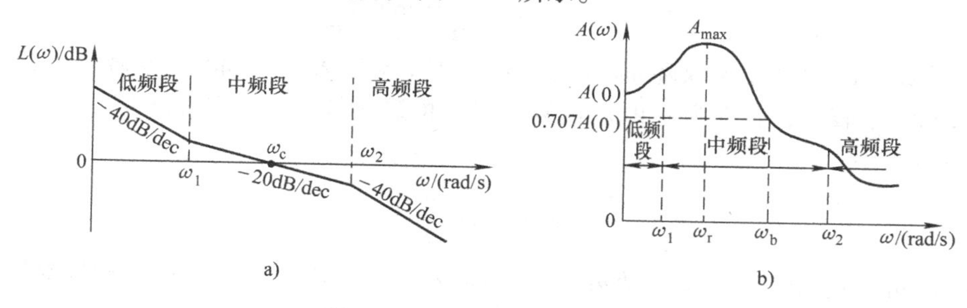

图 7-1　频率特性的三个频段

1. 低频段与稳态精度

低频段通常是指开环对数幅频特性渐近线的第一个转角频率之前的频段。由 4.4 节分析可知，低频段特性完全由系统型次和开环增益决定。由 6.2 节分析可知，稳态误差的大小取决于系统的开环增益 K 和系统的型次 ν。开环系统的型次 ν 越高（即积分环节个数越多）、开环增益越大，其系统的稳态误差越小、稳态精度越高。可见，低频段特性决定了系统的稳态精度。

2. 中频段与动态特性

中频段是指系统开环幅频特性曲线在幅值穿越频率 ω_c 附近的频段，该频段特性与系统动态性能和稳定性有关。系统的相位裕度 γ 由整个对数幅频特性中各段的频率共同确定。其中，$L(\omega)$ 在 ω_c 处曲线斜率对相位裕度 γ 的影响最大，远离 ω_c 的曲线斜率对相位裕度 γ 的影响很小。

例 7-1　系统开环传递函数为

$$G_k(s)=\frac{K(T_1s+1)}{s^2(T_2s+1)}\quad (K>0,\ T_1>T_2>0)$$

试分析相位裕度和系统参数的关系。

解：绘制系统开环对数幅频特性曲线，如图 7-2 所示。各段渐近线的斜率分别为：-40dB/dec、-20dB/dec、-40dB/dec，现分析要使系统有较大的相位裕度，ω_c 应取在什么位置？

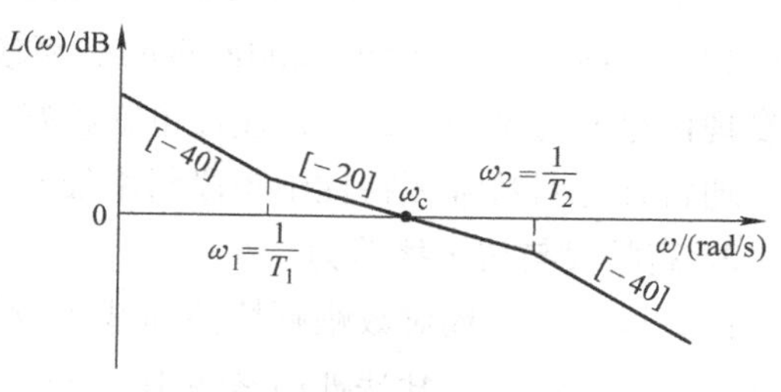

图 7-2　例 7-1 图

令：$\omega_1=1/T_1$，$\omega_2=1/T_2$，则

$$\begin{aligned}\gamma&=180^\circ+\varphi(\omega_c)\\&=180^\circ+(-180^\circ+\arctan T_1\omega_c-\arctan T_2\omega_c)\\&=\arctan\frac{\omega_c}{\omega_1}-\arctan\frac{\omega_c}{\omega_2}\end{aligned}$$

由上式可知：

1）如果 ω_c、ω_2 不变，γ 仅随 ω_1 变化。ω_1 提高，γ 减小；ω_1 降低，γ 增大。若 T_1 较大，ω_1 较低，即离 ω_c 较远，则斜率为 -40 的低频段对 γ 的影响较小。若 T_1 足够大，低频段影响可忽略，此时

$$\gamma \approx 90^\circ - \arctan\frac{\omega_c}{\omega_2} = \arctan\frac{\omega_2}{\omega_c} \tag{7-1}$$

2）如果 ω_c、ω_1 不变，γ 仅随 ω_2 变化。ω_2 提高，γ 增大；ω_2 降低，γ 减小。若 T_2 较小，ω_2 较大，即离 ω_c 较远，斜率为 -40 的高频段对 γ 的影响较小。若 T_2 足够小，高频段影响可忽略，此时

$$\gamma \approx \arctan\frac{\omega_c}{\omega_1} \tag{7-2}$$

3）如果 ω_1、ω_2 不变，令 $\omega_2 = h\omega_1$，即 $h = \omega_2/\omega_1$，可用 h 描述 $L(\omega)$ 中频段宽度。

$$\gamma = 180^\circ + \varphi(\omega_c) = \arctan\frac{\omega_c}{\omega_1} - \arctan\frac{\omega_c}{\omega_2} = \arctan\frac{\omega_c}{\omega_1} - \arctan\frac{\omega_c}{h\omega_1} \tag{7-3}$$

通过改变增益 K 值，从而使 ω_c 变化，则相位裕度 γ 随 ω_c 变化。K 值增大，$L(\omega)$ 特性曲线上移，ω_c 增大，更加靠近 ω_2，$L(\omega)$ 高频段斜率对 γ 的影响大，相位裕度较小。K 值减小，$L(\omega)$ 特性曲线下移，ω_c 减小，更加靠近 ω_1，$L(\omega)$ 低频段斜率对 γ 的影响大，相位裕度较小；K 取某个值时，可使 γ 达到极大值。

对式（7-3）求导，并令 $\frac{d\gamma}{d(\omega_c/\omega_1)} = 0$，可得 $h = \frac{\omega_c^2}{\omega_1^2}$，因为 $h = \omega_2/\omega_1$，所以此时

$$\omega_c = \sqrt{\omega_1\omega_2}，\text{或 } \lg\omega_c = \frac{1}{2}(\lg\omega_1 + \lg\omega_2)$$

可见，调节增益使 ω_c 处于对数幅频特性图中 ω_1 与 ω_2 的几何中心时，系统具有最大相位裕度，将 $\omega_c = \sqrt{\omega_1\omega_2}$ 代入式（7-3），可以得到系统最大相位裕度为

$$\gamma_m = \arctan\sqrt{h} - \arctan\frac{1}{\sqrt{h}} \tag{7-4}$$

若中频段的斜率为 -20dB/dec，中频段的长度尽可能长些，有利于确保系统有足够的稳定性。若中频段的斜率为 -40dB/dec，中频段占据的频率范围不宜过长，否则相位裕度会很小。若中频段的斜率更小（如 -60dB/dec），系统就难以稳定。另外，幅值穿越频率 ω_c 越高，系统复现信号能力越强，系统快速性也就越好。

通常开环对数幅频特性中频段斜率最好取 -20dB/dec。

3. 高频段与抗干扰能力

高频段是指开环对数幅频特性曲线中频段以后（一般 $\omega > 10\omega_c$）的区段，高频段反映了系统的抗干扰能力，其特性由系统中时间常数很小的部件特性决定。由于它远离幅值穿越频率 ω_c，一般幅值分贝数较低，故对系统动态性能及相位裕度影响不大。另外，由于高频段的开环幅值较小，故对单位反馈系统有

$$|G_B(j\omega)| = \frac{|G_k(j\omega)|}{|1 + G_k(j\omega)|} \approx |G_k(j\omega)| \quad (\text{当} |G_k(j\omega)| \ll 1 \text{ 时}) \tag{7-5}$$

式（7-5）表明，高频段闭环幅值近似等于开环幅值。因此，系统开环在高频段的幅值直接反映了系统对输入端高频干扰的抑制能力。高频段的分贝数值越低，系统的抗干扰能力越强。

应该指出，三个频段的划分并没有严格的确定准则，但是三个频段的概念为直接运用开环频率特性来判别、估算系统性能指出了方向。

7.1.4 闭环频域指标与时域指标的关系

用闭环频率特性分析、设计系统，通常以谐振峰值 M_r 和截止带宽 ω_b（或谐振频率 ω_r）作为依据。M_r、ω_b 与时域指标超调量 M_p、调整时间 t_s 之间存在确定关系。这种关系在二阶系统中是严格的，在高阶系统中则是近似的。

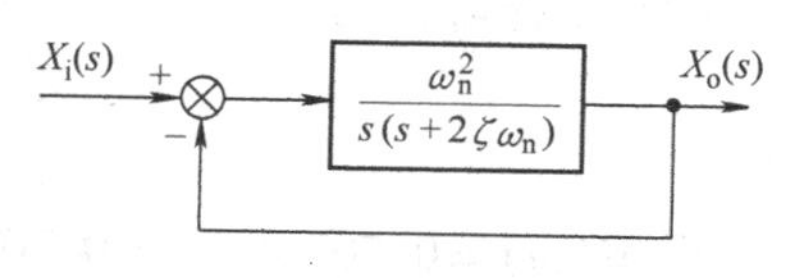

图 7-3　二阶系统框图

图 7-3 是典型二阶系统的框图。

典型二阶系统开环传递函数为

$$G_k(s)=\frac{\omega_n^2}{s(s+2\zeta\omega_n)}$$

开环频率特性为

$$G_k(j\omega)=\frac{\omega_n^2}{j\omega(j\omega+2\zeta\omega_n)}$$

开环幅频特性为

$$A(\omega)=\frac{\omega_n^2}{\sqrt{\omega^4+(2\zeta\omega_n\omega)^2}}$$

开环相频特性为

$$\varphi(\omega)=-90^\circ-\arctan\frac{\omega}{2\zeta\omega_n}=-180^\circ+\arctan\frac{2\zeta\omega_n}{\omega}$$

令 $A(\omega)=1$，可求得幅值穿越频率为

$$\omega_c=\omega_n\sqrt{\sqrt{4\zeta^4+1}-2\zeta^2} \tag{7-6}$$

代入 $\varphi(\omega)$，得

$$\varphi(\omega_c)=-180^\circ+\arctan\frac{2\zeta}{\sqrt{\sqrt{4\zeta^4+1}-2\zeta^2}}$$

系统的相位裕度为

$$\gamma=\arctan\frac{2\zeta}{\sqrt{\sqrt{4\zeta^4+1}-2\zeta^2}} \tag{7-7}$$

闭环传递函数为

$$G_B(s)=\frac{\omega_n^2}{s^2+2\zeta\omega_n s+\omega_n^2}$$

闭环频率特性为

$$G_B(j\omega)=\frac{\omega_n^2}{\omega_n^2-\omega^2+j2\zeta\omega_n\omega}$$

闭环幅频特性为

$$M(\omega)=\frac{\omega_n^2}{\sqrt{(\omega_n^2-\omega^2)^2+(2\zeta\omega_n\omega)^2}}$$

令 $\frac{dM}{d\omega}=0$，可得到，当 $0<\zeta<\frac{1}{\sqrt{2}}$ 时，闭环谐振频率为

$$\omega_r = \omega_n\sqrt{1-2\zeta^2} \tag{7-8}$$

闭环谐振峰值为

$$M_r = \frac{1}{2\zeta\sqrt{1-\zeta^2}} \tag{7-9}$$

令 $M(\omega)=0.707M(0)=0.707$ 时，可得到截止频率 ω_b。

$$\omega_b = \omega_n\sqrt{1-2\zeta^2+\sqrt{2-4\zeta^2+4\zeta^4}} \tag{7-10}$$

比较式（7-6）和式（7-10）可得到

$$\frac{\omega_c}{\omega_b} = \sqrt{(\sqrt{4\zeta^4+1}-2\zeta^2)(\sqrt{2-4\zeta^2+4\zeta^4}-1+2\zeta^2)} \tag{7-11}$$

$$t_s\omega_c = \begin{cases} \dfrac{3\omega_c}{\zeta\omega_n} = \dfrac{3}{\zeta}\sqrt{\sqrt{4\zeta^4+1}-2\zeta^2} & (\Delta=5\%) \\ \dfrac{4\omega_c}{\zeta\omega_n} = \dfrac{4}{\zeta}\sqrt{\sqrt{4\zeta^4+1}-2\zeta^2} & (\Delta=2\%) \end{cases} \tag{7-12}$$

$$t_s\omega_b = \begin{cases} \dfrac{3\omega_b}{\zeta\omega_n} = \dfrac{3}{\zeta}\sqrt{1-2\zeta^2+\sqrt{2-4\zeta^2+4\zeta^4}} & (\Delta=5\%) \\ \dfrac{4\omega_b}{\zeta\omega_n} = \dfrac{4}{\zeta}\sqrt{1-2\zeta^2+\sqrt{2-4\zeta^2+4\zeta^4}} & (\Delta=2\%) \end{cases} \tag{7-13}$$

由第 3 章可知，典型欠阻尼二阶系统超调量为

$$M_p = e^{-\frac{\zeta\pi}{\sqrt{1-\zeta^2}}}\times 100\% \tag{7-14}$$

可以看出，针对典型二阶系统，时域内的指标超调量 M_p、开环频域指标相位裕度 γ、闭环频域指标谐振峰值 M_r 等只与阻尼比 ζ 有关，这些指标之间存在确定的函数关系。

图 7-4 是欠阻尼二阶系统的 M_p、M_r、γ 与阻尼比 ζ 的关系曲线。对典型欠阻尼二阶系统，阻尼比 ζ 越大，超调量 M_p 和闭环谐振峰值 M_r 越小，开环相位裕度 γ 越大。

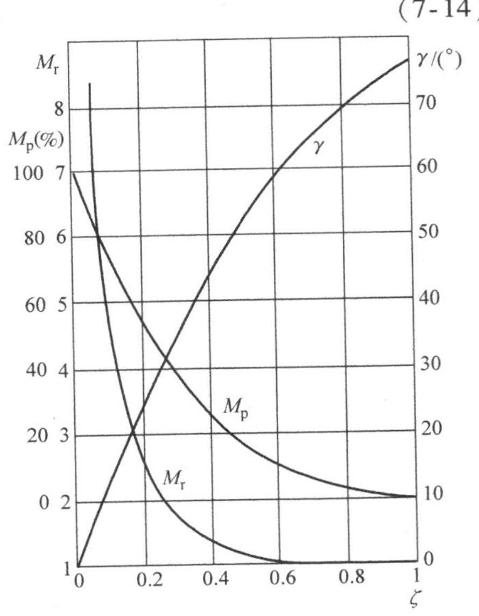

图 7-4　M_p、M_r、γ 与 ζ 之间的关系曲线

图 7-5 是欠阻尼二阶系统的 M_p 与 γ 的关系曲线；图 7-6 是二阶系统的 M_p 与 M_r 的关系曲线。开环相位裕度 γ 越大，超调量 M_p 越小，谐振峰值 M_r 越小。$M_r=1.2\sim1.5$ 时，对应 M_p 为 18.5% ~30.1%，这时的动态过程有适当的振荡，平稳性和快速性均较好。工程中常以 $M_r=1.3$ 作为系统设计的依据，此时 $M_p=22.9\%$。

图 7-7 是欠阻尼二阶系统的 $t_s\omega_c$ 与 γ 的关系曲线；图 7-8 是欠阻尼二阶系统的 $t_s\omega_b$ 与 M_r 的关系曲线。如果两个系统具有相同的相位裕度或谐振峰值，则它们的相对稳定性（或超调量）大致相同，但响应的快速性（或调节时间）与幅值穿越频率 ω_c、截止频率 ω_b 成反比，ω_c 或 ω_b 越高，说明系统响应越快，调整时间 t_s 越短。如果选定好 γ，可以由图 7-4 确定 ζ，再由 ζ 确定 M_p 和 t_s。一般希望 $30°\leqslant\gamma\leqslant70°$。

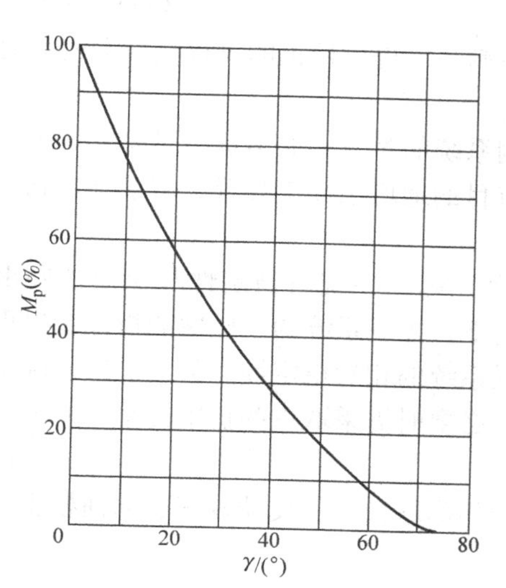

图 7-5　欠阻尼二阶系统的 M_p 与 γ 的关系曲线

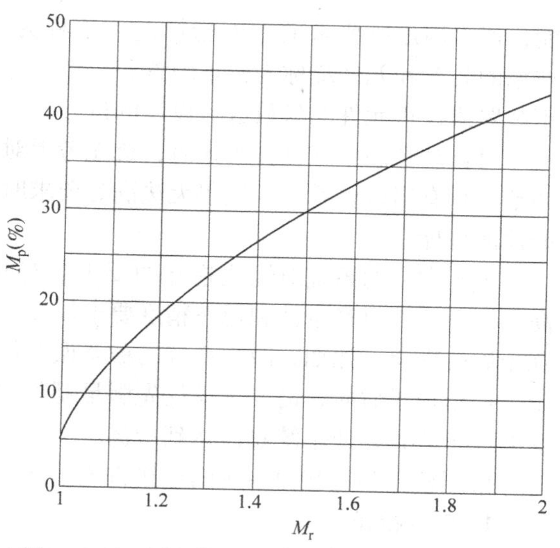

图 7-6　欠阻尼二阶系统的 M_p 与 M_r 的关系曲线

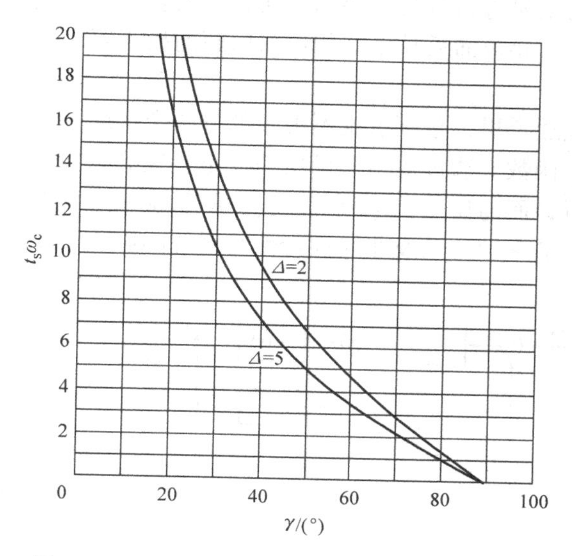

图 7-7　欠阻尼二阶系统的 $t_s\omega_c$ 与 γ 的关系曲线

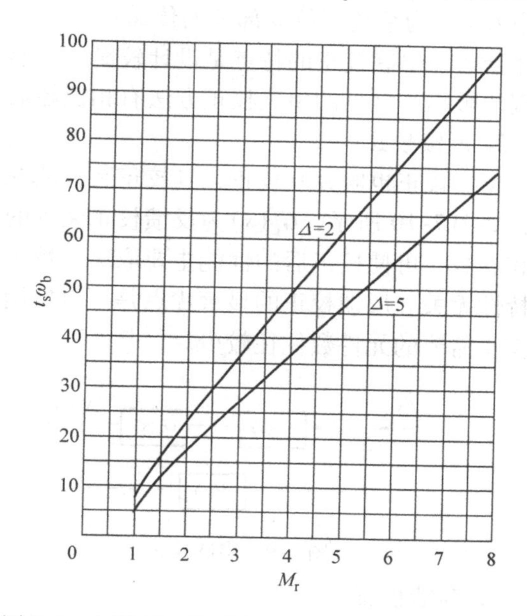

图 7-8　欠阻尼二阶系统的 $t_s\omega_b$ 与 M_r 的关系曲线

7.2　系统校正概述

当明确了被控对象后，根据技术指标来确定控制方案，进而选择传感器、放大器和执行机构等，构成了控制系统的基本部分，这些基本部分称为不可变部分（除放大器的增益可适当调整外，其余参数均固定不变）。当由系统不可变部分组成的控制系统不能全面满足设计需求的性能指标时，在已选定的系统不可变部分基础上，还需要增加必要的元件，使重新组合起来的控制系统能全面满足设计要求的性能指标。

把这种有目的的、通过给自动控制系统增添一些装置和元件，人为地改变系统结构和性能，使之满足所要求的性能指标的方法称为系统校正（或系统补偿，System Compensation）。增添的装置和元件统称为校正装置和校正元件。自动控制系统进行校正的过程实际上就是对校正装置或校正元件的参数进行设计的过程。

对自动控制系统进行校正时，首先考虑对自动控制系统的参数，如增益、时间常数等进行调整。只有当调整系统参数仍无法满足要求时，才会有目的地增添校正装置，使系统达到要求的性能指标。

不同类型的系统对性能指标的要求各有侧重，比如，随动系统对稳定性和快速性要求较高，调速系统对稳定性和稳态精度要求较高。许多情况下，控制系统的一些性能指标会出现相互矛盾的现象，比如，减少系统的稳态误差往往会降低系统的相对稳定性，甚至导致系统不稳定。当出现矛盾时，需要考虑优先满足哪些主要性能，必要时需采取一些折中方案，并加上必要的校正装置，使系统总体达到最优。

按照校正装置与原系统的连接方式不同，校正可分为串联校正、反馈校正、前馈校正。

1. 串联校正

串联校正装置放在前向通道的前端，与系统的不可变部分直接串联连接。如图 7-9 所示，图中 $G_o(s)$ 为系统不可变部分的传递函数，$G_c(s)$ 为校正装置的传递函数，$H(s)$ 为反馈通道的传递函数。串联校正的特点是设计较简单，容易对信号进行各种必要的变换，但需要注意负载效应的影响。常见的串联校正方法有相位超前校正、相位滞后校正、相位滞后超前校正等。

2. 反馈校正

反馈校正也叫并联校正，其校正装置放在反馈通道里，包围系统不可变部分的全部或者部分，如图 7-10 所示，$G_c(s)$ 为反馈校正装置的传递函数。通过适当选择反馈校正装置的结构形式和参数，可使校正后的性能主要取决于校正装置，而与反馈校正装置所包围的系统不可变部分特性无关。反馈校正的显著优点是可以抑制系统的参数波动及非线性特性对系统的影响。反馈校正需要的元件数往往较少。

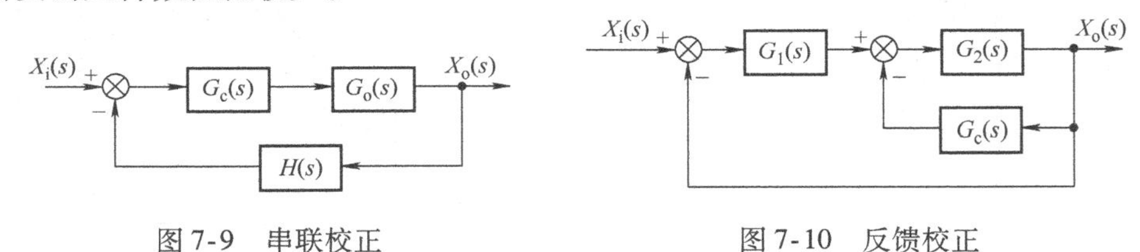

图 7-9 串联校正　　图 7-10 反馈校正

3. 前馈校正

前馈校正就是基于开环补偿的方法，引入与给定量或与扰动量有关的补偿校正信号，目的在于提高系统的稳态精度。前馈校正一般不单独使用，而与原系统结合构成复合控制系统，所以结构较复杂，一般应用于对性能要求较高的系统。如图 7-11 所示，图 7-11a 为按给定作用的前馈校正；图 7-11b 为按扰动作用的前馈校正。图 7-11 中，$G_c(s)$ 为前馈校正装置的传递函数。

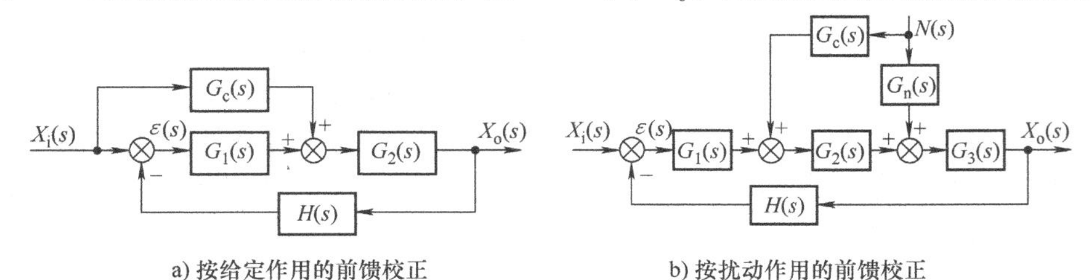

a) 按给定作用的前馈校正　　b) 按扰动作用的前馈校正

图 7-11 前馈校正

校正装置可以由电气、机械、气动、液压或其他形式的元件组成。电气校正装置分为无源的和有源的两种。无源校正装置通常是一些电阻和电容组成的电网络，电路简单、组合方便、无须外供电源；但本身没有增益，只有衰减，且输入阻抗较低，输出阻抗又较高。应用无源校正装置时要考虑负载效应。有源校正装置是由运算放大器组成的调节器，本身有增益，且输入阻抗高，输出阻抗低；缺点是电路较复杂，需另外供给电源。

在确定了校正方案之后，需要进一步确定校正装置的结构与参数，即校正装置的设计问题，目前对于这一问题有两类不同的校正方法：分析法与综合法。

分析法又称为试探法，这种方法将校正装置按照其相移特性划分成几种简单容易实现的类型，如相位超前校正、相位滞后校正、相位滞后超前校正等。这些校正装置的结构已定，而参数可调。分析法要求设计者首先根据经验确定校正方案，然后根据性能指标的要求，有针对性地选择某一种类型的校正装置，再通过系统的分析和计算求出校正装置的参数，这种方法的设计结果必须经过验算。若不能满足全部性能指标，则需重新调整参数，甚至重新选择校正装置的结构，直至校正后全部满足性能指标。因此分析法本质上是一种试探法。分析法的优点是校正装置简单、容易实现，因此在工程上得到广泛应用。

综合法又称为期望特性法，它的基本思路是根据性能指标的要求，构造出期望的系统特性，如期望频率特性，然后再根据固有特性和期望特性去选择校正装置的特性及参数，使得系统校正后的特性与期望特性完全一致。综合法思路清晰，操作简单，但是所得到的校正装置数学模型可能很复杂，在实现过程中会遇到一些困难，综合法对校正装置的选择有很好的指导作用。应当指出，无论是分析法还是综合法，其设计过程一般仅适用于最小相位系统。

7.3　串联校正

下面分别介绍相位超前、相位滞后和相位滞后超前校正装置的电路、数学模型及其在系统中的作用。

7.3.1　相位超前校正

1. 相位超前校正装置特性

图 7-12 所示为无源相位超前校正的电路图，其传递函数为

$$G_c(s)=\frac{X_o(s)}{X_i(s)}=\frac{R_2}{R_2+\dfrac{R_1\dfrac{1}{Cs}}{R_1+\dfrac{1}{Cs}}}=\frac{R_2}{R_1+R_2}\frac{R_1Cs+1}{\dfrac{R_2}{R_1+R_2}R_1Cs+1}$$

令 $R_1C=T$，$\dfrac{R_2}{R_1+R_2}=\alpha<1$，则

$$G_c(s)=\alpha\frac{Ts+1}{\alpha Ts+1}\quad(\alpha<1)\tag{7-15}$$

频率特性为

$$G_c(\mathrm{j}\omega)=\alpha\frac{\mathrm{j}T\omega+1}{\mathrm{j}\alpha T\omega+1}$$

幅频特性为

$$|G_c(j\omega)| = \frac{\alpha\sqrt{1+(T\omega)^2}}{\sqrt{1+(\alpha T\omega)^2}}$$

相频特性为

$$\angle G_c(j\omega) = \arctan T\omega - \arctan\alpha T\omega > 0$$

（1）极坐标图　当 $\omega=0$ 时，$|G_c(j\omega)|=\alpha$，$\angle G_c(j\omega)=0°$；当 $\omega=\infty$ 时，$|G_c(j\omega)|=1$，$\angle G_c(j\omega)=0°$。

可以证明，相位超前校正装置的极坐标图是起始于 $\alpha\angle 0°$，终止于 $1\angle 0°$，圆心在 $\left(\frac{1+\alpha}{2},\ j0\right)$，半径为$\frac{1-\alpha}{2}$的上半圆，如图 7-13 所示。

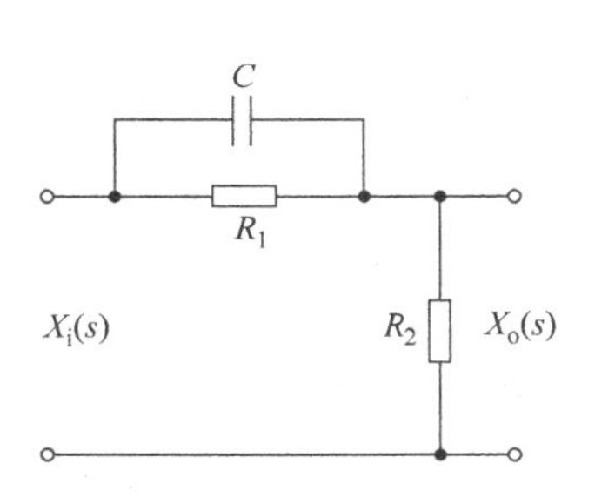

图 7-12　相位超前校正装置

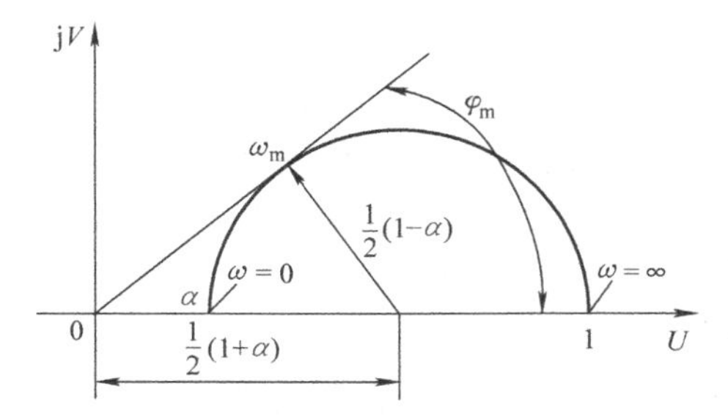

图 7-13　相位超前校正网络的极坐标图

（2）对数坐标图　对数幅频特性为

$$L(\omega) = 20\lg\alpha + 20\lg\sqrt{1+(T\omega)^2} - 20\lg\sqrt{1+(\alpha T\omega)^2}$$

当 $\omega=0$ 时，$L(\omega)=20\lg\alpha<0\text{dB}$；当 $\omega=\infty$ 时，$L(\omega)=0\text{dB}$。

相位超前校正的对数频率特性如图 7-14 中曲线①所示。

采用相位超前网络对系统作串联校正时，校正后系统的开环放大倍数要下降 α 倍，这就导致稳态误差的增加，可能满足不了系统稳态性能要求。

为使系统在校正前后的开环放大倍数保持不变，需要通过提高放大器的放大倍数来补偿。校正网络放大倍数衰减 α 倍，放大器的放大倍数就得增大 $\frac{1}{\alpha}$ 倍。补偿后相当于在系统中串入 $\frac{1}{\alpha}G_c(s)$，即$\frac{1}{\alpha}G_c(s)=\frac{Ts+1}{\alpha Ts+1}$。补偿后的幅频特性曲线如图 7-14 中曲线②所示，相频特性曲线不变。

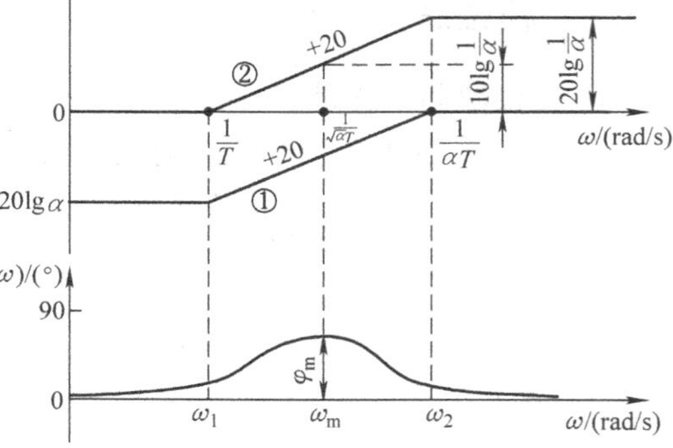

图 7-14　相位超前校正网络的对数坐标图

幅频特性表明：频率 ω 在 $1/T \sim 1/(\alpha T)$之间时，$L(\omega)$的斜率为 20dB/dec，与纯微分环节的对数幅频特性的斜率完全相同，这意味着在 $1/T\sim1/(\alpha T)$ 频率范围内对输入信号有微分作用，故相位超前校正又称微分校正。从图 7-14 还可以看出，随着 ω 的减小，幅值 $L(\omega)$减小，所以相位超前校正相当于高通滤波器。

相频特性表明：在 ω 从 0 到∞ 的所有频率范围内，均有 $\varphi(\omega)>0$，即网络的输出信号在相位上总是超前于输入信号。

（3）最大相位超前角　在转角频率 $\omega_1=1/T$ 至 $\omega_2=1/(\alpha T)$ 之间存在着最大值 φ_m，称为最大相位超前角，发生最大相位超前角时的角频率，记作 ω_m。

相位超前网络的相频特性表达式为 $\varphi(\omega)=\arctan T\omega-\arctan\alpha T\omega$，令

$$\frac{\mathrm{d}\varphi(\omega)}{\mathrm{d}\omega}=0$$

可求得

$$\omega_m=\sqrt{\omega_1\omega_2}$$

$$\lg\omega_m=\frac{1}{2}(\lg\omega_1+\lg\omega_2)$$

可见，ω_m 正好发生在两个转折频率 ω_1 和 ω_2 的几何中心。最大相位超前角为

$$\varphi_m=\arctan\frac{1-\alpha}{2\sqrt{\alpha}}=\arcsin\frac{1-\alpha}{1+\alpha} \tag{7-16}$$

从而

$$\alpha=\frac{1-\sin\varphi_m}{1+\sin\varphi_m} \tag{7-17}$$

当 $\omega=\omega_m$ 时，校正装置的对数幅值为 $20\lg|G_c(\mathrm{j}\omega_m)|=10\lg\frac{1}{\alpha}$。由式（7-16）可知，当 α 减小时，φ_m 增大。

2. 相位超前校正的作用

设单位负反馈系统原有的开环对数渐近幅频曲线和相频曲线如图 7-15 中①所示。对数幅频特性在中频段的幅值穿越频率 ω_{c1} 附近为 −40dB/dec 斜线，并且所占频率范围较宽，在转角频率 $1/T_2$ 处，其斜率转为 −80dB/dec。对照相频特性，在 $L(\omega)>0$ 的范围内，相频特性曲线对 −180°线负穿越一次，故原系统不稳定。

现给原系统串入相位超前校正网络，校正环节的转角频率 $1/T$ 及 $1/(\alpha T)$ 分别设在原幅值穿越频率 ω_{c1} 两侧，并提高系统的开环增益 $1/\alpha$ 倍，使加入串联校正后系统总的开环增益与原系统一致，则校正后系统的开环对数频率特性如图7-15中曲线②所示。由于正斜率的作用，渐近幅频特性的中频段斜率变为 −20dB/dec，并且幅值穿越频率增大到 ω_{c2}。对比相频特性曲线①和②，由于正相移的作用，使幅值穿越频率附近的相位明显上升，具有较大的相位裕度。这样，既改善了原系统的稳定性，又提高了系统的幅值穿越频率，获得了足够的快速性。

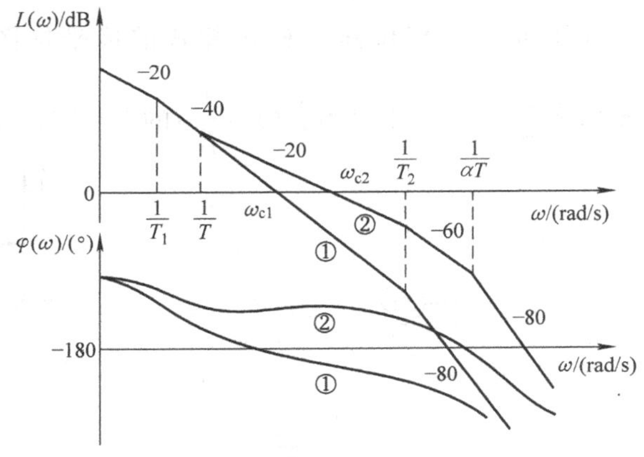

图 7-15　相位超前校正的作用

但是相位超前校正一般不改善原系统的低频特性。如果进一步提高开环增益，使低频段上移，则系统的平稳性将有所下降。若幅频特性过分上移，还会削弱系统抗高频干扰的能力。所以超前校正对提高系统稳态精度的作用是很小的。如果主要是为了使系统的响应快、超调小，可采用超前串联校正。

相位超前校正适用于稳态性能已满足要求，而动态性能有待改善的场合。

7.3.2 相位滞后校正

1. 相位滞后校正装置特性

图 7-16 所示为无源相位滞后校正的电路图，其传递函数为

$$G_c(s)=\frac{X_o(s)}{X_i(s)}=\frac{R_2+\frac{1}{Cs}}{R_1+R_2+\frac{1}{Cs}}=\frac{R_2Cs+1}{\frac{R_1+R_2}{R_2}R_2Cs+1}$$

令 $R_2C=T$，$\frac{R_1+R_2}{R_2}=\beta>1$，则

$$G_c(s)=\frac{Ts+1}{\beta Ts+1}\quad(\beta>1) \tag{7-18}$$

频率特性为

$$G_c(\mathrm{j}\omega)=\frac{\mathrm{j}T\omega+1}{\mathrm{j}\beta T\omega+1}\quad(\beta>1)$$

幅频特性为

$$|G_c(\mathrm{j}\omega)|=\frac{\sqrt{1+(T\omega)^2}}{\sqrt{1+(\beta T\omega)^2}}$$

相频特性为

$$\angle G_c(\mathrm{j}\omega)=\arctan T\omega-\arctan\beta T\omega<0$$

(1) 极坐标图　当 $\omega=0$ 时，$|G_c(\mathrm{j}\omega)|=1$，$\angle G_c(\mathrm{j}\omega)=0°$；当 $\omega=\infty$ 时，$|G_c(\mathrm{j}\omega)|=1/\beta$，$\angle G_c(\mathrm{j}\omega)=0°$。

可以证明，相位滞后校正装置的极坐标图是起始于 $1\angle 0°$，终止于 $\frac{1}{\beta}\angle 0°$，圆心在 $\left[\frac{1}{2}\left(1+\frac{1}{\beta}\right),\mathrm{j}0\right]$，半径为 $\frac{1}{2}\left(1-\frac{1}{\beta}\right)$ 的下半圆，如图 7-17 所示。

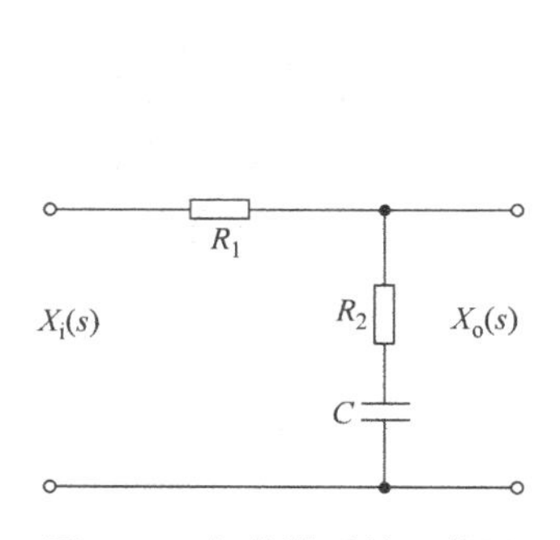

图 7-16　相位滞后校正装置

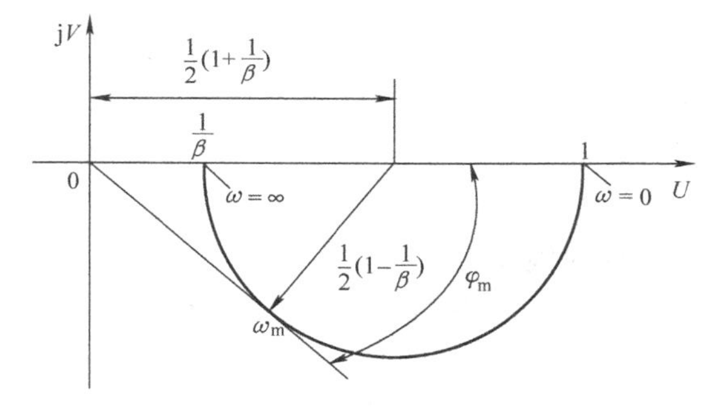

图 7-17　相位滞后校正装置的极坐标图

(2) 对数坐标图　对数幅频特性为

$$L(\omega)=20\lg\sqrt{1+(T\omega)^2}-20\lg\sqrt{1+(\beta T\omega)^2}$$

其对数坐标图如图 7-18 所示。

对数幅频特性曲线表明，频率 ω 在 $1/\beta T\sim 1/T$ 之间时，$L(\omega)$ 的曲线斜率为 $-20\mathrm{dB/dec}$，

在 $\omega>1/T$ 以后的幅值衰减为 $-20\lg\beta$。

对数相频特性曲线表明：在 $\omega=0\to\infty$ 的所有频率下，均有 $\varphi(\omega)<0$，即网络的输出信号在相位上总是滞后于输入信号。这对系统性能没有好处，但在实际校正中并不用这个特点。

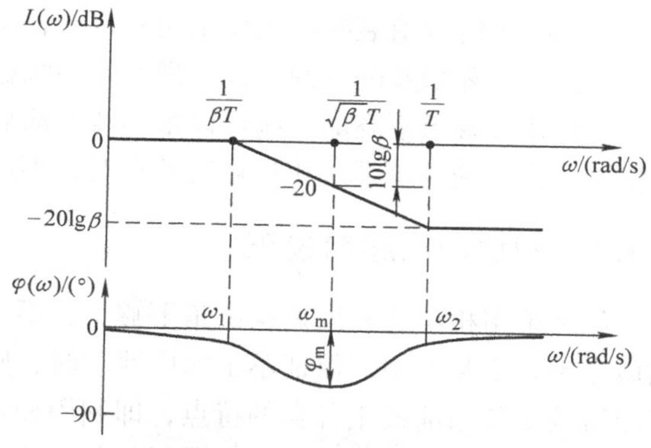

图 7-18 滞后校正装置的对数坐标图

(3) 最大相位滞后角 在转角频率 $\omega_1=1/\beta T$ 至 $\omega_2=1/T$ 之间存在着最大值 φ_m，称为最大相位滞后角，发生最大相位滞后角时的频率为 ω_m。

相位滞后网络的相频特性表达式为 $\varphi(\omega)=\arctan T\omega-\arctan\beta T\omega$。由

$$\frac{d\varphi(\omega)}{d\omega}=0$$

可求得

$$\omega_m=\frac{1}{\sqrt{\beta}T}=\sqrt{\omega_1\omega_2}，即\ \lg\omega_m=\frac{1}{2}(\lg\omega_1+\lg\omega_2)$$

可见，网络的最大相位滞后角正好出现在两个转折频率 ω_1 和 ω_2 的几何中心。

$$\varphi_m=\arcsin\frac{1-\frac{1}{\beta}}{1+\frac{1}{\beta}}=\arcsin\frac{\beta-1}{\beta+1} \tag{7-19}$$

$$\beta=\frac{1+\sin\varphi_m}{1-\sin\varphi_m} \tag{7-20}$$

当 $\omega=\omega_m$ 时，校正装置的对数幅值为 $20\lg|G_c(j\omega_m)|=-10\lg\beta$。

2. 相位滞后校正的作用

设单位负反馈系统原有的开环对数幅频渐近线和相频曲线如图 7-19 中曲线①所示。对数幅频特性在中频段幅值穿越频率 ω_{c1} 附近为 -60dB/dec 斜线，故系统动态响应的平稳性很差。对照相频曲线可知，系统接近临界稳定。

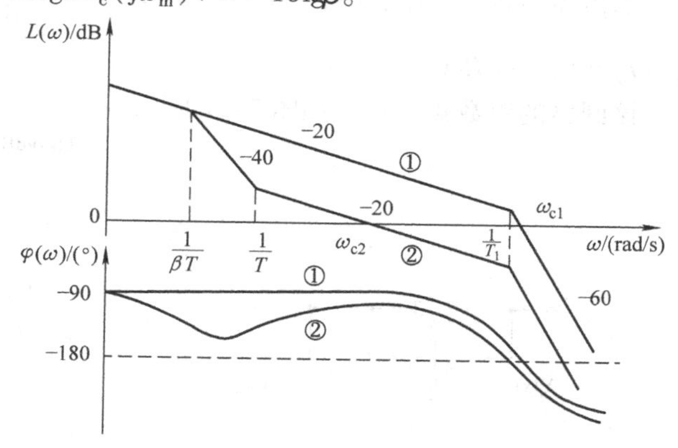

图 7-19 相位滞后校正的作用

将原系统串以相位滞后校正，校正环节的转角频率 $1/\beta T$ 及 $1/T$ 均设置在先于 ω_{c1} 一段距离处，则校正后系统的开环对数频率特性如图 7-19 中曲线②所示。由于幅频负斜率的作用，校正装置显著减小了幅值穿越频率，却使得新的幅值穿越频率 ω_{c2} 附近具有 -20dB/dec斜率，以保证足够的稳定性。也就是说，这种校正以牺牲系统的快速性（减小截止带宽）来换取稳定性。从相频曲线看，相位滞后校正虽然带来了负相移，但负相移发生在频率较低的部位，对系统的稳定裕度不会有很大的影响。可见，相位滞后校正并不是利用相角滞后作用来使原系统稳定的，而是利用

相位滞后校正的幅值衰减作用使系统稳定的，也正是这种幅值衰减作用，给校正后的系统提供了适当提高开环增益的空间，以实现改善系统稳态精度的目的。

对快速性要求不高的系统可以采用相位滞后校正，比如恒温控制等。但当系统在低频段相频特性上找不到满足系统相位裕度的点时，不能用相位滞后校正。

7.3.3 相位滞后超前校正

如果单用相位超前校正相位角不够大，不足以使相位裕度满足要求；而单用相位滞后校正幅值穿越频率又太小，保证不了响应速度时，则需要采用相位滞后超前校正。它实质上是综合了滞后校正和超前校正各自的特点，即利用校正装置的超前部分来增大系统的相位裕度，以改善其动态性能；利用校正装置的滞后部分来改善系统的稳态性能。

图7-20所示为无源相位滞后超前校正网络的电路图。其传递函数为

$$G_c(s)=\frac{X_o(s)}{X_i(s)}=\frac{R_2+\dfrac{1}{C_2s}}{\dfrac{R_1\dfrac{1}{C_1s}}{R_1+\dfrac{1}{C_1s}}+R_2+\dfrac{1}{C_2s}}=\frac{(R_1C_1s+1)(R_2C_2s+1)}{(R_1C_1s+1)(R_2C_2s+1)+R_1C_2s} \tag{7-21}$$

上式可以写成如下形式

$$G_c(s)=\frac{\beta T_1s+1}{T_1s+1}\frac{\dfrac{T_2}{\beta}s+1}{T_2s+1} \tag{7-22}$$

设定$\beta>1$，则其中$\dfrac{\beta T_1s+1}{T_1s+1}$就是前面讲过的相位超前环节的传递函数；$\dfrac{\frac{T_2}{\beta}s+1}{T_2s+1}$为相位滞后环节的传递函数。其中，$\beta T_1=R_1C_1$，$T_1=\dfrac{R_1C_1}{\beta}$；$\dfrac{T_2}{\beta}=R_2C_2$，$T_2=\beta R_2C_2$；$T_2>\dfrac{T_2}{\beta}>\beta T_1>T_1$，$T_1+T_2=R_1C_1+R_2C_2+R_1C_2$。

该网络的对数频率特性如图7-21所示。

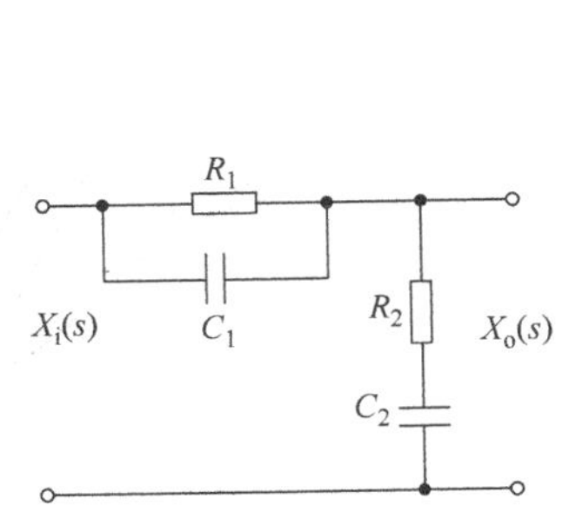

图7-20 无源相位滞后超前校正网络

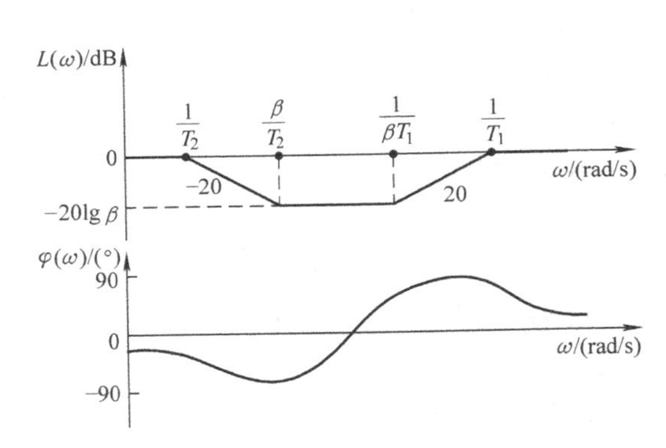

图7-21 相位滞后超前校正的对数频率特性

可以看出，曲线的低频部分具有负斜率、负相移，起相位滞后校正作用；后一段具有正斜率、正相移，起相位超前校正作用。

实际上，由电阻、电容构成的无源网络放大倍数不可能大于1，并常因负载效应的影响而

削弱了校正的作用，或使网络参数难以选择，故目前在实际控制系统中，多采用以运算放大器组成的有源校正网络。

7.4 采用对数坐标图进行串联校正网络的设计

7.4.1 相位超前校正网络设计

以Ⅰ型系统为例进行讨论。机床进给随动系统大都是Ⅰ型系统，开环增益的选取应使系统变更进给速度时，时间响应要迅速，并能减小负载干扰的影响。为了消除系统响应的过渡过程中较大的超调振荡，并保证系统能有较高的谐振频率 ω_r，以得到较快的响应，可以采用相位超前校正。

用对数坐标图进行相位超前校正环节设计的步骤如下：

1）根据稳态误差要求，确定开环增益 K。

2）根据已确定的开环增益 K，绘制原系统的对数频率特性曲线 $L_0(\omega)$、$\varphi_0(\omega)$，计算其稳定裕度 γ_0、K_{g0}。

3）确定校正后系统的幅值穿越频率 ω_c' 和网络的 α 值。

① 若事先对校正后的系统幅值穿越频率 ω_c' 提出要求，则可按要求值选定 ω_c'。然后在对数坐标图上查得原系统在 ω_c' 处的幅值，即 $L_0(\omega'_c)$ 的值。取 $\omega_m=\omega_c'$，使超前网络的对数幅频值 $20\lg|G_c(j\omega_m)|$（正值）与 $L_0(\omega_c')$（负值）之和为0，即令 $L_0(\omega_c')+10\lg\dfrac{1}{\alpha}=0$，进而求出超前网络的 α 值。

② 若事先未提出对校正后系统幅值穿越频率 ω_c' 的要求，可从给出的相位裕度 γ 要求出发，通过以下的经验公式求得超前网络的最大超前角 φ_m

$$\varphi_m=\gamma-\gamma_0+\Delta$$

其中，Δ 为校正网络引入后幅值穿越频率右移（增大）而导致相位裕度减小的补偿量，一般取5°~10°。计算出 α 值，然后在未校正系统的对数幅频特性曲线 $L_0(\omega)$ 上查出幅值等于 $-10\lg(1/\alpha)$ 所对应的频率，这就是校正后系统的幅值穿越频率 ω_c'，令 $\omega_m=\omega_c'$。

4）确定校正网络的传递函数。根据所求得的 ω_m 和 α 值，求出时间常数为 $T=\dfrac{1}{\omega_m\sqrt{\alpha}}$。即可写出校正网络的传递函数为 $G_c(s)=\dfrac{Ts+1}{\alpha Ts+1}$。

5）绘制校正网络和校正后系统的对数频率特性曲线。

6）校验校正后系统是否满足给定指标的要求。若校验结果证实系统校正后已全部满足性能指标的要求，则设计工作结束。反之，若校验结果发现系统校正后仍不满足要求，则需重选一次 φ_m 和 α 值重新计算，直至完全满足给定的指标要求为止。

7）根据超前网络的参数 α 和 T 的值，确定网络各电气元件的数值。这步在实现中是必不可少的，但电路参数的选择有很多技巧，如不特别申明，可省略不做。

例 7-2　设控制系统如图 7-22 所示。若要求系统在单位斜坡输入信号作用时，①稳态误差 $e_{ss}\leqslant 0.1$；②相位裕度 $\gamma\geqslant 45°$；③幅值裕度 K_g（dB）$\geqslant$10dB，试设计串联相位超前网络。

解：① 因为系统为Ⅰ型系统，$K_v=K$，$e_{ss}=\dfrac{1}{K}\leqslant 0.1\Rightarrow K\geqslant 10$

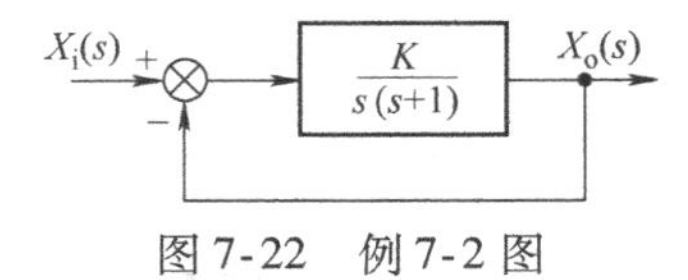

图 7-22　例 7-2 图

取 $K=10$，则待校正系统的开环传递函数为 $G_0(s)=\frac{10}{s(s+1)}$，相应的对数坐标图如图7-23曲线①所示。

② 原系统的幅值穿越频率 $\omega_{c0}=3.08\text{rad/s}$，相位裕度 $\gamma_0=17.6°$，幅值裕度 $K_g(\text{dB})=\infty$。$\gamma_0=17.6°$与题目要求的 $\gamma\geqslant45°$相差甚远。为了在不减小 K 值的前提下，获得45°的相位裕度，必须在系统中串入相位超前校正网络。

③ 确定校正后系统的幅值穿越频率 ω_c' 和网络的 α 值。

$$\varphi_m=\gamma-\gamma_0+\Delta=45°-17.6°+7.6°=35°$$

$$\alpha=\frac{1-\sin\varphi_m}{1+\sin\varphi_m}=\frac{1-\sin35°}{1+\sin35°}=0.27$$

则

$$-10\lg\frac{1}{\alpha}=-10\lg\frac{1}{0.27}\text{dB}=-5.6\text{dB}$$

在原系统 $L_0(\omega)$ 曲线上查得幅值为 −5.6dB 时所对应的频率为 4.3rad/s，故选校正后系统的幅值穿越频率 $\omega_c'=4.3\text{rad/s}$，令 $\omega_m=\omega_c'=4.3\text{rad/s}$。

④ 确定校正网络的传递函数。

$$T=\frac{1}{\omega_m\sqrt{\alpha}}=\frac{1}{4.3\sqrt{0.27}}\text{s}=0.45\text{s}\ \left(\text{取}\ \omega_1=\frac{1}{T}=2.2\text{rad/s}\right)$$

$$\alpha T=0.27\times0.45\text{s}=0.12\text{s}\ \left(\text{取}\ \omega_2=\frac{1}{\alpha T}=8.3\text{rad/s}\right)$$

采用无源超前校正网络时，需考虑补偿校正损失：$\frac{1}{\alpha}=3.7$。

则校正网络的传递函数为

$$G_c(s)=\frac{Ts+1}{\alpha Ts+1}=\frac{0.45s+1}{0.12s+1}$$

校正后系统的开环传递函数为

$$G_k(s)=G_c(s)G_0(s)=\frac{10(0.45s+1)}{s(s+1)(0.12s+1)}$$

⑤ 根据求得的校正网络传递函数和校正后系统的开环传递函数，绘制校正网络和校正后系统的对数频率特性曲线，如图7-23②和③所示。

⑥ 校验校正后系统是否满足给定指标的要求。系统的相位裕度为

$$\begin{aligned}\gamma&=180°+\varphi(\omega_c')\\&=180°-90°+\arctan0.45\times4.3-\arctan4.3-\arctan0.12\times4.3=48.5°>45°\end{aligned}$$

系统的幅值裕度 $K_g(\text{dB})=\infty$

校正后的系统性能指标达到规定的要求。

⑦ 校正网络的实现。

$$\alpha=\frac{R_2}{R_1+R_2}=0.27\quad T=R_1C=0.45\text{s}$$

选 $C=2.2\mu\text{F}$，可得 $R_1=205\text{k}\Omega$，$R_2=75.8\text{k}\Omega$。选用标准值 $R_1=200\text{k}\Omega$，$R_2=75\text{k}\Omega$。

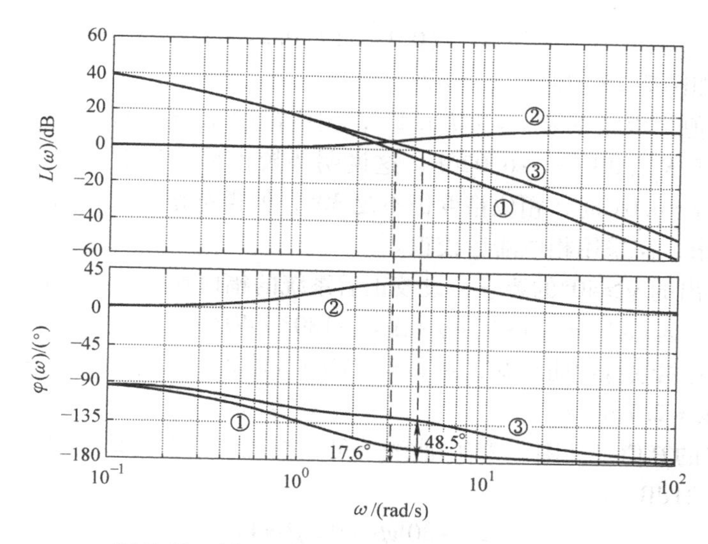

图 7-23　例 7-2 相位超前校正前后对数坐标图

7.4.2　相位滞后校正网络设计

用对数坐标图进行相位滞后校正环节设计的主要步骤如下：

1）求出满足稳态性能指标的开环增益 K 值。

2）根据 K 值，绘制原系统的对数坐标图，确定未校正系统的幅值穿越频率 ω_{c0}、稳定裕度 γ_0。

3）选择新的幅值穿越频率点 ω_c'，使得在 $\omega=\omega_c'$ 处原系统的相位角为

$$\varphi_0(\omega_c')=-180°+\gamma+\Delta$$

式中，γ 为系统期望的相位裕度；Δ 为补偿量，一般取 5°～12°。

4）求出校正网络中的 β 值。为使校正后系统的幅值穿越频率为 ω_c'，必须把原系统在 ω_c' 处的幅值衰减到 0dB，即当相位滞后校正网络起作用后应使得 $L_0(\omega_c')-20\lg\beta=0$，即

$$20\lg\beta=L_0(\omega_c'),\ \beta=10^{\frac{L_0(\omega_c')}{20}}。$$

5）相位滞后校正环节传递函数分子的转角频率 $1/T$ 选为已校正系统的幅值穿越频率 ω_c' 的 1/5～1/10 倍，进而确定时间常数 T。

6）画出校正后系统的对数坐标图，确定此时的幅值穿越频率 ω_c' 和相位裕度 γ，校验系统的性能指标。若不满足需要则重新设计。

7）根据滞后网络的参数 β 和 T 的值，确定网络各电气元件的数值。

例 7-3　设有单位反馈控制系统如图 7-24 所示，若要求校正后系统①静态速度误差系数 $K_v=30$；②相位裕度 $\gamma>40°$；③幅值裕度 $K_g(\mathrm{dB})\geqslant 10\mathrm{dB}$；④截止频率不小于 2.3rad/s。试设计串联校正装置。

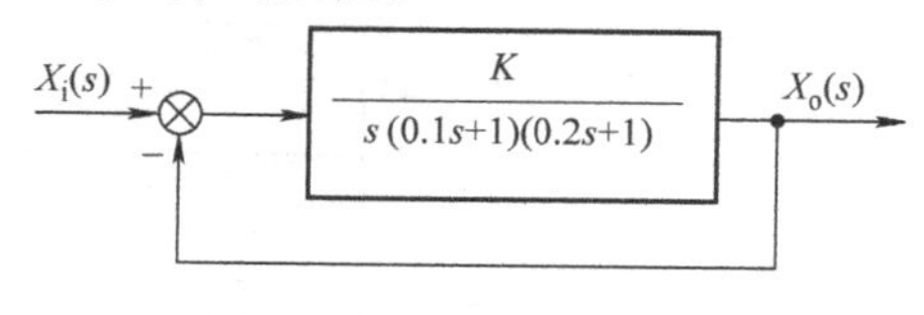

图 7-24　例 7-3 图

解：① 确定开环增益 K。因为系统为Ⅰ型系统，$K=K_v=30$，则待校正系统的开环传递函数为

$$G_0(s)=\frac{30}{s(0.1s+1)(0.2s+1)}$$

相应的对数坐标图如图 7-25 中曲线①所示。

② 原系统的幅值穿越频率 $\omega_{c0}=9.77\mathrm{rad/s}$，相位裕度 $\gamma_0=-17.2°$，相位穿越频率$\omega_{g0}=7.07\mathrm{rad/s}$，幅值裕度 $K_{g0}(\mathrm{dB})=-6.02\mathrm{dB}$。这说明待校正系统是不稳定的。若采用相位超前校正，经计算，当 $\alpha=0.01$ 时，相位裕度仍不足 30°，但需补偿放大倍数 100 倍，所以超前校正难以达到指标要求，需采用相位滞后校正。

③ 根据题目给出的 $\gamma\geqslant40°$的要求，设校正后系统的幅值穿越频率为 ω_c'，并取 $\Delta=6°$，则

$$\varphi_0(\omega_c')=-180°+\gamma+\Delta=-180°+40°+6°=-134°$$

由校正前系统的相频特性曲线知，在 $\omega=2.7\mathrm{rad/s}$ 附近时，$\varphi_0(\omega)=-134°$，即相位裕度为 46°，故选 $\omega_c'=\omega=2.7\mathrm{rad/s}$。

④ 求滞后网络的 β 值。从图 7-25 中曲线①可以查得，校正前系统在 $\omega_c'=2.7\mathrm{rad/s}$ 处的对数幅频值 $L_0(\omega_c')=21\mathrm{dB}$，则

$$21-20\lg\beta=0\Rightarrow\beta\approx11$$

⑤ 求校正网络的传递函数。

$$\omega_2=\frac{1}{T}=\frac{1}{10}\times2.7\mathrm{rad/s}=0.27\mathrm{rad/s}$$

$$T=3.7\mathrm{s},\ \beta T=40.7\mathrm{s}\ \left(\omega_1=\frac{1}{\beta T}=0.024\mathrm{rad/s}\right)$$

则校正网络的传递函数为

$$G_c(s)=\frac{Ts+1}{\beta Ts+1}=\frac{3.7s+1}{40.7s+1}$$

校正后系统的开环传递函数为

$$G(s)=G_c(s)G_0(s)=\frac{30(3.7s+1)}{s(0.1s+1)(0.2s+1)(40.7s+1)}$$

⑥ 根据求得的校正网络传递函数和校正后系统的开环传递函数，绘制校正网络对数频率特性曲线（见图 7-25 中曲线②）和校正后系统的对数频率特性曲线（见图 7-25 中曲线③）。

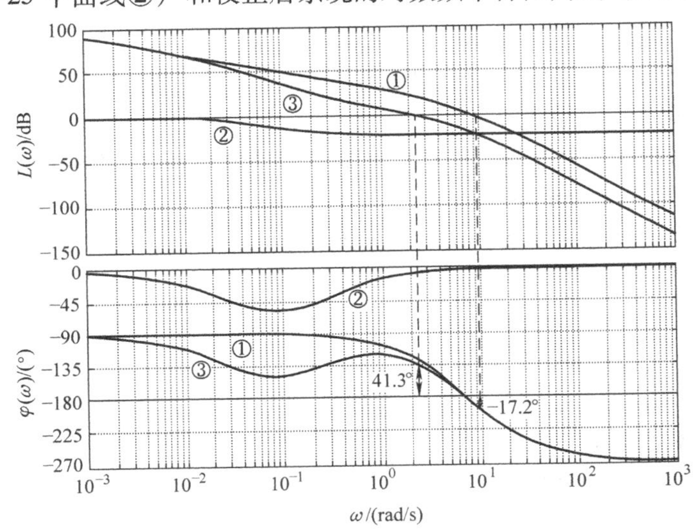

图 7-25　例 7-3 中相位滞后校正前后系统的对数坐标图

⑦ 校验校正后系统是否满足给定指标的要求。取幅值穿越频率为 $\omega_c' \approx 2.7\mathrm{rad/s}$，系统的相位裕度 $\gamma = 180° + \varphi(\omega_c') = 41.3° > 40°$。取相位穿越频率 $\omega_g \approx 7.07\mathrm{rad/s}$，系统幅值裕度为

$$K_g(\mathrm{dB}) = 20\lg|G_k(\mathrm{j}\omega_g)| = 12\mathrm{dB} > 10\mathrm{dB}$$

校正后的系统性能指标达到规定的要求。

⑧ 校正网络的实现。

$$T = R_2C = 0.45\mathrm{s} \quad \beta = \frac{R_1 + R_2}{R_2}$$

若选 $R_2 = 200\mathrm{k\Omega}$，则算得 $R_1 = 2\mathrm{M\Omega}$，$C = 18.5\mu\mathrm{F}$，选用标准值 $C = 22\mu\mathrm{F}$。

7.4.3　相位滞后超前校正环节设计

设计相位滞后超前校正环节所用的方法，实际上是设计超前校正和滞后校正环节这两种方法的结合。

例 7-4　设有单位反馈控制系统如图 7-26 所示，现要求校正后系统：①静态速度误差系数 $K_v = 100\mathrm{s}^{-1}$；②相位裕度 $\gamma \geq 40°$；③幅值穿越频率 $\omega_c = 20\mathrm{rad/s}$。试设计串联校正装置。

解：① 确定开环增益 K。因为系统为 Ⅰ 型系统，$K = K_v = 100$，则待校正系统的开环传递函数为

$$G_0(s) = \frac{100}{s(0.1s+1)(0.01s+1)}$$

相应的对数坐标图如图 7-27 中曲线①所示。

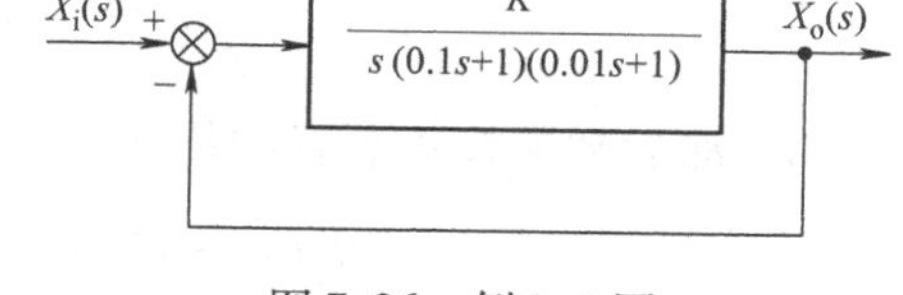

图 7-26　例 7-4 图

② 原系统的幅值穿越频率 $\omega_{c0} = 31.6\mathrm{rad/s}$，此处的斜率为 $-40\mathrm{dB/dec}$。计算原系统的相位裕度为

$$\gamma_0(\omega_{c0}) = 180° + \varphi_0(\omega_{c0}) = 15.26° < 40°$$

可见原系统的相位裕度达不到设计要求，需进行超前校正。

系统要求幅值穿越频率 $\omega_c' = 20\mathrm{rad/s}$，这个频率处原系统的幅值为 $L_0(\omega_c') = 7.96\mathrm{dB}$，可见它处在 0dB 线之上，故需将中频段垂直下移 7.96dB，这又需要滞后校正。

③ 相位超前校正设计。根据相位裕度的要求，并考虑到滞后校正部分将要在 $\varphi(\omega_c)$ 处产生滞后相角，故相位超前校正部分在 ω_c' 处所应提供的最大相角为

$$\varphi_m = \gamma - \gamma_0(\omega_{c0}) + \Delta = 40° - 15.26° + (5° \sim 12°) = 29.74° \sim 36.74°$$

取 $\varphi_m = 40°$，并令 $\omega_m = \omega_c' = 20\mathrm{rad/s}$，相位超前校正装置中

$$\alpha = \frac{1 - \sin\varphi_m}{1 + \sin\varphi_m} \approx 0.22$$

由 $\dfrac{1}{T_d} = \omega_m\sqrt{\alpha}$，得到 $T_d = \dfrac{1}{9.4}$。

超前校正传递函数为

$$G_{d'}(s) = \frac{\frac{1}{9.4}s + 1}{\frac{1}{42.6}s + 1}$$

注意到，这个传递函数的零点 $z_d = -9.4$，跟原系统中一个极点 $p_0 = -10$ 很近，为了简化校正后开环系统的传递函数，取 $z_d = -10$，最后确定超前校正的传递函数为

$$G_d(s)=\frac{\frac{1}{10}s+1}{\frac{1}{42.6}s+1}=\frac{0.1s+1}{0.023s+1}$$

④ 滞后校正设计。校正后系统的开环对数幅频曲线在 ω_c' 处应通过0dB，即

$$L_i(\omega_c')+L_d(\omega_c')+L_0(\omega_c')=0$$

式中，$L_i(\omega_c')$为滞后校正环节在 ω_c' 处的幅值；$L_d(\omega_c')$为超前校正环节在 ω_c' 处的幅值；$L_0(\omega_c')$为原系统在 ω_c' 处的幅值。

$$L_d(\omega_c')+L_0(\omega_c')=-L_i(\omega_c')=20\lg\beta$$

可见

$$20\lg\beta=L_d(\omega_c')+L_0(\omega_c')=20\lg\frac{\omega_c'}{10}+7.96\text{dB}=13.98\text{dB}$$

进而求得 $\beta=5$，取 $\frac{1}{T_i}=\frac{1}{5}\omega_c'=\frac{20}{5}\text{rad/s}=4\text{rad/s}$，所以 $\beta T_i=1.25$，得到滞后校正的传递函数为

$$G_i(s)=\frac{1+0.25s}{1+1.25s}$$

相位滞后超前校正装置的传递函数为

$$G_c(s)=G_i(s)G_d(s)=\frac{(1+0.25s)(1+0.1s)}{(1+1.25s)(1+0.023s)}$$

校正后系统的开环传递函数为

$$G_1(s)=G_c(s)G_0(s)=\frac{100(1+0.25s)}{s(1+1.25s)(1+0.023s)(1+0.01s)}$$

校正装置和校正后系统开环传递函数的对数坐标图分别如图7-27中曲线②、③所示。

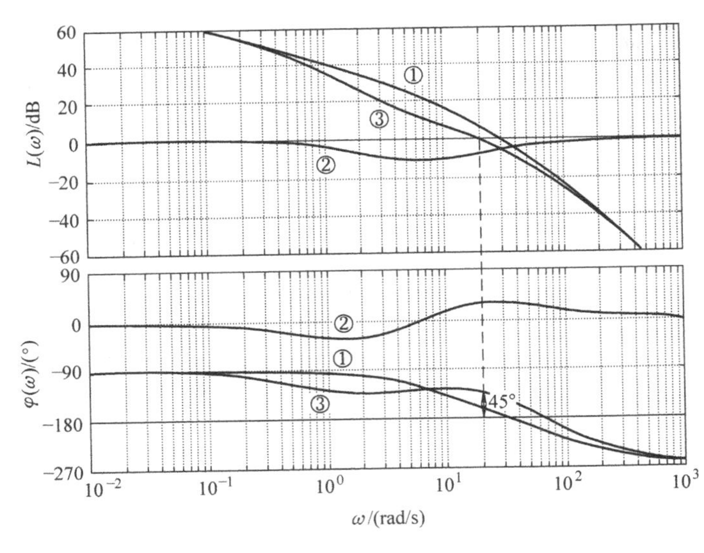

图7-27　例7-4 相位滞后超前校正前后系统的 Bode 图

⑤ 校验。经计算校正后系统的相位裕度 $\gamma(\omega_c')=45°>40°$，满足要求。

相位滞后超前校正装置的特点与作用如下：

1）用低频积分性质和高频相位超前的特性来全面改善系统性能，低频段提高稳态精度，高频段相位超前使相位裕度增大，超调量降低。

2）用于需要同时改善瞬态和稳态性能的系统。

3）该类型装置结构复杂，校正设计过程烦琐。

7.5　并联校正

校正环节与系统主通道并联的校正方法称为并联校正。按信号流动的方向，并联校正可分为反馈校正和前馈校正。

7.5.1　反馈校正

反馈校正可理解为现代控制理论中的状态反馈，是从系统某一环节的输出中取出信号，经过反馈校正环节加到该环节前面某一环节的输入端，与那里的输入信号比较，从而形成一个局部内反馈回路（见图 7-10）。反馈校正在控制系统中得到了广泛的应用，常见的有被控量的速度反馈、加速度反馈、电流反馈以及复杂系统的中间变量反馈等。在随动系统和调速系统中，转速、加速度、电枢电流等都是常用的反馈变量，而具体的反馈元件实际上就是一些测量传感器，如测速发电机、加速度计、电流互感器等。

在图 7-10 中，$G_c(s)$为校正环节，$G_2(s)$常称为被包围环节。被包围环节常常是未校正系统中最需要改善性能的环节。从控制的观点来看，反馈校正比串联校正有其突出的特点，它能有效地改变被包围环节的动态结构和参数；另外，在一定条件下，反馈校正甚至能完全取代被包围环节，从而可以大大减弱这部分环节由于特性参数变化及各种干扰给系统带来的不利影响。

图 7-10 中校正后系统的开环传递函数为

$$G(s)=G_1(s)\frac{G_2(s)}{1+G_2(s)G_c(s)}$$

可见

$$G(s)\approx\begin{cases}G_1(s)G_2(s) & |G_2(s)G_c(s)|\ll 1\\ \dfrac{G_1(s)}{G_c(s)} & |G_2(s)G_c(s)|\gg 1\end{cases}\tag{7-23}$$

式（7-23）表明，当局部反馈回路的开环增益远小于 1 时，该反馈可认为开路，校正后系统与未校正系统特性几乎一致；当局部反馈回路的开环增益远大于 1 时，局部反馈回路的特性主要取决于反馈校正装置，校正系统的特性几乎与被反馈校正装置包围的环节无关。因此，适当选择反馈校正装置的形式和参数，可以消除未校正系统中对系统动态性能改善有重大障碍的某些环节的影响，使已校正系统的特性发生期望的变化。

具体地说，反馈校正的基本作用有以下几种。

1. 改变局部结构和参数

图 7-28 中位置反馈（$G_c(s)=K_H$）包围一阶惯性环节。反馈校正后局部回路的传递函数为

$$G(s)=\frac{\dfrac{K}{Ts+1}}{1+\dfrac{KK_{\mathrm{H}}}{Ts+1}}=\frac{\dfrac{K}{1+KK_{\mathrm{H}}}}{\dfrac{Ts}{1+KK_{\mathrm{H}}}+1} \tag{7-24}$$

反馈校正后局部回路仍为一阶惯性环节，但时间常数和开环增益都减小了 $1+KK_{\mathrm{H}}$ 倍。

图 7-29 中速度反馈（$G_{\mathrm{c}}(s)=K_{\mathrm{c}}s$）包围一阶惯性环节。反馈校正后局部回路的等效传递函数［见式（7-25）］与未校正前形式相同，仍为惯性环节，但时间常数增大了。反馈系数 K_{c} 越大，时间常数越大。有时可用于使原系统中各环节的时间常数相互拉开距离，从而改善系统的动态平稳性。即

$$G(s)=\frac{\dfrac{K}{Ts+1}}{1+\dfrac{KK_{\mathrm{c}}}{Ts+1}s}=\frac{K}{(T+KK_{\mathrm{c}})s+1} \tag{7-25}$$

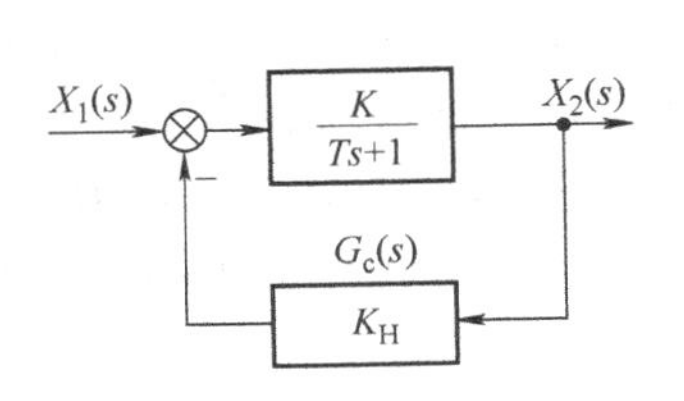

图 7-28　位置反馈包围一阶惯性环节

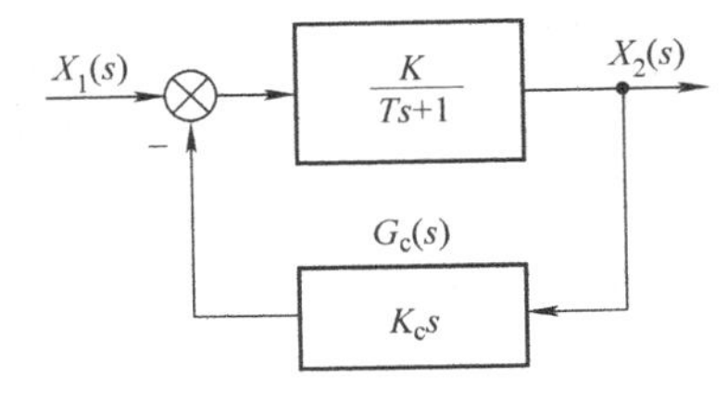

图 7-29　速度反馈包围一阶惯性环节

图 7-30 为速度反馈包围振荡环节。反馈校正后局部回路的等效传递函数[（见式（7-26）]与未校正前形式相同，仍是振荡环节，但阻尼比增大了 KK_1。即

$$G(s)=\frac{\dfrac{K}{T^2s^2+2\zeta Ts+1}}{1+\dfrac{KK_1s}{T^2s^2+2\zeta Ts+1}}=\frac{K}{T^2s^2+(2\zeta T+KK_1)s+1} \tag{7-26}$$

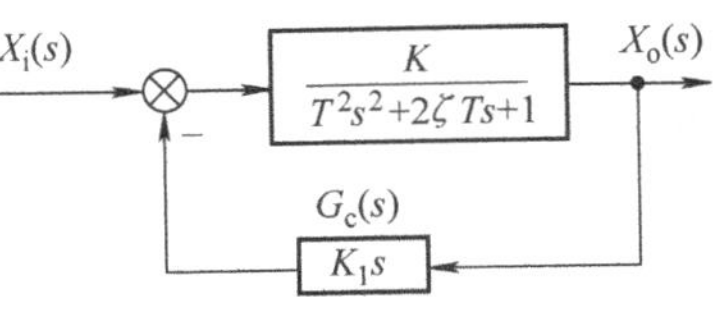

图 7-30　速度反馈包围二阶振荡环节

2. 利用反馈校正取代局部结构

从图 7-10 可以看出，局部反馈回路的闭环传递函数为

$$G'(s)=\frac{G_2(s)}{1+G_2(s)G_{\mathrm{c}}(s)}$$

频率特性为

$$G'(\mathrm{j}\omega)=\frac{G_2(\mathrm{j}\omega)}{1+G_2(\mathrm{j}\omega)G_{\mathrm{c}}(\mathrm{j}\omega)}$$

在一定频率范围内，若取 $|G_2(\mathrm{j}\omega)G_{\mathrm{c}}(\mathrm{j}\omega)|\gg1$，则 $G'(\mathrm{j}\omega)\approx\dfrac{1}{G_{\mathrm{c}}(\mathrm{j}\omega)}$。这表明 $G'(\mathrm{j}\omega)$ 主要取决于 $G_{\mathrm{c}}(\mathrm{j}\omega)$，而和 $G_2(\mathrm{j}\omega)$ 无关。

若反馈元件的线性度比较好，特性比较稳定，那么反馈结构的线性度也好，特性也比较稳定，被包围环节中非线性因素、元件参数不稳定等不利因素均可以削弱。

3. 等效替代串联校正

图 7-31 为某位置控制系统测速发电机反馈校正的框图。

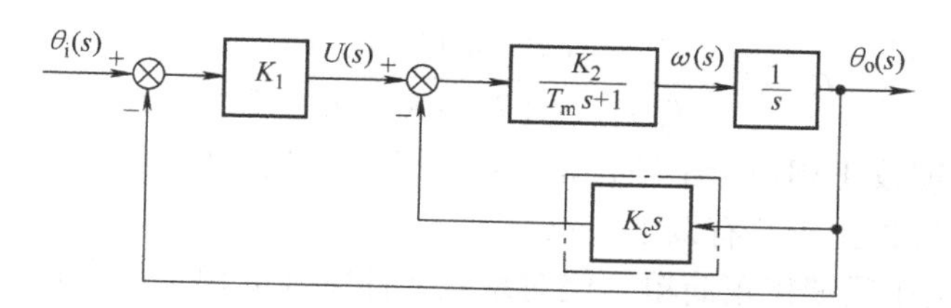

图 7-31　位置控制系统测速发电机反馈校正

局部反馈回路的传递函数为

$$\frac{\theta_o(s)}{U(s)}=\frac{\dfrac{K_2}{s(T_m s+1)}}{1+\dfrac{K_2}{s(T_m s+1)}K_c s}=\frac{\dfrac{K_2}{1+K_2K_c}}{s\left(\dfrac{1}{1+K_2K_c}T_m s+1\right)}$$

$$=\frac{K_2}{s(T_m s+1)}\frac{\dfrac{1}{1+K_2K_c}(T_m s+1)}{\dfrac{1}{1+K_2K_c}T_m s+1} \tag{7-27}$$

则对应串联校正

$$G_c(s)=\frac{\dfrac{1}{1+K_2K_c}(T_m s+1)}{\dfrac{1}{1+K_2K_c}T_m s+1} \tag{7-28}$$

可见，测速发电机反馈校正相当于串联校正中的相位超前校正。

图 7-32 为某位置控制系统采用加速度反馈校正的框图。

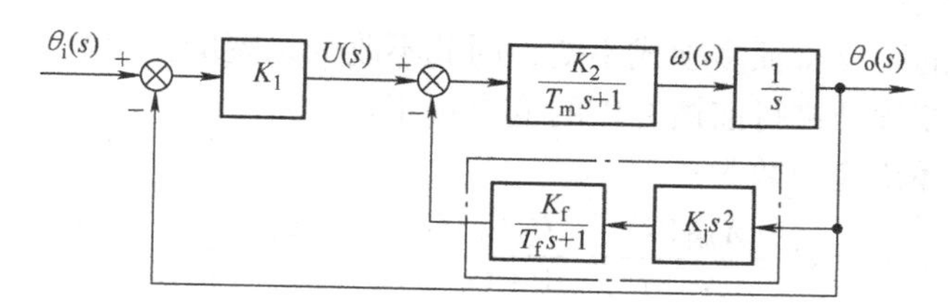

图 7-32　某位置控制系统加速度反馈校正

局部反馈回路的传递函数为

$$\frac{\theta_o(s)}{U(s)}=\frac{\dfrac{K_2}{s(T_m s+1)}}{1+\dfrac{K_2}{s(T_m s+1)}K_j s^2\dfrac{K_f}{T_f s+1}}$$

$$=\frac{K_2(T_f s+1)}{s[T_mT_f s^2+(T_m+K_2K_jK_f+T_f)s+1]}$$

$$=\frac{K_2}{s(T_m s+1)}\cdot\frac{(T_m s+1)(T_f s+1)}{T_mT_f s^2+(T_m+K_2K_jK_f+T_f)s+1} \tag{7-29}$$

则对应串联校正

$$G_c(s)=\frac{(T_m s+1)(T_f s+1)}{T_m T_f s^2+(T_m+K_2K_jK_f+T_f)s+1} \tag{7-30}$$

可见，加速度反馈校正相当于串联校正中的相位滞后超前校正。

反馈校正与串联校正比较，有以下特点：

1）一般串联校正比反馈校正简单，但对系统元件特性的稳定性有较高的要求。

2）反馈校正对系统元件特性的稳定性要求较低，因为其减弱了元件特性变化对整个系统特性的影响。但反馈校正常需要一些昂贵而庞大的传感器部件，对某些系统可能难以应用。

3）反馈校正可以起到与串联校正同样的作用，且具有较好的抗噪能力。

7.5.2 前馈校正

前馈校正又称顺馈校正，是在系统主反馈回路之外采用的校正方式，是一种开环校正方式。前馈校正不改变闭环系统的特性，对系统的稳定性没有影响。前馈校正一般与原来的反馈控制回路组成复合校正系统，实现系统的高精度控制，在保证系统稳定的同时，减小甚至消除系统误差和干扰的影响。

图 7-11a 所示的系统为按输入补偿的复合校正。

系统的偏差传递函数为

$$\phi_c(s)=\frac{\varepsilon(s)}{X_i(s)}=\frac{1-G_c(s)G_2(s)H(s)}{1+G_1(s)G_2(s)H(s)}$$

若选择 $G_c(s)=\frac{1}{G_2(s)H(s)}$，则 $\varepsilon(s)=0$。

系统通过增加一个输入信号 $G_c(s)X_i(s)$，使它产生的误差抵消原输入量 $X_i(s)$ 产生的误差，使系统既没有动态误差也没有稳态误差，在任何时刻都可以实现输出立即复现输入，使系统具有理想的时间响应特性。

前馈补偿后系统的闭环特征多项式不变，因此不改变系统的稳定性。

图 7-11b 所示为按扰动进行前馈补偿的复合校正。

扰动作用下的闭环传递函数为

$$G_N(s)=\frac{X_{oN}(s)}{N(s)}=\frac{[G_2(s)G_c(s)+G_n(s)]G_3(s)}{1+G_1(s)G_2(s)G_3(s)H(s)}$$

扰动作用下的误差为

$$E_N(s)=-X_{oN}(s)=-\frac{[G_2(s)G_c(s)+G_n(s)]G_3(s)}{1+G_1(s)G_2(s)G_3(s)H(s)}N(s)$$

若令 $G_c(s)=-\frac{G_n(s)}{G_2(s)}$，则 $E_N(s)=0$。

可见，扰动前馈校正也不改变系统特征方程，即对系统稳定性无影响。主要扰动引起的误差，由前馈通道进行全部或部分补偿，前提是该扰动信号可以测量。次要扰动引起的误差则仍需由反馈控制加以抑制。

前馈校正很好地解决了一般反馈控制系统在提高控制精度与保证系统稳定性之间的矛盾。

7.6 PID 控制

PID（Proportional Integral Derivative）控制（又称 PID 调节）是对偏差信号 $\varepsilon(t)$ 进行比例、

积分和微分运算变换后形成的一种控制规律，P代表比例，I代表积分，D代表微分。PID控制是控制工程领域技术成熟、理论完善、应用较为广泛的一种控制策略，以其结构简单、稳定性好、工作可靠、调整方便而成为工业控制的主要技术之一。当被控对象的结构和参数不能被完全掌握，或者得不到精确的数学模型时，最适合使用PID控制技术。

1. 比例控制器（P控制）

P控制器的输出$u(t)$和偏差$\varepsilon(t)$成正比，即

$$u(t)=K_{\mathrm{P}}\varepsilon(t) \tag{7-31}$$

式中，K_{P}称为比例增益。其传递函数为

$$G_{\mathrm{c}}(s)=\frac{U(s)}{\varepsilon(s)}=K_{\mathrm{P}} \tag{7-32}$$

比例控制器实质是一种增益可调的放大器。K_{P}增加，可以减小稳态误差，增大幅值穿越频率，使系统过渡时间缩短，响应速度加快；但过大的K_{P}，通常会导致系统的稳定性下降，使系统产生激烈的振荡。

2. 积分控制器（I控制）

I控制器的输出$u(t)$和偏差$\varepsilon(t)$的积分成正比，即

$$u(t)=K_{\mathrm{I}}\int_0^t\varepsilon(t)\mathrm{d}t \tag{7-33}$$

式中，K_{I}称为积分增益。其传递函数为

$$G_{\mathrm{c}}(s)=\frac{U(s)}{\varepsilon(s)}=\frac{K_{\mathrm{I}}}{s} \tag{7-34}$$

对自动控制系统而言，如果在进入稳态后存在稳态误差，则称这个控制系统是有稳态误差的，或简称有差系统。为了消除稳态误差，引入积分控制器，将偏差$\varepsilon(t)$累积起来，随着时间的增加，累积偏差会增大。这样，即便误差很小，累积偏差也会随着时间的增加而加大，它推动控制器的输出增大使控制系统的稳态误差进一步减小，直到等于零。因此，积分控制器的主要特点是实现无差调节，提高系统的稳态精度。积分控制器常与另两种调节器结合，组成PI控制器或PID调节器。

3. 微分控制器（D控制）

D控制器的输出$u(t)$和偏差$\varepsilon(t)$的微分成正比，即

$$u(t)=K_{\mathrm{D}}\frac{\mathrm{d}\varepsilon(t)}{\mathrm{d}t} \tag{7-35}$$

式中，K_{D}称为微分增益。其传递函数为

$$G_{\mathrm{c}}(s)=\frac{U(s)}{\varepsilon(s)}=K_{\mathrm{D}}s \tag{7-36}$$

微分作用反映系统偏差信号的变化率，具有预见性，能预见偏差变化的趋势，因此能产生超前的控制作用，在偏差还没有形成之前，已被微分调节作用消除。微分作用可以改善系统的动态性能。选择合适的微分增益，可以减少超调，缩短调节时间。微分作用对噪声干扰有放大作用，因此过强地加微分调节，对系统抗干扰不利。微分控制器不能单独使用，需要与另外两种调节器相结合，组成PD或PID控制器。

4. 比例积分控制器（PI控制）

PI控制器的输出$u(t)$和偏差$\varepsilon(t)$之间的关系为

$$u(t)=K_P\varepsilon(t)+K_I\int_0^t\varepsilon(t)\mathrm{d}t=K_P[\varepsilon(t)+\frac{K_I}{K_P}\int_0^t\varepsilon(t)\mathrm{d}t]$$

其传递函数为 $G_c(s)=K_P+\frac{K_I}{s}=K_P(1+\frac{1}{T_I s})$

式中，$T_I=\frac{K_P}{K_I}$为积分时间常数。

PI 控制器通过引入积分控制提高了系统的型次，改善了系统的稳态性能；由于 PI 控制器的相位始终是滞后的，不合适的 K_P 会对系统的稳定性带来不利影响，若要通过 PI 控制器改善系统的稳定性，必须有 $K_P<1$，以降低系统的幅值穿越频率，但系统响应的快速性也随之降低。PI 控制相当于相位滞后校正。

5. 比例微分控制器（PD 控制）

PD 控制器的输出 $u(t)$和偏差 $\varepsilon(t)$之间的关系为

$$u(t)=K_P\varepsilon(t)+K_D\frac{\mathrm{d}\varepsilon(t)}{\mathrm{d}t}=K_P[\varepsilon(t)+\frac{K_D}{K_P}\frac{\mathrm{d}\varepsilon(t)}{\mathrm{d}t}]$$

其传递函数为

$$G_c(s)=K_P+K_D s=K_P(1+T_D s)$$

式中，$T_D=\frac{K_D}{K_P}$为微分时间常数。

PD 控制器的相位始终是超前的，使得原系统的相位裕度增加，稳定性提高；可以采用较大的比例系数 K_P，提高系统响应的快速性。但由于高频段增益上升，可能导致执行元件输出饱和，并且降低系统抗干扰能力。PD 控制相当于相位超前校正。

6. 比例－积分－微分控制器（PID 控制）

对于性能要求很高的系统，单独使用以上任何一种或两种控制器达不到预想效果时，可组合使用。PID 控制器框图如图 7-33 所示，PID 控制的方程为

$$u(t)=K_P\varepsilon(t)+K_I\int_0^t\varepsilon(t)\mathrm{d}t+K_D\frac{\mathrm{d}\varepsilon(t)}{\mathrm{d}t}=K_P\left[\varepsilon(t)+\frac{1}{T_I}\int_0^t\varepsilon(t)\mathrm{d}t+T_D\frac{\mathrm{d}\varepsilon(t)}{\mathrm{d}t}\right] \quad (7\text{-}37)$$

其传递函数为

$$G_c(s)=K_P+K_I\frac{1}{s}+K_D s=\frac{K(\tau_1 s+1)(\tau_2 s+1)}{s} \quad (7\text{-}38)$$

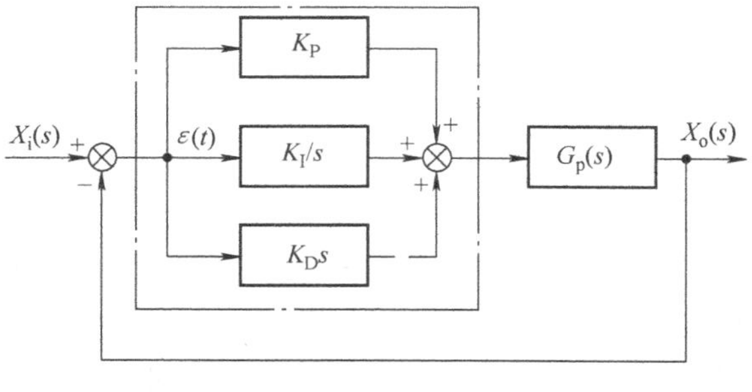

图 7-33　PID 控制器框图

表 7-1 列出了实现 PID 校正的有源校正网络装置及其传递函数和对数坐标图。有源校正装置本身有增益，且输入阻抗高，输出阻抗低。只要改变反馈阻抗，就可以改变校正装置的结构，因此参数调整也很方便。

表 7-1　有源 PID 校正网络

控制类型	有源网络	传递函数	对数坐标图
P 控制		$G_c(s)=\dfrac{U_o(s)}{U_i(s)}=-K_P$ 其中，$K_P=\dfrac{R_2}{R_1}$	
PI 控制		$G_c(s)=-\dfrac{R_I+\dfrac{1}{C_Is}}{R_1}=-\left(K_P+\dfrac{1}{T_Is}\right)$ $=-\dfrac{K_P(\tau_is+1)}{\tau_is}$ 其中，$K_P=R_I/R_1$，$T_I=R_1C_I$，$\tau_i=K_PT_I$	
PD 控制		$G_c(s)=-\dfrac{R_I}{R_D}(R_DC_Ds+1)$ $=-K_P(\tau_ds+1)$ 其中，$K_P=R_I/R_D$，$\tau_d=R_DC_D$	
PID 控制		$G_c(s)=-\dfrac{(R_DC_Ds+1)(R_IC_Is+1)}{R_DC_Is}$ $=-(K_P+\dfrac{1}{T_Is}+T_Ds)$ 其中， $K_P=(R_IC_I+R_DC_D)/R_DC_I$， $T_I=R_DC_I$，$T_D=R_IC_D$	

7.7　利用 MATLAB 进行系统校正设计

运用 MATLAB 软件可以方便地对系统进行设计校正。

例 7-5　设一系统结构如图 7-34 所示，要求系统的速度误差系数 $K_v\geq20$，相位稳定裕量 $\gamma\geq50°$，为满足系统性能指标的要求，试用 MATLAB 设计超前校正装置。

解：根据稳态指标要求，确定开环增益 K，$K=K_v=20$。

校正前系统的开环传递函数为

$$G(s)=\frac{20}{s(0.5s+1)}$$

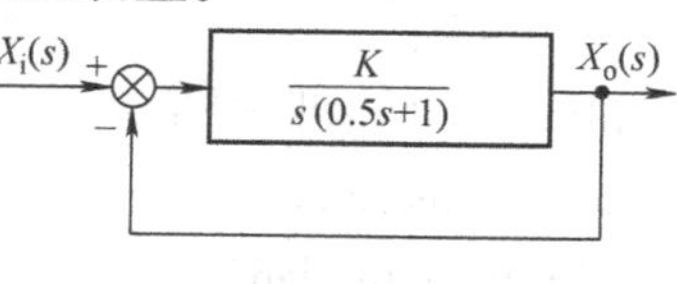

图 7-34　例 7-5 图

首先编写 MATLAB 程序，求出校正前系统的对数频率特性及稳定裕量。程序如下：

```
num = [20];
den = [0.5 1 0];
[gm,pm,wcg,wcp] = margin(num,den)
```

```
margin(num,den)
grid
```

运行结果为：gm = Inf；pm = 17.9642；wcp = Inf；wcg = 6.1685。可见，校正前系统的幅值裕度为∞；相位裕度为 $\gamma = 17.9642° < 50°$；相位穿越频率为∞；幅值穿越频率为 6.1685rad/s。校正前系统的伯德图如图 7-35 所示。

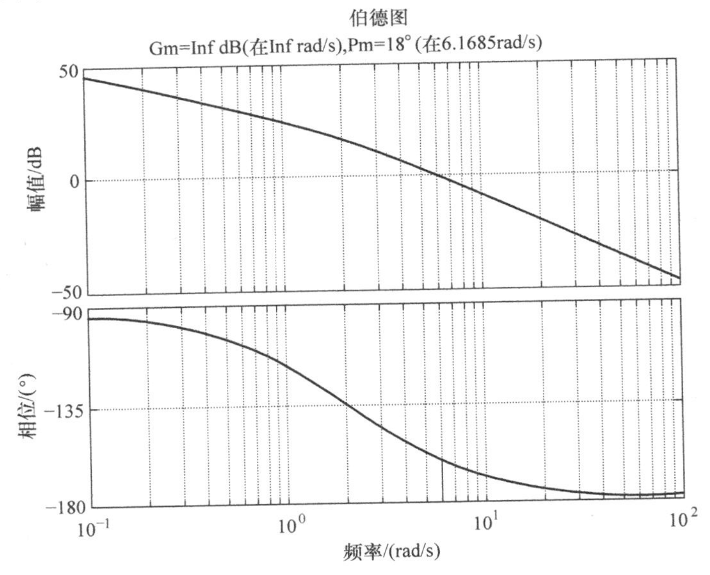

图 7-35　例 7-5 中校正前系统伯德图

根据串联校正的设计步骤，紧接上一步在命令窗口输入以下程序：

```
dpm = 50 - pm + 7;                       % 根据性能指标要求确定 φm
phi = dpm * pi/180;                      % 转换为弧度
a = (1 + sin(phi))/(1 - sin(phi));       % 求 a
mm = -10 * log10(a);                     % 计算 -10lga
[mu,pu,w] = bode(num,den)
mu_db = 20 * log10(mu);
wc = spline(mu_db,w,mm);                 % 在未校正系统的幅频特性上找到幅值为 mm
                                           处的频率
T = 1/(wc * sqrt(a));                    % 求 T
p = a * T;
nk = [p,1];dk = [T,1];
gc = tf(nk,dk)                           % 求校正装置
g0 = tf(num,den);
g = g0 * gc;                             % 求校正后开环传递函数
margin(g)                                % 绘制校正后伯德图
grid
[gm1,pm1,wcp1,wcg1] = margin(g)          % 求校正后稳定裕度
```

运行结果得到校正环节传递函数为

```
gc =
  0.2318 s +1
  -----
  0.05265 s +1
```

校正后稳定裕度为：gm1 = Inf；pm1 = 51.4938；wcp1 = Inf；wcg1 = 9.0528

可见，超前校正后相位裕度为 $\gamma = 51.4938° > 50°$，满足要求，幅值穿越频率为 9.0528rad/s。超前校正后系统的伯德图如图 7-36 所示。

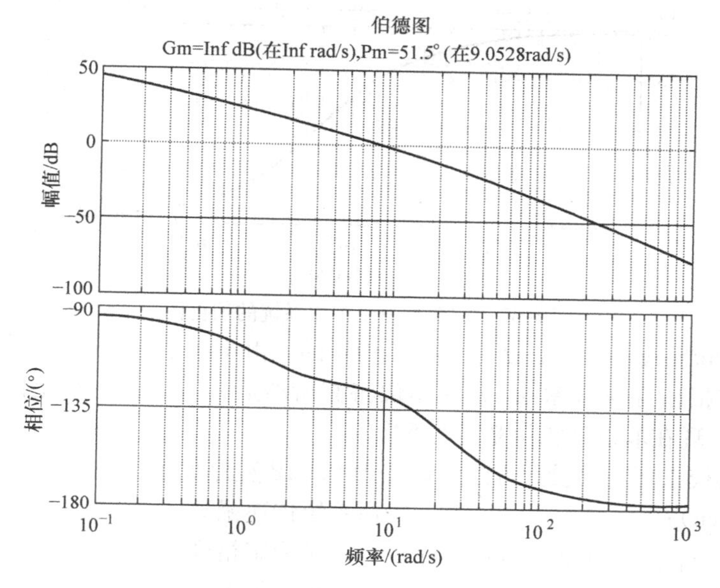

图 7-36　超前校正后系统伯德图

例 7-6　已知单位反馈系统开环传递函数为 $G_0(s) = \dfrac{k}{s(s+1)(0.5s+1)}$，要求校正后系统的稳态误差系数 $K_v = 5s^{-1}$，相位裕度 $\gamma \geq 40°$，幅值裕度 K_g（dB）$\geq$10dB，试设计串联校正环节。

解：根据稳态指标要求，确定开环增益 K，$K = K_v = 5$。

校正前系统的开环传递函数为

$$G_0(s) = \frac{5}{s(s+1)(0.5s+1)}$$

作系统的伯德图，求出未校正前系统的对数频率特性及稳定裕度。程序如下：

```
num = [5];
den = conv(conv([1 0],[1 1]),[0.5 1]);
g0 = tf(num,den);
margin(num,den)
grid
```

运行结果如图 7-37 所示。

由图 7-37 可知：幅值穿越频率 $\omega_c = 1.8$rad/s，相位裕度 $\gamma = -13°$，相位穿越频率 $\omega_g = 1.41$rad/s，幅值裕度 K_g(dB) = −4.44dB。

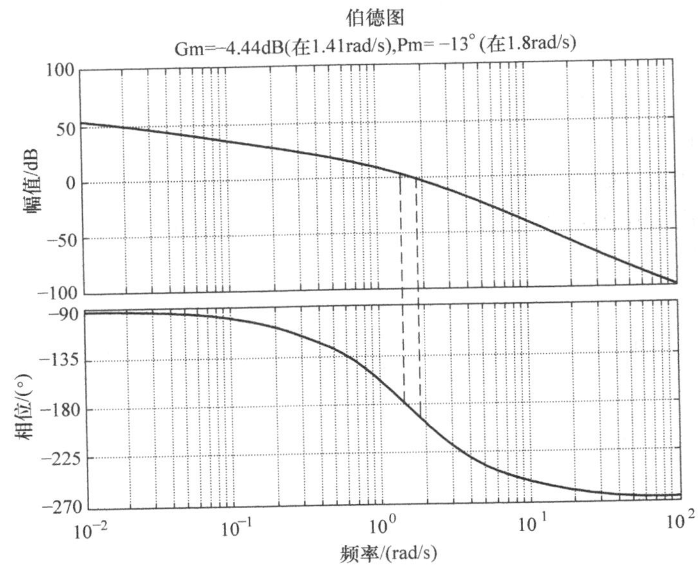

图 7-37　例 7-6 中校正前系统的伯德图

幅值裕度和相位裕度为负值，故系统是不稳定的。由于在系统中串联相位滞后环节后，对数相频特性曲线在幅值穿越频率 ω_c 处的相位将有所滞后，所以，对给定的相位裕度要增加 5°～12°作为补充。现在取设计相位裕度为 50°。

根据相位滞后校正环节的设计方法，设计 MATLAB 程序如下：

```
g0 = tf(num,den);                        % 原系统传递函数
[gm,pm,wcg,wcp] = margin(num,den)        % 原系统稳定裕度
margin(num,den)                          % 原系统伯德图
grid
[mag,phase,w] = bode(g0)                 % 返回原系统伯德图参数
pm1 = -180 +50 +5;                       % 原系统在校正后系统的幅值穿越频率处的相位裕度
wc = spline(phase,w,pm1);                % 得到校正后系统的幅值穿越频率
mag1 = spline(w,mag,wc);                 % 校正后系统的幅值穿越频率处对应原系统的幅值
magdB = 20 * log10(mag1);                % 转换成分贝值
beta = 10^(magdB/20);                    % 求校正网络参数 beta
wT = wc/5;                               % 得到校正网络零点转角频率
T = 1/wT;                                % 得到校正网络参数 T
gc = tf([T 1],[beta * T 1])              % 校正网络闭环传递函数
margin(gc * g0)                          % 校正后系统伯德图
grid
```

得到滞后校正网络的传递函数为

```
gc =
  11.77 s +1
  ------------
  124.8 s +1
```

校正后系统开环伯德图如图 7-38 所示，由图可知，校正后系统的相位裕度为 44.4°，幅

值裕度为 15dB，满足要求。

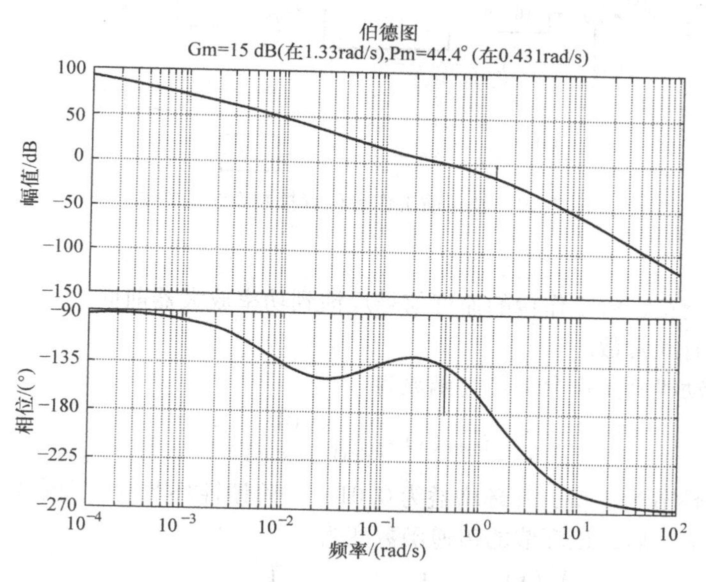

图 7-38　滞后校正后系统的伯德图

7.8　系列工程问题举例

7.8.1　工作台位置自动控制系统校正设计

第 1 章描述了工作台位置自动控制系统的基本结构和工作原理。第 2 章对系统物理模型作了简化，建立了不包含控制器的工作台数学模型，参见图 2-47。在此基础上，分析了该系统的时域特性、频域特性和稳态精度。将表 3-3 中的工作台结构参数（其中转动惯量重新取值为 $J=0.004\text{kg}\cdot\text{m}^2$）代入图 2-47 后，得到校正前系统框图如图 7-39 所示。

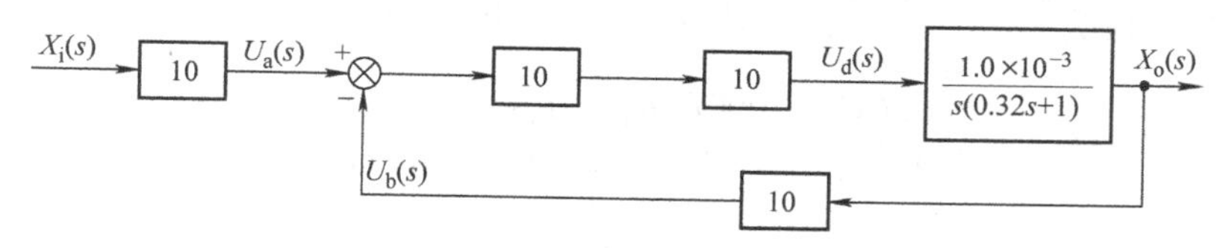

图 7-39　校正前工作台位置控制系统的框图

可见，校正前系统的开环和闭环传递函数分别为

$$G'_k(s)=\frac{10}{s(0.32s+1)} \tag{7-39}$$

$$G'_B(s)=\frac{1}{0.32s^2+s+1} \tag{7-40}$$

为了进一步改善系统性能，对该系统进行校正。采用并联校正（速度反馈，即 $K_v s$）加串联校正（PI 控制器，即$\frac{K_P(T_I s+1)}{T_I s}$）的复合校正方案，如图 7-40 所示。

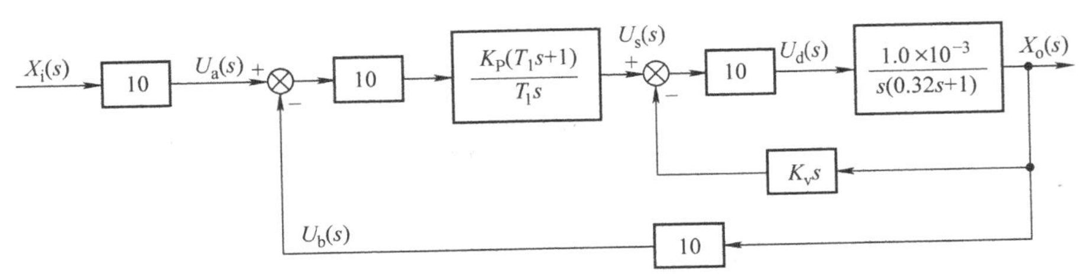

图 7-40　校正前工作台位置控制系统的框图

1. 并联校正

采用局部反馈校正，将工作台的速度信号反馈到功率放大器前面，用来减小直流电动机至工作台这一部分的时间常数。

校正前直流电动机到工作台的传递函数为

$$G_{xb1}(s)=\frac{0.01}{s(0.32s+1)} \tag{7-41}$$

可见，校正前这一环节为Ⅰ型，开环增益为 0.01，一阶惯性环节的时间常数为 0.32s。

加入速度反馈 K_vs 后，该环节的传递函数变为

$$G_{xb}(s)=\frac{X_o(s)}{U_s(s)}=\frac{1}{100+K_v}\frac{1}{s\left(\frac{32}{100+K_v}s+1\right)}=\frac{K_1}{s(T_2s+1)} \tag{7-42}$$

式中，$K_1=\frac{1}{100+K_v}$，$T_2=\frac{32}{100+K_v}$。

当 $K_v>0$ 时，$K_1<0.01$，$T_2<0.32$。对比式（7-39）和式（7-42）可知，引入速度反馈校正后，直流电动机到工作台的传递函数形式没有变化，但其中一阶惯性环节的时间常数减小，提高了这一环节的响应速度；另一方面，参数调整后，这一环节的增益降低，会减小环节的响应速度，增加稳态误差。

2. 串联校正

引入 PI（比例积分）控制器串联在系统的前向通道，可使系统校正成典型的Ⅱ型系统。PI 控制器的传递函数为$\frac{K_P(T_1s+1)}{T_1s}$，此时系统的开环传递函数为

$$G_k(s)=\frac{u_b(s)}{X_i(s)}=\frac{1000K_pK_1}{T_1}\frac{T_1s+1}{s^2(T_2s+1)}=\frac{K(T_1s+1)}{s^2(T_2s+1)} \tag{7-43}$$

其中，开环总增益

$$K=\frac{1000K_pK_1}{T_1} \tag{7-44}$$

根据工程实际要求确定校正后系统应具有的期望特性后，将其与原系统的特性进行对比，求出控制器的传递函数及参数，这是一种按期望特性设计控制器的方法。从式（7-43）可知，本系统校正后期望特性为典型Ⅱ型系统。该模型既保证了幅值穿越频率 ω_c 附近的斜率为 −20dB/dec，又保证了低频段有高增益；既保证了稳定性，又保证了准确性。在系统综合的过程中，通常需要使用经验公式进行时域和频域性能指标的互相转换。

定义中频宽 $h=\omega_2/\omega_1$，其中，$\omega_1=1/T_1$，$\omega_2=1/T_2$，因而 $h=T_1/T_2$。幅值穿越频率 ω_c 满足 $\omega_1<\omega_c<\omega_2$。当 T_2 一定时，可通过改变 T_1 来控制中频宽 h 的大小。按期望特性为典型Ⅱ型系统设计控制系统时，常采用谐振峰值最小的准则。可以证明，中频宽 h 一定时，如果

$\omega_2/\omega_c=2h/(h+1)$或$\omega_c/\omega_1=(h+1)/2$时，谐振峰值$M_r$有最小值为$M_{rmin}=(h+1)/(h-1)$。根据7.1.4节所述，谐振峰值$M_r=1.2\sim1.5$时，动态过程平稳性和快速性较好。实际设计时，常取$M_r=1.3$，由$M_r$与$h$的关系，$h=7.6\approx8$。此时系统的动态特性指标满足调整时间$t_s$和时间常数$T_2$之比为12.25。

由以上推导，可得

$$K=\omega_1\omega_c=\omega_1^2\frac{\omega_c}{\omega_1}=\left(\frac{1}{hT_2}\right)^2\frac{h+1}{2}=\frac{h+1}{2h^2T_2^2}$$

取调整时间$t_s=1s$，则$T_2=(1/12.25)s=0.0816s$。根据式（7-42）中T_2与K_v的关系，可解出$K_v=292$；再由K_v与K_1的关系，得$K_1=2.55\times10^{-3}$。又由于频宽$h=T_1/T_2$，所以$T_1=hT_2=8\times0.0816s=0.653s$，计算$K$为

$$K=\frac{h+1}{2h^2T_2^2}=\frac{8+1}{2\times8^2\times0.0816^2}=10.56$$

由式（7-42）解得

$$K_p=\frac{KT_1}{1000K_1}=\frac{10.56\times0.653}{1000\times2.55\times10^{-3}}=2.70$$

若校正后系统性能仍不能满足要求，可通过调节K_p和T_1值，使系统达到满意的性能指标。K_p和T_1值的调节方法也称为PID参数的整定方法，有多种方法对PID参数进行综合整定，工程上常用经验法。

经验法实际上是一种试凑方法，一般实行先比例、后积分、再微分的整定步骤：

1）首先整定比例部分，先调节比例增益K_P值。将比例参数由小调大，观察相应的系统响应，直到得到反应快、超调小的响应曲线。如果系统没有稳态误差或稳态误差控制在允许范围内，只需要调节比例增益即可。

2）如果在调节比例增益的基础上，系统的稳态误差仍不能满足设计要求，需加入积分环节进一步调节。将已经调节好的比例系数略微缩小（一般缩小为原值的80%），然后逐步增大积分增益，减小积分时间常数，使得系统在保持良好动态性能的情况下，稳态误差得到消除。在此过程中，可根据系统响应曲线的动态性能指标的情况，反复改变比例增益和积分增益，得到满意的控制过程和整定参数。

3）如果在上述调整过程中对系统的动态过程反复调整还不能得到满意的结果，则可以加入微分环节。通过反复调节微分增益，达到期望的控制目标，并确定整定参数。

本例用期望特性法确定的控制器参数为$K_v=292$，$K_p=2.7$，$T_1=0.653s$，此时系统的开环传递函数为

$$G_k(s)=\frac{10.56(0.653s+1)}{s^2(0.0816s+1)} \tag{7-45}$$

系统的闭环传递函数为

$$G_B(s)=\frac{0.653s+1}{0.077s^3+0.948s^2+0.653s+1} \tag{7-46}$$

系统校正后的框图如图7-41所示。

图7-42为校正前后系统的开环对数坐标图。从图中可以看出，校正后系统的超调量明显加大，幅值穿越频率由5.17rad/s增加到6.31rad/s，系统响应速度加快，系统的相位裕度从31.2°增加到49.1°，相对稳定性明显增强。

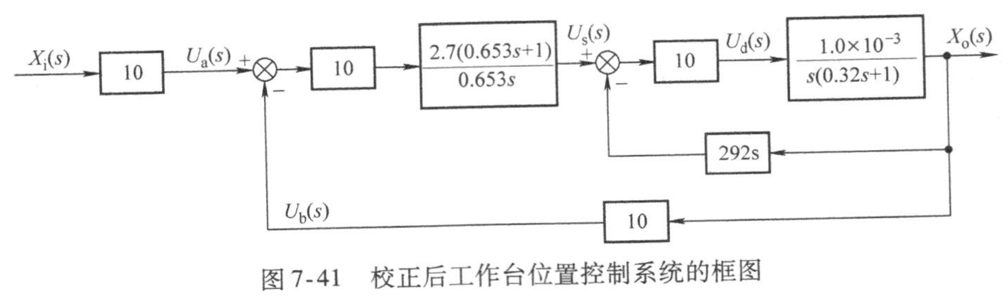

图 7-41　校正后工作台位置控制系统的框图

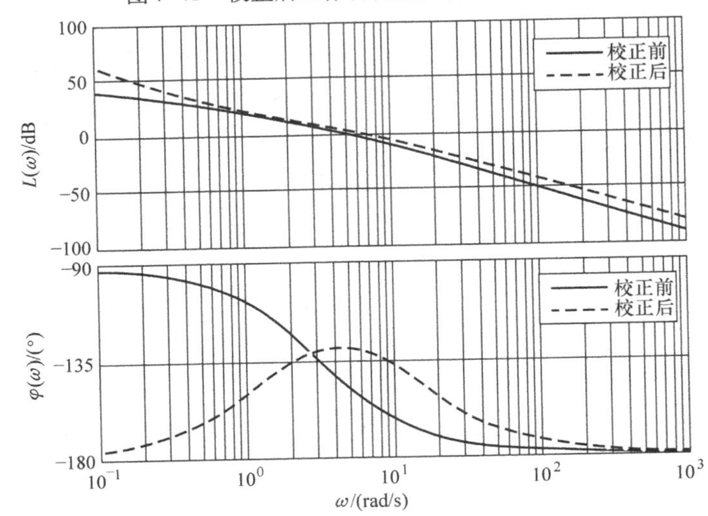

图 7-42　校正前后系统开环对数坐标图对比

校正前后工作台的单位阶跃响应对比曲线如图 7-43 所示。由图可见，校正后系统由过阻

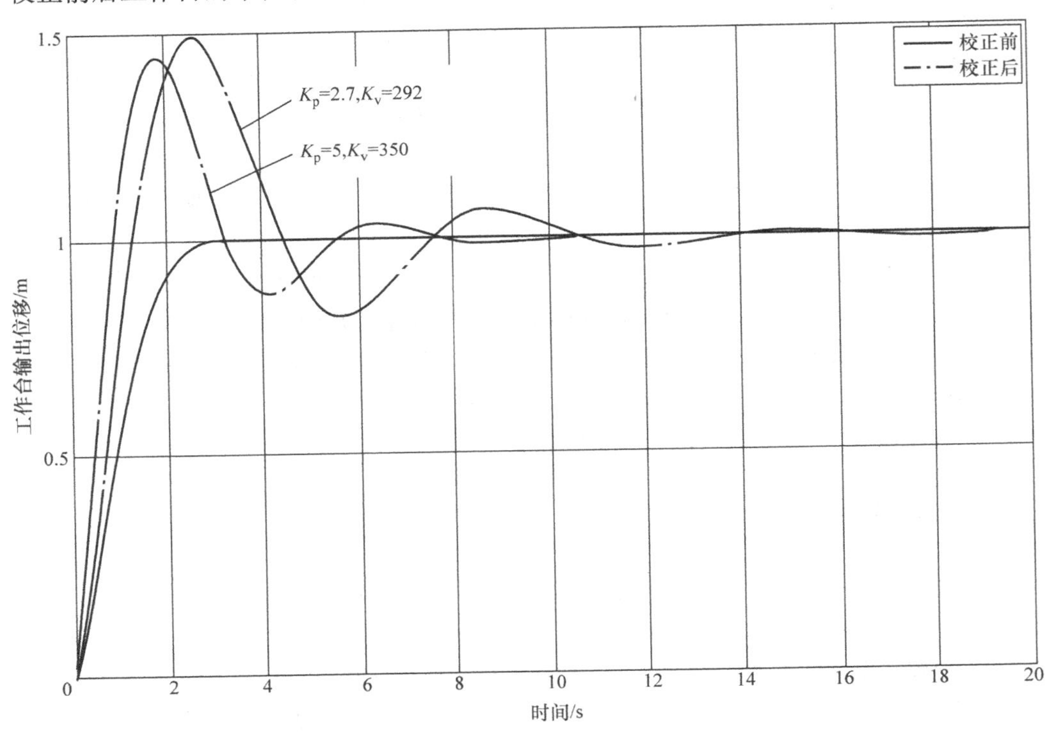

图 7-43　校正前后工作台的单位阶跃响应曲线对比

尼变为欠阻尼，系统有更好的快速性，振荡后趋于稳定；缺点是上述控制器参数下系统的超调量较大。可通过调整串联校正环节$\frac{K_P(T_1 s+1)}{T_1 s}$与反馈环节 $K_v s$ 的系数，改善系统的动态性能。若参数调整为 $T_1=0.5689$s，$K_p=5$，$K_v=350$ 时，系统的超调量减少，调整时间变小，快速性增加，动态性能得到一定改善。计算可得此时校正后系统的相位裕度为 45.6°，系统仍能保持较好的相对稳定性。

7.8.2　磁盘驱动器读入系统校正设计

控制系统设计的基本步骤如图 7-44 所示。

磁盘驱动器读入设备的目标是将读入磁头定位以便读取存在磁道的数据（第 1 步），需要精确控制的变量（第 2 步）是（安装在悬挂装置上）读入磁头的位置，磁盘以 1800 ~ 7200r/min 的速度旋转，而磁头在小于 100nm 的距离上飞过磁盘，位置精度要求是 1μm（第 3 步），进一步可以要求系统在 50ms 内将磁头从一个磁道移动到另一个磁道。初始系统配置（第 4 步）见第 1 章图 1-16，使用一台永磁直流电动机来驱动（移动）悬臂到磁盘上期望的位置。在 2.8.2 节完成了在一定合理简化条件下系统的各环节的数学建模，并在第 3 ~ 6 章对系统的各项性能指标做了分析（第 5 步）。描述控制器的选取及关键参数调整（第 6 步）在 3 ~ 6 中也有涉及，模型中的放大器系数 K_a 就相当于比例控制器。

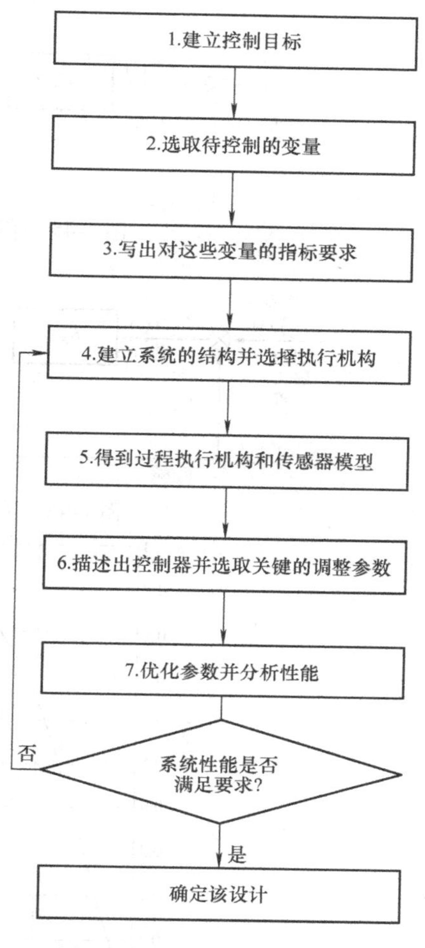

图 7-44　控制系统设计过程

本系统的控制目标是对于阶跃输入达到最快的响应，同时限定响应的超调和振荡属性并且降低在读入磁头的输出位置上的扰动影响，设计要求总结在表 7-2 中。

表 7-2　磁盘驱动控制系统性能指标要求

性能要求	期望值
超调量（%）	<5
调整时间/ms	<250
对单位扰力的响应最大值/rad	$<5\times10^{-3}$

系统简化为二阶模型，采用比例控制器，框图如图 7-45 所示。调节 K_a，可使系统获得不同的性能指标。根据 3.7.2 节对系统的时域响应分析可知，$K_a=40$ 时，超调量为 4.3%，但调整时间为 400ms，参照 6.6.2 节的分析方法可以求得系统对扰动的响应最大值为 5.22×10^{-3}rad。如果仅增大 K_a，可减少调整时间，但超调量也随着增加，系统动态性能会受到影响；如果考虑减少 K_a 值，系统对扰动的响应会增大。可见，单一使用比例控制器无法获得系统期望的性能指标。

考虑采用速度反馈的校正方案，系统框图如图 7-46 所示。为验证校正效果，考虑 $K_1=0.05$、$K_a=100$ 时，系统对单位阶跃指令信号和单位扰动的响应曲线分别如图 7-47 和图 7-48 所示。

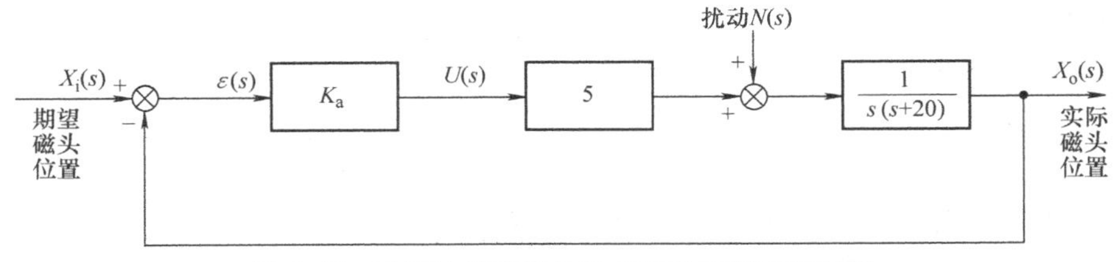

图 7-45　采用比例控制的磁盘驱动控制系统框图

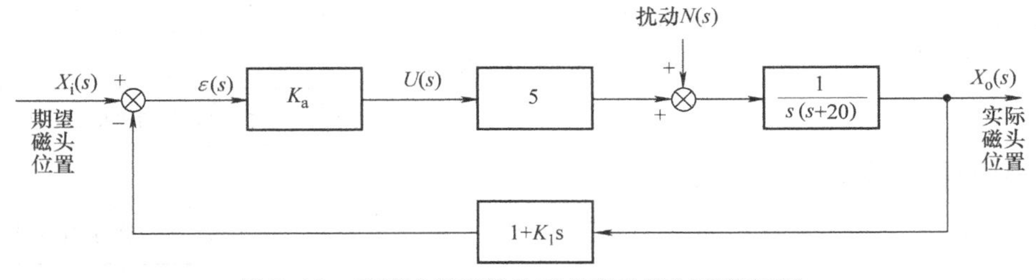

图 7-46　采用速度反馈的磁盘驱动控制系统框图

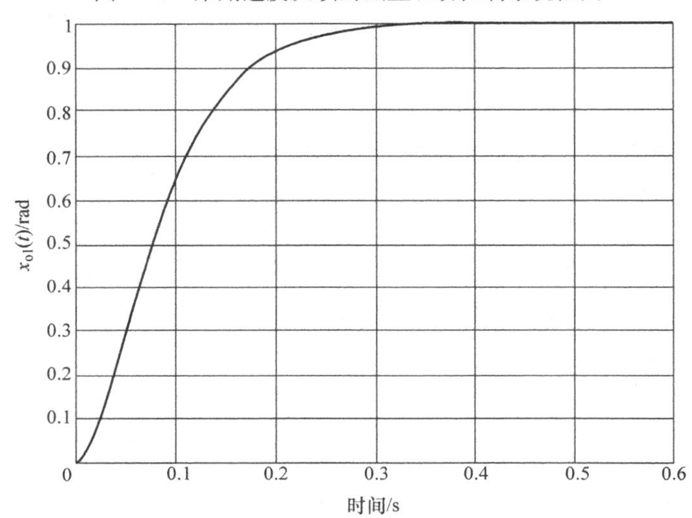

图 7-47　带速度反馈时系统对单位阶跃指令信号的响应曲线

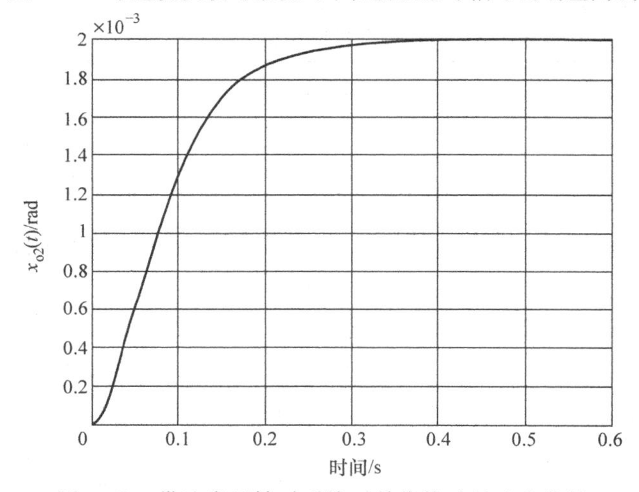

图 7-48　带速度反馈时系统对单位扰动的响应曲线

从图中可以看出，系统无超调，调整时间大约为 260ms，对单位扰动响应的最大值为 2×10^{-3}rad。基本上满足了性能要求，同时可得到预期的 250ms 调整时间。如进一步改善系统性能，可以考虑对 K_1 做多次调整。例如，取 $K_1=0.04$，其他指标不变时，调整时间可小于 250ms，获得较好的快速性。

习　　题

7-1　思考题

（1）常用的校正方式有哪些？简述它们各自的特点。

（2）滞后校正的作用是什么？试写出滞后校正的传递函数并绘制其伯德图。

（3）超前校正的作用是什么？试写出超前校正的传递函数并绘制其伯德图。

（4）滞后超前校正的作用是什么？试写出滞后超前校正的传递函数并绘制其伯德图。

（5）试分别写出 PD、PI、PID 控制器的传递函数并绘制其伯德图，并分别说明其控制作用。

7-2　某单位反馈系统校正前开环传递函数为 $G_1(s)=\dfrac{100}{s(0.04s+1)(0.01s+1)}$，校正后开环传递函数为 $G_2(s)=\dfrac{100(0.5s+1)}{s(5s+1)(0.04s+1)(0.01s+1)}$，要求：

（1）试绘制校正前后的伯德图。

（2）试求校正前、后相位裕度，分析校正前、后系统是否稳定。

（3）试写出校正装置的传递函数。

7-3　设Ⅰ型单位反馈系统原有部分的开环传递函数为 $G_o(s)=\dfrac{20}{s(0.5s+1)}$，要求设计串联校正装置，使系统具有 $\gamma\geqslant50°$ 的性能指标。

7-4　设有Ⅰ型系统，其未校正系统原有部分的开环传递函数为 $G_o(s)=\dfrac{5}{s(s+1)(0.25s+1)}$，试设计串联校正装置，使系统满足：$\gamma\geqslant40°$，$\omega_c\geqslant0.5$rad/s。

7-5　已知单位反馈控制系统，其未校正系统原有部分的开环传递函数 $G_o(s)$ 为最小相位传递函数，$G_o(s)$ 和串联校正装置 $G_c(s)$ 的幅频特性曲线分别如图 7-49 所示。要求：

（1）写出校正后各个系统的开环传递函数。

（2）指出分别采用了哪种控制方式。

（3）分析各 $G_c(s)$ 对系统的作用，并比较其优缺点。

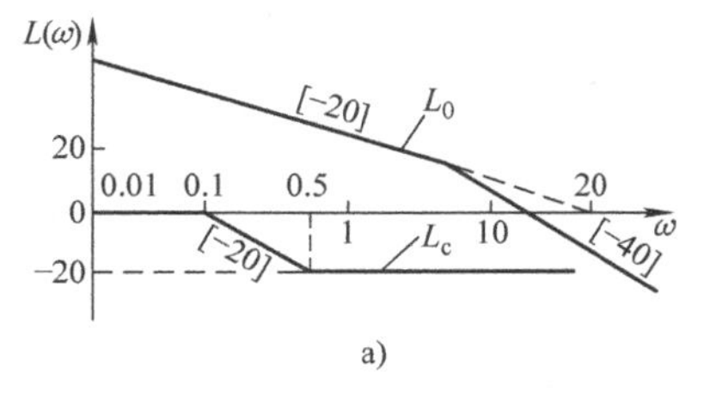

a)

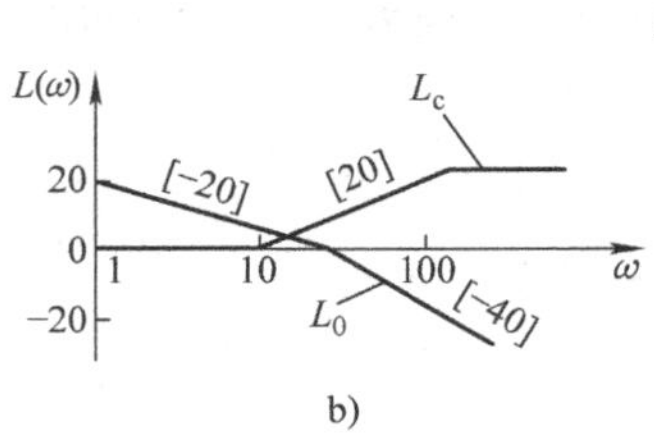

b)

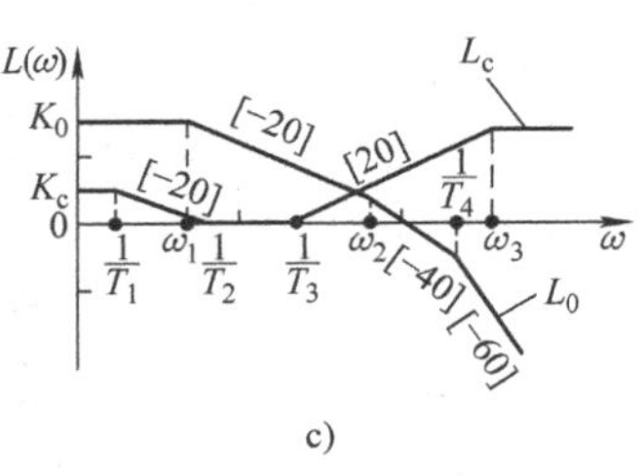

c)

图 7-49　题 7-5 图

7-6　某系统如图 7-50 所示，试加入串联校正，使其相位裕量为 65°。要求：

（1）用相位超前校正实现。

（2）用相位滞后校正实现。

7-7　已知系统如图7-51所示。要求：

(1) 选择 $G_c(s)$ 使干扰 $n(t)$ 对系统无影响。

(2) 选择 K_2 使系统具有最佳阻尼比（$\zeta=0.707$）。

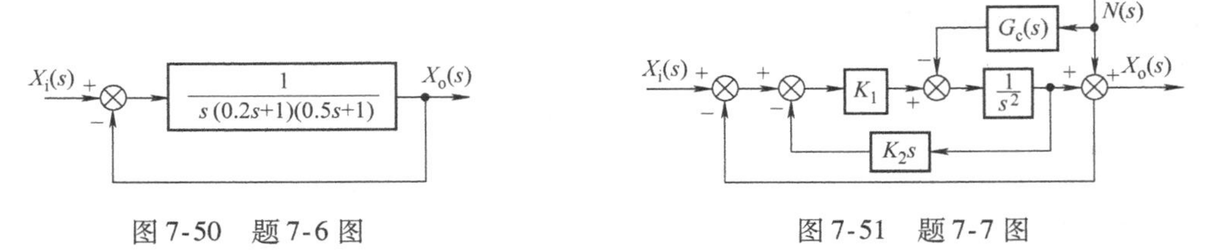

图7-50　题7-6图　　　图7-51　题7-7图

7-8　某最小相位系统校正前后开环幅频特性如图7-52中曲线①，②所示，试说明它是哪种串联校正方法；写出校正环节的传递函数，说明它对系统性能的影响。

7-9　某最小相位系统校正前后开环幅频特性如图7-53中曲线①，②所示，试说明它是哪种串联校正方法；写出校正环节的传递函数，说明它对系统性能的影响。

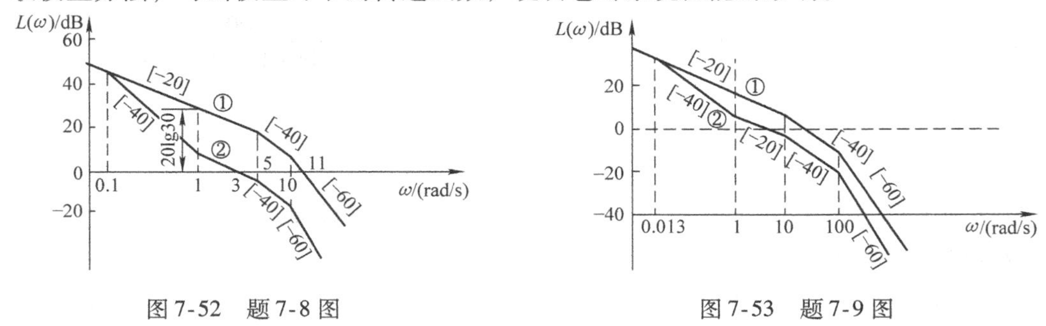

图7-52　题7-8图　　　图7-53　题7-9图

7-10　某最小相位系统校正前后开环幅频特性如图7-54中曲线①，②所示，试说明它是哪种串联校正方法；写出校正环节的传递函数，说明它对系统性能的影响。

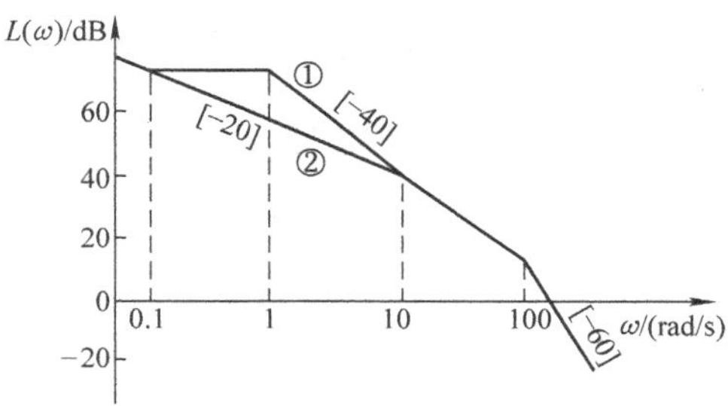

图7-54　题7-10图

第8章 根轨迹法

反馈控制系统的动态特性和稳定性主要由闭环系统的极点分布所决定，但是求解高阶系统的特征根非常困难。1948年，伊万斯（W. R. Evans）根据反馈系统开、闭环传递函数之间的内在联系，提出了直接由开环传递函数求闭环特征根的新方法，并建立了一套法则，为手工绘制根轨迹提供了方便，这就是在工程上广泛应用的根轨迹法。

根轨迹法是分析和设计线性定常控制系统的一种图解方法，用近似的根轨迹草图来获得系统的稳定性和其他性能的定性信息，使用非常简便，特别是在进行多回路系统分析时，可以像研究单回路系统一样方便。该方法可以向控制工程师提供特征根对参数变化的灵敏性的一种度量，很容易根据根轨迹位置来确定应该怎样对参数进行调整，使根的位置满足要求。此外，根轨迹与劳斯－赫尔维茨判据结合应用，能够发挥更大作用。

8.1 根轨迹与系统特性

根轨迹就是系统某一参数（如开环增益K）由零至无穷大变化时，闭环系统特征根在s平面上移动的轨迹。

例8-1 某一单位负反馈系统的开环传递函数为

$$G_k(s)=\frac{K}{s(0.5s+1)}$$

1）试分析当参数$K=1$时，系统的稳定性和动态性能。

2）试绘出当系统的开环增益$K=0\to\infty$的根轨迹，并根据根轨迹分析系统特性。

解 ① 闭环传递函数为

$$G_B(s)=\frac{G_k(s)}{1+G_k(s)}=\frac{2}{s^2+2s+2}$$

特征方程为

$$s^2+2s+2=0$$

闭环特征根为

$$s_{1,2}=-1\pm j$$

从系统闭环特征根具有负实部的特性可知，系统是稳定的，系统的动态响应是衰减振荡的，衰减的快慢由闭环特征根的实部-1决定，振荡频率由闭环特征根的虚部决定。可见，闭环特征根在s平面的位置决定了系统的稳定性以及系统动态衰减的快慢。

② 将K作为变量，闭环系统的传递函数为

$$G_B(s)=\frac{2K}{s^2+2s+2K}$$

特征方程为

$$s^2+2s+2K=0$$

闭环特征根为

$$s_{1,2}=-1\pm\sqrt{1-2K}$$

此二阶系统的阻尼比为 $\zeta=\dfrac{1}{\sqrt{2K}}$，无阻尼固有频率为 $\omega_{\mathrm{n}}=\sqrt{2K}$。

闭环特征根将随 K 值的变化而变化。$K=0$ 时，闭环极点为 0、-2，正好就是系统的开环极点；$0<K<0.5$ 时，闭环极点为 2 个不等的实根；$K=0.5$ 时，闭环极点为 2 个相等的实根；$K>0.5$ 时，闭环极点为 2 个共轭复数根，实部与 K 值无关，而虚部随 K 值增大而增大。选取不同 K 值，可以算出不同的闭环特征根，见表 8-1。

表 8-1 不同 K 值时，系统闭环特征根

K	0	0.32	0.5	1	2.5	8.5	∞
s_1	0	-0.4	-1	$-1+\mathrm{j}$	$-1+\mathrm{j}2$	$-1+\mathrm{j}4$	$-1+\mathrm{j}\infty$
s_2	-2	-1.6	-1	$-1-\mathrm{j}$	$-1-\mathrm{j}2$	$-1-\mathrm{j}4$	$-1-\mathrm{j}\infty$

将闭环特征根绘制在 s 平面上，用“×”表示开环极点，即 $K=0$ 时的闭环特征根，随着 K 值的增加，闭环特征根在 s 平面上将走出两条轨迹。这两条轨迹反映出了当系统的开环增益 $K=0\to\infty$变化时，闭环特征根在 s 平面上的位置随之变化的情况。此二阶系统的根轨迹如图 8-1 所示，箭头代表 K 增大的方向。

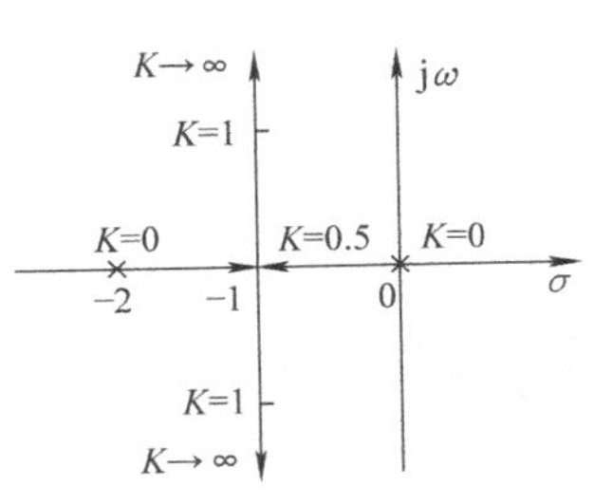

图 8-1 二阶系统的根轨迹

从根轨迹可以分析系统性能随开环增益变化的规律：

1）当开环增益 K 由 $0\to\infty$时，根轨迹始终在 s 平面左半部，因此，对于任何 K 值，系统都是稳定的。

2）当 $0<K<0.5$ 时，闭环特征根为负实根，系统呈过阻尼状态，其阶跃响应为非周期衰减，响应速度慢，没有超调。

3）当 $K=0.5$ 时，系统处于临界阻尼状态，响应速度较过阻尼状态快，仍没有超调。

4）当 $K>0.5$ 时，其根为共轭复数，系统呈欠阻尼状态，其阶跃响应为振荡衰减。随着 K 值的增大，系统的阻尼比减小，超调量增大，系统的平稳性变差。但由于闭环系统的实部不受 K 值的影响，因此系统的调节时间也不受 K 值的影响。当 $K=1$ 时特征根为 $s_{1,2}=-1\pm\mathrm{j}$ 时，系统具有最佳阻尼比 $\zeta=0.707$。

5）因为开环传递函数有一个位于坐标原点的极点，所以系统为Ⅰ型系统，阶跃作用下的稳态误差为0；而静态速度误差系数可从根轨迹对应的 K 值求得。

由例 8-1 可见，绘出系统的根轨迹后，就可以利用时域分析的方法和结论来分析 K 值变化对系统的稳定性、平稳性及动态性能的影响，从而为将来设计系统、选择参数提供参考；也可以根据对系统特性的要求选择特征根的位置，从而确定 K 值的大小，为调试系统提供理论依据。

8.2 根轨迹的幅值条件和相角条件

如何画出一个系统的根轨迹是根轨迹法的重要内容。为了可靠地绘制系统的根轨迹，首先应明确给出根轨迹上的点应满足的条件。典型反馈系统的闭环传递函数为

$$G_{\mathrm{B}}(s)=\frac{G(s)}{1+G(s)H(s)}$$

根据定义，根轨迹上的任意一点都必须满足系统的特征方程，即

$$1+G(s)H(s)=0 \tag{8-1}$$

由此方程得

$$G(s)H(s) = -1$$

上式等号两边幅值和相角分别相等，可得

$$|G(s)H(s)| = 1 \tag{8-2}$$

$$\angle G(s)H(s) = \pm 180°(2k+1), k=0,1,2,\cdots \tag{8-3}$$

式（8-1）称为根轨迹方程。式（8-2）、式（8-3）分别称为根轨迹的幅值条件和相角条件。在 s 平面上，凡是同时满足这两个条件的点就是系统的特征根，就必定在根轨迹上，所以这两个条件是绘制根轨迹的重要依据。

将系统的开环传递函数写成零极点表示的标准形式，如式（8-4）所示。

$$G(s)H(s) = \frac{K^* \prod_{i=1}^{m}(s - z_i)}{\prod_{j=1}^{n}(s - p_j)} \tag{8-4}$$

式中，K^* 称为系统的根轨迹增益；z_i和p_j分别为系统的开环零点和极点，主要根据它们绘制根轨迹。

将式（8-4）分别代入式（8-2）和式（8-3），得根轨迹的幅值条件和相角条件的具体表达式为

$$\frac{K^* \prod_{i=1}^{m}|s - z_i|}{\prod_{j=1}^{n}|s - p_j|} = 1 \tag{8-5}$$

$$\sum_{i=1}^{m}\angle(s - z_i) - \sum_{j=1}^{n}\angle(s - p_j) = \pm 180°(2k+1), k = 0,1,2,\cdots \tag{8-6}$$

由于根轨迹增益 K^* 可以在 $0 \sim \infty$的范围内任意取值，所以在 s 平面内任意一点，只要满足式（8-6）表示的相角条件，就可以通过调节 K^* 的大小使其同时满足式（8-5）表示的幅值条件。因此可以利用式（8-6）绘制根轨迹图，利用式（8-5）确定对应的根轨迹增益 K^*，这样就可以利用系统开环零点和开环极点绘制闭环根轨迹了，具体方法在 8.3 节介绍。

式（8-4）为传递函数的零极点形式的表达式，这种形式的特点是一次因式的 s 项的系数为 1。开环传递函数还可写成式（8-7）所示的典型环节的形式，这种形式的特点是一次和二次因式的常数项为 1，其中 K 称为开环增益，也称为开环静态放大倍数。

$$G(s)H(s) = \frac{K(\tau_1 s + 1)(\tau_2^2 s^2 + 2\zeta_2 \tau_2 s + 1)\cdots}{s^{\nu}(T_1 s + 1)(T_2^2 s^2 + 2\zeta_2 T_2 s + 1)\cdots} \tag{8-7}$$

开环增益 K 和根轨迹增益 K^* 之间的关系可以通过式（8-4）和式（8-7）所示的两种形式的传递函数的转换求得。

如果绘制根轨迹增益 K^* 从 0 变化到∞ 产生的闭环极点的轨迹，称为普通根轨迹，简称根轨迹。除 K^* 之外的其他参数变化时系统的根轨迹，称为参数根轨迹。比如 PID 控制器中就有比例增益、积分增益和微分增益 3 个可调参数。

8.3 绘制根轨迹的基本规则

下面讨论系统开环增益 K 变化时绘制闭环根轨迹的法则。根据闭环系统特征根的特点和

根轨迹的相角条件与幅值条件，总结出绘制根轨迹时应遵循的基本规则。

1. 规则1：根轨迹的条数

n 阶系统的特征方程为 n 次方程，有 n 个根。当 K^* 在 $0\to\infty$ 范围内连续变化时，这 n 个根在复平面上也将连续变化，形成 n 条根轨迹，所以根轨迹的条数等于系统阶数。

2. 规则2：根轨迹的对称性

由于系统的特征根都是实数或者是成对的共轭复数，而共轭复数对称于实轴，所以由特征根形成的根轨迹必定对称于实轴。

3. 规则3：根轨迹的起点和终点

根据根轨迹的幅值条件式（8-5）可知，当 $K^*=0$ 时，只有满足 $s=p_j$（$j=1, 2, \cdots, n$），式（8-5）才能成立，所以根轨迹始于 p_j 点，而 p_j 为系统的开环极点，可见系统的 n 条根轨迹始于系统的 n 个开环极点。

而当 $K^*\to\infty$ 时，只有满足 $s=z_i$（$i=1, 2, \cdots, m$）时，式（8-5）才能满足，所以根轨迹终止于 z_i 点，而 z_i 点为系统开环零点，可见系统有 m 条根轨迹的终点为系统的 m 个开环零点。

4. 规则4：实轴上的根轨迹

在实轴的某一段上存在根轨迹的条件是：实轴上根轨迹区段的右侧，开环极点与开环零点的个数之和为奇数，即实轴上的根轨迹段总是位于总数为奇数的零极点的左侧的区间内。

例 8-2 设系统的开环传递函数为

$$G_k(s)=\frac{K(s+5)}{s(s+1)(s+2)}$$

试求实轴上的根轨迹。

解：系统的开环零点为 -5，开环极点为 0、-1、-2，如图 8-2 所示。

1）开环的根轨迹条数：$n=3$。

2）起点：0、-1、-2；终点：-5、∞。

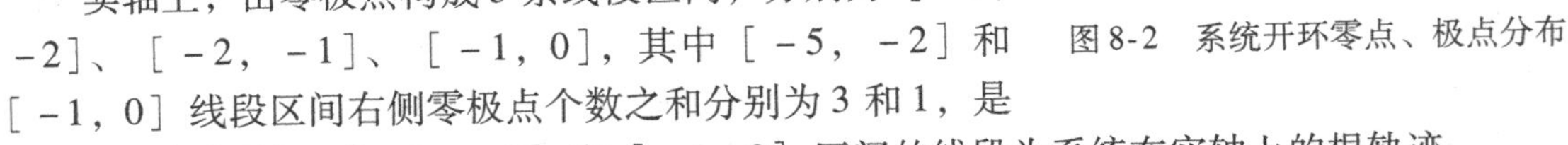

图 8-2　系统开环零点、极点分布

实轴上，由零极点构成 3 条线段区间，分别为 $[-5, -2]$、$[-2, -1]$、$[-1, 0]$，其中 $[-5, -2]$ 和 $[-1, 0]$ 线段区间右侧零极点个数之和分别为 3 和 1，是奇数。根据规则 4，$[-5, -2]$ 和 $[-1, 0]$ 区间的线段为系统在实轴上的根轨迹。

在 s 平面上的共轭复数零极点对实轴上的根轨迹无影响。

5. 规则5：根轨迹的渐近线

如果开环零点个数 m 小于开环极点个数 n，则系统根轨迹增益 $K^*\to\infty$ 时，共有 $n-m$ 条根轨迹趋向无穷远处，它们的方位可由渐近线决定。

1）根轨迹中 $n-m$ 条趋向无穷远处的分支的渐近线倾角为

$$\varphi_a=\pm\frac{180^\circ(2k+1)}{n-m}\quad(k=0,1,2,\cdots,n-m-1)\tag{8-8}$$

随着 k 值增加，夹角的位置会重复出现。

2）根轨迹中 $n-m$ 条趋向无穷远处的分支的渐近线与实轴的交点坐标为（σ_a，j0），其中

$$\sigma_a=\frac{\sum_{j=1}^{n}p_j-\sum_{i=1}^{m}z_i}{n-m}\tag{8-9}$$

例 8-3　已知四阶系统的特征方程为

$$1+G(s)H(s)=1+\frac{K^*(s+1)}{s(s+2)(s+4)^2}=0$$

试大致绘制根轨迹。

解：先在复平面上表示出开环零极点的位置，并根据实轴上根轨迹的确定方法绘制系统在实轴上的根轨迹，如图 8-3a 所示。

根据式（8-9）和题目给出的特征方程确定系统渐近线与实轴的交点和夹角分别为

$$\sigma=\frac{(-2)+2\times(-4)-(-1)}{4-1}=-3$$

$$\varphi_{a1}=60°(k=0),\varphi_{a2}=180°(k=1),\varphi_{a3}=300°(k=2)$$

结合实轴上的根轨迹，绘制系统根轨迹如图 8-3b 所示。

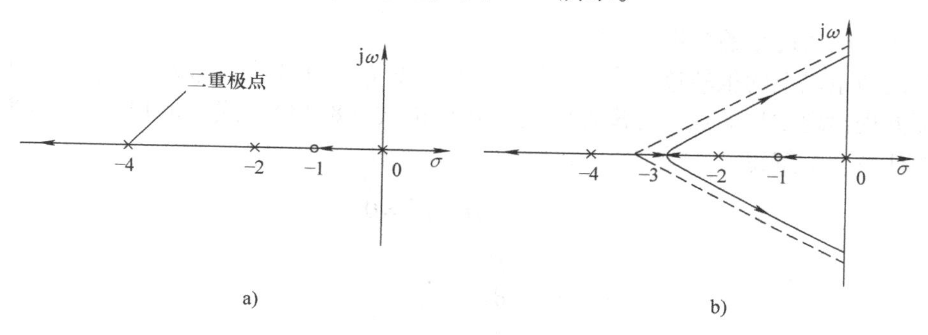

图 8-3　根轨迹图

6. 规则 6：确定根轨迹与虚轴的交点

根轨迹与虚轴相交，说明控制系统有位于虚轴上的闭环极点，即特征方程含有纯虚根，系统处于临界稳定状态。将 $s=\mathrm{j}\omega$ 代入特征方程式（8-1），则有

$$1+G(\mathrm{j}\omega)H(\mathrm{j}\omega)=0$$

将上式分解为实部和虚部两个方程，即

$$\begin{cases}\mathrm{Re}[1+G(\mathrm{j}\omega)H(\mathrm{j}\omega)]=0\\ \mathrm{Im}[1+G(\mathrm{j}\omega)H(\mathrm{j}\omega)]=0\end{cases}\tag{8-10}$$

解式（8-10），就可以求得根轨迹与虚轴的交点坐标 ω，以及此交点相对应的 K^*。

例 8-4　求例 8-3 中特征方程的系统根轨迹与虚轴的交点坐标。

解：将 $s=\mathrm{j}\omega$ 代入特征方程，得到

$$\omega^4-\mathrm{j}10\omega^3-32\omega^2+\mathrm{j}(32+K^*)\omega+K^*=0$$

写出实部和虚部方程

$$\omega^4-32\omega^2+K^*=0$$

$$10\omega^3-(32+K^*)\omega=0$$

求得 $\omega=\pm4.834$，即根轨迹与虚轴的交点坐标为（0，$\pm\mathrm{j}4.834$），相应的$K^*=201.68$。

7. 规则 7：根轨迹的出射角和入射角

所谓根轨迹的出射角（或入射角），指的是根轨迹离开开环复数极点处（或进入开环复数零点处）的切线方向与实轴正方向的夹角。如图 8-4 所示的θ_{p1}、θ_{p2}为出射角，θ_{z1}、θ_{z2}为入射角。

由于根轨迹的对称性，对应于同一对极点（或零点）的出射点（或入射点）互为相反数。

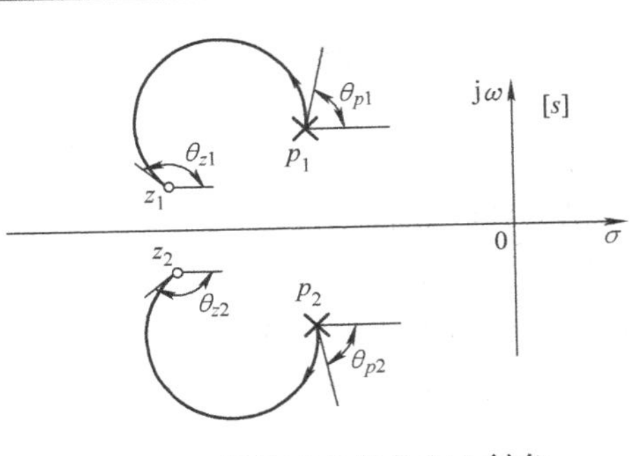

图 8-4　根轨迹出射角和入射角

因此，在图 8-4 中有$\theta_{p1}=-\theta_{p2}$，$\theta_{z1}=-\theta_{z2}$。由相角条件可以推出如下根轨迹出射角和入射角的计算公式。

根轨迹从复数极点p_r出发的出射角为

$$\theta_{pr}=\pm 180°(2k+1)-\sum_{j=1,j\neq r}^{n}\angle(p_r-p_j)+\sum_{i=1}^{m}\angle(p_r-z_i) \tag{8-11}$$

根轨迹进入复数零点z_r的入射角为

$$\theta_{zr}=\pm 180°(2k+1)+\sum_{j=1}^{n}\angle(z_r-p_j)-\sum_{i=1,i\neq r}^{m}\angle(z_r-z_i) \tag{8-12}$$

8. 规则 8：根轨迹上的分离点坐标

有两条或两条以上的根轨迹分支在 s 平面上相遇又立即分开的点称为分离点。可见，分离点就是特征方程出现重根的点。分离点的坐标 d 可由式（8-13）、式（8-14）、式（8-15）三个方程中的任意一个解得。

$$\frac{\mathrm{d}}{\mathrm{d}s}[G(s)H(s)]=0 \tag{8-13}$$

$$\frac{\mathrm{d}K^*}{\mathrm{d}s}=0 \tag{8-14}$$

式中，$K^*=-\dfrac{\prod_{j=1}^{n}(s-p_j)}{\prod_{i=1}^{m}(s-z_i)}$

$$\sum_{i=1}^{m}\frac{1}{d-z_i}=\sum_{j=1}^{n}\frac{1}{d-p_j} \tag{8-15}$$

根据根轨迹的对称性法则，根轨迹的分离点一定在实轴上或以共轭形式成对出现在复平面上。

例 8-5　已知系统开环传递函数为

$$G(s)H(s)=\frac{K^*(s+1)}{s^2+3s+3.25}$$

试求系统闭环根轨迹分离点坐标。

解：$G(s)H(s)=\dfrac{K^*(s+1)}{s^2+3s+3.25}=\dfrac{K^*(s+1)}{(s+1.5+\mathrm{j})(s+1.5-\mathrm{j})}$

方法 1：根据式（8-13），对上式求导，即令$\dfrac{\mathrm{d}}{\mathrm{d}s}[G(s)H(s)]=0$ 可得

$$d_1=-2.12,\ d_2=0.12$$

方法 2：求出闭环系统特征方程

$$1+G(s)H(s)=1+\frac{K^*(s+1)}{s^2+3s+3.25}=0$$

由上式可得

$$K^*=-\frac{s^2+3s+3.25}{s+1}$$

根据式（8-14），对上式求导，令$\frac{dK^*}{ds}=0$，可得

$$d_1=-2.12,\ d_2=0.12$$

方法 3：根据式（8-15）有

$$\frac{1}{d+1.5+j}+\frac{1}{d+1.5-j}=\frac{1}{d+1}$$

解此方程得

$$d_1=-2.12,\ d_2=0.12$$

d_1在根轨迹上，是所求的分离点，d_2不在根轨迹上，则舍弃。此系统根轨迹如图 8-5 所示。

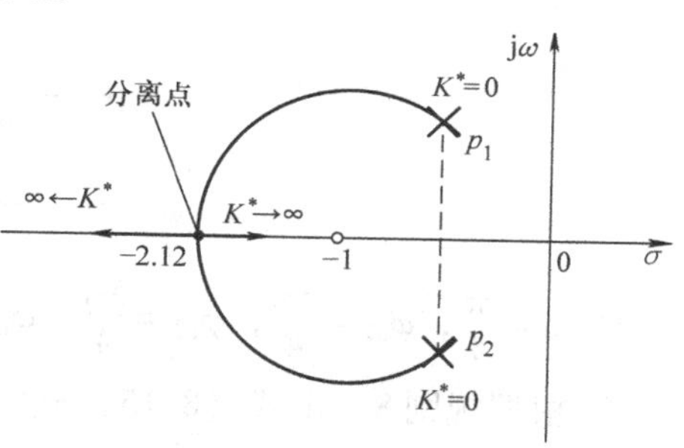

图 8-5　例 8-5 根轨迹图

根据上述 8 条一般规则，就可以绘制复杂系统根轨迹，具体实例见例 8-6。

例 8-6　设系统的开环传递函数为

$$G(s)H(s)=\frac{K_1}{6s\left(\frac{1}{3}s+1\right)\left(\frac{1}{2}s^2+s+1\right)}$$

试绘制概略根轨迹图。

解：由题可知，系统的开环增益为$K=\frac{K_1}{6}$。将开环传递函数化为式（8-4）形式，即

$$G(s)H(s)=\frac{K_1}{s(s+3)(s^2+2s+2)}=\frac{K_1}{s(s+3)(s+1+j)(s+1-j)}$$

容易得出根轨迹增益为$K^*=K_1$，则根轨迹增益和开环增益的关系为$K=\frac{K^*}{6}$。

根轨迹绘制步骤：

1）根据上式求出系统的开环极点为$p_1=0$，$p_2=-3$，$p_{3,4}=-1\pm j$，开环极点数为$n=4$，开环零点数为$m=0$。这些开环零极点如图 8-6 所示分布于复平面［s］上。

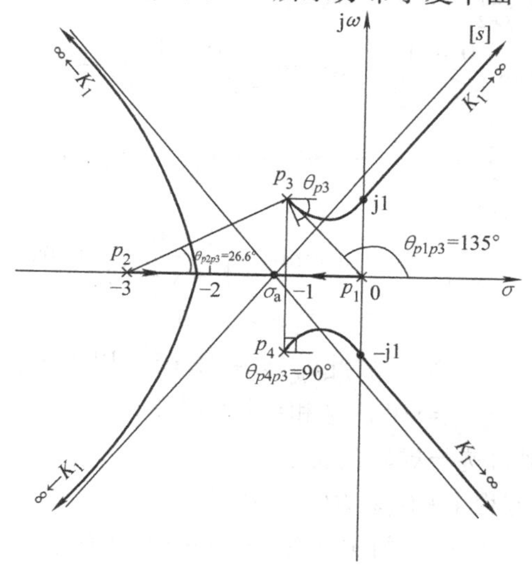

图 8-6　例 8-6 根轨迹图

由于开环极点数为 $n=4$，故根据规则 1，根轨迹有 4 条分支。当 $K^*=K=0$ 时，4 条根轨迹分支分别从 4 个开环极点出发，当 $K^*\to\infty$ 时，4 条根轨迹均趋于无穷远处（即无限开环零点处）。

2）根据规则 4，在实轴上取试验点，确定实轴上的根轨迹。在开环极点$p_1=0$ 和$p_2=-3$ 之间的那段实轴的右侧，零极点数之和等于 1，为奇数，则这段实轴上存在根轨迹，如图 8-6 所示。

3）根据规则 5，确定渐近线。4 条根轨迹渐近线与实轴的交点坐标及交角分别为

$$\sigma_a=\frac{\sum_{j=1}^{4}p_j}{n-m}=\frac{-5}{4}=-1.25$$

$$\varphi_{ak}=\frac{(2k+1)\pi}{n-m}\quad(k=0,1,2,3)$$

即$\varphi_{a0}=\dfrac{\pi}{4}$，$\varphi_{a1}=\dfrac{3\pi}{4}$，$\varphi_{a2}=\dfrac{5\pi}{4}$，$\varphi_{a3}=\dfrac{7\pi}{4}$。

4）根据规则 8，由式（8-15）确定根轨迹在实轴上的分离点的坐标

$$\sum_{j=1}^{4}\frac{1}{d-p_j}=\frac{1}{d}+\frac{1}{d+3}+\frac{1}{d+1+\mathrm{j}}+\frac{1}{d+1-\mathrm{j}}=0$$

解方程得 $d_1=-2.3$，$d_{2,3}=0.725\pm \mathrm{j}0.365$。验证这些分离点是否存在的方法是检验其是否在实轴上的根轨迹上。因为在开环极点$p_1=0$ 和$p_2=-3$ 之间存在根轨迹，所以分离点坐标应为 $d=-2.3$。

5）根据规则 7，确定根轨迹的出射角。4 条根轨迹的 4 个出射角分别为

$$\begin{aligned}\theta_{p_1}&=180°+\left(0-\sum_{j=2}^{4}\theta_{p_jp_1}\right)=180°-(\theta_{p_2p_1}+\theta_{p_3p_1}+\theta_{p_4p_1})\\&=180°-\left[\arctan\frac{0-0}{0-(-3)}+\arctan\frac{0-1}{0-(-1)}+\arctan\frac{0-(-1)}{0-(-1)}\right]=180°\end{aligned}$$

$$\begin{aligned}\theta_{p_2}&=180°+\left(0-\sum_{\substack{j=1\\j\neq 2}}^{4}\theta_{p_jp_2}\right)=180°-(\theta_{p_1p_2}+\theta_{p_3p_2}+\theta_{p_4p_2})\\&=180°-\left[\arctan\frac{0-0}{-3-0}+\arctan\frac{0-1}{-3-(-1)}+\arctan\frac{0-(-1)}{-3-(-1)}\right]=0°\end{aligned}$$

$$\begin{aligned}\theta_{p_3}&=180°+\left(0-\sum_{\substack{j=1\\j\neq 3}}^{4}\theta_{p_jp_3}\right)=180°-(\theta_{p_1p_3}+\theta_{p_2p_3}+\theta_{p_4p_3})\\&=180°-\left[\arctan\frac{1-0}{-1-0}+\arctan\frac{1-0}{-1-(-3)}+\arctan\frac{1-(-1)}{-1-(-1)}\right]\\&=180°-(135°+26.6°+90°)=-71.6°\end{aligned}$$

根据规则 2，根轨迹对称于实轴，故此$\theta_{p_4}=+71.6°$。以上方法为计算法。用作图法可量得$\theta_{p_1p_3}=135°$，$\theta_{p_2p_3}=26.6°$，$\theta_{p_4p_3}=90°$，这和计算结果是一样的。

6）根据规则 6，确定根轨迹与虚轴的交点。

将 $s=\mathrm{j}\omega$ 代入闭环特征方程 $1+G(s)H(s)=0$，得

$$\omega^4-5\mathrm{j}\omega^3-8\omega^2+6\mathrm{j}\omega+K_1=0$$

则

$$\begin{cases} 6\omega - 5\omega^3 = 0 \\ \omega^4 - 8\omega^2 + K_1 = 0 \end{cases}$$

求得与虚轴交点为 $\omega = \pm j1.1$，与之对应的根轨迹增益为 $K^* = \frac{204}{25}$。

7）对于根轨迹曲线部分的绘制，可在原点附近取试验点，如果其满足相角条件，则在根轨迹上。

根据以上各项，可绘出概略根轨迹图，如图 8-6 所示。

根轨迹包含了系统动态性能和稳态性能的相关信息。绘制系统的根轨迹图，对其进行分析，容易确定系统的相关参数，并对系统进行校正。

（1）稳定性和稳定域　通过根轨迹法可轻松确定系统的稳定性如何，并计算出系统的稳定域。如果根轨迹位于 s 平面的左半部，说明系统是稳定的。如果根轨迹分支随根轨迹增益增大而穿过虚轴进入 s 平面的右半部，则可以通过规则 6，引入闭环极点的概念，计算确定系统的临界增益值，从而确定系统的稳定域。

（2）确定系统的型次和过渡过程形式　从根轨迹图上可通过判断坐标原点处的开环极点数确定系统的型次。而当系统所有极点均位于实轴上且无闭环零点时，系统阶跃响应为非周期单调过程，否则呈振荡趋势。

（3）对低阶系统瞬态响应的分析以及对高阶系统瞬态响应的估计　以二阶系统为例，如果系统的极点为一对共轭复数，为欠阻尼系统，其单位阶跃响应瞬态分量幅值随时间以衰减振荡方式变化，衰减系数等于闭环极点到虚轴的距离，振荡频率等于闭环极点到实轴的距离；若系统极点为一对负实数重极点，为临界阻尼系统；若系统极点为一对不相等负实数，为过阻尼系统，单位阶跃响应两项瞬态分量幅值都以单调衰减方式变化。因此，可根据其根轨迹图，确定不同阻尼系统的开环增益的取值范围，且确定瞬态响应参数的变化情况。

对于高阶系统，其瞬态响应特性主要取决于靠近虚轴的少数几个闭环极点。当系统存在闭环主导极点时，瞬态响应就取决于该主导极点。可通过主导极点将高阶系统简化近似成低阶系统进行性能指标估算：①当主导极点是实数时，可利用一阶性能指标计算公式估算；②当主导极点是共轭复数时，可利用二阶性能指标计算公式估算。

（4）分析系统稳态特性　由于根轨迹非常直观地反映系统的型次和根轨迹增益 K^*，K^* 又与开环增益 K 间存在比例关系，而决定系统稳态性能的因素正是系统的型次和开环增益 K 的大小，可进一步分析系统的稳态性能如何。

8.4　应用 MATLAB 绘制根轨迹

MATLAB 工具箱中，关于绘制连续系统根轨迹的几个常用函数有 pzmap、rlocus、rlocfind 和 sgrid。下面通过举例来说明这些函数的具体应用。

1. pzmap

使用该函数可以求系统的零极点或绘制系统的零极点图。该函数的基本格式有两种，分别如下：

［p，z］ =pzmap （num，den）；

pzmap （num，den）；

第一种格式只返回参数值而不作图，其中返回参数值 p 为极点的列向量，z 为零点的列向量；第二种格式只能绘制零极点分布图而不返回参数值。在这两种格式中，num 表示系统开环传递函数分子系数向量（由高次到低次）；den 表示系统开环传递函数分母系数向量（由高次到低次）。

例 8-7　已知系统的开环传递函数为

$$G(s)H(s)=\frac{s+5}{s^3+3s^2+6s+9}$$

试求系统的零点和极点。

解： 利用 pzmap 函数可求出该系统的零点和极点，即在 MATLAB 命令窗（Command Window）中写入如下一条语句：

```
[p, z] =pzmap ([1, 5], [1, 3, 6, 9])
```

输入完毕后按 <Enter> 键，可得到

```
p =
    -2.1542
    -0.4229 +1.9998i
    -0.4229 -1.9998i
z =
    -5
```

如果要绘制该系统的零极点分布图，在 MATLAB 命令窗写入如下语句：

```
pzmap ( [1, 5], [1, 3, 6, 9])
```

运行后可得到如图 8-7 所示的零极点分布图。“×”表示极点，“o”表示零点，由图 8-7 可以看出，该系统有 3 个极点和 1 个零点。

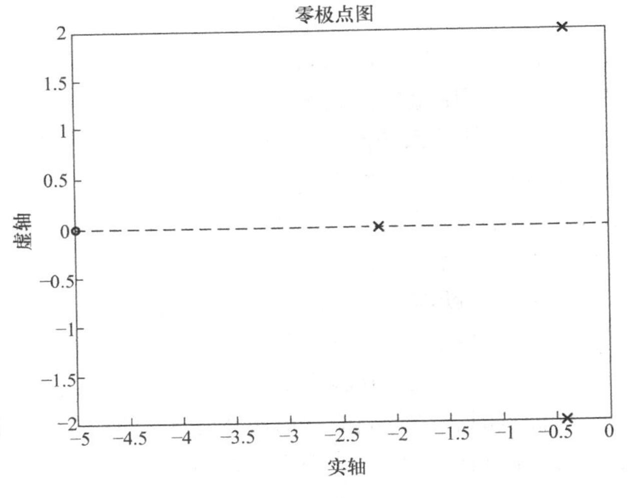

图 8-7　例 8-7 的零极点图

2. rlocus

使用该命令可以得到系统的根轨迹图。该命令的基本格式如下：

```
rlocus (num, den)
```

例 8-8　控制系统的开环传递函数为 $G(s)H(s)=\dfrac{K(s+5)}{s^4+2s^3+3s^2+6s+9}$，试绘制系统的根轨迹图。

解： 利用 rlocus 函数可作出该系统的根轨迹图，即在 MATLAB 命令窗写入如下一条语句：

```
rlocus ([1, 5], [1, 2, 3, 6, 9])
```

运行后可得到图 8-8 所示的根轨迹。由图 8-8 可以看出，该系统有 4 个极点和 1 个零点。通常人们习惯使用如下的程序语句，运行的结果是一样的。

```
num = [1, 5];              %给定分子向量，系数之间用逗号或空格隔开
den = [1, 2, 3, 6, 9];     %给定分母向量，系数之间用逗号或空格隔开
rlocus (num, den);         %绘制根轨迹
```

此外，在生成的根轨迹图上用鼠标单击根轨迹上的某一点，就会自动弹出一个文字框，给出该点的增益（Gain，即 K 值）、坐标（Pole）、阻尼系数（Damping）、超调量（Overshoot）和频率［Frequency（rad/s）］等详细信息，如图 8-9 所示。

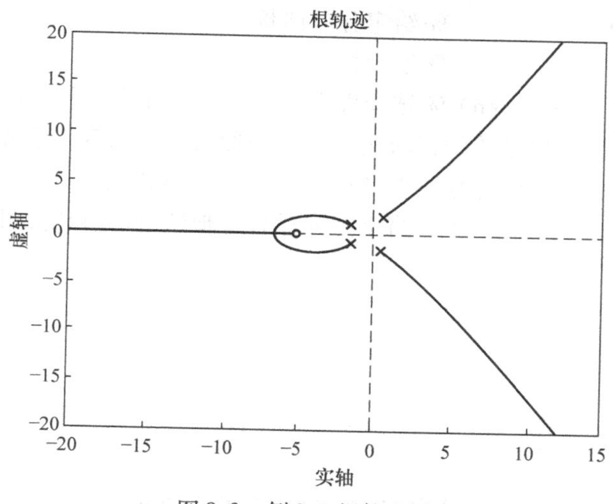

图 8-8　例 8-8 根轨迹图

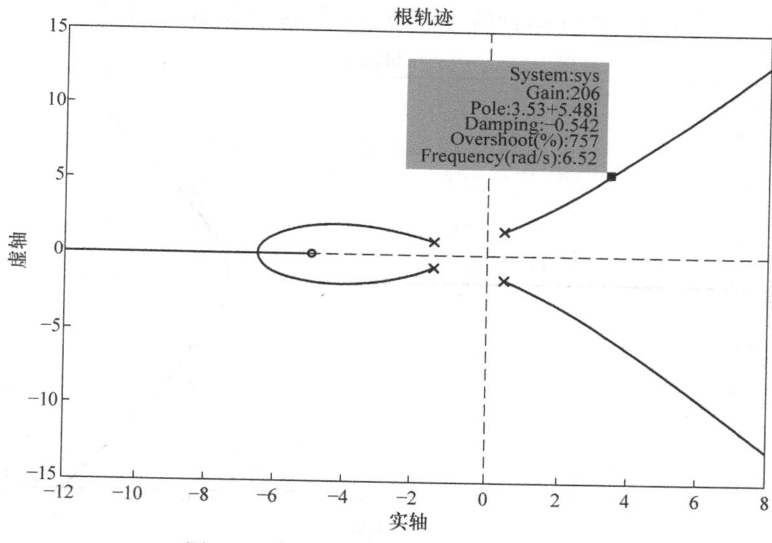

图 8-9　例 8-8 根轨迹图上任一点信息

3. rlocfind

使用该函数可计算根轨迹上给定一组极点所对应的增益。该命令的基本格式如下：

[k，p] =rlocfind（num，den）

其中，k 为被选点对应的根轨迹增益返回值；p 为与该点增益对应的所有极点坐标返回值。

执行该函数指令后，根轨迹图形窗口中显示十字形鼠标光标，当用户移动鼠标选择根轨迹上的一点，按左键后，该极点所对应的增益 k 被赋值，与该增益对应的所有极点的坐标赋值给 p。在 MATLAB 命令窗直接写入 k 或 p，按 <Enter> 键后即可显示它们的值。

例 8-9　控制系统的开环传递函数为

$$G(s)H(s) = \frac{K}{s^3 + 3s^2 + 2s}$$

试绘制系统的根轨迹图，并确定根轨迹的分离点及相应的根轨迹增益 K^*。

解：在 MATLAB 命令窗输入下列程序：

```
num = [1];                    % 给定分子向量
```

```
den = [1, 3, 2, 0];            % 给定分母向量
rlocus (num, den);             % 绘制根轨迹
[k, p] =rlocfind (num, den)    % 选择极点，计算其开环增益和其他闭环极点
```

程序执行过程中，先绘出系统的根轨迹，并在图形窗口中出现十字光标，提示用户在根轨迹上选择一点，这时，将十字光标移到所选择的地方，可得到该处对应的系统根轨迹增益及与该增益对应的所有闭环极点。此例中，将十字光标移至根轨迹的分离点处，可得到：

```
k =
    0.3849
p =
    -2.1547
    -0.4259
    -0.4194
```

理论上，若光标能准确定位在分离点处，则应有两个重极点，即p_2和p_3相等，显然由鼠标单击分离点存在一定的误差。程序运行后，得到的根轨迹图如图 8-10 所示。

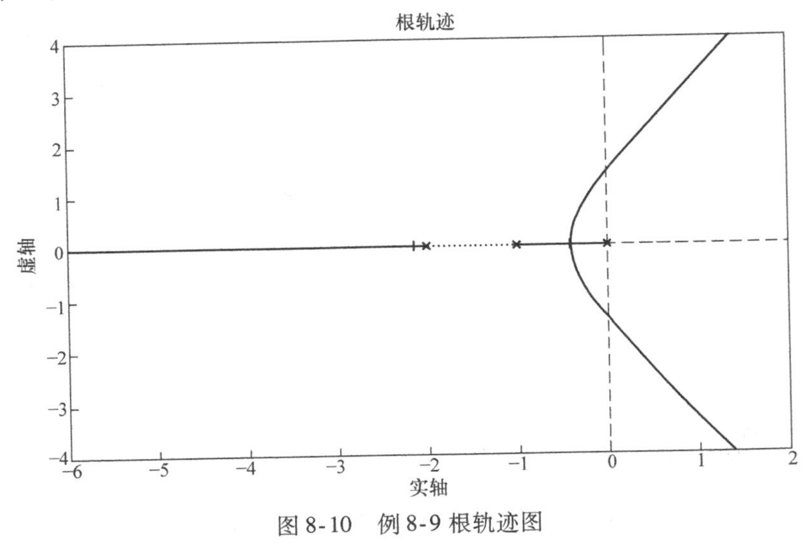

图 8-10　例 8-9 根轨迹图

4. sgrid

使用该命令可在已绘制的根轨迹图上绘制等阻尼系数和等自然频率栅格。该命令的基本格式如下：

sgrid

例 8-10　单位负反馈系统的开环传递函数为

$$G(s)=\frac{K(4s^2+3s+1)}{s(s+2)(3s+1)}$$

试绘制系统的根轨迹，确定当系统的阻尼比 $\zeta=0.84$ 时系统的闭环极点，并分析系统的性能。

解： 将开环传递函数写为

$$G(s)=\frac{K(4s^2+3s+1)}{3s^3+7s^2+2s}$$

在 MATLAB 命令窗口写入下列程序：

```
num = [4  3  1];                          % 给定分子向量
den = [3  7  2  0];                        % 给定分母向量
rlocus (num, den);                        % 绘制根轨迹
sgrid;                                    % 绘制阻尼系数和自然频率栅格
[k, p] = rlocfind (num, den);             % 选择极点，计算其开环增益和其他闭环极点
```

执行以上程序后，可得到带有由等阻尼比系数和等自然频率构成的栅格线的根轨迹图，如图 8-11 所示。屏幕出现选择根轨迹上任意点的十字线，将十字线的交点移至根轨迹与$\zeta=0.84$的等阻尼比线相交处，可得到

```
k =
    0.5160
p =
   -2.5904
   -0.2155 + 0.1413i
   -0.2155 - 0.1413i
```

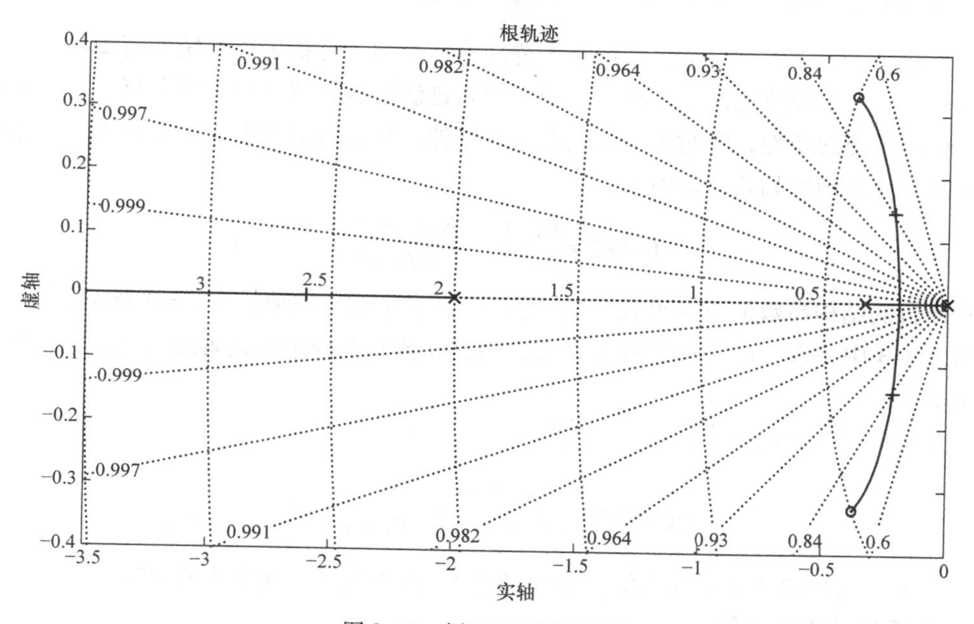

图 8-11　例 8-10 根轨迹图

系统有三个闭环极点：一个负实数极点，两个共轭复数极点。实数极点远离虚轴，其到虚轴的距离是复数极点的 10 倍，且复数极点附近无闭环零点，因此，这对共轭复数极点满足主导极点的条件，系统可简化为由主导极点决定的二阶系统，系统的性能可用二阶系统的分析方法得到。

系统的特征方程为

$$(s+0.216+\mathrm{j}0.141)(s+0.216-\mathrm{j}0.141)=s^2+0.432s+0.067$$

系统的闭环传递函数为

$$G_B(s)=\frac{\omega_n^2}{s^2+2\zeta\omega_n s+\omega_n^2}=\frac{0.067}{s^2+0.432s+0.067}$$

所以，该系统的性能可按上式表示的二阶系统进行分析。

再如，绘制开环传递函数

$$G(s)=\frac{K(s^2+2s+4)}{s(s+4)(s+6)(s^2+1.4s+1)}$$

的系统根轨迹图时，可在 MATLAB 命令窗口输入下列程序：

```
num = [1  2  4];                                             % 给定分子向量
den = conv([1  0],conv([1  4],conv([1  6],[1  1.4  1])));   % 给定分母向量
rlocus(num,den);                                             % 绘制根轨迹
```

8.5 系列工程问题举例

8.5.1 工作台位置自动控制系统的根轨迹分析

前面几章建立了工作台位置自动控制系统的数学模型，分析了该系统的时域特性、频域特性和稳定性。学习了根轨迹法后，在本节中用根轨迹法对该系统进行性能分析。为了方便用根轨迹法分析该系统的特性，暂时不考虑复杂的控制器，让比较放大器充当比例控制器来分析。

系统开环传递函数如式（2-91），即

$$G_k(s)=\frac{U_b(s)}{X_i(s)}=\frac{K_pK_qK_gK_fK}{s(Ts+1)}$$

式中，工作台的结构参数的意义见表 3-3，总的转动惯量重新取值，令 $J=0.004\text{kg}\cdot\text{m}^2$，其他参数值与表 3-3 中一致。$K_q$ 为前置放大系数，在实际控制系统中常设置成可调的，以便在系统调试时调整。

代入参数值后，系统的开环传递函数为

$$G_k(s)=\frac{K_pK_qK_gK_fK}{s(Ts+1)}=\frac{K_q}{s(0.32s+1)} \tag{8-16}$$

可以看出，系统的开环增益为K_q，下面讨论 K_q 的变化对系统性能的影响。

1. 绘制系统的根轨迹图

1）因为系统有 $n=2$ 个开环极点和 $m=0$ 个开环零点，故根轨迹有两条，且均趋于无穷远处。两条渐近线与实轴的夹角及交点坐标分别为

$$\varphi_1=\frac{180^\circ(2k+1)}{n-m}=90^\circ\quad(k=0)$$

$$\varphi_2=\frac{180^\circ(2k+1)}{n-m}=270^\circ\quad(k=1)$$

$$\sigma_a=\frac{\sum_{j=1}^{n}p_j-\sum_{i=1}^{m}z_i}{n-m}=\frac{-3.125}{2}=-1.5625$$

据此，可绘制出根轨迹的两条渐近线，如图 8-12 所示。

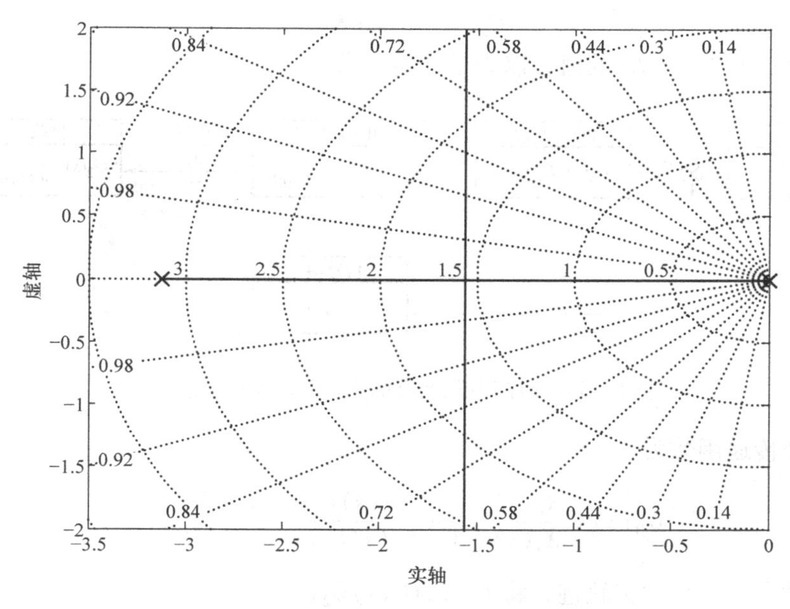

图 8-12　根轨迹图

2）系统的两个开环极点 $p_1=0$ 和 $p_2=-3.125$ 均位于实轴上，它们是系统根轨迹的两个起始点。线段 [−3.125，0] 的右侧零、极点数之和为奇数，该段实轴上存在根轨迹，如图 8-12 所示。

3）由于实轴上 $p_1=0$ 和 $p_2=-3.125$ 之间存在根轨迹，故分离点存在于该段。由

$$\sum_{i=1}^{2}\frac{1}{d-p_i}=\frac{1}{d}+\frac{1}{d+3.125}=0$$

该方程的解为 $d=-1.5625$，为分离点坐标。

2. 系统的根轨迹法分析

根据前面对该系统根轨迹的绘制可知，当 $K_q=0$ 时，系统没有输出，总是处于静止状态，对应于该系统根轨迹的两个起始点，分别为实轴上的 0 和 −3.125。随着 K_q 的增大，系统的根在实轴上分别从 0 和 −3.125 向它们的中点 −1.5625 移动，此时，系统的特征根为负实数，系统是稳定的，由于特征根虚部为零，系统在阶跃输入时输出没有超调。当特征根到达 −1.5625 后，分别沿 90°和 270°的两条直线向远处移动，特征根 $s_{1,2}=-\zeta\omega_n\pm j\omega_n\sqrt{1-\zeta^2}$ 为共扼复数，此时系统为二阶欠阻尼系统，即二阶振荡系统。可以看出，随着 K_q 值的不断增大，系统固有频率不断增高，阻尼比不断减小。当 K_q 大到一定程度时，系统产生振荡是必然的。

8.5.2　磁盘驱动器读入系统的参数根轨迹分析

前面章节中磁盘驱动器读入系统采用了速度反馈的控制结构。本章采用 PID 控制器来获得所期望的响应。利用根轨迹法选取合适的控制器增益值并分析系统的性能。

PID 控制器的传递函数为

$$G_c(s)=K_P+\frac{K_I}{s}+K_D s \tag{8-17}$$

系统传递函数框图如图 8-13 所示。因为对象模型 $G_1(s)$ 中已经包含一个积分，通过设置

$K_I = 0$，于是得到 PD 控制器

$$G_c(s) = K_P + K_D s \tag{8-18}$$

设计目的是选取 K_P 和 K_D 的值，以满足性能要求。

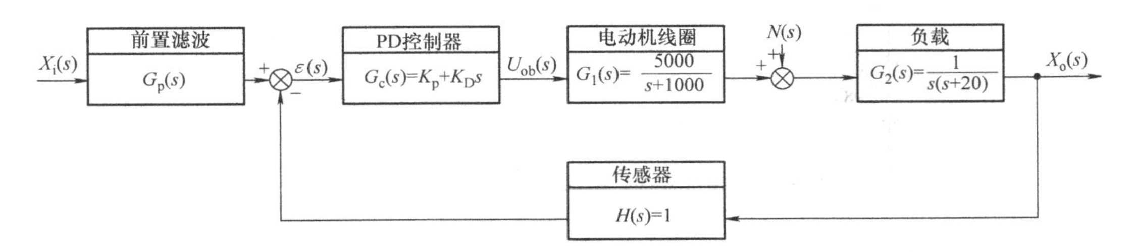

图 8-13　带有 PD 控制器的磁盘驱动器控制系统

系统的闭环传递函数为

$$G_B(s) = \frac{X_o(s)}{X_i(s)} = \frac{G_c(s)G_1(s)G_2(s)}{1 + G_c(s)G_1(s)G_2(s)H(s)}$$

为了得到随参数变化的根轨迹，将 $G_c(s)G_1(s)G_2(s)H(s)$ 写成

$$G_c(s)G_1(s)G_2(s)H(s) = \frac{5000(K_P + K_D s)}{s(s+20)(s+1000)} = \frac{5000K_D(s+z)}{s(s+20)(s+1000)}$$

其中 $z = K_P/K_D$。用 K_P 来选取 z 的位置，并画出随 K_D 变化的根轨迹。参考 5.7.2 节的思想，取 $z = 1$，使得

$$G_c(s)G_1(s)G_2(s)H(s) = \frac{5000K_D(s+1)}{s(s+20)(s+1000)} \tag{8-19}$$

极点与零点的个数差为 2，因此预期根轨迹以 $\sigma_A = \frac{-1020+1}{2} = -509.5$ 为渐近中心，与实轴的交角为 $\varphi_A = \pm 90°$，用 MATLAB 绘制随参数 K_D 变化的根轨迹图，如图 8-14 所示。当 $K_D = 100$ 时，特征根分别为：$s_1 = -0.96$，$s_{2,3} = -509.52 \pm j464.68$。

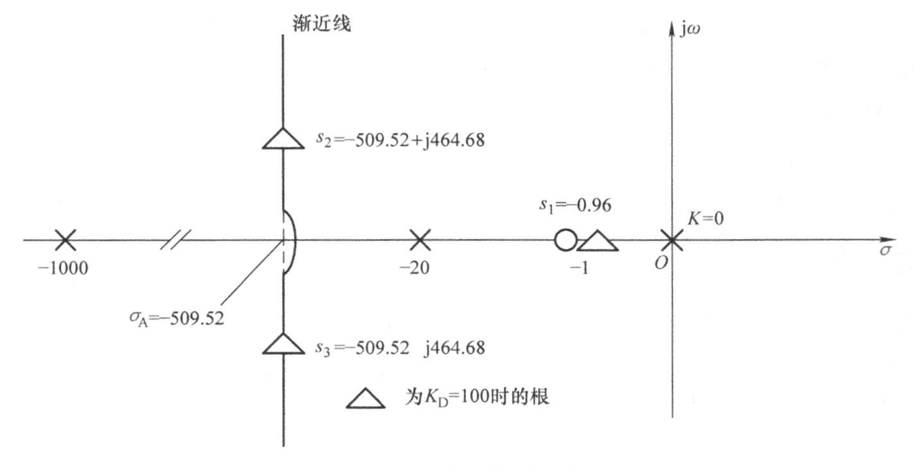

图 8-14　磁盘驱动器控制系统根轨迹

习　　题

8-1　考虑单位负反馈系统，开环传递函数为 $G(s)=\dfrac{K(s+1)}{s^2+4s+5}$。

（1）求离开复极点的根轨迹的出射角。

（2）求根轨迹进入实轴的位置。

8-2　单位负反馈系统的开环传递函数为 $G(s)=\dfrac{K(s+1)}{s^2(s+9)}$。

（1）画出系统的根轨迹。

（2）求 3 个根都相等时的增益。

（3）求（2）中相等的根。

8-3　已知系统开环传递函数为 $G(s)H(s)=\dfrac{K}{s(s+1)(0.25s+1)}$。

（1）绘制系统的根轨迹图。

（2）为使系统的阶跃响应呈现衰减振荡，试确定 K 的取值范围。

8-4　设单位负反馈控制系统的开环传递函数为 $G(s)=\dfrac{K(s+2)}{s(s+1)(s+3)}$。

（1）画出当 $K\to\infty$ 时的闭环根轨迹图。

（2）求当 $\zeta=0.707$ 时闭环的一对主导极点，并求取 K 值。

8-5　设系统的框图如图 8-15 所示。

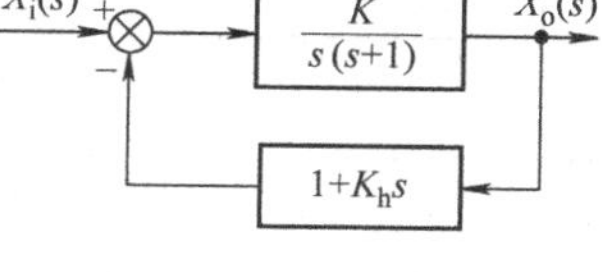

图 8-15　题 8-5 图

（1）绘制$K_h=0.5$，$K\to\infty$时的闭环根轨迹图。

（2）求$K_h=0.5$，$K=10$ 时系统闭环极点与对应的 ζ 值。

（3）绘制 $K=1$ 时，$K_h\to\infty$时的参数根轨迹图。

（4）当 $K=1$ 时，分别求取$K_h=0$，0.5，4 的阶跃响应指标 M_p和t_s，讨论K_h大小对系统动态性能的影响。

8-6　已知单位反馈系统的开环传递函数为 $G(s)=\dfrac{K(s+1)}{s^2+s+2}$。

试用 MATLAB 绘制正、负反馈两种情况下的根轨迹。

附录　拉普拉斯变换表

序号	原函数 $x(t)$	象函数 $X(s)$
1	单位脉冲函数 $\delta(t)$	1
2	单位阶跃函数 $1(t)$	$\frac{1}{s}$
3	k	$\frac{k}{s}$
4	$\frac{1}{r!}t^r$	$\frac{1}{s^{r+1}}$
5	$1(t-a)$，$t=a$ 开始的单位阶跃函数	$\frac{1}{s}e^{-as}$
6	e^{at}	$\frac{1}{s-a}$
7	e^{-at}	$\frac{1}{s+a}$
8	$\frac{1}{(n-1)!}t^{n-1}e^{-at}$	$\frac{1}{(s+a)^n}$
9	$\sin\omega t$	$\frac{\omega}{s^2+\omega^2}$
10	$\cos\omega t$	$\frac{s}{s^2+\omega^2}$
11	$\frac{1}{a}(1-e^{-at})$	$\frac{1}{s(s+a)}$
12	$\frac{1}{a}[a_0-(a_0-a)e^{-at}]$	$\frac{s+a_0}{s(s+a)}$
13	$\frac{1}{a^2}(at-1+e^{-at})$	$\frac{1}{s^2(s+a)}$
14	$\frac{a_0t}{a}+\left(\frac{a_0}{a^2}-t\right)(e^{-at}-1)$	$\frac{s+a_0}{s^2(s+a)}$
15	$\frac{1}{a^2}[a_0at+a_1a-a_0+(a_0-a_1a+a^2)e^{-at}]$	$\frac{s^2+a_1s+a_0}{s^2(s+a)}$
16	$e^{-at}\sin\omega t$	$\frac{\omega}{(s+a)^2+\omega^2}$
17	$e^{-at}\cos\omega t$	$\frac{s+a}{(s+a)^2+\omega^2}$
18	$\frac{1}{\omega}e^{-at}\sin\omega t$	$\frac{1}{(s+a)^2+\omega^2}$
19	$\frac{\sqrt{(b-a)^2+\omega^2}}{\omega}e^{-at}\sin(\omega t+\varphi)$，$\varphi=\arctan\frac{\omega}{b-a}$	$\frac{s+b}{(s+a)^2+\omega^2}$
20	$\frac{\sqrt{a^2+\omega^2}}{\omega}\sin(\omega t+\varphi)$，$\varphi=\arctan\frac{\omega}{a}$	$\frac{s+a}{s^2+\omega^2}$
21	$\sin(\omega t+\theta)$	$\frac{s\sin\theta+\omega\cos\theta}{s^2+\omega^2}$

（续）

序号	原函数 $x(t)$	象函数 $X(s)$
22	$\frac{1}{\omega^2}(1-\cos\omega t)$	$\frac{1}{s(s^2+\omega^2)}$
23	$\frac{a}{\omega^2}-\frac{\sqrt{a^2+\omega^2}}{\omega^2}\cos(\omega t+\varphi),\varphi=\arctan\frac{\omega}{a}$	$\frac{s+a}{s(s^2+\omega^2)}$
24	$\frac{1}{b-a}(e^{-at}-e^{-bt})$	$\frac{1}{(s+a)(s+b)}$
25	$\frac{1}{b-a}(be^{-bt}-ae^{-at})$	$\frac{s}{(s+a)(s+b)}$
26	$\frac{1}{ab}\left[1+\frac{1}{a-b}(be^{-at}-ae^{-bt})\right]$	$\frac{1}{s(s+a)(s+b)}$
27	$\frac{1}{ab}\left[a_0-\frac{b(a_0-a)}{b-a}e^{-at}+\frac{a(a_0-b)}{b-a}e^{-bt}\right]$	$\frac{s+a_0}{s(s+a)(s+b)}$
28	$\frac{1}{b-a}[(a_0-a)e^{-at}-(a_0-b)e^{-bt}]$	$\frac{s+a_0}{(s+a)(s+b)}$
29	$\frac{a_0}{ab}+\frac{a^2-aa_1+a_0}{a(a-b)}e^{-at}-\frac{b^2-a_1b+a_0}{b(a-b)}e^{-bt}$	$\frac{s^2+a_1s+a_0}{s(s+a)(s+b)}$
30	$\frac{1}{a^2b^2}\left[abt-a-b+\frac{1}{a-b}(a^2e^{-bt}-b^2e^{-at})\right]$	$\frac{1}{s^2(s+a)(s+b)}$
31	$\frac{1}{ab}(1+a_0t)-\frac{a_0(a+b)}{a^2b^2}+\frac{1}{a-b}\left[\left(\frac{a_0-b}{b^2}\right)e^{-bt}-\left(\frac{a_0-a}{a^2}\right)e^{-at}\right]$	$\frac{s+a_0}{s^2(s+a)(s+b)}$
32	$\frac{1}{ab}(a_1+a_0t)-\frac{a_0(a+b)}{a^2b^2}-\frac{1}{a-b}\left[\left(1-\frac{a_1}{a}+\frac{a_0}{a^2}\right)e^{-at}-\left(1-\frac{a_1}{b}+\frac{a_0}{b^2}\right)e^{-bt}\right]$	$\frac{s^2+a_1s+a_0}{s^2(s+a)(s+b)}$
33	$\frac{e^{-at}}{(b-a)(c-a)}+\frac{e^{-bt}}{(c-b)(a-b)}+\frac{e^{-ct}}{(a-c)(b-c)}$	$\frac{1}{(s+a)(s+b)(s+c)}$
34	$\frac{(a_0-a)e^{-at}}{(b-a)(c-a)}+\frac{(a_0-b)e^{-bt}}{(c-b)(a-b)}+\frac{(a_0-c)e^{-ct}}{(a-c)(b-c)}$	$\frac{s+a_0}{(s+a)(s+b)(s+c)}$
35	$\frac{1}{abc}-\frac{e^{-at}}{a(b-a)(c-a)}-\frac{e^{-bt}}{b(a-b)(c-b)}-\frac{e^{-ct}}{c(a-c)(b-c)}$	$\frac{1}{s(s+a)(s+b)(s+c)}$
36	$\frac{a_0}{abc}-\frac{(a_0-a)e^{-at}}{a(b-a)(c-a)}-\frac{(a_0-b)e^{-bt}}{b(a-b)(c-b)}-\frac{(a_0-c)e^{-ct}}{c(a-c)(b-c)}$	$\frac{s+a_0}{s(s+a)(s+b)(s+c)}$
37	$\frac{e^{-at}}{a^2+\omega^2}+\frac{1}{\omega\sqrt{a^2+\omega^2}}\sin(\omega t-\varphi),\varphi=\arctan\frac{\omega}{a}$	$\frac{1}{(s+a)(s^2+\omega^2)}$
38	$\frac{1}{a^2+b^2}+\frac{e^{-at}}{b\sqrt{a^2+b^2}}\sin(bt-\varphi),\varphi=\arctan\frac{b}{-a}$	$\frac{1}{s[(s+a)^2+b^2]}$
39	$\frac{a_0}{a^2+b^2}+\frac{1}{b}\sqrt{\frac{(a_0-a)^2+b^2}{a^2+b^2}}e^{-at}\sin(bt+\varphi)$ $\varphi=\arctan\frac{b}{a_0-a}-\arctan\frac{b}{-a}$	$\frac{s+a_0}{s[(s+a)^2+b^2]}$

（续）

序号	原函数 $x(t)$	象函数 $X(s)$
40	$\dfrac{e^{-ct}}{(c-a)^2+b^2}+\dfrac{e^{-at}\sin(bt-\varphi)}{b\sqrt{(c-a)^2+b^2}},\varphi=\arctan\dfrac{b}{c-a}$	$\dfrac{1}{(s+c)[(s+a)^2+b^2]}$
41	$\dfrac{1}{\omega_n\sqrt{1-\zeta^2}}e^{-\zeta\omega_n t}\sin\omega_n\sqrt{1-\zeta^2}t$	$\dfrac{1}{s^2+2\zeta\omega_n s+\omega_n^2}$
42	$\dfrac{-1}{\sqrt{1-\zeta^2}}e^{-\zeta\omega_n t}\sin(\omega_n\sqrt{1-\zeta^2}t-\varphi),\varphi=\arctan\dfrac{\sqrt{1-\zeta^2}}{\zeta}$	$\dfrac{s}{s^2+2\zeta\omega_n s+\omega_n^2}$
43	$\dfrac{\omega_n}{\sqrt{1-\zeta^2}}e^{-\zeta\omega_n t}\sin\omega_n\sqrt{1-\zeta^2}t$	$\dfrac{\omega_n^2}{s^2+2\zeta\omega_n s+\omega_n^2}$
44	$1-\dfrac{1}{\sqrt{1-\zeta^2}}e^{-\zeta\omega_n t}\sin(\omega_n\sqrt{1-\zeta^2}t+\varphi),\varphi=\arctan\dfrac{\sqrt{1-\zeta^2}}{\zeta}$	$\dfrac{\omega_n^2}{s(s^2+2\zeta\omega_n s+\omega_n^2)}$
45	$\dfrac{1}{c(a^2+b^2)}-\dfrac{e^{-ct}}{c[(c-a)^2+b^2]}+\dfrac{e^{-at}\sin(bt-\varphi)}{b\sqrt{a^2+b^2}\sqrt{(c-a)^2+b^2}}$ $\varphi=\arctan\dfrac{b}{-a}+\arctan\dfrac{b}{c-a}$	$\dfrac{1}{s(s+c)[(s+a)^2+b^2]}$
46	$\dfrac{a_0}{c^2}+\dfrac{1}{bc}[(a^2-b^2-a_1a+a_0)^2+b^2(a_1-2a)^2]^{1/2}\times e^{-at}\sin(bt+\varphi)$ $\varphi=\arctan\dfrac{b(a_1-2a)}{a^2-b^2-a_1a+a_0}-\arctan\dfrac{b}{-a},c=a^2+b^2$	$\dfrac{s^2+a_1s+a_0}{s[(s+a)^2+b^2]}$
47	$\dfrac{T\omega_n}{1+T^2\omega_n^2}e^{-\frac{t}{T}}+\dfrac{\sin(\omega_n t-\varphi)}{\sqrt{1+T^2\omega_n^2}}$ $\varphi=\arctan T\omega_n$	$\dfrac{\omega_n^2}{(1+Ts)(s^2+\omega_n^2)}$
48	$\dfrac{T\omega_n^2}{1-2\zeta\omega_n T+T^2\omega_n^2}e^{-\frac{t}{T}}+\dfrac{\omega_n e^{-\zeta\omega_n t}\sin(\omega_n\sqrt{1-\zeta^2}t-\varphi)}{\sqrt{(1-\zeta^2)(1-2\zeta T\omega_n-T^2\omega_n^2)}}$ $\varphi=\arctan\dfrac{T\omega_n\sqrt{1-\zeta^2}}{1-T\zeta\omega_n^2}$	$\dfrac{\omega_n^2}{(1+Ts)(s^2+2\zeta\omega_n s+\omega_n^2)}$
49	$\left[t-\dfrac{2a}{a^2+\omega^2}+\dfrac{1}{\omega}e^{-at}\sin(\omega t+\theta)\right]\dfrac{1}{a^2+\omega^2}$ $\theta=2\arctan\dfrac{\omega}{a}$	$\dfrac{1}{s^2[(s+a)^2+\omega^2]}$

参考文献

[1] 胡寿松. 自动控制原理 [M]. 7 版. 北京：科学出版社，2019.

[2] 胡寿松. 自动控制原理习题解析 [M]. 3 版. 北京：国防工业出版社，2018.

[3] 董景新，赵长德，郭美凤，等. 控制工程基础 [M]. 4 版. 北京：清华大学出版社，2015.

[4] 董景新，郭美凤，陈志勇，等. 控制工程基础习题解 [M]. 4 版. 北京：清华大学出版社，2017.

[5] 柳洪义，罗忠，宋伟刚，等. 机械工程控制基础 [M]. 2 版. 北京：科学出版社，2011.

[6] 王积伟，吴振顺. 控制工程基础 [M]. 2 版. 北京：高等教育出版社，2010.

[7] 梁南丁，赵永君. 自动控制原理与应用 [M]. 北京：北京大学出版社，2007.

[8] 杨叔子，杨克冲，吴波，等. 机械工程控制基础 [M]. 6 版. 武汉：华中科技大学出版社，2012.

[9] DORFRC，BISHOPRH. 现代控制系统：第 10 版 [M]. 赵千川，冯梅，译. 北京：清华大学出版社，2008.

[10] BATESONRN. IntroductiontoControlSystemTechnology [M]. 7thed. 北京：机械工业出版社，2006.

[11] 宋志安，徐瑞银. 机械工程控制基础：MATLAB 工程应用 [M]. 北京：国防工业出版社，2008.

[12] D′AZZOJJ，HOUPISCH. LinearControlSystemAnalysisandDesign [M]. 4thed. 北京：清华大学出版社，2000.

[13] 杜继宏，王诗宓. 控制工程基础 [M]. 北京：清华大学出版社，2008.

[14] 姜增如. 自动控制理论创新实验案例教程 [M]. 北京：机械工业出版社，2015.

[15] 李连进，呼英俊，肖永茂. 机械工程控制基础 [M]. 北京：机械工业出版社，2013.

[16] 孔祥东，王益群. 控制工程基础 [M]. 北京：机械工业出版社，2008.

[17] 郑勇，徐继宁，胡敦利，等. 自动控制原理实验教程 [M]. 北京：国防工业出版社，2010.

[18] 李友善，梅晓榕，王彤. 自动控制原理 480 题 [M]. 哈尔滨：哈尔滨工业大学出版社，2015.

[19] 李友善. 自动控制原理 [M]. 3 版. 北京：国防工业出版社，2014.

[20] 杜继宏，王诗宓. 控制工程基础习题解答 [M]. 北京：清华大学出版社，2009.